M. Zeitz   W. F. Caspary   J. Bockemühl   G. Lux   (Hrsg.)

Ökosystem Darm V
Immunologie, Mikrobiologie
Funktionsstörungen
Klinische Manifestation

Klinik und Therapie
akuter und chronischer Darmerkrankungen

Mit 61 Abbildungen und 26 Tabellen

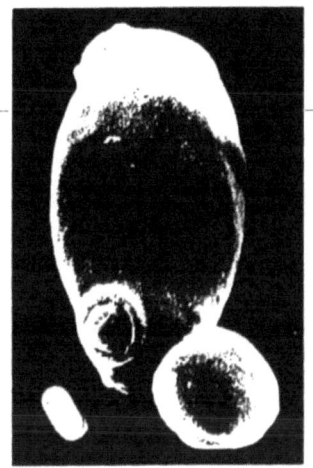

*Expertenrunde
Darmerkrankungen*

Garmisch-Partenkirchen
Februar 1993

Springer-Verlag
Berlin Heidelberg New York
London Paris Tokyo Hong Kong
Barcelona Budapest

Prof. Dr. med. Martin Zeitz
Innere Medizin II, Medizinische Klinik und Poliklinik
Universitätskliniken des Saarlandes, 66421 Homburg/Saar

Prof. Dr. med. W. F. Caspary
Zentrum der Inneren Medizin, Universitätsklinikum
Theodor-Stern-Kai 7, 60596 Frankfurt

Prof. Dr. med. Jochen Bockemühl
Nationales Referenzzentrum für Enteritiserreger
Hygienisches Institut
Marckmannstraße 129a, 20539 Hamburg

Prof. Dr. med. Gerd Lux
Medizinsche Klinik, Städtisches Krankenhaus Solingen
Postfach, 42719 Solingen

ISBN-13:978-3-540-57591-7 e-ISBN-13:978-3-642-78733-1
DOI: 10.1007/978-3-642-78733-1

Die Deutsche Bibliothek – CIP Einheitsaufnahme
Ökosystem Darm V: Immunologie, Mikrobiologie, Funktionsstörungen, klinische Manifestation; Klinik und Therapie akuter und chronischer Darmerkrankungen; mit 26 Tabellen / Expertenrunde Darmerkrankungen, Garmisch-Partenkirchen, Februar 1993. M. Zeitz... (Hrsg.) - Berlin, Heidelberg; New York; London; Paris; Tokyo; Hong Kong; Barcelona, Budapest: Springer, 1993
ISBN-13:978-3-540-57591-7
NE: Zeitz, Martin [Hrsg.]; Expertenrunde Darmerkrankungen <5, 1993, Garmisch-Partenkirchen>

Dieses Werk ist urheberrechtlich geschützt. Die dadurch begründeten Rechte, insbesondere die der Übersetzung, des Nachdrucks, des Vortrags, der Entnahme von Abbildungen und Tabellen, der Funksendung, der Mikroverfilmung oder der Vervielfältigung auf anderen Wegen und der Speicherung in Datenverarbeitungsanlagen, bleiben, auch bei nur auszugsweiser Verwertung, vorbehalten. Eine Vervielfältigung dieses Werkes oder von Teilen dieses Werkes ist auch im Einzelfall nur in den Grenzen der gesetzlichen Bestimmungen des Urheberrechtsgesetzes der Bundesrepublik Deutschland vom 9. September 1965 in der jeweils geltenden Fassung zulässig. Sie ist grundsätzlich vergütungspflichtig. Zuwiderhandlungen unterliegen den Strafbestimmungen des Urheberrechtsgesetzes.

© Springer-Verlag Berlin Heidelberg 1993

Die Wiedergabe von Gebrauchsnamen, Handelsnamen, Warenbezeichnungen usw. in diesem Werk berechtigt auch ohne besondere Kennzeichnung nicht zu der Annahme, daß solche Namen im Sinn der Warenzeichen- und Markenschutzgesetzgebung als frei zu betrachten wären und daher von jedermann benutzt werden dürften.

Produkthaftung: Für Angaben über Dosierungsanweisungen und Applikationsformen kann vom Verlag keine Gewähr übernommen werden. Derartige Angaben müssen vom jeweiligen Anwender im Einzelfall anhand anderer Literaturstellen auf ihre Richtigkeit überprüft werden.

23/45-5 4 3 2 1 0 – Gedruckt auf säurefreiem Papier

Vorwort der Herausgeber

Fortschritte im Verständnis der Pathogenese gastrointestinaler Erkrankungen können nur in der engen Zusammenarbeit und intensiven Diskussion von Grundlagenwissenschaftlern und Klinikern verschiedener Disziplinen erarbeitet werden. Dies ist der Hintergrund für die seit 1989 regelmäßig stattfindenden Expertenrunden Darmerkrankungen in Garmisch-Partenkirchen.

Im 5. Symposium dieser Runde im Februar 1993 wurden wieder neue thematische Schwerpunkte gesetzt, die in dem vorliegenden Band zusammengefaßt sind:

Darminfektionen in ihren verschiedenen Verlaufsformen erlauben die Analyse von Wirts- und Erregerfaktoren, die die Pathogenese des klinischen Bildes bedingen. Dies war Inhalt des ersten Themenblocks der 5. Expertenrunde zu dem Mikrobiologen, Immunologen und Kliniker Stellung bezogen.

Physiologie und Störungen der exokrinen Pankreassekretion waren diesmal Gegenstand ausführlicher Diskussionen. Auch hier wurde deutlich, daß erst durch das Grundlagenverständnis des Krankheitsprozesses die rationale Basis für eine sinnvolle Therapie gegeben ist.

Die Pathophysiologie von Motilitätsstörungen ist nur unvollständig geklärt. Die Beiträge im Rahmen der 5. Expertenrunde konnten hier wesentliche neue Entwicklungen aufzeigen, die auch eine erhebliche klinische Relevanz besitzen.

Die Destruktion bzw. Umformung der intestinalen Schleimhaut bei entzündlichen Darmerkrankungen wird wesentlich durch lokale immunologische Effektormechanismen vermittelt. Zusätzlich gibt es Hinweise, daß eine chronische Stimulation des intestinalen Immunsystems die Basis für die Entstehung von Malignomen des lokalen lymphatischen Gewebes ist. Diese Zusammenhänge wurden ebenfalls ausführlich in der interdisziplinären Diskussion aufgegriffen.

Die Zusammenfassung der Beiträge der 5. Expertenrunde Darmerkrankungen soll die Ergebnisse einer breiten Öffentlichkeit zugänglich machen und dazu beitragen, daß Erkenntnisse der Grundlagenforschung die Basis für das klinische Handeln werden.

Der Firma Thiemann Arzneimittel GmbH gilt wiederum besonderer Dank für die großzügige Unterstützung, die die Durchführung der Tagung und ihre Publikation ermöglichte.

Inhaltsverzeichnis

I. Seuchenhafte Darmerkrankungen
(Moderator: J. Bockemühl)

Cholera: Pathogenese, Klinik, Therapie und Schutzimpfung
J. Bockemühl 3

Virulenz und Verbreitung der Enteritis-Salmonellen
H. Tschäpe, H. Kühn 14

II. Der Darm als Reaktionsorgan bei Infektionen
(Moderator: J. Bockemühl)

Intestinale Manifestationen bei extraintestinalen Infektionen
H. D. Pohle 41

Beeinflussung der Pathogenität von Clostridium difficile
durch Saccharomyces boulardii
H. Bernhardt 47

III. Physiologie und Störungen der exokrinen Pankreassekretion
(Moderator: W.F. Caspary)

Mechanismen der Sekretion des exokrinen Pankreas
M. M. Lerch, G. Adler 55

Regulation der exokrinen Pankreassekretion
C. Niederau, T. Heintges, R. Lüthen 62

Pankreasfunktionstests: Standards der Diagnostik – Standarddiagnostik
B. Lembcke 73

Schicksal der Pankreasenzyme im Intestinallumen –
Bedeutung für Pathophysiologie und Therapie
der exokrinen Pankreasinsuffizienz
P. Layer, G. Gröger... 87

Ein Röntgenblick auf die Struktur und Wirkungsweise
des Lipase-Kolipase-Systems
F. Spener, C. Eggenstein, N. de Sousa Carvalho 94

Pankreasenzyme als Schmerzmittel bei chronischer Pankreatitis
J. Mössner 105

IV. Regulation und Störungen der gastrointestinalen Motilität
(Moderator: G. Lux)

Neurotransmitter im enterischen Nervensystem
M. Kurjak, H.-D. Allescher 119

Rolle des enterischen Nervensystems
P. Layer, C. Kölbel 139

Motilität und Sekretion
M. Katschinski 146

Wechselwirkungen von Motilität und Bakterien im Magen-Darm-Trakt
H. Ruppin... 157

Perzeption bei gastrointestinalen Funktionsstörungen
P. Enck, T. Frieling 167

Nichtkardialer Thoraxschmerz – eine Erkrankung der Speiseröhre?
G. Lux, K.-H. Orth, T. Bozkurt 181

Einsatz stabiler Isotope zur nichtinvasiven Bestimmung
der Magenentleerung
B. Braden... 193

V. Immunstimulation im Bereich mukosaler Oberflächen: Toleranz, Protektion, Destruktion, maligne Transformation
(Moderator: M. Zeitz)

Erscheinungsformen immunologisch vermittelter Krankheitsbilder
am Gastrointestinaltrakt
M. Zeitz 207

Immunantwort im Darm unter normalen Bedingungen–
Suppression, Helfermechanismen und die Rolle von T-Zellen
H.-J. Rothkötter, R. Pabst 214

Immunantwort im Darm unter normalen Bedingungen:
humorale Immunantwort, sekretorisches IgA
M. Seyfarth 218

Pathogenese chronisch-entzündlichen Darmerkrankungen:
Makrophagen und ihre Mediatoren
S. Schreiber, A. Raedler 225

Intestinale T-Zell-Lymphome und Enteropathie: pathogenetische Aspekte
A. Schmitt-Gräff, M. Zeitz, H. Stein 236

Mikrobiologie und Seroepidemiologie von Helicobacter pylori
M. Kist 240

Helicobacter-pylori-assoziierte Gastritis:
Immunologische Effektormechanismen
U. Mai 253

Helicobacter-pylori-Infektion: Chronische Gastritis als Basis
für die Lymphomentstehung im Magen (MALT-Lymphom)
S. Eidt 256

VI. Interdisziplinärer Beitrag

Symbiose mit chemoautotrophen Bakterien: eine alternative Nahrungsquelle
H. Felbeck 263

Verzeichnis der erstgenannten Autoren

Bernhardt, H., Prof. Dr. med.
Klinik für innere Medizin der E.-M.-Arndt-Universität
Friedrich-Loeffler-Str. 23
17489 Greifswald

Bockemühl, J., Prof. Dr. med.
Medizinaluntersuchungsanstalt
Nationales Referenzzentrum für Enerititserreger
Hygienisches Institut
Marckmannstr.. 129a, 20539 Hamburg

Braden, Barbara, Dr. med.
Gastroenterologie, Innere Medizin
Theodor-Stern-Kai 7, 60596 Frankfurt/M.

Eidt, S., Dr. med.
Institut für Pathologie der Universität Köln
Joseph-Stelzmann-Str. 9, 50937 Köln

Enck, P., PD Dr. rer. soz. Dipl.-Psych.
Med. Klinik Gastroenterologie
Universitätkliniken Düsseldorf
Moorenstraße 5, 40225 Düsseldorf

Felbeck, H. Prof. Dr. rer. nat.
Scripps Institution of Oceanography
Marine Biology Research Division,
University of California
San Diego, La Jolla, Californien 93093-0202, USA

Katschinski, M., Dr. med.
Zentrum für Innere Medizin
Abteilung Gastroenterologie der Philipps-Universität,
Baldingerstr., 35043 Marburg

Kist, M. Prof. Dr. med.
Leitender Oberarzt
Institut für Med. Mikrobiologie und Hygiene
universität Freiburg
Hermann-Herder-Str. 11, 79104 Freiburg

Kurjak M., Prof. Dr. med.
II. Medizinische Klinik und Poliklinik der Technischen Universität München
Ismaningerstr. 22, 81675 München

Layer, P., Priv.-Doz. Dr. med.
Abteilung für Gastroenterologie, Medizinische Klinik, Universitätsklinikum
Hufelandstr. 55, 45122 Essen

Lembcke, B., Priv.-Doz. Dr. med.
Abt. Gastroenterologie, Zentrum Innere Medizin
Klinikum der J.-W. Goethe-Universität
Theodor-Stern-Kai 7, 60596 Frankfurt am Main

Lux, G., Prof. Dr. med.
Medizinische Klinik
Abt. Gastroenterologie und Allgemeine innere Medizin
des Städtischen Krankenhauses Solingen
Postfach, 42719 Solingen

Mai, U. Dr. med.
Arbeitsgruppe Gastrointestinale Infektionen
Institut für med. Mikrobiologie
Med. Hochschule Hannover
Postfach 610880, 30006 Hannover

Mössner, J., Prof. Dr. med.
Direktor der Med. Klinik II
Zentrum für Innere Medizin
Universität Leipzig
Johannisallee 32, 04103 Leipzig

Niederau, C., Prof. Dr. med.
Medizinische Klinik und Poliklinik, Abt. für Gastroenterologie
Heinrich-Heine-Universität Düsseldorf
Moorenstr. 5, 40225 Düsseldorf

Pohle, H., Prof. Dr. med.
II. Medizinische Klinik, Universitätsklinikum Rudolf Virchow
Augustenburger Platz 1, 13353 Berlin

Rothkötter, H.-J., Prof. Dr. med.
Funktionelle und Angewandte Anatomie, Medizinische Hochschule Hannover
Konstanty-Gutschow-Str. 8, 30625 Hannover

Ruppin, H., Prof. Dr. med.
Kreiskrankenhaus Tauberbischofsheim, Abt. Innere Medizin
Albert-Schweitzer-Str. 37, 97941 Tauberbischofsheim

Schmitt-Gräff, Annette, Prof. Dr. med.
Institut für Pathologie
Klinikum Steglitz der FU Berlin
Hindenburgdamm 30, 12203 Berlin

Schreiber, S., Dr.
Universitätskrankenhaus Eppendorf, Medizinische Kernklinik und Poliklinik
Martinistr. 52, 20246 Hamburg

Seyfarth, M. Prof. Dr. med.
Institut für Immunologie und Transfusionsmedizin
Ratzeburger Allee 160, 23538 Lübeckr

Spener, F., Prof. Dr. phil.
Institut für Biochemie der Universität Münster
und Institut für Chemo- und Biosensorik Münster
Wilhelm-Klemm-Str. 2, 48149 Münster

Tschäpe, H., Prof. med.
Bundesgesundheitsamt Berlin, Robert-Koch-Institut, Bereich Wernigerode
Burgstr. 37, 38855 Wernigerode

Zeitz, M., Prof. Dr. med.
Innere Medizin II
Medizinische Klinik und Poliklinik
Universitätskliniken des Saarlandes
66421 Homburg/Saar

I. Seuchenhafte Darmerkrankungen
(Moderator: J. Bockemühl)

Cholera: Pathogenese, Klinik, Therapie und Schutzimpfung

J. Bockemühl

Unter den über 20 Vibrionenarten haben etwa 10 Bedeutung beim Menschen als obligat oder fakultativ pathogene Keime [4]. Unter diesen wiederum hat der in 2 Varianten vorkommende Vibrio cholerae O-1 („klassischer" und „Eltor" Choleraerreger) das Potential zur epidemischen Ausbreitung. Die derzeitige 7. Choleraepidemie, die 1961 ihren Ausgang von der indonesischen Insel Celebes nahm, wird durch den Eltor-Biovar verursacht. Kürzlich wurde allerdings ein neuer, nicht zur O-Gruppe 1 des V. cholerae gehörender Typ festgestellt (V. cholerae O139 „Bengal"; [24]), der z. Z. in Indien und Bangladesch epidemieartige Ausbreitung mit hoher Morbidität und Letalität erreicht hat [1, 22]. 1992 war die Cholera in 68 Ländern der Erde aufgetreten; insgesamt wurden 461 783 Erkrankungen mit 8072 Todesfällen gemeldet (Abb. 1; [27]). Die Dunkelziffer liegt allerdings erheblich höher.

Pathogenese

V. cholerae bildet als wichtigsten Pathogenitätsfaktor ein Exotoxin (Choleratoxin) von MG ~ 84.000, bestehend aus einer biologisch aktiven Untereinheit A von MG ~ 28.000 und einem Ring aus 5 B-Untereinheiten mit einem Molekulargewicht (MG) von je 11.500. Die B-Untereinheiten binden im Dünndarm an Rezeptoren (Gangliosid GM1) der Enterozyten-Zellmembran. Die Untereinheit A wird sodann enzymatisch in die Peptide A2 (MG ~ 5.500) und das biologisch aktive A1 (MG ~ 22.000) gespalten. A1 transferiert ADP-Ribose von NAD auf ein GTP-bindendes Protein ($G_{\alpha s}$), das seinerseits die Adenylzyklase zur vermehrten Bildung von zyklischem AMP (cAMP) aktiviert. Folge ist die gesteigerte Sekretion von Elektrolyten (Cl–, HCO3–) und Wasser in das Darmlumen bei gleichzeitig verminderter Absorption von Na+. Aufgrund biochemischer Unterschiede der B-Untereinheit wurden bisher 4 Varianten des Choleratoxins (CT-1 bis CT-4) beschrieben [11].

Als weitere Pathogenitätsfaktoren wurden bei Choleravibrionen 4 Hämagglutinine (HA) identifiziert, von denen 3 zellassoziiert und eines als lösliches HA im Kulturüberstand aller Choleravibrionen nachweisbar ist [12]. Das lösliche HA ist bei der Adhärenz, aber auch bei der Lösung adhärenter Vibrionen von der Darmepithelzelle beteiligt; darüber hinaus bewirkt es als Protease die Spaltung der A-Untereinheit und damit die Aktivierung des A_1-Peptids.

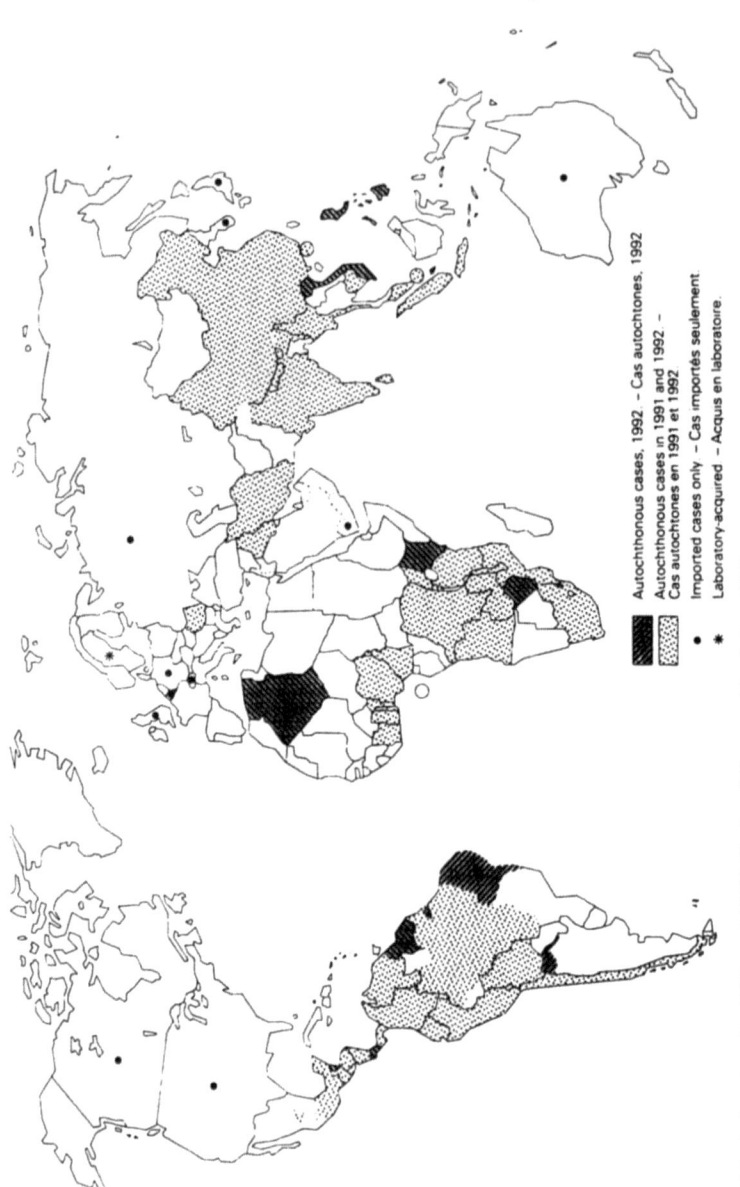

Abb. 1. Länder, die 1991 und 1992 Cholerafälle gemeldet haben [27]

Verschiedene Faktoren wurden als bedeutungsvoll für die Adhärenz der Erreger und Kolonisierung des Dünndarms diskutiert: die Beweglichkeit der Vibrionen, chemotaktische Faktoren, lösliches und zellassoziierte Hämagglutinine, Membranproteine, LPS sowie Neuraminidase zur Freisetzung der Toxinrezeptoren (G_{M1}) am Enterozyten [5, 23]. Wesentlich scheint jedoch nach heutiger Kenntnis primär ein bei allen klinischen Choleraisolaten exprimierter und immunologisch einheitlicher Fimbrientyp zu sein (TCP-Pilus), dessen Bildung mit der des Choleratoxins koreguliert wird [23].

Kürzlich wurde mit dem Zonula-Occludens-Toxin (ZOT) ein weiteres toxisches Protein identifiziert, das nach bisheriger Kenntnis stets mit dem Choleratoxin assoziiert ist und das im Tiermodell über eine Auflösung der Epithelzellverbindungen („tight junctions") eine erhöhte Permeabilität der Mukosa bewirken soll [14]. Ob darüber hinaus weitere Toxine (Hämolysin, Shiga-like Toxin, lösliches HA/Protease), „unspezifische" metabolische Produkte, Prostaglandine oder Neuropeptide (vasoaktives intestinales Polypeptid VIP) zur gesteigerten Sekretion bei der Choleraerkrankung beitragen, ist unzureichend geklärt.

Klinik

An der Cholera erkranken primär Erwachsene; als Grund wird eine größere Exposition angegeben. Nur in Endemiegebieten treten Erkrankungen gehäuft bei Kindern auf, nachdem sich bei den Erwachsenen eine Basisimmunität entwickelt hat.

Die Inkubationszeit variiert zwischen wenigen Stunden und fünf Tagen, bei einer durchschnittlichen Zeit von 2–3 Tagen. Bei Infektionsversuchen an Freiwilligen zeigte sich eine direkte Abhängigkeit der Inkubationszeit von der Infektionsdosis.

Die Infektion kann besonders in Endemiegebieten symptomlos oder als milder, nicht therapiebedürftiger Durchfall verlaufen. Die typische, schwere Verlaufsform beginnt ohne Prodromi akut mit Erbrechen und voluminösen Durchfällen. Die Entleerungen nehmen schnell eine wäßrige Konsistenz von klarer bis leicht milchig-trüber Farbe an (sog. „Reiswasserstuhl", d. h. entsprechend der Farbe von Wasser, in dem Reis gekocht wurde).

Unbehandelt ist der Durchfall während der ersten 48 h am stärksten ausgeprägt mit Volumina von 500–1000 ml/h. Bei ausreichendem Flüssigkeits- und Elektrolytersatz kommt die Krankheit auch ohne Antibiotikabehandlung nach 4–6 Tagen zur Ausheilung. Die Flüssigkeitsverluste bei der schweren Verlaufsform liegen bei 10–30 l, gelegentlich auch höher [21].

Unter Einwirkung des Choleratoxins kommt es zu keiner Schädigung der Dünndarmmukosa, ebenso dringen die Erreger nie in die Darmwand ein. Der klinische Verlauf ergibt sich aus dem Verlust von Flüssigkeit und Elektrolyten mit dem Stuhl, dessen durchschnittliche Zusammensetzung in Tabelle 1 zusammengefaßt ist. Hieraus ist ersichtlich, daß bei normalen Na^+- und Cl^--Werten eine erhöhte Ausscheidung von K^+ und HCO_3^- stattfindet. Im Plasma kommt es durch die Flüssigkeitsverluste zu einer Erhöhung der Osmolalität sowie der Proteinkonzentration und durch die erniedrigten Werte für HCO_3^- mit pH-Absenkung zur Azidose.

Tabelle 1. Repräsentative Werte verschiedener Parameter in Plasma und Stuhl bei schwerer unbehandelter Cholera. (Nach [11, 19, 25])

Parameter	Plasma, normal Erwachsene	Plasma bei Erwachsene	Cholera Kinder	Stuhl bei Erwachsene	Cholera Kinder
Osmolalität [mosmol/kg]	280–296	326	293	300	
pH	7,37–7,45	7,19	7,18		
Protein [g/l]	66–83	100	95		
Na^+ [mmol/l]	135–144	141	138	140	105
Cl^- [mmol/l]	97–108	107	110	104	90
K^+ [mmol/l]	3,6–4,8	4,5	4	13	25
HCO_3^- [mmol/l]	21–26	9	12	44	30
Hämatokrit [%]	41–46	47	47		

Auch eine Zunahme des Plasma-Laktats und eine Beeinträchtigung der Nierenfunktion tragen zur metabolischen Azidose bei.

Bei fehlender Möglichkeit einer Laborkontrolle, wie z. B. in den tropischen Endemiegebieten, ist der Gewichtsverlust des Patienten ein recht gutes Maß für das Ausmaß der Dehydration. Bei etwa 2- bis 3 %iger Abnahme des Körpergewichts ist der Kreislauf kompensiert und lediglich ein starkes Durstgefühl vorhanden. Eine mäßige bis schwere Dehydratation (5–7,5 % Gewichtsverlust) führt zur Abnahme des Hautturgors (Abb. 2). Flüssigkeitsverluste in Höhe von ≥ 10 % des

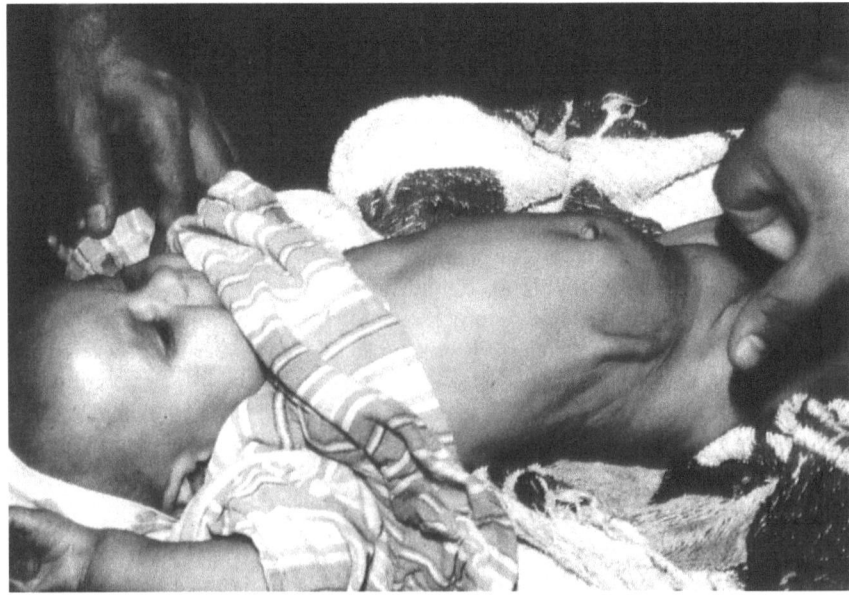

Abb. 2. Dehydration bei einem Säugling. Verlust des Hautturgors mit bleibender Hautfalte [26]

Körpergewichts führen zur Hypovolämie, gekennzeichnet durch Blutdruckabfall, beschleunigten Puls, kalte Extremitäten, aber leichter Erhöhung der rektal gemessenen Körpertemperatur, trockenen Mund, Zyanose mit blauen Lippen, heiserer Stimme, eingefallener Bauchdecke und tiefliegenden Augen. Echtes Fieber fehlt stets. Der Zustand kann unbehandelt in einen hypovolämischen Schock mit Nierenversagen übergehen.

Als weitere Komplikationen können gelegentlich auftreten: eine schwer beeinflußbare Hypoglykämie, besonders bei unterernährten Kindern, bei Hypokaliämie kardiale Arrythmien und paralytischer Ileus, Lungenödem bei intravenöser Hyperrehydratation, besonders bei Infusion mit Laktat- bzw. Bikarbonatfreien Lösungen, und im Kindesalter weiterhin zerebrale Krämpfe. In der Schwangerschaft führt die Cholera oft zum Abort und/oder im 3. Trimenon zum fötalen Tod. Die Klinik der Cholera ist ausführlich bei Rabbani und Greenough [21] unter besonderer Berücksichtigung der Verhältnisse in Südasien dargestellt.

Therapie

Bei rechtzeitigem Beginn einer adäquaten Therapie erholen sich die Patienten praktisch stets innerhalb von etwa 48 Stunden. Unbehandelt kann die Krankheit aber mit einer Letalität bis zu 50 % einhergehen. Die Zahl der Todesfälle bei einer Epidemie spiegelt weitgehend die Effektivität der Versorgung vor Ort wieder (Tabelle 2).

Die *Prinzipien* der adäquaten Therapie sind [20]:
1. Schneller Ersatz der bis zur Krankenhausaufnahme verlorenen Flüssigkeit und Elektrolyte,
2. Flüssigkeits- und Elektrolytzufuhr bis zum Nachlassen der Durchfälle („maintenance"),
3. Verkürzung der Krankheitsdauer und Verringerung der ausgeschiedenen Stuhlmenge durch geeignete Antibiotika,
4. bei Kindern und unterernährten Patienten frühzeitige Zufuhr von Nahrung.

Tabelle 2. Letalität der Cholera bei verschiedenen Epidemien

Epidemie	Jahr	Erkrankungen	Letal	[%]
Hamburg („klassische" Cholera)	1892	16 956	8605	50,7
Togo (Eltor Cholera)	1970–1972	regional unterschiedlich		4–10
Peru (Eltor Cholera)	1991	322 562	2909	0,9

Zu 1. und 2.: Bei mäßiger bis schwerer Dehydratation muß eine sofortige intravenöse Zufuhr einer basenhaltigen Salzlösung erfolgen. Von den leicht verfügbaren Infusionslösungen wird Ringer-Laktat-Lösung empfohlen, dessen Laktatgehalt zu Bikarbonat metabolisiert wird (Zusammensetzung in mmol/l: Na^+ 130; K^+ 5,4; Ca^{++} 1,85; Cl^- 112; Laktat 27). Der Kaliumgehalt der Lösung kann ggf. durch orale Kaliumgabe, z. B. durch orale Trinklösung ergänzt werden. Physiologische Kochsalzlösung korrigiert nicht die Azidose; fortgesetztes Erbrechen, Hypokaliämie und – bei Hyperrehydratation – Ödeme können die Folge sein.

Die i. v.-Rehydratation sollte in 2–4 h erfolgt sein; Normalisierung von Puls und Hautturgor, Sistieren des Erbrechens und subjektive Besserung des Zustandes des Patienten sind Zeichen der erfolgreichen Primärtherapie. Die Urinauscheidung setzt spätestens nach 12–20 h wieder ein.

In den tropischen Endemiegebieten haben sich zur Behandlung der leichten bis mäßigen Dehydration bei der Cholera und bei anderen Durchfallerkrankungen orale Trinklösungen durchgesetzt. Die derzeitig empfohlenen Formulierungen sind in Tabelle 3 zusammengefaßt. Der Ersatz von Natriumbikarbonat durch Trinatriumzitrat-Dihydrat wurde nur wegen der besseren Haltbarkeit empfohlen; beide Lösungen sind in therapeutischer Hinsicht gleichwertig. Entsprechende Trinklösungen sind auch in Deutschland im Handel (Elotrans, Saltadol). Die Trinklösungen (ORS) können als Erhaltungstherapie bis zum Sistieren der Durchfälle sowie als Ergänzung des Kaliumbedarfs zu jeder Phase der Behandlung eingesetzt werden. Das Stuhlvolumen wird durch die Trinklösung nicht beeinflußt.

Weiterentwicklungen der ORS, z. B. Verwendung von Reispulver (50 g/l) zur Behandlung von Kindern oder Zugabe von Glycin, L-Alanin u. a. („Super-ORS")

Tabelle 3. Zusammensetzung und molare Konzentrationen der WHO-Trinklösungen. (Nach [20])

Zusammensetzung in g/l Wasser:

1.	Natriumchlorid	3,5
2.	tri-Natriumzitrat-Dihydrat	2,9
	oder	
	Natriumbicarbonat	2,5
3.	Kaliumchlorid	1,5
4.	Glucose, wasserfrei[a]	20,0

Molare Konzentration in mmol/l Wasser:

	Zitrathaltige Lösung	Bikarbonathaltige Lösung
Natrium	90	90
Kalium	20	20
Chlorid	80	80
Zitrat	10	–
Bikarbonat	–	30
Glucose	111	111

[a] Oder Glukose-Monohydrat 22 g oder Saccharose 40 g.

mit dem Ziel der Verminderung der ausgeschiedenen Volumina haben hierzulande eine geringere Bedeutung.

Zu 3.: Die Cholera ist neben Typhus und Shigellen-Ruhr eine der wenigen bakteriellen Enteritisformen, bei der eine antibiotische Behandlung empfohlen wird. Die größten Erfahrungen liegen mit Tetrazyklin vor, durch das die Krankheitsdauer um etwa 50 % auf 2 Tage, das Stuhlvolumen um 60 % und die Dauer der Erregerausscheidung auf 1–2 Tage reduziert werden.

Die WHO empfiehlt Tetrazyklin, das 4–6 h nach Beginn der Rehydratation oral in 4 Dosen zu je 500 mg (2 g/Tag) über 2–3 Tage verabreicht wird; Kinder erhalten 50 mg/kg Körpergewicht/Tag. Alternativ wird Doxycyclin als Einzeldosis von 300 mg für Erwachsene bzw. Trimethoprim-Sulfamethoxazol für Kinder empfohlen (8 mg Trimethoprim/40 mg Sulfametoxazol/kg KG/Tag in 2 Dosen geteilt über 3 Tage); [20]. Resistenz gegen Tetrazyklin ist bisher nur regional aufgetreten, so in Ostafrika und Bangladesh, jedoch sind in Ostafrika die resistenten Stämme inzwischen wieder weitgehend verdrängt worden.

Absorbierende oder quellende Substanzen (Kaolin, Pektat, Kohle) sind bei der Behandlung der Cholera wertlos. Auch die bei der Behandlung der Reisediarrhöe bewährten Präparate wie Wismutsubsalicylat und Opioide [3] werden nicht empfohlen.

Zu 4.: Die Zufuhr fester Nahrung beeinträchtigt die Behandlung der Cholera nicht und kann nach Sistieren des Erbrechens wieder aufgenommen werden. Dies ist insbesondere in den Endemiegebieten der dritten Welt bei der Behandlung von Kleinkindern ein wichtiger Gesichtspunkt.
Eine Cholerainfektion führt nur ausnahmsweise zu längerfristigem Ausscheidertum. Rekonvaleszenten und symptomlos Infizierte werden auch ohne Antibiotikabehandlung innerhalb von 8–14 Tagen bakteriologisch negativ. – Die Therapie der Cholera ist ausführlich bei Mahanalabis u. Mitarb. [20] beschrieben.

Schutzimpfung

Obwohl Ferran bereits 1884, kurz nach der Entdeckung des Choleraerregers, in Spanien eine parenterale Vakzine aus „attenuierten" Vibrionen zum Einsatz brachte und großen Zulauf hatte und Kolle 1896 durch Verwendung hitzeinaktivierter Zellen des Choleraerregers die Grundlage für Massenimpfungen legte, steht heute, 100 Jahre später, immer noch keine Vakzine zur Verfügung, die den heutigen Erwartungen im Hinblick auf Wirksamkeit und Verträglichkeit entspricht. In der Tat, der einzige heute zugelassene Impfstoff unterscheidet sich nicht wesentlich von der Kolle-Vakzine. Entsprechend den WHO-Standards enthält er 8×10^9 abgetötete Zellen des klassischen Biovars von V. cholerae O-1, und zwar zu gleichen Teilen die beiden Serovare Inaba und Ogawa [10].

Kontrollierte Feldversuche in Endemiegebieten in den 1960–1970er Jahren haben gezeigt, daß der mit dieser Vakzine erzielte Impfstoff bei einmaliger Dosis kurzdauernd ist (bei Erwachsenen ca. 50–60 % während der ersten 3–6 Monate), bei Kindern eine sehr unsichere Wirksamkeit zeigt, die Wirksamkeit offensichtlich von einer Basisimmunität abhängt, der Schweregrad klinischer Cholera nicht beeinflußt und die asymptomatische Infektion nicht verhindert wird, und daß Nebenwirkungen der Impfung häufig sind [16]. Die Cholera-Schutzimpfung wird deshalb im Rahmen der Internationalen Gesundheitsvorschriften und damit auch weltweit von fast allen Gesundheitsbehörden nicht mehr verlangt oder durchgeführt.

Die Beobachtung, daß die natürliche Choleraerkrankung in Abhängigkeit von Biovar und Serovar zu einem 90- bis 100 %igen Schutz vor einer Reinfektion für die Dauer von bis zu 3 Jahren führt, hat in den vergangenen 2 Jahrzehnten die Entwicklung oraler Impfstoffe in den Vordergrund des Interesses gerückt (zur chronologischen Entwicklung vgl. Levine u. Pierce; [18]).

Nach dem derzeitigen Stand sind es 2 Impfstoffe, die Anlaß zur Hoffnung geben, in nicht zu ferner Zukunft über eine wirksame und nebenwirkungsfreie Vakzine verfügen zu können. Beide Impfstoffe sind jedoch noch in der Erprobung und bislang weder empfohlen noch zugelassen.

Orale, inaktivierte Ganzzell-Vakzine mit oder ohne Zusatz von Subunit B („killed whole-cell/B-subunit vaccine")

Dieser Impfstoff enthält abgetötete V. cholerae O-1 beider Biovare (klassisch, Eltor) und beider Serogruppen (Inaba, Ogawa), dem gereinigte Untereinheit-B des Choleratoxins zugesetzt ist. Die kombinierte Vakzine (WC/B) wie auch die Ganzzell-Komponente (WC) allein ist von 1985–1989 in einem großen Feldversuch bei Kindern und Erwachsenen in Bangladesh geprüft worden. Sie führte zu lokaler, intestinaler Immunität und zur Bildung humoraler Antikörper. Die Ergebnisse haben gezeigt [6, 7, 8, 9, 13, 15]:

- Beide Vakzinen führten nach 3maliger Gabe zu einem Impfschutz von 50–52 % über 3 Jahre, der aber im dritten Jahr deutlich abfiel.
- Während der ersten 6 Monate führte WC/B zu einem Schutz von 85 % gegen Cholera bei gleichzeitig signifikanter Wirksamkeit gegen Enterotoxin-bildende (LT) E. coli. WC allein schützte nur zu 58 % gegen Cholera.
- Die Wirksamkeit bei Kindern von 2–5 Jahren war, abgesehen von einem guten Schutz innerhalb der ersten 6 Monate, insgesamt gering (24–47 % über 2 Jahre).
- Die Wirksamkeit gegen den Biovar Eltor war geringer (40 %) als gegen klassische Choleraerreger (60 %).
- Personen der Blutgruppe 0 entwickelten einen geringen Schutz (40–46 %) vor schwer verlaufender Cholera als Träger anderer Blutgruppen (63–76 %).
- Die 2malige Impfstoffgabe war fast so wirksam wie die 3malige Applikation.
- Bei erwachsenen Kontaktpersonen, nicht aber bei Kindern, zeigte sich innerhalb eines Jahres ein 32- bis 46 %iger Schutz vor symptomloser Infektion.

Oraler Lebendimpfstoff CVD-103 HgR

Dieser Impfstamm ist ein genetisch manipulierter Abkömmling des „klassischen" Cholera-Stammes 569B Inaba mit einer Deletion für das Gen der biologisch aktiven Untereinheit A des Choleratoxins, während die immunogene, für die Bindung an Zellrezeptoren verantwortliche Subunit B erhalten ist (A$^-$-Toxinmutante). Ein Marker für Quecksilberresistenz ist am Hämolysinlocus des Genoms eingefügt worden, um den Impfstamm von Cholera-Wildstämmen unterscheiden zu können [17].

Ergebnisse von Feldversuchen liegen bisher noch nicht vor, die Vakzine wurde aber an Freiwilligen getestet, und weitere Prüfungen in Thailand und Indonesien sind noch nicht abgeschlossen. Die bisherigen Ergebnisse lassen sich wie folgt zusammenfassen [2, 13, 17].

- Bei einem kleinen Teil der Freiwilligen führte der Impfstamm zu leichten und kurzdauernden Durchfällen.
- Eine einmalige Dosis von $5 \cdot 10^8$ Keimen war wirksamer als 3 Dosen der vorher beschriebenen, abgetöteten Vakzine WC/B.
- Bei Freiwilligen (USA) trat der Impfschutz innerhalb von 8 Tagen auf mit einer Dauer von mindestens 6 Monaten
  – mit einem Schutz von 89–100 % gegen klassische Choleraerreger und
  – 63–64 % Schutz bei Eltor-Cholera.
- Ein Schutz gegen mäßige und schwere Verlaufsformen (> 1 l Stuhl) ließ sich bei 83 % der Probanden zeigen.
- Bei Kindern in Thailand und Indonesien führte eine einmalige Dosis von $5 \cdot 10^9$ Keimen zu guter Serokonversion bei 70–90 % der Probanden.

Schlußfolgerungen für die Bekämpfung seuchenhafter Ausbreitung

Die Cholera als eine mit Wasser assoziierte Seuche wird am wirkungsvollsten durch Versorgung der Bevölkerung mit bakteriologisch einwandfreiem Trinkwasser sowie sichere Beseitigung fäkaler Abwässer bekämpft. Dieses Ziel ist in Mitteleuropa erreicht, und deshalb gehören hier epidemieartige Ausbrüche endgültig der Vergangenheit an. In den Ländern der dritten Welt mit zunehmender Verarmung besteht dagegen wenig Aussicht auf eine Verbesserung der Verhältnisse. Hier steht die frühzeitige Behandlung der Patienten im Vordergrund der Bekämpfungsmaßnahmen. Sofortiger Flüssigkeits- und Elektrolytersatz, möglichst unterstützt durch antibiotische Therapie, führen auch unter Feldbedingungen zur schnellen Genesung der Patienten, so daß die Letalitätsrate auf etwa 1 % gesenkt werden kann (vgl. Tabelle 2). Wünschenswert wäre unter diesen Bedingungen eine Unterstützung der Bekämpfungsmaßnahmen durch eine wirksame Impfprophylaxe. Hier wurden in den vergangenen Jahren durch intensive Forschungen Fortschritte erzielt, jedoch erfüllen auch zwei derzeit favorisierte Impfstoffkandidaten noch nicht die Voraussetzungen für eine uneingeschränkte und breite Anwendung.

Literatur

 1. Albert MJ, Siddique AK, Islam MS et al. (1993) Large outbreak of clinical cholera due to Vibrio cholerae non-01 in Bangladesh. Lancet 341: 704
 2. Arehawaratana PS, Singharaj P, Taylor DN et al. (1992) Safety and immunogenicity of different immunization regimens of CVD 103-HgR live oral cholera vaccine in soldiers and civilians in Thailand. J Inf Dis 165: 1042–1048
 3. Bockemühl J (1991) Reisediarrhöe: Klinik, Ätiologie, Therapie und Prophylaxe. Dtsch Ärztebl 88: B1707–B1710
 4. Bockemühl J (1992) Vibrionaceae. In: Burkhardt F (Hrsg) Mikrobiologische Diagnostik. Thieme, Stuttgart New York S 102–108
 5. Booth BA, Boesman-Finkelstein M, Finkelstein RA (1984) Vibrio cholerae hemagglutinin/protease nicks cholera enterotoxin. Infect Immun 45: 558–560
 6. Clemens J, Harris J, Sack D et al. (1988) Field trial of oral cholera vaccines in Bangladesh: results of one year of follow-up. J Inf Dis 158: 60–69
 7. Clemens JD, Sack DA, Harris JR et al. (1988) Cross-protection by B subunit – whole cell cholera vaccine against diarrhea associated with heat-labile toxin-producing enterotoxigenic Escherichia coli: results of a large-scale field trial. J Inf Dis 158: 372–377
 8. Clemens J, Sack DA, Harris JR et al. (1990) Field trial of oral cholera vaccines in Bangladesh: results from three-year follow-up. Lancet 335: 270–273
 9. Clemens JD, Sack DA, Rao MR et al. (1992) Evidence that inactivated oral cholera vaccines both prevent and mitigate Vibrio cholerae 01 infections in a cholera endemic area. J Inf Dis 166: 1029–1034
10. Feeley JC (1970) Cholera vaccines. In WHO (ed) Principles and practice of cholera control, Chapter 13. World Health Organization, Geneva, pp 87–93
11. Finkelstein RA (1992) Cholera enterotoxin (choleragen). A historical perspective. In: Barua D, Greenough III WB (eds) Cholera, Chapter 8. Plenum Med Book, New York London, pp 155–187
12. Finkelstein RA, Hanne LF (1982) Purification and characterization of the soluble hemagglutinin (cholera lectin) produced by Vibrio cholerae. Infect Immun 36: 1199–1208
13. Global Task Force on Cholera Control (1992) Cholera vaccine. Update May 1992. World Health Organization, Geneva (inofficial document)
14. Johnson JA, Morris JG, Kaper JB (1993) Gene encoding zonula occludens toxin (zot) does not occur independently from cholera enterotoxin genes (ctx) in Vibrio cholerae. J Clin Microbiol 31: 732–733
15. Holmgren J, Svennerholm AM, Jertborn M et al. (1992) An oral B subunit: whole cell vaccine against cholera. Vaccine 10: 911–914
16. Joó I (1973) Cholera vaccines. In: Barua D, Burrows W (eds) Cholera, Chapter 19. Saunders, Philadelphia London New York, pp 333–355
17. Levine M, Herrington D, Losonski G et al. (1988) Safety, immunogenicity, and efficacy of recombinant live oral cholera vaccines, CVD 103 and CVD 103-HgR. Lancet II: 467–470
18. Levine MM, Pierce NF (1992) Immunity and vaccine development. In: Barua D, Greenough III WB (eds) Cholera, Chapter 14. Plenum Med Book, New York London, pp 285–327
19. Mahalanabis D, Watten RH, Wallace CK (1974) Clinical aspects and management of pediatric cholera. In: Barua D, Burrows W (eds) Cholera, Chapter 11. Saunders, Philadelphia London Toronto, pp 221–233
20. Mahanalabis D, Molla AM, Sack DA (1992) Clinical management of cholera. In: Barua D, Greenough III WB (eds) Cholera, Chapter 13. Plenum Med Book, New York London, pp 253–283
21. Rabbani GH, Greenough III WB (1992) Pathophysiology and clinical aspects of cholera. In: Barua D, Greenough III WB (eds) Cholera, Chapter 11. Plenum Med Book, New York London, pp 209–228
22. Ramamurthy T, Garg S, Sharma R et al. (1993) Emergence of novel strain of Vibrio cholerae with epidemic potential in southern and eastern India. Lancet 341: 703–704

23. Sack RB (1992) Colonization and pathology. In: Barua D, Greenough III WB (eds) Cholera, Chapter 9. Plenum Med Book, New York London, pp 189–197
24. Shimada T, Nair GB, Deb BC et al. (1993) Outbreak of Vibrio cholerae non-01 in India and Bangladesh. Lancet 341: 1347
25. Thomas L (1988) Labor und Diagnose, 3. Aufl. Medizinische Verlagsgesellschaft, Marburg
26. World Health Organization (1983) Slide set A: Acute diarrhoeal diseases as a problem and approaches for their prevention. Diarrhoeal Dis Control Programme, CDD/83.4, Geneva
27. World Health Organization (1993) Cholera in 1992. Wkly Epidemiol Rec 68: 149–155

Virulenz und Verbreitung der Enteritis-Salmonellen

H. Tschäpe, H. Kühn

Einführung

Als Enteritis-Salmonellen bezeichnet man bestimmte *Salmonella*-Serovare, die beim Menschen hauptsächlich Gastroenteritiden hervorrufen, aber ihren Standort vorwiegend bei verschiedenen landwirtschaftlich genutzten Tierarten innehaben [33, 39, 40, 50]. Man grenzt sie daher deutlich von den wirtsadaptierten Salmonellen ab, wie z. B. *S. Typhi* (zur Nomenklatur s. Tabelle 1) beim Menschen, *S. Choleraesuis* für das Schwein oder *S. Dublin* beim Rind.

Enteritis-Salmonellen werden in der Regel über die entsprechenden von Tieren stammenden Lebensmittel verbreitet, so daß sie in die Gruppe der Lebensmittelvergifter einzuordnen sind. Je nach ihrer Prävalenz in landwirtschaftlichen Tierbeständen, je nach den herrschenden sozialhygienischen Bedingungen und dem jeweiligen Immunstatus der Bevölkerung erreicht die Salmonellose des Menschen epidemiologische „Hochs und Tiefs", was wir als Wechselspiel von Epidemie- und Reservationsphasen bezeichnen möchten [33, 35, 62].

Seit Mitte der achtziger Jahre ist wieder ein besonderes epidemiologisches „Hoch" bei Salmonellosen in vielen Industriestaaten der nördlichen Hemisphäre zu verzeichnen. Waren es in den siebziger Jahren Stämme des *Salmonella*-Serovars *Typhimurium*, die sich besonders über Fleisch und Fleischprodukte länderweit verbreiteten, so sind es heute Stämme des Serovars *S. enteritidis*, die über das Geflügel, Ei und über Eiprodukte zum Menschen gelangen und gegenwärtig erhebliche gesundheitspolitische Probleme bedingen [35, 53].

Obwohl die gegenwärtige „Konjunktur" der Salmonellosen wieder zahlreiche wissenschaftliche Analysen, epidemiologische Untersuchungen und antiepidemische Maßnahmen in Gang gesetzt hat, bleiben wichtige infektiologische und epidemiologische Fragen immer noch offen. So bleibt noch zu klären, was eigentlich das epidemische „Auf und Ab" der Salmonellosen bedingt und was die besondere epidemische Virulenz und Verbreitungsfähigkeit der jeweiligen Epidemietypen ausmacht. Es müßte analysiert werden, ob den Enteritis-Salmonellen eine besondere genetische Variabilität und damit Anpassungsfähigkeit eigen ist, z. B. durch das Aufkommen neuer Virulenz- und Resistenzfaktoren, die ein besseres Überleben unter bestimmten Umweltverhältnissen oder unter den gegenwärtigen Bekämpfungsstrategien ermöglichen. Kann man andererseits wirtsseitige Faktoren, wie z. B. Lücken oder Veränderungen in der Abwehrlage von Mensch und Tier ausmachen,

M. Zeitz et al. (Hrsg.) Ökosystem Darm V
© Springer-Verlag Berlin Heidelberg 1993

die das Aufkommen der Salmonellen hervorrufen? Stehen den Salmonellen vielleicht neue ökologische Nischen zur Verfügung, von denen sie neue, bisher unentdeckte Infektionswege benutzen können?

Nomenklatur und Diagnostik

Die hohe genetische Variabilität und Flexibilität der Salmonellen zeigt sich in der Vielzahl ihrer verschiedenen Serovare. Eigentlich besteht die Gattung *Salmonella* nur aus zwei Spezies: *S. enterica* und *S. bongori* [40, 50, 54, 60]. Nur die Spezies *S. enterica*, von der 6 Unterarten bekannt sind, hat für den Menschen eine klinische und epidemiologische Bedeutung. Die meisten der ca. 2300 bisher bekannten Salmonella-Serovare von S. enterica, die früher im Sinne des Kauffmann-White-Schemas als eigenständige Spezies aufgefaßt und benannt wurden, lassen sich lediglich als Varianten einer hypervariablen Antigenausrüstung und weniger als klinisch oder pathogenetisch eigenständige Stammklone verstehen [6, 7, 60, 61, 65]. Die Serovare unterscheidet man aufgrund des Körper- bzw. O-Antigen-Spektrums und der Flagellen- bzw. H-Antigene. Da sich das Kauffmann-White-Schema seit Jahren in der Diagnostik bewährt hat, sollte diese historische Besonderheit nomenklatorisch Berücksichtigung finden. In der Tat bleiben in der Praxis entgegen der nomenklatorischen Regeln die historisch gewachsenen Bezeichnungen weiterhin in Anwendung (Tabelle 1). Das bedeutet, daß alle bisherigen klinisch und epidemiologisch relevanten Enteritis-Salmonellen der Spezies *enterica* Subspezies *enterica* angehören. Aufgrund ihres breiten Antigenspektrums lassen sie sich zwar einer Vielzahl von Serovaren zuordnen, weisen aber klinisch und epidemiologisch sehr ähnliche Merkmale und Eigenschaften auf. Trotz vieler bekannter Serovare der Subspezies enterica sind aber nur wenige von ihnen von klinischer und epidemiologischer Bedeutung für den Menschen (Tabelle 2). Dies provoziert die Frage: Besitzen nur diese wenigen Serovare eine entsprechende, besondere pathogenetische Qualifizierung für Infektionen beim Menschen oder sind sie einfach nur an unsere landwirtschaftlich genutzten Haustiere besonders adaptiert?

Plasmide und Pathogenität

Sucht man die genetischen Ursachen einer unterschiedlich innerartlichen Qualifizierung, z. B. einer besonderen pathogenetischen Ausrüstung einzelner Serovare innerhalb einer Bakterienart zu ergründen [1, 46, 56], dann trifft man regelmäßig auf das Vorkommen von Plasmiden [43, 63, 68, 70]. Evolutionsgenetisch gesehen sind Plasmide für eine Ausstattung ihrer Wirtsbakterien mit zusätzlichen Eigenschaften und Leistungen für das Erreichen und Behaupten neuer ökologischer Nischen verantwortlich [70]. Handelt es sich bei diesen Nischen um Habitate am oder im Menschen, Tier oder Pflanze, so sprechen wir von Pathogenitätseigenschaften der Bakterien. Bei Nischen in der Umwelt sprechen wir von metabolen oder Resistenzleistungen [70].

Tabelle 1. Beispiele der Nomenklatur einiger Enteritis-Salmonellen[a]

Alte Bezeichnung	Neue Bezeichnung
Salmonella typhimurium	Spezies: S. enterica Subspezies: enterica Serovar: Typhimurium Formel: O1,4,5,12:Hi:H1,2
Salmonella enteritidis	Spezies: S. enterica Subspezies: enterica Serovar: Enteritidis Formel: O1,9,12:Hg,m:H-
Salmonella haifa	Spezies: S. enterica Subspezies: enterica Serovar: Haifa Formel: O1,4,5,12:Hz10:H1,2
Salmonella heidelberg	Spezies: S. enterica Subspezies: enterica Serovar: Heidelberg Formel: O1,4,5,12:Hr:H1,2
Salmonella agona	Spezies: S. enterica Subspezies: enterica Serovar: Agona Formel: O1,4,5,12:Hf,g,s:H1,2
Einige wirtsadaptierte Serovare im Vergleich:	
Salmonella choleraesuis	Spezies: S. enterica Subspezies: enterica Serovar: Choleraesuis Formel: O6,7:Hc:H1,5
Salmonella typhi[b]	Spezies: S. enterica Subspezies: enterica Serovar: Typhi Formel: O9,12,Vi:Hd:H-

[a] Vgl. zur Nomenklatur und Taxonomie [40, 50].
[b] Nach Beltran et al. [7] gehören die Serovare Typhimurium, Saintpaul, München, Paratyphi-B zu einem phylogenetisch verwandten „cluster", was auch nach den RFLPs für die Genotypen zutrifft (Tschäpe, unveröffentlicht), s. auch Abb. 6.

Plasmide sind in fast allen Bakterienarten vorhanden und haben bei einigen Spezies fast die Bedeutung eines zweiten Chromosoms angenommen, z. B. bei den Shigellen, Yersinien oder Agrobakterien. Man bezeichnet diese auch als typbestimmende Plasmide [70]. Solche typbestimmenden Plasmide sind auch für einige Salmonella-Serovare bekannt und als serovarspezifische Virulenzplasmide bezeichnet worden [14, 17, 26, 32, 36, 73, 76]. In Tabelle 3 sind die Salmonella-Serovare zusammengestellt, die solche typbestimmenden oder serovarspezifischen Plasmide enthalten. Vergleicht man aber die Tabellen 2 und 3, so ist auffällig, daß nur wenige Serovare existieren, die derartige Plasmide enthalten und daß es sich mei-

Tabelle 2. Verteilung der Serovare nach Häufigkeit ihrer Isolierung von klinisch epidemiologisch wichtigen Geschehen in der Bundesrepublik Deutschland (nt nicht bestimmt, kbp Kilobasenpaare)

Serovar	Seroformel	Häufigkeit in % 1980 1990 1992	Plasmid in kbp	Originaler Wirt	Krankheitsbild
Enteritidis	1,9,12:g,m:-	4 53 75[a]	52	Geflügel	Enteritis beim Menschen Sepsis beim Küken, Ausscheider beim Huhn
Typhimurium[b]	1,4,5,12:i:1,2	60 21 21	95	Maus, Kalb	Gastroenteritis beim Menschen Septikämie beim Kalb und Ferkel
Agona[c]	1,4,5,12:f,g,s:1,2	17 5 nt	–	unbekannt	Gastroenteritiden geringe klinische Manifestationen, über Futtermittel eingeschleppt
Saintpaul	1,4,5,12:eh:1,2	0 5 nt	–	unbekannt	Gastroenteritiden beim Menschen
Infantis	6,7[14]:r:1,5	1 4 nt	–	unbekannt	über Milchprodukte, oft Hospitalinfektionen
Manhattan	6,8:d:1,5	0 1,5 nt	–	unbekannt	Gastroenteritiden beim Menschen
Thompson	6,7,[14]:k:1,5	1 1,2 nt	–	Puten	Gastroenteritiden beim Menschen
Dabei einige strikt wirtsadaptierte Salmonella-Serovare:					
Choleraesuis		0,03 0,01 nt (10 % beim Schwein)	39	Schwein	Septikämien beim Menschen sehr selten
Dublin[d]		1,2 (33 beim Rind)	82	Rind	Septikämien beim Menschen sehr selten
Gallinarum		0,01 (3,5 beim Huhn)	80	Huhn	Septikämien beim Menschen sehr selten

[a] Vgl. auch Daten von [4, 33, 35, 53, 57].
[b] Einige Serovare sind untereinander genetisch sehr verwandt, z. B. zeigen Untersuchungen zum RFLP (Tschäpe et al. in Vorbereitung) und Cluster-Analysen mit Hilfe der Multilocus-Enzym-Muster-Methode [7, 59, 60], daß Stämme der Serovare Typhimurium, München, Saintpaul, Heidelberg und Parathyphi B genetisch außerordentlich verwandt sind.
[c] S.-agona-Stämme ohne besondere klinische Manifestationen, Import über Fischmehl, dadurch Verbreitung bei Tieren und über kontaminierte Lebensmittel zeitweise von epidemiologischer Bedeutung.
[d] Schwere Epidemien in Amerika und England durch einen offenbar besonders für den Menschen pathogenen Klon; evtl. der Übergang eines tieradaptierten Serovars durch Veränderung der Virulenzausstattung zum Gastroenteritiserreger des Menschen.

Tabelle 3. Vorkommen und Eigenschaften der typbestimmenden Salmonella-Plasmide[a]

Vorkommen	Serovar	Wirt	Plasmid Größe[a]	Typ	Charakteristika
Typhimurium	1,4,5,12:i:1,2	Maus[b]	96	FII[c]	Tra-switch[d] Serumresistenz (rck, TraT) Wachstumsförderung im RES, dadurch intrazelluläre Vermehrung
Enteritidis	1,9,12:g,m:-	Geflügel[e]	57	FII	Delta 25 kb, tra-negativ, sonst wie Typhimurium
Dublin	1,9,12:g,p:-	Rind	82	FII	Delta tra, traT-negativ, sonst wie Typhimurium
Choleraesuis	6,7:c:1,5	Schwein	39	FII	Delta 40 kb, tra-negativ sonst wie Typhimurium
Gallinarum	1,9,12:-:-	Huhn	80	FII	Identisch mit Dublin
Pullorum	1,9,12:-:-	Huhn	80	FII	Identisch mit Dublin
Abortusovis	4,12:c:1,6	Schaf	60	FII	3,7 kbp-HindIII-Vir-Fragment wie bei Typhimurium
Johannisburg	1,40:b:e,n,x	unbekannt	86	FII	Wahrscheinlich mit Typhimurium identisch
Kottbus	6,8:e,h:1,5	unbekannt	80	FII	Identisch mit Dublin
Morehead	30:i:1,5	unbekannt	80	FII	Identisch mit Dublin

[a] Die typbestimmenden Plasmide ähneln sich genetisch und molekular sehr auffallend (vgl. Abb. 1); [14, 26, 32, 36, 45, 47, 73, 76], lediglich ihre Größe (in Kilobasenpaaren/kbp angegeben) ist verschieden. Virulenzplasmidhaltige Serovare kommen nur bei den wirtsadaptierten Serovaren vor. Die Serovare Typhimurium und Enteritidis müßten demnach eine besondere zusätzliche Qualifizierung für die Pathogenese beim Menschen „erhalten" haben. Das scheint sich z. Z. auch für den Serovar Dublin abzuspielen. Es wäre interessant festzustellen, ob die Bedeutung der IncFII-typbestimmenden Plasmide nur für die der wirtsadaptierten Salmonellosen zutrifft oder auch für die Pathogenese beim Menschen, wenn es sich um abwehrgeschwächte Patienten handelt und sie so eine „Verstärkerrolle" einnehmen [vgl. 19].
[b] Der Serovar Typhimurium wurde ursprünglich als Erreger des Mäusetyphus (in Breslau) beschrieben. Die Maus dürfte wohl nicht den originären Wirt darstellen. Ebenso kommen als Wirte das Rind, das Schwein und das Geflügel in Frage. Es ist daher u. a. zu fragen, ob man die Maus wirklich als das geeignete Modell zur Untersuchung der Pathogenese von Typhimurium betrachten kann. Die Serovare Typhimurium und neuerdings Enteritidis scheinen sich als „Alles-Könner" entwickelt zu haben (vgl. Abschn. „Toxigenität").
[c] IncFII wird in einigen Arbeiten angezweifelt [vgl. 47], jedoch zeigen unsere Daten eine eindeutige Inkompatibilität mit dem IncFII-Referenzplasmid R222, ebenso ist die IncFII-Sonde positiv.
[d] Transfernegative und transferpositive Klone scheinen parallel vorzukommen, die genetischen Ursachen des Transfer-Switch sind nicht bekannt. Das 96 kbp große serovarspezifische Plasmid von Serovar Typhimurium scheint das komplette und originale Plasmid darzustellen, von dem die anderen durch mehr oder weniger große Deletionen abstammen.
[e] Klone von S. Enteritidis scheinen eine „Anpassung" an die Pathogenese für den Menschen vorgenommen zu haben und sind so wie Stämme des Serovars Typhimurium in einer „Alleskönner"-Rolle (vgl. Abschn. „Toxinogenität").

stens um die sogenannten wirtsadaptierten Salmonellen wie Dublin, Choleraesuis oder Gallinarum-Pullorum handelt. Da von den Enteritis-Salmonellen nur die beiden Serovare S. Typhimurium und S. Enteritidis solche typbestimmenden Plasmide aufweisen, kann man eine Antwort auf die Frage nach einer besonderen, durch die Plasmide bedingten pathogenetischen Potenz der häufig auftretenden Enteritis-*Salmonella*-Serovare nicht erwarten. Auch sind die gefundenen serovarspezifischen Plasmide als molekulargenetisch identische, allerdings durch Deletionen (nicht durch Aufnahme zusätzlicher Determinanten) unterschiedlich große Replikons vom Typ IncFII charakterisiert worden [26, 32, 36, 45, 47], so daß sich ihre Serovarspezifität lediglich auf die molekulare Größe, nicht jedoch auf einen unterschiedlichen Beitrag zur Pathogenese ihrer verschiedenen an das Tier adaptierten Wirtsbakterien beziehen kann. Seit vielen Jahren bemüht man sich um die Aufklärung der pathogenetischen Bedeutung dieser Plasmide und versucht die entsprechenden Pathogenitätsdeterminanten zu entschlüsseln. Daß sich isogene plasmidhaltige und nicht-plasmidhaltige S.-*typhimurium*-Stämme in der Maus bei einer i. p.-Applikation pathogen gleich verhalten und nur bei oraler Applikation Virulenzunterschiede feststellbar sind, hat zu der Hypothese geführt, daß die typbestimmenden Virulenzplasmide für die Invasivität ihrer Wirtsbakterien kodieren [25, 26]. Allerdings dürften diese plasmidkodierten Faktoren nicht das pathogenetische Problem der Wirtsanpassung (Maus, Schaf, Geflügel, Rind) betreffen. Aus den vielen zum Teil widersprüchlichen Daten weiß man heute, daß die typbestimmenden Plasmide der Salmonellen keine Determinanten für direkte Pathogenitätsfaktoren besitzen, z. B. für Adhäsion und Invasion, für Resistenz gegen Serumbakterizidie und Phagozytose, oder für Faktoren zur Ausbildung einer Immunsuppression [26]. Das wird auch durch Untersuchungen über mögliche plasmidkodierte Antigene bei den betreffenden Serovaren unterstrichen: die typbestimmenden Plasmide aus den Serovaren S. Typhimurium, S. Enteritidis, S. Dublin und S. Choleraesuis können nach Transfer in E. coli K12 oder in den plasmidfreien S. Typhimurium Teststamm M307 keine antigenen Veränderungen in ihren Wirtsbakterien bewirken (Streckel und Tschäpe, unveröffentlicht). Auch ließen sich keine eindeutigen Serumresistenzveränderungen (Glöckner, Struy, Tschäpe und Morenz) oder auch keine induzierte Immunsuppression bei der Bildung von Anti-*Salmonella*-O-Antikörpern (Streckel, Tschäpe, Kühn, unveröffentlicht) im Kaninchen nachweisen, wodurch die plasmidhaltigen *Salmonella*-Serovare besser die humorale Abwehr unterlaufen könnten. Es zeigte sich vielmehr, daß die Plasmide für eine besondere intrazelluläre Vermehrung (im Retikuloendothel) und damit Ausbreitungsfähigkeit ihrer Wirtsbakterien kodieren [27, 41] und eher eine regulative oder verstärkende Wirkung auf chromosomal kodierte Pathogenitätsfaktoren haben [20, 22]. Dazu ist nur ein ca. 6 kbp (Kilobasenpaare) großer Bereich auf den Plasmiden notwendig (Abb. 1).

Zusammenfassend läßt sich zum Stand der Analyse über die Bedeutung der typbestimmenden Plasmide der Salmonellen und ihre Rolle für die Pathogenese gegenwärtig folgendes feststellen:

1. Einige *Salmonella*-Serovare besitzen unterschiedlich große, jedoch genetisch und molekular ziemlich gleiche, ja evolutionsgenetisch gesehen identische Virulenzplasmide, die sich je nach Serovar nur durch zusätzliche Deletionen, nicht

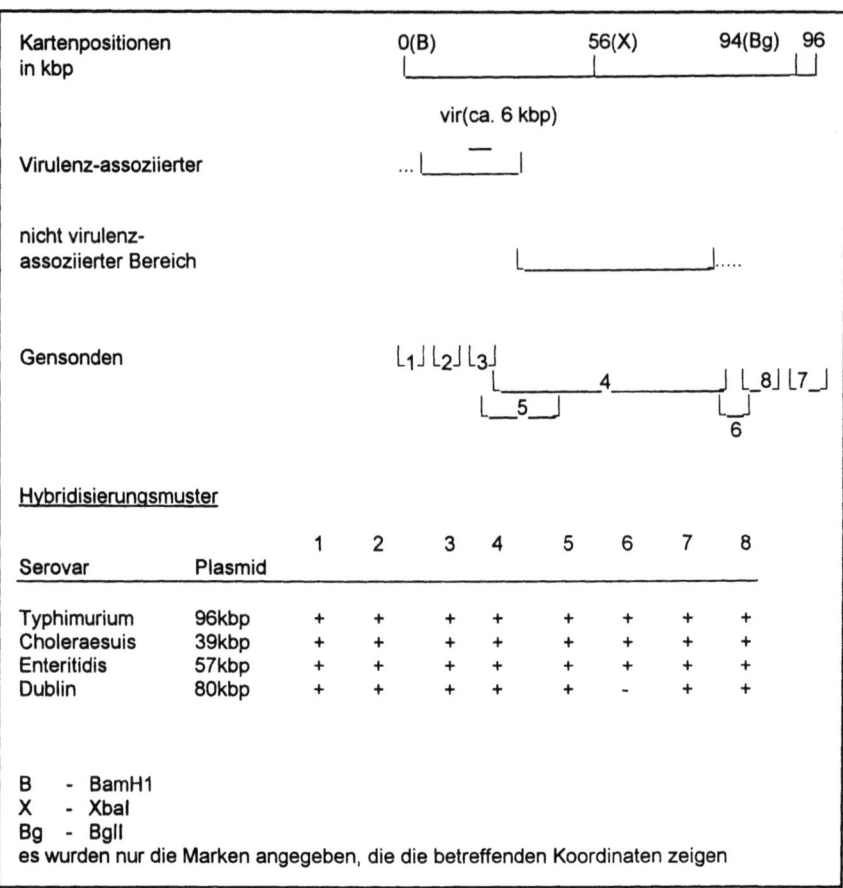

Abb. 1. Homologien zwischen den Vir-Plasmiden (Inc FII) der Salmonellen. Schematische Plasmidkarte von S. Typhimurium. (Zusammengestellt nach [26, 36, 45, 47, 73]

aber durch zusätzliche Determinanten unterscheiden (vgl. die Virulenzplasmide der *Yersinia*- und *Shigella*-Serovare).
2. Nur eine 6,2 kbp große Region (ca. 5–6 Gene) ist für den Virulenzphänotyp „intrazelluläre Vermehrung" im RES essentiell, andere direkte Pathogenitätfaktoren werden vom Plasmid nicht kodiert. Der molekulare Mechanismus dieser Vermehrungsfähigkeit ist unbekannt.
3. Zusätzlich ist eine plasmidbedingte Regulation von chromosomal lokalisierten Virulenzdeterminanten durch das Außenmembranprotein rck vorhanden, was erst durch Kontakte mit Umweltsignalen, vielleicht Faktoren an der Oberfläche der Eukaryontenzelle getriggert wird [20–22, 31]. Das rck-Protein ist in verschiedenen Arbeiten mit einer Serumresistenz in Verbindung gebracht worden, was offenbar nur ein indirekter Effekt ist [20, 31].

Betrachtet man die epidemiologische und pathogenetische „Landschaft" der Enteritis-Salmonellen, so muß man zu dem Schluß kommen, daß die serovarspezifischen IncFII-Vir-Plasmide pathophysiologisch für Infektionen des Menschen offenbar keine Bedeutung haben, jedoch für die wirtsadaptierten Salmonella-Serovare (mit Ausnahme *S. Typhi*) wichtig sein könnten (vgl. Tabelle 3). Für Infektionen beim Menschen scheinen dagegen andere Plasmide bei einigen Pathovaren von Enteritis-Salmonellen von typbestimmender Bedeutung zu sein. Diese Pathovare enthalten stets ein ca. 150 kbp großes IncFI (auch als IncFI$_{me}$ bezeichnet) Plasmid [2, 68], jedoch nie die entsprechenden serovarspezifischen Virulenzplasmide vom Typ IncFII. Diese ca. 150 kbp großen IncFI-Plasmide kodieren für das Siderophor Aerobactin, welches ein Überleben unter den eisenarmen intrazellulären und extraintestinalen Bedingungen gewährleistet [15, 71]. Diese Aerobactinplasmide sind nicht mit den Aerobactin-ColV-Plasmiden der septikämischen *E. coli*-Stämme verwandt [vgl. 9, 15, 39, 44, 72, 74] und könnten noch weitere, bisher unbekannte Virulenzfunktionen kodieren (Tabelle 4). Diese aerobactinplasmidhaltigen Pathovare findet man innerhalb verschiedener Serovare wie *S. Typhimurium, S. Wien, S. Haifa, S. Java, S. Isangi, S. Enteritidis* [2, 68, 71]. Solche Stämme zeigen ein völlig anderes epidemiologisches und klinisches Verhalten (Tabelle 4): sie sind nie im Zusammenhang mit Lebensmittelinfektionen und konsequenterweise auch nie beim Tier anzutreffen, vielmehr weisen sie bei sehr hoher Kontagiosität eine strikte Mensch-zu-Mensch-Verbreitung auf und haben als nosokomiale Infektionen insbesondere in Säuglings- und Kleinkindeinrichtungen eine große epidemiologische Bedeutung [39, 49, 71, 72]. Der klinische Verlauf von Infektionen mit diesen *Salmonella*-Stämmen zeigt sich weniger als Gastroenteritis, sondern typhöse Krankheitsbilder stehen im Vordergrund [15, 49, 71] (s. Tabelle 4). Allerdings sind diese Pathovare in europäischen Ländern von geringerer epidemiologischer Relevanz, haben aber in den mittelasiatischen Gebieten und im mittleren Osten eine häufige Verbreitung [39, 72].

Systemische oder typhoide Krankheitsbilder, die durch die „klassischen" Enteritis-Salmonellen bedingt sind, treten nur bei immungeschwächten, abwehrverminderten Patienten auf [z. B. 19, 64, 75]. Da für die Gastroenteritis die plasmidbedingten Virulenzfaktoren keine entscheidende Rolle spielen und darüber hinaus viele der häufigen Serovare keine Virulenzplasmide aufweisen (z. B. *S. Heidelberg, S. Agona*), müssen andere, chromosomal kodierte Pathogenitätsfaktoren für die Pathogenese der Salmonellose wichtig sein.

Die Toxinogenität

Das typische durch Enteritis-Salmonellen verursachte Krankheitsbild beim Menschen ist die Gastroenteritis mit profusen, nicht blutigen Durchfällen, sehr oft mit wäßrigen choleraähnlichen Stühlen, wofür auch der klassisch klinische Terminus „Cholera nostras" zutreffend verwendet wird [3, 38]. Seit vielen Jahren sind neben den Adhäsinen [s. 13] auch Toxine als wichtige Gastroenteritis und Durchfall verursachende Pathogenitätsfaktoren vermutet und untersucht worden. Die zum Teil widersprüchlichen Daten weisen auf choleraähnliche Toxine [10, 11, 37, 38, 51], aber auch auf zytotoxische Moleküle mit Proteinsynthese-Inhibitions-Merkmalen hin [8, 34, 48, 55], wobei allerdings wahrscheinlich ist, daß Salmonellen nur ein

Tabelle 4. Eigenschaften und epidemiologische Bedeutung von S.-Typhimurium-Stämmen mit den typbestimmenden Plasmiden IncFII (Vir, 90 kbp) und IncFIme (Hyd, 145 kpb) [vgl. 2, 15, 39, 49, 70, 71].

	Salmonella-Typhimurium-Stämme[a]	
	mit dem 90-kpb-Plasmid	mit dem 145-kpb-Plasmid
Biologische Eigenschaften	Im Mäusemodell virulent	Im Mäusemodell nicht virulent
	Enterotoxinbildung	Aerobactinbildung und
	Adhäsion	Eisenmangelresistenz
	Serumresistenz durch LPS[b]	Serumresistenz[c]
	Intrazelluläre Vermehrung in Makrophagen tierischer Herkunft	Meistens antibiotikamehrfachresistent Andere Faktoren[d]
Epidemiologische Eigenschaften	Stämme bei Tieren verbreitet	Stämme nur beim Menschen verbreitet
	Symptomlose Ausscheidung bei Tieren häufig	Übertragung durch fäkal-orale Schmierinfektionen von Mensch zu Mensch
	Übertragung auf den Menschen durch kontaminierte Lebens-Mittel, Mensch-zu-Mensch-Infektketten sehr selten	Ausbrüche in Kindereinrichtungen und Krankenhäusern (Hospitalismus)
	Lebensmittelvergiftungen	
	Erregerausscheidung beim Menschen normalerweise kurzzeitig	Keine Erregerzirkulation in tierischen Populationen
	Hohe Infektionsdosis	Niedrige Infektionsdosis
	Weltweit verbreitet	Verbreitung im mittleren Osten und Asien
Klinische Eigenschaften	Gastroenteritiden	Typhoide, weniger gastroenteritische Krankheitsbilder
	systemische Krankheitsbilder sehr selten und nur bei abwehrgeschwächten Personen	

[a] Es wurden verschiedene Stammklone unterschiedlicher geographischer und epidemiologischer Herkunft geprüft. Diese Verhältnisse treffen nicht nur für S. Typhimurium zu, sondern auch für die Serovare S. Enteritidis, S. Haifa, S. Isangi, S. Java, S. Infantis, S. Wien etc.
[b] Vgl. aber das rck-Protein (s. Abschn. „Plasmide und Pathogenität" [31]).
[c] Plasmidvermittelte Serumresistenz und eine Fibronectinbindung (unveröffentlicht).
[d] Andere Faktoren werden vermutet.

Die IncFI-Aerobactinplasmide der Salmonellen unterscheiden sich im Plasmid-Fingerprint von den IncFI-Aerobactin-Col-V-Plasmiden der septikämischen und meningitischen E. coli und der anderen coliformen Erreger.

distinktes Toxin bilden, welches beide Eigenschaften vereint (Tabelle 5). Aus den bisherigen molekularen Analysen geht hervor, daß Salmonellen tatsächlich ein ungewöhnliches, neuartiges Toxin bilden, welches sicherlich nicht in die Familie der Cholera-Toxine gehört. Es handelt sich um ein 25 kD großes Protein [11, 51], das eine starke Neigung zur Aggregation mit Membranproteinen aufweist. Dagegen ist das Cholera-Toxin 87,86 kD groß und besitzt die typische A1:B5-Struktur. Das biologisch aktive, enterotoxisch wirkende 25 kD Molekül wird von einem chromosomalen Gen *stn* (*Salmonella* entero*toxin*) kodiert, daß bei etwa 89.75 min der Salmonella-Genkarte auf einem 800 bp großen ClaI-EcoRI-Fragment lokalisiert ist (Abb. 2). Dieses Protein wirkt enterotoxisch (positiv im ,,Ileal-loop"-Test, Hauttest, CHO-Test, s. Tabelle 5) und induziert in CHO-Zellen eine signifikante Erhöhung des cAMP-Spiegels [48]. Es läßt sich zwar biologisch mit Anti-Cholera-Toxin-Antiseren neutralisieren [11, 37, 48, 51], kann aber nicht mit diesen Antiseren in entsprechenden Westernblot- und ELISA-Analysen dargestellt werden (Beer, Streckel und Tschäpe, in Vorbereitung), was gegen eine serologische Verwandtschaft mit der Cholera-Toxin-Familie spricht. Auch die Sequenzanalysen [12] und die nachgewiesene Neutralisierbarkeit mit Gm1, die nur durch die 3000fache Dosis äquivalent zum Cholera-Toxin möglich ist, schließen eine Ähnlichkeit mit dem Cholera-Toxin aus [51]. Antiseren gegen Salmonella-Toxin reagieren im ELISA mit Überständen, Ultraschallaufschlüssen und teilgereinigten Präparationen von allen Salmonella-Serovaren positiv, wenn auch quantitativ sehr unterschiedlich (Tabelle 6). Dies spricht für ein ubiquitäres Vorkommen der Toxin-Determinante [48]. Das wird auch durch die molekularen Analysen zum Vorkommen des *stn* Genes bestätigt. Dabei ist bemerkenswert, daß es an derselben Stellen im Genom lokalisiert ist wie das Gen hydGH (ca. 89.75 min der Genkarte) [12]. Allerdings wird das stn Gen in der entgegengesetzten Richtung gelesen wie das hyd-Gen (also zwei überlappende Gene; Abb. 2). Das hydGH stellt das Regulationsgen für die Hydrogenasebildung dar, welche für die anaerobe Fermentation gebraucht wird, eine Eigenschaft, die alle Salmonellen besitzen. Aber auch bei allen *E. coli*-Stämmen ist dieses Gen hydGH vorhanden, jedoch bleibt eine Expression dieses STN-Proteins aus, weil die Leserichtung für dieses Protein bei *E. coli* durch 3 vorhandene Stopp-Kodons blockiert ist [12]. Es handelt sich also offenbar beim STN-Protein um ein evolutionsgenetisch eher unbedeutendes, evtl. nicht verwendetes oder nur unter anaeroben Bedingungen gebrauchtes Produkt, welches jedoch nur für die Pathogenese beim Menschen diese bedeutsame pathogenetische Konsequenz mit sich bringt. Vielleicht wird auch durch Bereitstellung entsprechend besser zu lesender Promotoren (z. B. durch IS-Elemente) diese ,,Wirkung" erst klonal getriggert [s. 18, 30], was für die besondere Qualifizierung von Epidemie-Stämmen eine interessante genetische Grundlage darstellen würde (vgl. Abschn. ,,Entstehung von Epidemietypen und ihre Ausbreitung"). Obwohl die verschiedenen Serovare von *Salmonella enterica* ssp. *enterica* (Subspezies I) alle zur Toxinbildung befähigt sind, weisen sie untereinander erhebliche Abweichungen in der quantitativen Toxinproduktion auf (Tabelle 6). Diese Daten lassen sich klinisch und epidemiologisch bewerten (s. Abschn. ,,Entstehung von Epidemietypen und ihre Ausbreitung").

Tabelle 5. Einige Eigenschaften der bekannten Enterotoxine gramnegativer Bakterien (*SLT* Shiga-like Toxin; *CT* Cholera Toxin; *LT* hitzelabiles Enterotoxin von E. Coli; *ST* hitzestabiles Enterotoxin von E. coli; *STN* Salmonella-Toxin) (nt = nicht bestimmt)

	SLT	CT	LT	ST	STN[a]
Biologische Eigenschaften					
Kaninchenhaut[b]	+	+	+	+	+
Darmschlinge[b]	+	+	+	+	+
y-Zellen	−	+	+	−	−
CHO-Zellen	−	+	+	−	+
Verozellen	+	−	−	−	−
Baby-mouse-Darm	−	−	−	+	+
Serologische Eigenschaften					
Neutralisation im PF Test[c]					
Anti-Cholera	−	+	+	−	+
Anti-Stm	−	−	−	−	+
ELISA und Westernblot[d]					
Anti-Shiga	+	−	−	−	−
Anti-Cholera	−	+	+	−	−
Anti-STN	−	−	−	−	+
Molekulare Eigenschaften					
DNA-Sonde SLTI	+	−	−	−	−
DNA-Sonde CT[e]	−	+	+	−	−
DNA-Sonde LT	−	+	+	−	−
DNA-Sonde STa	−	−	−	+	−
DNA-Sonde STN	nt	nt	nt	nt	+
Molekulargewicht (kD)	80	80	80	5	25[f]
A_1B_5-Struktur	+	+	+	−	−
Hitzelabilität[g]	−	+	+	−	(+)

[a] Das Salmonella-Toxin soll nicht extrazellulär vorkommen [48], jedoch ist das PF-Prinzip (*PF* „permeability factor", Kaninchenhaut) unter mikroaerophilen Kulturbedingungen auch im Kulturüberstand nachzuweisen ([37, 38]; Tschäpe und Streckel, unveröffentlicht). Salmonella-Serovar Typhimurium ist nicht als „releasing"-negative Mutante zu betrachten: nach Übertragung des E.-coli-LT-Toxin-Plasmids pIE454 auf den S.-Typhimurium-Teststamm M307 erweist er sich als Superproduzent für das LT-Toxin und entspricht somit den E.-coli-Hyperexkretionsmutanten (Tschäpe, unveröffentlicht). Es besteht eine Ähnlichkeit mit dem bei Vibrio cholerae gefundenen Zot-Toxin, welches eine ATPase-Aktivität aufweist und Membranstrukturen modifiziert. Zot steht für „zonula *o*ccludens *t*oxin", da das Toxin die enge Interzellularbindung der Dünndarm-Mukosa auflockert. Das Toxin ist 44,8 kD groß und wird von einem 1,3 kb großen ORF unmittelbar vor („upstream") dem Cholera-Toxin-Gen ctx kodiert ([5]; vgl. auch [55]) über die Membran-Lokalisation des Salmonella-Toxin-Prinzips und der induzierten Permeabilitätserhöhung. Reitmeyer et al. [55] unterscheiden allerdings ein Cholera-like toxisches und ein zytotoxisches Prinzip, was jedoch nach den Daten von Chopra et al. [10–12] und Prasad et al. [51] nicht zu bestätigen ist.
[b] Kaninchenhaut-Test (PF) und Kaninchendarmschlingen-Test („Ileal-loop"Test) reagieren auf alle Enterotoxine [16, 37, 48].
[c] Siehe [38, 48, 51]; Kühn und Tschäpe, unveröffentlicht.
[d] Unveröffentlicht nach Beer, Streckel, Tschäpe.
[e] Nach Chopra et al. [10] sollte unter nichtstringenten Bedingungen eine positive Reaktion zwischen der Cholera-Sonde und dem *STN*-Gen vorkommen. Wir konnten dies jedoch nicht bestätigen (Tschäpe, unveröffentlicht).
[f] Zum Einsatz von entsprechenden Sonden [s. 29, 67]; es wurden die Sonden eingesetzt. Das 25-kD-Protein spaltet ein 12-kD-Molekül ab, das jedoch nicht mehr enterotoxisch wirkt [51].
[g] Hitzelabilität ist beim STN nicht in der Weise ausgeprägt wie beim Cholera-Toxin.

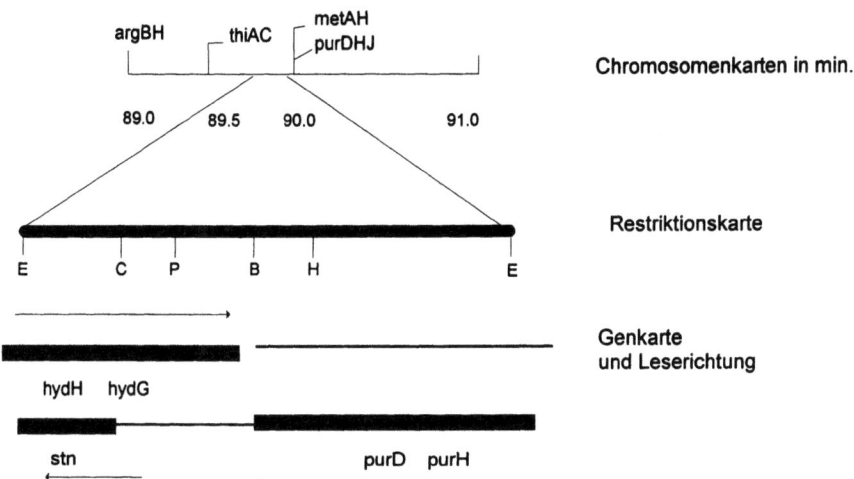

Abb. 2. Genomposition der Enterotoxin-Determinante *stn* von Salmonella-Serovar Typhimurium. (Zusammengestellt nach [12, 51]). Gene für die Biosynthese: *arg* Arginin, *thi* Thiamin, *met* Methionin, *pur* Purin, *hyd* Hydrogenase (Regulatorgen), *stn* Gen für das Salmonella-Enterotoxin

Subepitheliale Invasion und Überlebensstrategien

Pathophysiologisch unterscheidet man die Invasivität der Shigellen, die auch als Penetration bezeichnet wird, von der Invasivität der Salmonellen [24, 25]. Während die Shigellen in die Enterozyten der Colonzellen eindringen, sich dort vermehren und in einem Zell-zu-Zell-Ausbreitungsmodus Gewebeulzerationen und Zelltod verursachen [58], lassen die Enteritis-Salmonellen die Enterozyten des Menschen prinzipiell unbehelligt. Obwohl die Enteritis-Salmonellen die Dünndarmepithelzellen mit Hilfe der TypI-Fimbrien in großem Ausmaß kolonisieren können, benutzen sie offenbar vorwiegend nur die Makrophagen der Peyer-Plaques zur Invasion. In diesem Zusammenhang ist aber auf die Invasion von Salmonellen durch die polarisierten Madin-Darbey-Hundenieren-Epithelzellen hinzuweisen, ferner auf die patho-histologischen Daten über den Typhus-Infektionsvorgang sowie auf die *S.-Typhimurium*-Invasion in polarisierte Caco-2-Zellen, die von menschlichen intestinalen Epithelzellen abstammen (s. [20, 22]). Dabei ist das chromosomal kodierte, Virulenz-assoziierte Oberflächenprotein-PagC (es gehört zur Ail-Familie) in der Lage, eine Antigen-Rezeptor vermittelte Internalisierung (Phagozytose) der Bakterien in die Makrophagenzellen zu stimulieren, wobei eine de-novo-Protein-Synthese von Nöten ist. Diese wird durch Umweltsignale, wie niedriger Sauerstoffdruck oder epitheliale Oberflächenstrukturen, getriggert [22]. Der Invasionsvorgang wird durch eine Reihe von *Salmonella*-determinierten (*inv* Gene) und Wirtszell-kontrollierten (Tyrosin-Protein-Kinase) Funktionen bestimmt. Auch erfolgt dabei eine Auflockerung der Mukosa und eine Erhöhung der Permeabilität, was offenbar durch das Enterotoxin erfolgt (vgl. das zot-Enterotoxin in Tabelle 5).

Nach dem Ingestionsvorgang liegen die Salmonellen durch eine Doppelmembran umschlossen in einer Vakuole vor, die im Gegensatz zu den Shigellen nicht aufgelöst

Tabelle 6. Quantitative Unterschiede in der Toxin-Aktivität einiger Enteritis-Salmonella Serovare

Serovar	PF[a]	Neutralisation[b]			ELISA[b]		
		STN	CT/LT	SLTI/II	STN	CT/LT	SLTI/II
Typhimurium	455	+	(+)	–	23	0	0
Tm-Spantax[c]	600	+	(+)	–	380	0	0
Panama	150	+	(+)	–	100	0	0
Kapemba	300	+	(+)	–	nt	nt	nt
Saintpaul	200	+	(+)	–	100	nt	nt
Heidelberg	250	+	(+)	–	150	0	0
Manhattan	300	+	(+)	–	nt	nt	nt
Wien	150	+	(+)	–	nt	nt	nt
Enteritidis[d]	150	+	(+)	–	200[d]	0	0
Agona[e]	80	+	(+)	–	nt	nt	nt
Dublin	40	+	(+)	–	nt	nt	nt
Choleraesuis	0	nt	nt	nt	nt	nt	nt
Typhi	0	nt	nt	nt	nt	nt	nt

[a] PF-Permeabilitätsfaktor, die ermittelten Bläuungszonen (mm^2) wurden zusammengerechnet und durch die Anzahl der untersuchten Stämme geteilt; Daten nach [37] und unveröffentlicht.
[b] Die Neutralisation erfolgte mit den Kaninchen-Antiseren gegen das stn-Toxin von S. Typhimurium n.c.1/72n.c. W1792 (das verwendete STN-Toxin war ein affinitätschromatographisch gereinigtes Überstandsprodukt des betreffenden Stammes. Beer, unveröffentlicht, gegen das hochgereinigte Cholera-Toxin des Stammes BG66, gegen die affinitätchromatographisch gereinigten LT, SLTI und II Toxine der Stämme E. coli-K12 mit den entsprechenden Plasmiden pIE454, pV48 und pIE1239 (Streckel, Fruth, Beer, Tschäpe; Veröffentlichung in Vorbereitung).
[c] Serovar-Typhimurium-Isolate aus einem Ausbruch einer Lebensmittelvergiftung auf der Fluglinie Spantax, die mit sehr erheblichen klinischen Manifestationen und mit einer ungewöhnlich hohen Anzahl von Todesfällen verlief (WHO Weekly Epid Record 51, 1976, 51/15: 117).
[d] Diese Werte beziehen sich auf die Veröffentlichung von Kühn et al. [37]; die gegenwärtigen Epidemie-Stämme weisen eine hohe Toxinproduktion auf (ELISA Daten von 1992, Streckel, Tschäpe und Kühn, unveröffentlicht).
[e] Agona-Stämme ohne besondere klinische Manifestationen, Import über Fischmehl, dadurch Verbreitung bei Tieren und über kontaminierte Lebensmittel, nur zeitweise von epidemiologischer Bedeutung.

\+ gute Neutralisation,
(+) schwache Neutralisierbarkeit,
– keine Neutralisation,
nt nicht bestimmt.

werden kann. Handelt es sich nicht um immunkompromittierte Personen, dann endet bei den meisten Enteritis-Salmonellen spätestens an dieser Stelle „ihr Versuch" zur Invasion beim Menschen.

Bei den wirtsadaptierten Salmonellen können sich allerdings die Bakterienzellen durch bisher nicht bekannte molekulare Mechanismen vermehren [21, 27, 41]. Zu dieser intrazellulären Vermehrungsfähigkeit der Salmonellen im Retikuloendothel scheinen die bei einigen Serovaren vorkommenden typbestimmenden Plasmide beizutragen [27], was besonders dadurch unterstrichen wird, daß die wirtsadaptierten Salmonella-Serovare (außer S. Typhi) derartige Plasmide aufweisen (vgl. Tabelle 3). Da die Salmonellen sich innerhalb der Vakuole der Wirtszelle vermehren müssen, ist anzunehmen, daß sie die Vakuolen-Membran „permeabel" machen, um an die entsprechenden Wachstumsfaktoren zu gelangen. Diese Funktion könnte von den plasmidkodierten Faktoren bestritten werden [27], jedoch wäre auch die Aktion des *Salmonella*-Toxins hier vorstellbar (vgl. Tabelle 5).

Zur weiteren Überlebensstrategie der Salmonellen im RES gehört eine Resistenzausbildung gegen die lebensfeindlichen Bedingungen wie niedriger pH-Wert, Eisen- und Magnesium-Mangel und die Sauerstoffradikale. Dabei scheinen zwei offensichtlich über das Fur-Regulationsprotein verkettete Funktionen von Wichtigkeit zu sein [23], einerseits die Eisenmangelresistenz durch Bildung von spezifischen Siderophoren [52], andererseits eine Säuretoleranz durch eine „Protonenpumpe" [23]. Diese Säuretoleranz dürfte nicht nur für die Überwindung der niedrigen pH-Werte im Phagolysosom gebraucht werden, sondern könnte auch für die Magenpassage und für das Überleben in angesäuerten Lebensmitteln notwendig sein (vgl. „Entstehung von Epidemietypen und ihre Ausbreitung"). Da das Fur-Protein nicht nur die Umweltsignale Eisenmangel und niedriger pH-Wert signalisiert sondern darüber hinaus auch Virulenzfunktionen reguliert, könnten diese Umweltsignale auch den Start für die Bildung von speziellen Pathogenitätsfaktoren auslösen [23]. In diesem Zusammenhang ist das Vorkommen von Aerobactinplasmiden bei einigen systemischen Pathovaren von Enteritis-Salmonellen pathogenetisch interessant. Auch die Bildung des Aerobactins wird vom Fur-Protein reguliert und ein strukturell noch nicht aufgeklärtes weiteres Hydroxamat von Salmonella Typhimurium, welches ebenso für die systemische Vermehrungsfähigkeit interessant sein könnte (Rabsch u.Reissbrodt, pers. Mitteilung).

Pathogenese und klinische Bilder

Die Enteritis-Salmonellosen führen im Gegensatz zu den durch Shigellen verursachten Erkrankungen des Dickdarms des Menschen zu Dünndarmerkrankungen bei Mensch und Tier. Sie gehören zur Gruppe der sich selbst begrenzenden Lokalinfektionen [20, 25], ausgenommen jedoch die durch die wirtsadaptierten Serovare verursachten Infektionen, die regelmäßig systemisch und generalisierend verlaufen [38].

Die *Salmonella-Gastroenteritiden* des Menschen beginnen meist plötzlich und relativ schnell nach einer Infektion (mindestens jedoch nach ca. 5 h) mit Leibschmerzen und zahlreichen wäßrigen Stühlen, sehr selten mit Blutbeimischungen, teilweise mit Übelkeit und Erbrechen, Kopfschmerzen und meistens mäßigem oder gar keinem Fieber. Die Symptome dauern in der Regel nur wenige Tage. Bei schweren klinischen Verläufen treten oft höheres Fieber, Kreislaufkollaps und choleraähnliche Krankheitsbilder auf (Cholera nostras). Die Keimausscheidung von Enteritis-Salmonellen ist meist kurzdauernd (wenige Tage bis einige Wochen), Dauerausscheider treten nur gelegentlich auf.

Sehr selten sind dagegen systemische Manifestationen (Fieber), die nur bei abwehrgeschwächten oder immundepressiven Personen (Kinder, Senioren, vorgeschädigte Patienten) vorkommen [64, 75], dann aber oft mit schwerem oder gar letalem Verlauf einhergehen. Auch sind hier typhusähnliche Krankheitsbilder sowie Pericarditis, reaktive Arthritis, Spondylitis, Osteomyelitis und neurologische Erkrankungen nicht selten. Systemische Infektionen treten regelmäßig bei den durch die wirtsadaptierten Serovare verursachten Erkrankungen des Menschen (nur Typhus und Paratyphus) und der Tiere auf. Gelegentliche Infektionen des Menschen durch tieradaptierte Serovare verlaufen auch für den Menschen meist typhoid.

Eine besondere klinische Bedeutung hinsichtlich der systemischen typhoiden Krankheitsbilder durch Enteritis-Salmonellen scheinen die durch ihre Aerobactinbildung charakterisierten besonderen Pathovare einiger Salmonella-Stämme einzunehmen (vgl. Abschn. „Plasmide und Pathogenitätsfaktoren"), die neben einer besonders hohen Kontagiosität, einer regelmäßig vorhandenen breiten Mehrfachresistenz auch eine besondere durch das Aerobactin bedingte extraintestinale Überlebens- und Vermehrungsfähigkeit aufweisen (vgl. Tabelle 4).

Die Infektionen mit Enteritis-Salmonellen erfolgen ausschließlich oral und in der Regel durch den Verzehr infizierter bzw. kontaminierter Nahrung, dabei stehen im Vordergrund nicht ausreichend erhitztes oder roh genossenes Fleisch und Fleischprodukte sowie Eier und Eiprodukte. Eine Infektion von Mensch zu Mensch erfolgt sehr selten und nur als Hospitalinfektion, z. B. durch die Aerobactin produzierenden Pathovare (Tabelle 4). Da für einige *Salmonella*-Serovare, z. B. *Typhimurium*, eine besondere induzierbare Säuretoleranz nachzuweisen ist und diese Induktion auch das Anschalten bestimmter Pathogenitätsdeterminanten bedingt [vgl. 23], können sich Salmonellen in entsprechenden Lebensmitteln [z. B. Salaten) vermehren und auf den Infektionsvorgang „einstellen". Allerdings ist die Säuretoleranz nicht so stark ausgebildet wie bei den Shigellen, so daß Salmonellen die Magenpassage nicht besonders gut vertragen und Keimdosen in der Regel um 10^5 bis 10^6 notwendig sind, um diese Abwehrbarriere zu überwinden. Erreichen die Enteritis-Salmonellen den Dünndarm, den Zielort oder ihre ökologische Nische, dann können sie dort mit Hilfe ihrer Adhäsionsfimbrien kolonisieren. Salmonellen verfügen zwar über ein breites Spektrum von Fimbrientypen (Typ I, II und III), offenbar reichen aber schon die Typ-I-Fimbrien (ähnlich den *E. coli* „common Typ I") aus, die Ausschwemmung der Keime durch die Darmperistaltik zu verhindern. Wie entsprechende Dünndarmbiopsien von Salmonellose-Patienten zeigen, ist das Jejunum mit einem dichten Kolonisationsfilm bedeckt, ähnlich wie das für die Cholera bekannt ist. Da über die Rolle der Typ-II- und der aggregativen, Fibronectin bindenden Typ-III-Fimbrien (SFE14, SFE17) pathogenetisch noch nicht sehr detaillierte Daten vorliegen, muß man ihnen besonders bei den Serovaren *Typhimurium* und *Enteritidis* in Zukunft Beachtung schenken [13].

Die gebildeten Toxine, ob erst durch den Zellkontakt oder durch die Anaerobiose getriggert, rufen einen schnell einsetzenden Eflux von Wasser- und Elektrolyten hervor, was zum Auswaschen der Keime führt. Auch die Peyer-Plaques werden kolonisiert (jedoch nicht mit Hilfe der Typ-I-Fimbrien, vielleicht aber mit den aggregativen mannoseresistenten Fimbrien), wobei eine Invasion der Salmonellen in die M-Zellen und Makrophagen das klinische Bild durch Fieber komplizieren können. In der Regel aber endet hier für den Menschen der pathogenetische Prozeß der Enteritis-Salmonellose, denn eine weitere Invasion der Keime findet nicht statt.

Kommt es aber bei abwehrgeschwächten Personen zum Fortschreiten der Invasion oder liegen genügend andere Pathogenitätsdeterminanten vor, die ein Überleben oder eine Vermehrung der Salmonellazellen garantieren, z. B. durch Aerobactin, oder durch die noch unbekannten Faktoren bei den wirtsadaptierten Serovaren, dann kommt es zu einem Durchbrechen der intestinalen Immunschranke und zu einer Bakteriämie. Auch das Auswandern von *Salmonella* infizierten Makrophagen aus den Peyer-Plaques kann zu einer systemischen Verbreitung und zu bakteriämischen Zuständen führen. In diesem Stadium sind dann die Endotoxine (LPS) von klinischer Bedeutung. Abgesehen davon, daß die humoralen „Clearance" Mechanismen verschiedene O-Antigene der Salmonellen unterschiedlich diskriminieren, z. B. wird der Antigenkomplex O6,7 vom Cb3-Faktor besser erkannt als der Antigenkomplex O4,12 [42], kommt es bei bakteriämischen Zuständen, besonders aber nach einer Antibiotikatherapie, zum Zerfall der Zellen und zur Freisetzung der O-Antigene (LPS, Endotoxine). Diese stimulieren das Gerinnungssystem und bedingen durch Verschluß (Mikrothromboisierung) der Endstrombahn Schockzustände mit oft letalem Ausgang, was vielfach den Wirkungen einiger Zytotoxine ähnelt.

Die pathogenetische Bedeutung der Enteritis-Salmonellen für den Menschen liegt nicht in ihrer invasiven und septikämischen Potenz, sondern in ihrer Fähigkeit zur Kolonisierung des Dünndarms und zur Bildung toxischer Substanzen begründet. Daß dieses aber offenbar eine zusätzliche und für den originären Wirt eher nebensächliche Eigenschaft ist, geht auch daraus hervor, daß die wirtsadaptierten Serovare meistens nur wenig oder gar keine Toxinproduktion erkennen lassen (vgl. Tabelle 6 und Abschnitt „Toxinogenität"). Die *Salmonella*-Serovare mit besonderer klinischer und epidemiologischer Bedeutung sind pathogenetisch also offenbar „Alles-Könner", die sowohl im Tier (die eigentliche ökologische Nische), als auch beim Menschen sich ausbreiten und klinische Bilder verursachen.

Aus den beim Menschen auftretenden klinischen Bildern der Salmonellose ergeben sich sehr unterschiedliche Therapiemöglichkeiten. Bei komplikationslosem Verlauf sollte keine Antibiotikatherapie erfolgen, weil diese durch das Fehlen der Selbstbegrenzung mittels immunologischer Reaktionen eine Bakterienausscheidung verlängert. Erforderlichenfalls muß ein Ersatz von Flüssigkeit und Elektrolyten vorgenommen werden. Bei systemischen und typhusähnlichen Verläufen sind Antibiotika indiziert, wobei allerdings an das Auftreten der antibiotikabedingten Freisetzung der Endotoxine und dem dann lebensbedrohlichen Verlauf des bakteriämischen Zustands gedacht werden muß.

Entstehung von Epidemietypen und ihre Ausbreitung

Die Salmonellosen des Menschen treten weltweit, besonders aber in den Industrieländern mit hochentwickelter Landwirtschaft auf. Verfolgt man die aufgetretenen Fälle von Salmonellosen beim Menschen in Deutschland, so ist seit den sechziger Jahren ein kontinuierlicher Anstieg zu verzeichnen (Abb. 3). Untersucht man das Vorkommen der Salmonella-Serovare der letzten 20 Jahre (Abb. 4) oder innerhalb der epidemiologisch dominierenden Serovare, z. B. S. Typhimurium, die Ausbreitung verschiedener *Salmonella*-Klone (Abb. 5), dann stellt man ein ständiges „Kommen und Gehen" von relevanten Stämmen innerhalb der „Erregerland-

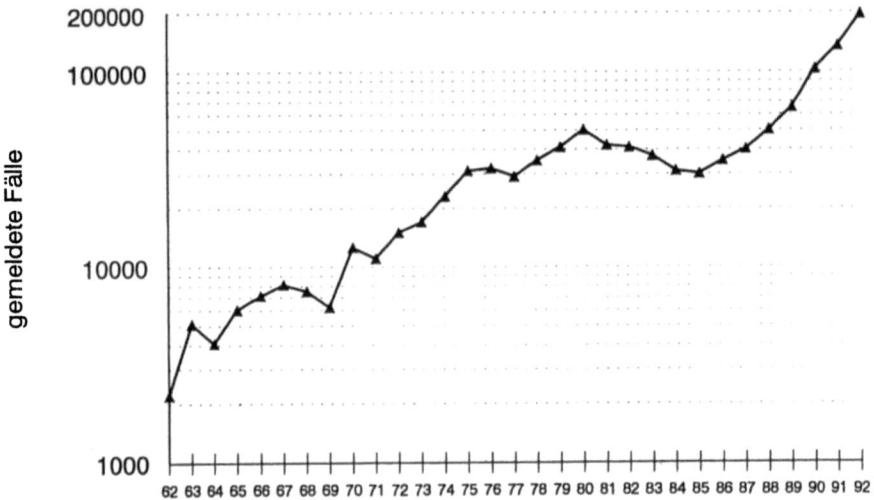

Abb. 3. Salmonellosen des Menschen in Deutschland zwischen 1962 und 1992 [38]. (Ab 1990 inkl. neue Bundesländer.)

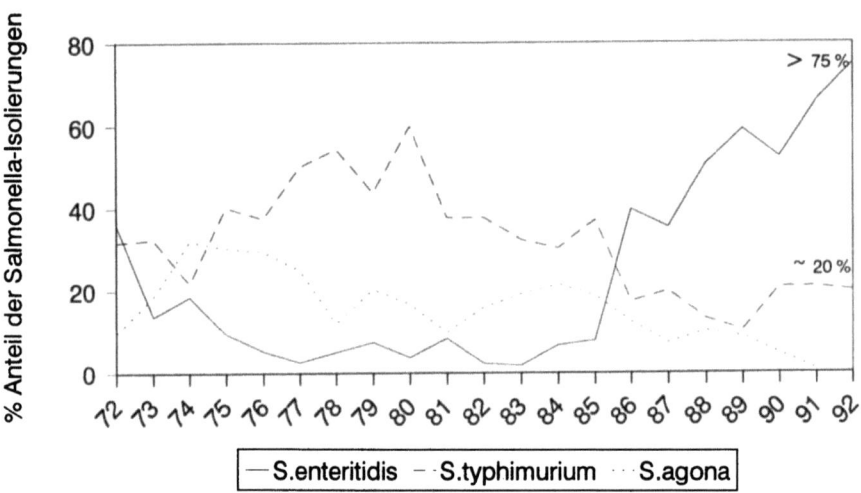

Abb. 4. Vorkommen der Salmonella Enterica ssp., Enterica-Serovare Enteritidis, Typhimurium und Agona in den Jahren 1972 bis 1992. (Zusammengestellt nach Daten des Nationalen Referenzzentrums für Salmonellosen in Wernigerode.)

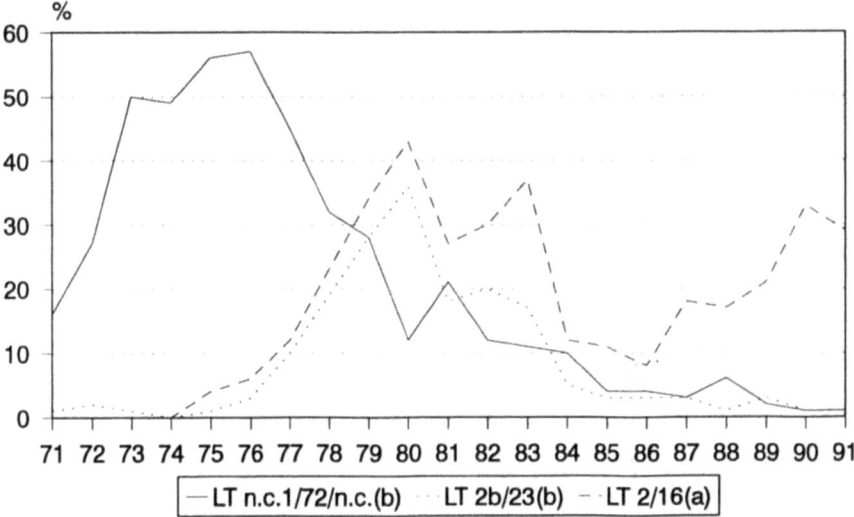

Abb. 5. „Auf und Ab" von Epidemie-Stämmen[a] innerhalb des Serovars Typhimurium von 1971 bis 1991. (Zusammengestellt nach Daten des Nationalen Referenzzentrums für Salmonellosen in Wernigerode.)

schaft" fest. Bestimmte Klone, die über eine gewisse Zeit dominant waren, verlieren ihre erste Position (Rang 1), sinken zur Bedeutungslosigkeit herab oder verschwinden völlig aus der Erregerlandschaft. Obwohl viele molekulare und pathogenetische Details über Salmonellen bekannt sind, bleiben die biologischen und epidemiologischen Ursachen des „Kommens und Gehens" von Epidemie-Stämmen unbekannt. Warum einige Serovare oder einige Klone innerhalb eines Serovars epidemiologisch stark in den Vordergrund treten und sich geographisch und zeitlich zum dominierenden Epidemietyp entwickeln können, andere Serovare gar nicht oder nur sehr selten in Erscheinung treten und oft nur als Kontaminanten in Lebens- und Futtermitteln vorkommen und ohne große epidemiologische Bedeutung bleiben, könnte mit einer unterschiedlich verteilten Virulenzausstattung (Virulenzmuster) der Epidemie-Stämme zusammenhängen. Untersucht man mit Hilfe der RFLP-Bestimmung („restriction fragment length polymorphism") die Genotypen von dominanten Klonen, die als Epidemie-Stämme die vorderen Ränge in der „Erregerlandschaft" einnehmen und vergleicht diese mit sporadisch oder sehr selten auftretenden Klonen, so lassen sich im RFLP, aber auch im Virulenz-Muster, keine oder nur geringe genomische Unterschiede ausmachen (Abb. 6), die Epidemie-Stämme charakterisieren könnten. Auch die Analysen zum Vorkommen von Plasmiden zeigen nicht, daß Epidemie-Stämme durch eine besondere plasmidbe-

---

[a] LT-Lysotyp/Biochemotyp, die Bezeichnungen folgen den Lysisbildern. Obwohl Lysotypen und Biochemotypen nur phänotypische Charakteristika darstellen, erweisen sich diese jedoch als gute und methodisch schnell bestimmbare Merkmalskomplexe zur klonalen Analyse für epidemiologische Zwecke [vgl. 39, 53, 56, 69]. Die Daten der Lysotypie koinzidieren mit dem Genommustern verschiedener IS-Elemente, nicht jedoch mit den RFLP, die bei den verschiedenen Salmonella-Stämmen oder Serovaren sehr konserviert erscheinen (vgl. Abb. 6).

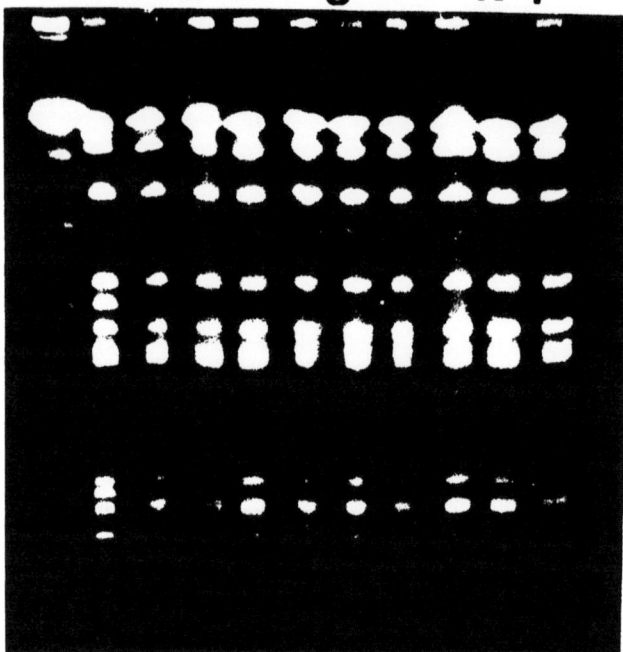

Abb. 6 a–l. Restriktionsmuster des Genoms verschiedener Salmonella-Serovar Typhimurium-Klone (RFLP) (vgl. dazu Abb. 7).
a S.-Serovar Typhimurium, Lysotyp 42 (Herkunft: Leipzig)
b S.-Serovar Typhimurium, Lysotyp 194 (Herkunft: Dresden)
c S.-Serovar Typhimurium, Lysotyp 204 (Herkunft: Rostock)
d S.-Serovar Typhimurium, Lysotyp 204 (Herkunft: Dresden)
e S.-Serovar Typhimurium, Lysotyp 204 (Herkunft: Chemnitz)
f S.-Serovar Typhimurium, Lysotyp 204 (Herkunft: Chemnitz)
g S.-Serovar Typhimurium, Lysotyp 10 (Herkunft: Halle)
h S.-Serovar Typhimurium, Lysotyp 10 (Herkunft: Halle)
i S.-Serovar Typhimurium, Lysotyp 49 (Herkunft: Cottbus)
j S.-Serovar Typhimurium, Lysotyp 92 (Herkunft: Chemnitz 1980)
k S.-Serovar Typhimurium, Lysotyp 92 (Herkunft: Dresden 1980)
l Molekulargewichtsstandard, Hefemarker

dingte Qualifizierung ausgezeichnet sind. Da Plasmide evolutionsgenetisch die molekulare Grundlage für eine besondere Anpassung, Flexibilität und klonal unterschiedliche Ausstattung der Erreger darstellen, wären auch für die verschiedenen *Salmonella*-Stämme Plasmide zu erwarten. Interessanterweise treten bei den verschiedenen *Salmonella*-Serovaren Plasmide recht selten auf, was auch für die Resistenzplasmide zutrifft [57, 66, 69]. Als Ausnahme davon muß das Vorkommen der IncFI-Aerobactinplasmide betrachtet werden, die aber weniger Epidemie-Stämme, sondern eher neue Pathovare bedingen (s. Abschnitt „Plasmide und Pathogenität").

Obwohl die Genotypen der Salmonella-Serovare sehr homogen aussehen (Abb. 6), zeigt das Muster der Insertionselemente im Genom eine breite Vielfalt (Abb. 7). Diese Muster koinzidieren sehr gut mit der epidemiologischen Herkunft

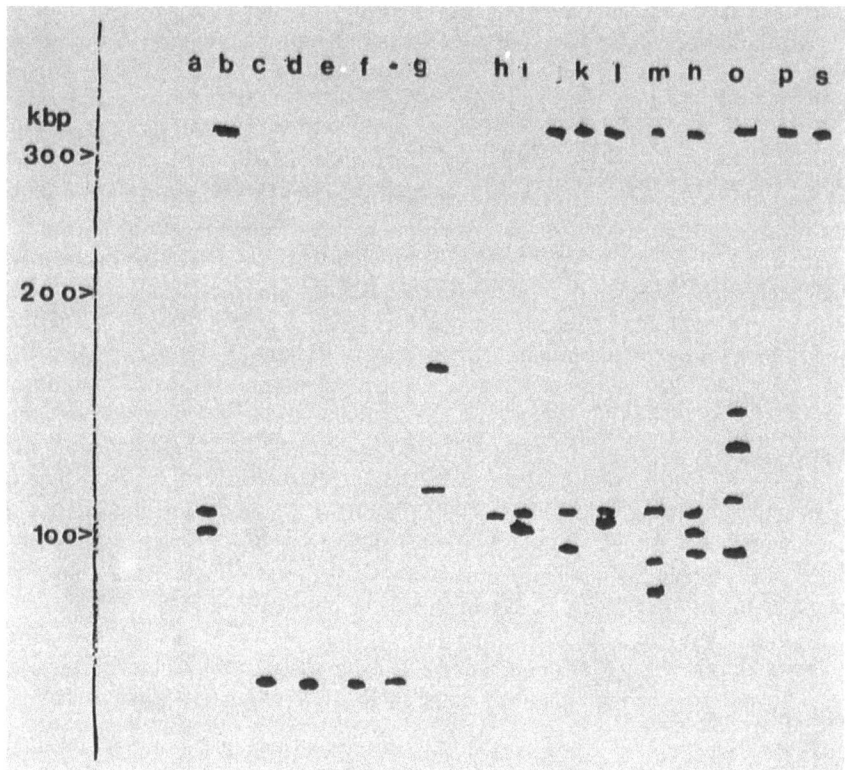

Abb. 7 a–s. Muster der Genompositionen des Insertionselementes IS1 im Genom verschiedener Salmonella-Serovare und Typhimurium-Klone zur epidemiologischen Feintypisierung (vgl. Abb. 6).

a S.-Serovar Typhimurium, Lysotyp 42 (Herkunft: Leipzig)
b S.-Serovar Typhimurium, Lysotyp 194 (Herkunft: Dresden)
c S.-Serovar Typhimurium, Lysotyp 204 (Herkunft: Rostock)
d S.-Serovar Typhimurium, Lysotyp 204 (Herkunft: Dresden)
e S.-Serovar Typhimurium, Lysotyp 204 (Herkunft: Chemnitz)
f S.-Serovar Typhimurium, Lysotyp 204 (Herkunft: Chemnitz)
g S.-Serovar Typhimurium, Lysotyp 10 (Herkunft: Halle)
h S.-Serovar Typhimurium, Lysotyp 10 (Herkunft: Halle)
i S.-Serovar Typhimurium, Lysotyp 49 (Herkunft: Cottbus)
j S.-Serovar Typhimurium, Lysotyp 92 (Herkunft: Chemnitz 1980)
k S.-Serovar Typhimurium, Lysotyp 92 (Herkunft: Dresden 1980)
l S.-Serovar Typhimurium, Lysotyp 92 (Herkunft: Magdeburg 1985)
m S.-Serovar Typhimurium, Lysotyp 92 (Herkunft: Potsdam 1985)
n S.-Serovar Typhimurium, Lysotyp 92 (Herkunft: Stendal 1985)
o S.-Serovar Typhimurium, Lysotyp 92 (Herkunft: Rostock 1985)
p S.-Serovar Java, Teststamm
s S.-Serovar Paratyphi B, Teststamm

Beachte die gleichen RFLP bei S. Typhimurium und Paratyphi B, allerdings nicht koinzidierend mit dem IS-Muster, vgl. dazu auch die Daten von Beltran et al. [7].

und mit anderen klonalen Identitätsmerkmalen der Salmonellen, so daß man sie für epidemiologische Zwecke und zur Diskriminierung individueller Isolate praktisch einsetzen kann. Steckt hinter diesen verschiedenen Mustern der Genomposition der IS-Elemente eine besondere Qualifizierung der individuellen Isolate? IS-Elemente sind nicht nur „nackte Transposons", sondern erweisen sich auch als springende Promotoren, die in Form eines Positionseffektes zur unterschiedlichen Expression des betreffenden Genes beitragen können [18, 28, 30]. Es wäre interessant nachzuweisen, ob z. B. für die chromosomale Determinante STN (Enterotoxin) durch einen solchen transposonvermittelten Positionseffekt stammabhängig unterschiedliche Mengen des Toxins gebildet werden könnten. Dadurch wäre eine besondere epidemische Virulenz für den Menschen gegeben, obwohl der Stamm hinsichtlich seiner „Feintypisierung" keine klonalen Unterschiede zu anderen Stämmen erkennen läßt. Vielleicht wird auch eine epidemische Virulenz durch unterschiedliche Ausrüstungen mit Adhäsinen oder durch eine unterschiedliche Befähigung zur Säuretoleranz hervorgerufen. So bildet z. B. der *S. Enteritidis-Epidemiestamm-PT4* drei verschiedene Adhäsine [13] wie SEF14, SEF17 (beides aggregative Fimbrien) und SEF21 (Typ-1-Fimbrien), was ihn zur Kolonisierung in unterschiedlichen Habitaten und Nischen befähigen könnte. Andererseits könnte durch eine erhöhte Säuretoleranz eine bessere Überlebensfähigkeit des Epidemiestammes in der Umwelt (z. B. Lebensmittel) bedingt werden [23].

Was das „Auf und Ab" der Epidemie-Stämme ausmacht, warum Epidemie-Stämme eine gewisse Zeit dominieren und dann wieder verschwinden, läßt sich beim gegenwärtigen Kenntnisstand nicht allein aus biologischer Sicht erklären.

Schlußfolgerungen

1. Obwohl viele Serovare bei *Salmonella enterica* ssp. *enterica* bekannt sind, treten nur wenige Serovare und innerhalb dieser wenige Klone epidemiologisch und klinisch in den Vordergrund.
2. Die genetischen und pathogenetischen Ursachen dafür sind nicht bekannt.
3. Für die Pathogenese der Salmonellosen des Menschen ist die Toxinbildung entscheidend, weniger die Fähigkeit zur Invasion, da die Gastroenteritis im Vordergrund steht (Gastroenteritis vs Septikämie).
4. Die typbestimmenden Plasmide (IncFll) bei einigen *Salmonella*-Serovaren, die eine Vermehrung der Zellen im retikuloendothelen System verbessern, sind für die Pathogenese der wirtsadaptierten Salmonellosen wichtig, nicht für Salmonellose beim Menschen.
5. Die *Salmonella*-Serovare *Typhimurium* und *Enteritidis* nehmen eine besondere pathogenetische und damit epidemiologische Rolle ein. Sie sind „Alleskönner" und vermehren sich in der ökologischen Nische „Tier" (Invasion und Überleben) und transient beim Menschen (Adhäsion und Toxinbildung).
6. Die Ursachen der epidemiologischen Hochs und Tiefs bleiben immer noch unbekannt. Sie lassen sich nicht durch molekulare und epidemiologische Charakterisierungen der Epidemie-Stämme allein aufklären, sind aber wesentliche Voraussetzungen für alle weiteren Forschungen.

7. Eine enge Zusammenarbeit zwischen dem Referenzzentrum für Salmonellosen sowie den lokal tätigen Mikrobiologen und Epidemiologen kann eine bessere Aufklärung der Reservoire und der Infektionswege sowie die Erfassung besonderer pathogenetischer Qualifizierungen der Epidemie-Stämme bringen.

Literatur

1. Achtman M, Plusche G (1986) Clonal analysis of descent and virulence among selected E. coli. Ann Rev Microbiol 40: 185–210
2. Anderson ES, Threlfall EJ, Carr JM et al. (1977) Clonal distribution of resistance plasmid carrying S. typhimurium mainly in the Middle East. J Hyg 79: 425–448
3. Axon ATR, Poole D (1973) Salmonellosis presenting with cholera-like diarrhea. Lancet I: 745–746
4. Baskerville AR, Humphrey J, Fitzgeorge RB et al. (1992) Airborne infection of laying hens with S. enteritidis phage type 4. Vet Rec 130: 395–398
5. Baudry B, Fasano A, Ketley J, Kaper JP (1992) Cloning of a gene (zot) encoding a new toxin produced by V. cholerae. Infect Immun 60: 428–434
6. Beltran P, Musser JM, Helmuth R et al. (1988) Toward a population genetic analysis of Salmonella: Genetic diversity and relationship among strains of serotypes S. choleraesuis, S. derby, S. dublin, S. enteritidis, S. heidelberg, S. infantis, S. newport, and S. typhimurium. Proc Natl Acad Sci USA 85: 7753–7757
7. Beltran, PS, Plock A, Smith NH, Whittam TS, Old DC, Selander RK (1991) Reference collection of strains of the Salmonella typhimurium complex from natural populations. J Gen Microbiol 137: 601–606
8. Brigotti M, Rambelli F, Nanetti A, Zamboni M, Sperti S, Montanaro L (1990) Isolation of an inhibitor of cell free protein synthesis from S. enteritidis. Microbiol 13: 55–60
9. Carbonetti N, Boonchai H, Parry SSH, Väsiänen-Rehn V, Korhinen TK, Williams PH (1986) Aerobactin-mediated iron uptake by E. coli isolates from human extraintestinal infections. Infect Immun 51: 966–968
10. Chopra AK, Houston CW, Peterson JW, Mekelanos JJ (1987) Chromosomal DNA contains the gene coding for Salmonella enterotoxin. FEMS Microbiol Letters 43: 345–349
11. Chopra AK, Houston CW, Peterson JW, Prasad R, Mekelanos JJ (1987) Cloning and expression of the Salmonella enterotoxin gene. J Bact 169: 5095–5100
12. Chopra AK, Peterson JW, Prasad R (1991) Cloning and sequence analysis of hydrogenase regulatory genes (hydHG) from S. typhimurium. Biochim. Biophys. Acta 1129: 115–118
13. Clouthier SC, Müller KH, Doran JL, Collinson SK, Kay W (1993) Characterization of three fimbrial genes, sefABC of Salmonella enteritidis. J Bacteriol 175: 2523–2533
14. Colombo MM, Leori G, Rubino S, Barbato A, Cappuccinelli P (1992) Phenotypic features and molecular characterization of plasmids in S. abortusovis. J Gen Microbiol 138: 725–731
15. Colonna B, Nicoletti M, Visca P, Casalino M, Valenti P, Maimone F (1985) Composite IS1 elements encoding hydroxamate-mediated iron uptake in Flme plasmids from epidemic Salmonella ssp. J Bact 162: 307–316
16. Craig J, Yamamoto PK, Takeda R, Takeda Y, Miwatani T (1981) Vascular permeability activity of E. coli heat stable enterotoxin. Infect Immun 33: 473–476
17. Dorn C, Silapanuntakul RR, Angrick EJ, Shipman LD (1992) Plasmid analysis and epidemiology of S. enteritidis infection in three commercial layer flocks. Avian Dis 36: 844–851
18. Dykhuizen DE, Sawyer SA, Green L, Miller RD, Hartl DL (1985) Joint distribution of insertion elements IS4 and IS5 in natural isolates of E. coli. Genetics 111: 219–231
19. Fierer J, Krause M, Tauxe R, Guiney D (1992) Salmonella typhimurium bacteremia: association with the virulence plasmid. J Infect Dis 166: 639–642
20. Finlay BB, Falkow S (1989) Common themes in microbial pathogenecity. Microbiol Rev 53: 210–230

21. Finlay BB, Heffron F, Falkow S (1989) Epithelial cell surface induce Salmonella proteins required for bacterial adherence and invasion. Science 243: 940–943
22. Finlay BB, Leung KY, Rosenshine I, Garcia-del Portillo F (1992) Salmonella interactions with the epithelial cell. ASM News 58: 486–489
23. Foster JW, Hall HK (1991) Inducible pH homeostasis and the acid tolerance response of S. typhimurium. J Bacteriol 173: 5129–5135
24. Goebel W (ed) (1985) Genetic approaches to microbial pathogenicity. Curr. Topics Microbiol Immunol 118: 1–283
25. Groisman EA, Fields PI, Heffron F (1990) Molecular biology of Salmonella pathogenesis in the bacteria, Chapter 12, pp 251–272, Academic Press
26. Gulig PA (1990) Virulence plasmids of S. typhimurium and other salmonellae. Microbial Pathog. 8: 3–11
27. Gulig PA, Doyle TJ (1993) The S. typhimurium virulence plasmid increases the growth of salmonellae in mice. Infect Immun 61: 504–511
28. Hacker J, Ott M (1989) Genetische Steuermechanismen der bakteriellen Virulenz. Immun Infekt 17, 199–205
29. Hacker J, Ott M, Tschäpe H (1991) Das Problem der Pathogenität von Escherichia coli und seine Bedeutung für die rekombinante DNA-Technologie. Bioforum 14: 150–157
30. Hartl DL, Dykhuizen DE, Berg D (1983) Accessory DNAs in the bacterial gene pool: playground for evolution. CIBS Found Symp 102: 233–245
31. Heffernan EJ, Harwood J, Fierer J, Guiney D (1992) The S. typhimurium virulence plasmid complement resistance gene rck is homologous to a family of virulence related outer membrane protein genes, including pagC and ail. J Bact 174: 84–91
32. Hellmuth R, Stephan R, Bunge C, Hoog B, Steinbeck A, Bulling E (1985) Epidemiology of virulence associated plasmids and outer membrane protein patterns within seven common Salmonella serotypes. Infect Immun 48: 175–182
33. Hof H (1991) Epidemiologie der Salmonellose im Wandel. Dtsch Med Wschr 116: 545–558
34. Karch H, Ludwig K, Klünder CN, Schwarzkopf A, Bocklage H. Struktur, Wirkungsweise und genetische Organisation der Zytotoxine von darmpathogenen Bakterien. In: Ökosystem Darm III eds J. Seifert, R. Ottenjann, M. Zeitz und J. Bockemühl S. 14–27 Springer Verlag Berlin Heidelberg New York
35. Kist M (1992) Seuchenartige Zunahme der Infektionen durch S. enteritidis. Dt Ärzteblatt 89: 1070–1072
36. Korpela K, Ranki M, Sukupolvi S, Mäkelä PH, Rhen M (1989) Occurence of S. typhimurium virulence plasmid specific sequences in different serovars of Salmonella. FEMS Microbiol Letters 58: 49–54
37. Kühn H, Tschäpe H, Rische H (1978) Enterotoxigenicity among salmonellae – a prospective analysis for a surveillance programme. Zbl Bakt Hyg I Abt Orig A 240: 171–183
38. Kühn H (1993) Vorkommen der Enteritis-Salmonellen beim Mensch. Dtsch Tierärztl Wschr 100: 3–12
39. Kühn H, Rabsch W, Tschäpe H (1989) Diagnostik der Salmonellosen. Z Ges Hyg 35: 681–683
40. LeMinor L, Popoff MY (1987) Designation of Salmonella enterica sp. nov. as the type and only species of the genus Salmonella. Int J Syst Bact 37: 465–468
41. Leung RY, Finlay BB (1991) Intracellular replication is essential for the virulence of S. typhimurium. Proc Natl Acad Sci 88: 11470–11474
42. Mäkelä PH, Hovi M, Saxen H, Muotiala A, Riikonen P, Nurminen M, Taira S, Sukupolvi S, Rhen M (1991) Salmonella as an invasive enteric pathogen. in: Molecular pathogenesis of gastrointestinal infections. eds. T. Wadström, P. H. Mäkelä, A. M. Svennerholm, and H. Wolf-Watz. FEMS Symp. no. 58, Plenum Press (New York and London)
43. Mayer LM (1988) Use of plasmid profiles in epidemiologic surveillance of disease outbreaks and in tracing the transmission of antibiotic resistance. Clin Microbiol Rev 1: 228–243
44. Mercer AA, Morelli G, Heuzenroder M, Kamke M, Achtman M (1984) Conservation of plasmids among E. coli K1 isolates of diverse origins. Infect Immun 46: 649–657

40. LeMinor L, Popoff MY (1987) Designation of Salmonella enterica sp. nov. as the type and only species of the genus Salmonella. Int J Syst Bact 37: 465–468
41. Leung RY, Finlay BB (1991) Intracellular replication is essential for the virulence of S. typhimurium. Proc Natl Acad Sci 88: 11470–11474
42. Mäkelä PH, Hovi M, Saxen H, Muotiala A, Riikonen P, Nurminen M, Taira S, Sukupolvi S, Rhen M (1991) Salmonella as an invasive enteric pathogen. in: Molecular pathogenesis of gastroentestinal infections. eds. T. Wadström, P. H. Mäkelä, A. M. Svennerholm, and H. Wolf-Watz. FEMS Symp. no. 58, Plenum Press (New York and London)
43. Mayer LM (1988) Use of plasmid profiles in epidemiologic surveillance of disease outbreaks and in tracing the transmission of antibiotic resistance. Clin Microbiol Rev 1: 228–243
44. Mercer AA, Morelli G, Heuzenroder M, Kamke M, Achtman M (1984) Conservation of plasmids among E. coli K1 isolates of diverse origins. Infect Immun 46: 649–657
45. Montenegro M, Morelli AG, Hellmuth R (1991) Heterodublex analysis of Salmonella virulence plasmids and their prevalence in isolates of defined sources. Microbial Path 11: 391–397
46. Orskov F, Orskov I (1983) Summary of a workshop on the clone concept in the epidemiology, taxonomy, and evolution of Enterobacteriaceae and other bacteria. J Infect Dis 148: 346–357
47. Ou JT, Baron LS, Dai X, Life CA (1990) The virulence plasmids of Salmonella serovars typhimurium, choleraesuis, dublin, and enteritidis, and the cryptic plasmids of Salmonella serovars copenhagen and sendai belong to the same incompatibility group, but not those of Salmonella serovars durban, gallinarum, give, infantis and pullorum. Microb Pathogen 8: 101–107
48. Peterson JW (1986) Salmonella toxins. In: Int. Encyclop. Pharmacol. and Therapeutics (Section 119). Pharmacology of bacterial toxins, pp 227–234. eds. F. Dorner and J. Drews; Pergamon Press, Oxford
49. Pokrovski VJ, Rische H, Kilesso VA, Tschäpe H, Roznova, SS, Rabsch W, Chucenko GV (1982) Verbreitung antibiotikaresistenter S. typhimurium-Stämme aus verschiedenen epidemischen Herkünften. (Rasprostranenie ustojcivostik k antibiotikami i stammov S. typhimurium vedelennych pri razlicnych epidemiceskich situacijach.) Z Mikrobiol, Epidemiol i Immunobiol, Moskva 12, S. 60–65
50. Popoff MY, Bockemühl J, McWhorter-Murlin A (1992) Supplement 1991 (no 35) to the Kauffmann-White scheme. Res Microbiol 143: 807–811
51. Prasad R, Chopra AK, Peterson JW, Pericas R, Houston CW (1990) Biological and immunological characterization of a cloned cholera-like enterotoxin from S. typhimurium. Microbiol Path 9: 315–329
52. Rabsch W, Reissbrodt R (1992) Eisenversorgung von Bakterien und ihre Bedeutung für den infektiösen Prozeß. Bioforum 15: 10–15
53. Rabsch W, Kühn H (1992) Complex typing of salmonellae as a tool for epidemiological surveillance 1972–1991. Third World Congress Food-borne Infect. and Intoxic. Proceeding 1: 81–84
54. Reeves, MW, Evins GM, Heiba AA, Plikaytis BD, Farmer JJ III. (1989) Clonal nature of S. typhi and its genetic relatedness to other salmonellae as shown by multilocus enzyme electrophoresis and proposal of Salmonella bongori comb. nov. J Clin Microbiol 27: 313–320
55. Reitmeyer JC, Peterson JW, Wilson KJ (1986) Salmonella cytotoxin: a component of the bacterial outer membran. Microbial pathogenesis 1: 503–510
56. Rische H, Tschäpe H, Witte W (1984) On the clone concept in epidemiology and clinical bacteriology. in: S. Mitsuhashi, L. Rosival, V. Krcmery. (eds): Transferable antibiotica resistance, plasmids and gene manipulation. Avicenum Med. Press Prague and Springer Verlag, Berlin New York pp 101–107
57. Rodrigue DC, Cameron DN, Puhr ND, Brenner FW, St. Louis ME, Wachsmuth K, Tauxe RV (1992) Comparison of plasmid profiles, phage types and antimicrobial resistance pattern of S. enteritidis isolates in the United States. J Clin Microbiol 30: 854–857

64. Shanson DC (1990) Septicemia in patients with AIDS. Trans R Soc Trop Med Hyg 84: 14–16
65. Smith NH, Beltran P, Selander RK (1990) Recombination of Salmonella phage 1 flagellin genes generates new serovars. J Bact 172: 2209–2216
66. Stanley J, Goldsworthy M, Threlfall EJ (1992) Molecular phylogenetic typing of pandemic isolates of S. enteritidis. FEMS Microbiol Letters, 90: 153–160
67. Tenover FC (1988) Diagnostic deoxyribonucleic probes for infectious disease. Clin Microbiol Rev 1: 82–101
68. Tietze E. Tschäpe H (1983) Plasmid pattern analysis of natural bacterial isolates and its epidemiological implication. J Hyg (Camb) 90: 475–488
69. Tietze E, Tschäpe H, Rabsch W, Kühn H (1983) Plasmidmuster von Salmonella typhimurium-Stämmen des Lysotyps n.c.1/72/n.c. aus der DDR. Zbl Bakt Hyg Abt. I, 254: 69–77
70. Tschäpe H (1987) Plasmide. Biologische Grundlagen und praktische Bedeutung. Akademieverlag Berlin
71. Tschäpe H, Prager R, Bender L, Ott M, Blum G, Hacker J (1993) Dissection of pathogenic determinants and their genomic positions for the evaluation of epidemic strains and infection routes. Zbl Bakt 278: 425–435
72. Tschäpe H. Prager R, Rabsch W, Seltmann G, Kühn H (1992) Genomic polymorphism of Salmonella typhimurium encoding aerobactin and its epidemiological implication (in preparation)
73. Williamson CM, Baird GD, Manning EJ (1988) A common region on plasmids from eleven serotypes of Salmonella. J Gen Microbiol 134: 975–982
74. Wittig W, Prager R, Tietze E, Seltman G, Tschäpe H (1988) Characterization of aerobactin positive E. coli from systemic infections among animals. Arch exper Vet Med 42: 221–229
75. Wolfe MS, Armstrong D, Luria DB, Blevins A (1971) Salmonellosis in patients with neoplastic disease. Arch Intern Med 128: 546–554
76. Woodward MJ, McLaren I, Wray C (1989) Distribution of virulence plasmids within salmonellae. J Gen Microbiol 135: 503–511

II. Der Darm als Reaktionsorgan bei Infektionen

(Moderator: J. Bockemühl)

Intestinale Manifestationen bei extraintestinalen Infektionen

H. D. Pohle

Intestinale Manifestationen extraintestinaler Infektionen kommen nicht auf unmittelbar lokalem Wege, sondern hämatogen zustande. Zu ihnen zählen als Besonderheit auch jene erregerabhängigen intestinalen Manifestationen, deren ausnahmehaftes Entstehen als Folge einer hämatogen konditionierenden Allgemeininfektion anzusehen ist. Hier handelt es sich also dann um mittelbare intestinale Manifestationen einer extraintestinalen Infektion.

Die Situation wird durch eine Textpassage verdeutlicht, welche dem berühmten Lehrbuch der Infektionskrankheiten von Jochmann und Hegler in seiner Auflage von 1924 zu entnehmen ist:

... kommt es zu einer Schwellung der Follikel und der Peyerschen Plaques. Die Folge ist, daß wir nicht selten bei Masern Durchfälle auftreten sehen... Die Enteritis hält sich über die ganze Dauer des exanthematischen Stadiums und geht mit häufigen schleimig-wäßrigen Entleerungen einher.

Die Diarrhö bei Masern beginnt gewöhnlich bereits im Prodromalstadium und wird differentialdiagnostisch mit Regelmäßigkeit fehlgedeutet. Daß auch nach Rückbildung der enteralen Symptome der Intestinaltrakt keineswegs außer Gefahr ist, ist durch eine Formulierung von E. Glanzmann zu belegen:

Mitunter treten jedoch in der Rekonvaleszenz schwere Kolitiden mit aufgetriebenem, schmerzhaftem Leib, Tenesmus und schleimig, eitrig-blutigen dysenterieformen Entleerungen auf. Ich beobachtete schwere gangränöse Appendizitis in der Masernrekonvaleszenz, welche zu rascher Perforation und tödlicher Peritonitis führte.

Jeder ältere Infektionskliniker wird sich der vielen Kinder erinnern, die ihm früher nach Appendektomie wegen Ausbruchs eines Exanthems vom Chirurgen verlegt wurden. Für den Pathologen war es immer eine Genugtuung, durch den Nachweis der Warthin-Finkeldey-Riesenzellen in der Appendix nachträglich die Masern-Diagnose sichern zu können.

Die intestinalen Manifestationen bei Masern sind paradigmatisch für die Einbeziehung des Magen-Darm-Traktes in den Ablauf viraler Allgemeininfektionen. Die virämische Generalisierung kann bei vielen Virusallgemeininfektionen durch unspezifische Krankheitszeichen gekennzeichnet sein, zu denen vor allem Fieber, Kopf- und Gliederschmerzen und mit einer gewissen Regelmäßigkeit aber auch Durchfall zählen. Die klinische Bezeichnung „Prodomalstadium" für diese unspezifische Initialphase deutet daraufhin, daß die erregerspezifischen Organmanifestationen erst danach zu erwarten sind. Beispielhaft seien hier die prodromalen Diarrhöen bei Hepatitis infectiosa, Influenza, Masern und Mumps erwähnt.

Die pathophysiologischen und pathologisch-anatomischen Grundlagen für diese Form der intestinalen Beteiligung sind unzureichend bearbeitet, weil Patienten in dieser Phase nicht zu versterben pflegen und auch keiner bioptischen intestinalen Diagnostik zugeführt werden.

Virale Allgemeininfektionen können aber auch zu echten intestinalen Organmanifestationen führen. Meist ist davon das lymphatische Gewebe in der Darmwand betroffen, wobei die Peyer Plaques in besonderer Weise bevorzugt werden. Derartige Manifestationen werden vor allem bei viralen Allgemeininfektionen zu bedenken sein, deren Erregern ein besonderer Lymphotropismus zuzuschreiben ist. Dies gilt für Infektiöse Mononukleose, Zytomegalie und HIV-Krankheit, aber eben auch für Masern, Röteln etc.

Enterovirusinfektionen führen zu Virämien, aus denen dann auch die intestinalen Manifestationen zustande kommen. Letztere äußern sich hauptsächlich in Inappetenz, diffusen Leibschmerzen und kurzdauernden Diarrhöen. Die feingeweblichen Veränderungen sind diskret und abgesehen von einem vermehrten Zellgehalt der Lamina propria auf nur elektronenoptisch feststellbare reversible Veränderungen in den Enterozyten begrenzt.

Die beiden pathogenetischen Prinzipien „hämatogene Erregergeneralisation mit intestinaler Symptomatik" und „hämatogen zustandegekommene intestinale Organmanifestation" treffen analog zu den Viren auch auf Infektionen mit bestimmten Bakterien, Pilzen, Protozoen und Helminthen zu, von denen wie für die viralen Infektionen nur einige beispielhaft aufgeführt werden sollen.

Hämatogene Generalisationen von Bakterien, Rickettsien oder Protozoen gehen häufig mit dem Symptom Durchfall einher. Dabei können die pathophysiologischen Zusammenhänge sehr unterschiedlich sein. Diarrhoische Phasen in der frühen Generalisationsphase bakterieller zyklischer Allgemeininfektionen werden oft beobachtet. Dies gilt für die Lues II, die Brucellose, die Leptospirose und manchmal auch für die Typhoiden bzw. Paratyphoiden Fieber.

Profuse Durchfälle im Ablauf einer bakteriellen Sepsis können oft auf toxische Erregerprodukte zurückgeführt werden. Diese können bei Lokalinfektionen auch per se ins Blut gelangen und dann u. a. auch am Intestinum Reaktionen auslösen. Als Beispiele hierfür gelten die toxische Diphterie, der Scharlach und die Legionärskrankheit.

Metastatisch-embolische Manifestationen im Kapillarbereich des Intestinums – besonders im Rahmen der Lenta-Sepsis – sind häufig. Sie verursachen Schmerzen und Motilitätsstörungen und werden mit gewisser Regelmäßigkeit ebenso fehlgedeutet wie die meist parallel verlaufende metastatisch-embolische Herdenzephalitis.

Bei allen Formen der Malaria, besonders aber bei der M. tropica, können in der ersten Krankheitswoche Inappetenz, Übelkeit, Leibschmerzen und choleraähnliche Diarrhöen auftreten. Diese auf der Kapillarverlegung durch die Parasiten beruhende Eigentümlichkeit wird bei Tropentouristen oft verkannt und wirkt sich deshalb nicht selten verhängnisvoll aus.

Zur Verdeutlichung der Vielfalt intestinaler Beteiligungen an Infektionsgeschehen sei noch die Chagas-Neuropathie erwähnt. Bei ihr kommt es unter mittelbarem Einfluß der verantwortlich zu machenden Trypanosomen (T. cruzi) u. a. zum Ganglienzelluntergang und in dessen Gefolge auch zur Megacolonbildung.

Für den zweitgenannten pathogenetischen Weg einer auf hämatogenem Wege zustande kommenden intestinalen Organmanifestation gelten im bakteriellen Bereich die „Typhoiden und Paratyphoiden Fieber" als die klassischen Beispiele. Die über den Intestinaltrakt in die Mesenteriallymphknoten gelangenden Erreger vermehren sich dort, generalisieren und gelangen mit dem Blutstrom u. a. auch zu den Peyer-Plaques des Ileums. Hier rufen sie die charakteristischen, durch Perforations- und Blutungsneigung gekennzeichneten Organmanifestationen hervor.

Die früher einmal bestehende Vorstellung einer vom Lumen ausgehenden lokalen ulzerativen Entzündung der Peyer-Plaques durch S. typhi bzw. paratyphi mit sekundärer Bakteriämie ist heute ebenso aufgegeben worden, wie die dementsprechende pathogenetische Deutung der Darmtuberkulose. Auch bei dieser handelt es sich nicht um eine Lokalinfektion, sondern um eine zyklische Allgemeininfektion mit Primäreffekt, Erregergeneralisation und Organmanifestation. In 80–90 % aller Darmtuberkulosen sind Ileocoecalregion und Colon ascendens betroffen.

Diese lokalisatorische Stereotypie ist den Betroffenheiten bei anderen Allgemeininfektionen zu analogisieren. Die immer wieder fortgeschriebene pathogenetische Erklärung der Darmtuberkulose als Folge verschluckten Tuberkulosebakterien-haltigen Sputums trifft nicht zu, gibt es doch ausgeprägte Darmtuberkulosen ohne jeglichen Hinweis auf eine gleichzeitige aperte Lungentuberkulose. Die Ileozökaltuberkulose entsteht auf hämatogenem Wege, wie die großknotige Lebertuberkulose über die Pfortader dann aus dieser resultiert. Ausnahmen gelten allerdings für intestinal-mesenteriale Primärkomplexe – also Erstauseinandersetzungen – die auf ingestivem Wege im frühen Lebensalter durch den Genuß bakterienhaltiger Milch hervorgerufen werden können. Diese Form der intestinalen Tuberkulose ist nach Einführung der Pasteurisierung bzw. Eradikation der Rindertuberkulose drastisch zurückgegangen.

Tertiäre – also spätsyphylitische – Manifestationen am Magen-Darm-Trakt waren früher gar nicht selten. Manche Spontanheilung eines inoperablen Magenkarzinoms oder einer Metastasenleber nach Antibiotikumtherapie aus anderer Indikation ging auf die Abheilung der tatsächlich vorhanden gewesenen Gummen zurück.

Auch Helminthen können auf hämatogenem Wege u. a. den Darm erreichen und sich hier manifestieren. Am Beispiel der Infektionen mit Schistosoma mansoni oder japonicum ist ablesbar, daß auch hier nach Eindringen der Zerkarien durch die Haut zunächst ein Generalisationsstadium einsetzt, welches durch Fieber, Husten, Exanthem und Diarrhö gekennzeichnet ist. Die in den portalen Strombereich gelangten Parasiten wachsen heran, paaren sich und produzieren Eier, welche im Sinne einer Organmanifestation Kapillaren der Darmwand verstopfen und durch ihren lytischen Enzymapparat gewebszerstörend ins Darmlumen gelangen. Die klinische Symptomatik entspricht der einer Enterokolitis.

Schließlich sei auf jene sich intestinal manifestierenden Infektionen eingegangen, die nur deshalb zustande kommen können, weil eine zugrunde liegende extraintestinale Allgemeininfektion die pathogenetischen Voraussetzungen geschaffen hat, die also sozusagen als mittelbare Organmanifestitionen dieser Infektion zu betrachten sind.

Gemeint ist das HIV-abhängige erworbene Immundefektsyndrom, welches regelmäßig durch intestinale Manifestationen opportunistischer Infektionen gekennzeichnet ist. Fast jeder AIDS-Patient leidet während seiner Krankheitskarriere vorübergehend, episodisch wiederkehrend oder auch langanhaltend an Meteorismus, Leibschmerzen und wäßrigen Diarrhöen. Die ätiologische Aufarbeitung dieser Zustände ist äußerst aufwendig und auch frustrierend, weil neben den allfälligen darmpathogenen Erregern von Lokalinfektionen einige AIDS-charakteristische Opportunisten in Betracht kommen, deren Vorhandensein durch mikrobiologische Untersuchungen des Stuhles im Rahmen einer Routinediagnostik allein nicht ausschließbar ist.

Diese sind:

- M. avium/intracellulare,
- M. tuberculosis
- Zytomegalie-Virus,
- Cryptosporidium spp,
- Mikrosporidium spp. (Enterocytozoon bieneusi),
- Septata intestinalis.

Zu ihrer Identifizierung sind meist endoskopisch-bioptische Verfahren erforderlich. Die mikrobiologische (also virologische, mykobakteriologische und protozoologische) Aufarbeitung so gewonnenen Materials wie auch die notwendigen lichtmikroskopischen und immunhistologischen Untersuchungen sind nur an entsprechenden Behandlungszentren ständig vorhaltbar.

Mycobacterium avium/intracellulare ist ein Umweltkeim, welcher bei immunkompetenten Menschen nur selten und dann als Erreger lokal bleibender zervikaler oder hilärer Lymphadenitiden vorkommt. Auf oralem Wege zugeführt kommt es beim AIDS-Kranken aber zu einer intrazellulären herdförmigen Kolonisierung der Schleimhaut des Intestinaltraktes. Dies trifft für 50–80 % aller AIDS-Kranken zu. Mit zunehmender Verschlechterung der Immunsituation ist dann mit einer Disseminierung des Erregers in und über die Darmschleimhaut zu rechnen. Die abdominellen Lymphknoten werden ebenso befallen wie Leber und Milz. Der Erreger ist aus diesen Organen wie aus Blut und Knochenmark anzüchtbar. Dieser in 30–40 % aller Fälle schließlich zu erwartende Zustand ist durch Fieber, Hepatosplenomegalie, krampfartige Leibschmerzen und unstillbare Diarrhöen gekennzeichnet. Unerkannt und unbehandelt führt er zum Tode.

Etwa 10 % aller AIDS-Patienten erkranken an einer reaktivierten Tuberkulose. Diese bleibt nicht lokal begrenzt, sondern verläuft in 80–90 % aller Fälle als Generalisationstuberkulose. Manifestationen am Inuestinaltrakt kommen in Form typischer in der Darmwand gelegener Granulome vor. Diese können ebenso einschmelzen und perforieren wie solche in Leber, Milz und Pankreas zu Abszessen führen können.

HIV-Infizierte sind zu 100 % auch mit dem Zytomegalievirus latent infiziert. Reaktivierungen dieser latenten Infektionen sind unter der zunehmenden Immunschwäche ungewöhnlich häufig. Sie führen zu lokalen Destruktionen, anhaltenden oder episodischen Virämien und daraus entstehenden Organbetroffenheiten. Zu diesen zählen erosiv-ulzerative Manifestationen am Intestinaltrakt. Zwar kann es zu Manifestationen in jedem Bereich kommen, doch sind Colon und terminales Ileum am häufigsten befallen. Das klinische Bild zeichnet sich durch wäßrige Diarrhöen und Schmerzen aus. Blutungen und Perforationen kommen vor. Die klinische Häufigkeit beträgt 5–10 %, in Autopsiestatistiken erreichen die Inzidenzangaben bis zu 50 %.

Gewichtsverlust, Meteorismus, choleraähnliche, wäßrige Diarrhöen und krampfartige Leibschmerzen finden sich auch bei zwei Protozoonosen des Intestinaltraktes, die praktisch nur bei AIDS bedeutsam sind und denen mit Verbesserung der Diagnostik auch ein stetig wachsender Stellenwert zuerkannt wird.

Zum einen handelt es sich um die Kryptosporidiose. Sie wird durch eine wahrscheinlich bovine Kryptosporidienspezies hervorgerufen, welche in Oozystenform mit der Nahrung bzw. dem Trinkwasser zugeführt wird. Geographisch unterschiedlich sind 3–40 % aller AIDS-Patienten infiziert, etwa 1–3 % entwickeln manifeste Erkrankungen. Der gewöhnlich im Bürstensaum der Enterozyten des Dünndarms extrazellulär siedelnde Erreger kann sich über Duodenum, Gallenwege bis in Pankreas und Leber ausbreiten und schließlich auch die Lunge erreichen. Während die intestinale Form manchmal noch therapeutischen Interventionen vorübergehend zugängig zu sein scheint, verlaufen hepatobiliäre Manifestationen stets tödlich.

Zum anderen geht es um die Mikrosporidiose, die beim AIDS-Patienten hauptsächlich durch Enterocytozoon bieneusi hervorgerufen wird. Mikrosporidien sind in der Tierwelt sehr weit verbreitet und in zahlreichen Spezies vertreten.

Beim AIDS-Kranken vermehren sich die oral zugeführten Sporen in den Enterozyten, welche dann absterben und die Erreger freisetzen, welche dann wiederum neue Zellen befallen. Die klinischen Erscheinungen der Mikrosporidiose sind nicht von jenen der Kryptosporidiose zu unterscheiden. Gelegentlich finden sich beide Erreger nebeneinander. Auch bei der Mikrosporidiose kommen Einbeziehungen der Gallenwege, Leber und Lunge vor.

Zusammenfassung

Der Intestinaltrakt ist keineswegs ein Reaktionsorgan, welches nur auf luminalem Wege in die Auseinandersetzungen des Makroorganismus mit dem pathogenen Mikrokosmos einbezogen wird. Systemisch ausgelöste Betroffenheiten finden sich im Ablauf zahlreicher Infektionszustände. Dabei mag es sich um meist reversible Funktionsstörungen im Ablauf von Erregergeneralisationen handeln oder um hämatogene Erregerabsiedlungen im Sinne von echten Organmanifestationen. Die noch undurchschaubare Komplexität intestinaler Schutzmechanismen wird besonders deutlich an dem eigenartigen Spektrum opportunistischer Infektionen des Intestinaltraktes bei AIDS. Hier können Mikroorganismen zu Erregern werden, die sonst als apathogen gelten und pathogene Erreger können zu intestinalen Manifestationen führen, die sonst nicht zu beobachten sind.

Literatur beim Verfasser

Beeinflussung der Pathogenität von Clostridium difficile durch Saccharomyces boulardii

H. Bernhardt

Normale Mikroökologie des Darmes

Das Ökosystem Darm beinhaltet alle Mikroorganismen und die dort vorhandenen abiotischen und biotischen Standortfaktoren. Zur Umwelt Darm gehören allgemeine und spezielle Milieufaktoren, Abwehrmechanismen und Siedlungsfaktoren, die das Ökosystem regulieren [15].

Die wichtigste Aufgabe der Mikroflora enthält die Induktion der körpereigenen Abwehrstoffe und damit Schutz des Wirtes vor exogenen und endogenen Infektionen (Kolonisationsresistenz). Ein direkter Antagonismus gegen pathogene Keime und eine mikrobielle Barriere gegen Fremdkeime ist bekannt [15].

Der gesunde Mensch hat eine normale Mikroflora.

Es existiert eine stabile Flora, die in ihrer Quantität und Qualität für den jeweiligen Standort charakteristisch ist. In der Norm ist die humane Darmflora folgendermaßen zu charakterisieren:

Stark besiedelte Standorte:
Colon:
- hohe Keimzahlen, bis zu $10^{11}/g$,
- 98 % obligat anaerobe Mikroorganismen
- große Artenvielfalt,
- Unterschied zwischen luminaler und wandständiger Flora.

Mäßig besiedelt:
unterer Dünndarm (unteres Jejunum, Ileum): mikroaerophile und anaerobe Keime.

Zeitweise besiedelt:
Duodenum und oberes Jejunum: aerobe und mikroaerophile Keime.

Gestörte Mikroflora – mikrobielle Ungleichgewichte:

Drastisch äußere Veränderungen beeinflussen die Ökosysteme.
- Veränderungen der Dünndarmflora:
 mikrobielles Overgrowth-Syndrom mit fäkaler Floraentwicklung: Durchfälle, Blähungen, Resorptionsstörungen, Fettstühle, Anämie, Osteomalazie [1, 2, 16].

– Veränderungen der Fäkalflora:
Insbesondere Verminderung der grampositiven sporenlosen Stäbchen führt zur Verminderung der Kolonisationsresistenz [4], Overgrowth von pathogenen Spezies, insbesondere von Clostridium difficile, aber auch anderer Clostridienspezies, Staphylokokken, Enterokokken.

Entwicklung von Clostridium difficile

Zu den normalen Dickdarmbewohnern gehört auch die Gattung Clostridium. So kommt Clostridium difficile als normaler Darmanaerobier in geringen Quantitäten vor. 2 % der Erwachsenen und 20–50 % aller Kinder unter 2 Jahren sind Keimträger. Die Kolonisation der Kinder erfolgt am 6. Tag nach der Geburt. Die Toxinbildung durch C. difficile und damit eine manifeste Erkrankung ist ab 6. Monat am stärksten. Darüber hinaus ist eine Saisonabhängigkeit der Kolonisation festzustellen. So läßt sich zeigen, daß die im November oder Dezember geborenen Säuglinge eine wesentliche höhere Besiedlung mit C. difficile haben als im Juli oder August geborene Kinder. Auch die Ernährung ist von Einfluß. Muttermilchernährte Säuglinge zeigen eine wesentlich geringere Kolonisation als künstlich ernährte Säuglinge [20].

Hauptursache der Vermehrung von Clostridium difficile ist durch Antibiotika bedingt. So vermindert das Clindamycin praktisch die gesamten Anaerobier, vor allem die sporenlosen Stäbchen und die Kokken gleichermaßen. In dieser Lücke kann sich Clostridium difficile vermehren. Eine besondere Situation ist das Krankenhaus, in dem die Sporen von Clostridium difficile (sehr dauerhaft) auf vielfältigen Wegen übertragen werden können. Hospitalisierte Patienten haben 10 % oder mehr Clostridium difficile im Stuhl, deren Erwerb im Krankenhaus nachgewiesen worden ist.

Clostridium difficile als Erreger der Antibiotika assoziierten Colitis

Bei der Therapie mit Antibiotika kann es zu einer Antibiotika assoziierten Diarrhö (AAD) kommen, die zum Teil einen dramatischen Verlauf bis hin zur lebensbedrohlichen pseudomembranösen Colitis nimmt. An der AAD ist Clostridium difficile in 90 von 100 Fällen beteiligt. Mit der Vermehrung von Clostridium difficile werden 2 Exotoxine wirksam. Das Toxin-A wirkt sekretionsstimulierend, das Toxin-B stark zytotoxisch.

Die Behandlung einer AAD besteht darin, möglichst das Antibiotikum abzusetzen oder auf Präparate mit einem anderen Wirkungsspektrum umzuwechseln. Diese sind in der Regel Vancomycin oder Metronidazol. Gegebenenfalls wird versucht, toxinbindende Substanzen, wie Cholestyramin oder Cholestipol einzusetzen. Bei rund 20 % der Betroffenen kommt es zu einem Rückfall nach Absetzen der Medikamente. Vom ökologischen Standpunkt aus gesehen ist jede neue antibiotische Behandlung mit weiteren Veränderungen der Mikroflora verbunden. Alternativmethoden sind deshalb anzustreben.

Versuche zur Beeinflussung der Pathogenität von Clostridium difficile

Neben Versuchen zur Florabeeinflussung durch Fäkalfloraeinläufe [21] bzw. der Gabe von Lactobacillus [12] hat sich der Einsatz von Saccharomyces boulardii bewährt. Grundlage dafür waren die Ergebnisse von zahlreichen Tierversuchen. Bei gnotobiotischen Mäusen ließ sich eine Senkung der Mortalitätsrate bei C. difficile-Infektionen durch S. boulardii erreichen [6, 7]. Die Überlebensrate gnotobiotischer Mäuse war nur dann wesentlich größer, wenn lebende S. boulardii-Zellen verwandt wurden [10]. Dabei traten unter der nutritiven Zugabe von S. boulardii nichttoxigene C. difficile-Stämme in den Vordergrund [7].

Auch bei Hamstern war die Überlebensrate bei C. difficile-Infektionen unter Prävention mit S. boulardii höher [19]. Die kumulierte Mortalität (getestet in 2 Gruppen von je 20 Hamstern, die 0,6 mg/kg KG Clindamycin erhielten) ist mit $p < 0{,}01$ hochsignifikant niedriger in der S. boulardii-Gruppe. Getestet wurde 13 Tage lang eine 5 %ige S. boulardii-Suspension versus Wasser.

Verbunden mit der Senkung der Mortalitätsrate ließ sich bei Mäusen ein bis zu 1000facher Abfall der Cytotoxin-Titer bei den überlebenden Tieren nachweisen [6].

Nach neuen Untersuchungen beugt S. boulardii einem Einfluß der Toxine vor: es verringert oder verhindert das Abrunden der intestinalen Epithelzellinie IRD-98. Die Autoren [8] sahen eine Modulation des Toxingehaltes ohne Einwirkung auf die Keimpopulation (Sekretion von Proteasen?).

Die direkte Beeinflussung der rezidivierenden pseudomembranösen Colitis unter Vancomycin durch S. boulardii erbrachte eine weitere Studie [9]. Der Nachweis von Zytotoxin bei mit C. difficile infizierten Hamstern war nur bei 3 % der mit S. boulardii behandelten Tiere möglich im Vergleich zur Plazebo-Gruppe, in der sich das Zytotoxin bis zu 50 % nachweisen ließ.

Klinische Studien zum Einsatz von S. boulardii bei AAD sind bereits in den 60er Jahren durchgeführt worden. Die Reduktion der klinischen Symptomatik war beachtenswert. Angaben zum Vorkommen von C. difficile gibt es in diesen Arbeiten nicht, da der Keim erst in späteren Jahren Aufmerksamkeit erregte, was sicherlich mit der Komplettierung der Anerobiertechnik zusammenhängt. Beachtenswert ist die große französische plazebokontrollierte Doppelblindstudie aus dem Jahre 1976 (zitiert nach Hagenhoff et al. [13]). Antibiotikabedingte Nebenwirkungen traten in der Patientengruppe, die mit S. boulardii behandelt wurde, nur in 6,5 % der Fälle auf im Vergleich zu 24,9 % in der Plazebogruppe, einschließlich der verminderten Inzidenz der Candidosen. Die größten klinischen Studien hat die Arbeitsgruppe um Christine Surawicz [11, 14, 17, 18] durchgeführt. In einer Doppelblindstudie wurden 180 Patienten mit S. boulardii gegen Plazebo getestet. Sie erhielten diese Medikation 2 Tage nach Einleitung der Antibiotikatherapie. Diarrhöen traten signifikant seltener auf bei Patienten unter S. boulardii: es waren 9,5 % gegenüber 22 % in der Plazebogruppe. Wenn man Patienten mit einem weiteren Risikofaktor wie nasogastrale Sondenernährung ausschloß, betrug die Diarrhöinzidenz bei den adjuvant behandelten Patienten sogar nur 4,6 %. Das höchste Diarrhörisiko ergab sich nach Clindamycinbehandlung in Kombination mit Cotrimoxazol oder Cephalosporinen. Allerdings bestand hier kein signifikanter Zusammenhang zwischen der Diarrhö mit Clostridium difficile bzw. Zytotoxinnachweis, da die Untersuchungen bei Patienten mit bzw. ohne Diarrhö ähnlich häufig positiv ausfielen. Die Autoren sahen jedoch eine Verminderung der Diarrhö bei den C. difficile positiven Patienten.

In einer offenen Studie [11] wurden 13 Patienten mit einer durchschnittlichen Rezidivhäufigkeit von 3,6 für 10 Tage mit 500 mg/d Vancomycin plus 30 Tage lang mit 1 g/d S. boulardii behandelt. 11 der Patienten hatten keine weiteren Rezidive und keine weitere Diarrhö. Nur bei 2 Patienten erfolgte ein Rezidiv. Hier gab es einen klaren Zusammenhang zwischen der positiven Kultur und dem Zytotoxin-B-Nachweis von C. difficile und den Ergebnissen der Behandlung. Nur zweimal war der Toxin-B-Nachweis positiv, im Erfolgsfall 11 negative Ausfälle. Dazu sind auch Fallberichte publiziert worden, von denen die Krankheitsgeschichte einer 67jährigen Frau mit Clostridium-difficile-Colitis und 8 Diarrhö-Rezidiven nach antibiotischer Therapie eindrucksvoll ist. Die Rezidive traten trotz Behandlung mit Vancomycin, Metronidazol, Bacitracin und Cholestyramin auf.

Nach 3monatiger Behandlung mit S. boulardii war zwar Clostridium difficile noch weiterhin nachweisbar, aber die Zytotoxin-Titer nahmen deutlich ab, und es erfolgten keine weiteren Rezidive.

Eine weitere offene Studie wurde an 19 Kindern, die durchschnittlich 8 Monate alt waren, durchgeführt [5]. Die Patienten hatten eine AAD über 15 Tage. Der C.-difficile- und Zytotoxin-B-Nachweis im Stuhl waren positiv. Die Behandlung mit S. boulardii erfolgte 14 Tage lang. Bei 18 Patienten gingen die klinischen Symptome deutlich zurück. Die Kultur wurde bei 14 Patienten negativ, und 16 hatten keinen Zytotoxin-B-Nachweis mehr. Zwei Patienten zeigten ein erneutes Rezidiv, so daß weitere 14 Tage mit S. boulardii – mit Erfolg – behandelt wurde. Die Autoren zogen die Schlußfolgerung, daß bei Säuglingen und jungen Kindern mit enterotoxischem Clostridium-difficile-„overgrowth" die orale Gabe von S. boulardii eine sichere und vielversprechende Therapie darstellt.

Schlußfolgerungen

Die rezidivierende AAD ist ein therapeutisches Problem. Die Beeinflussung der Pathogenität von C. difficile durch S. boulardii ist in Tierversuchen und klinischen Studien belegt. Es lassen sich hervorheben:

- Modulation des Toxingehaltes ohne Einwirkung auf die C.-difficile-Population,
- Selektion der nichttoxigenen Stämme,
- geringerer Zytotoxin-B-Gehalt im Stuhl,
- Verminderung der Mortalität der durch C. difficile induzierten Colitis bei gnotobiotischen Mäusen und konventionellen Hamstern,
- In klinischen Studien an Erwachsenen ließ sich durch S. boulardii, vor allem bei gleichzeitiger Vancomycin-Therapie, die Rezidivhäufigkeit der AAD drastisch senken,
- Auch bei Kindern konnte ein Rückgang des Zytotoxin-B-Nachweises unter S. boulardii gezeigt werden.

Literatur

1. Bernhardt H, Knoke M (1972) Mechanismen der Bakteriostase und Bakterizidie im Magen und oberen Dünndarm. Dtsch Verdauungs Stoffwechselkrkh 32: 209–211
2. Bernhardt H, Knoke M (1974) Mikrobielle Besiedlung des Gastrointestinaltraktes und Diarrhoe. Z Inn Med 29: 632–635
3. Bernhardt H, Knoke M (1989) Recent studies on the microbial ecology of the upper gastrointestinal tract. Infect 17: 259–263
4. Bernhardt H, Schwenke M, Knoke M et al. (1989) Veränderungen der Fäkalflora bei Patienten mit hämatologischen Erkrankungen. Zschr Antim Antineopl Chemoth 7: 49–57
5. Buts JP, Corthier G, Delmée M (1992) Place of Saccharomyces boulardii in Clostridium difficile-associated diarrhea in children. Interdisciplinary World Congress on Antimicrobial and Anticancer drugs – Intestinal infections: New approaches in control of diarrhea. Symposium, Geneva 31 march 1992 (Abstracts)
6. Corthier G, Dubos F, Ducluzeau R (1986) Prevention of Clostridium difficile induced mortality in gnotobiotic mice by Saccharomyces boulardii. Can J Microbiol 32: 894–896
7. Corthier G, Muller MC (1988) Emergence in gnotobiotic mice of nontoxinogenic clones of Clostridium difficile from a toxinogenic one. Infect Immun 56: 1500–1504
8. Czerucka D, Nano JL, Bernasconi P, Rampal P (1991) Réponse aux toxines A et B de Clostridium difficille d'une lignée de cellules épithéliales intestinales de rat: IRD 98. Effét de Saccharomyces boulardii. Gastroenterol Clin Biol 15: 22–27
9. Elmer GW, McFarland LV (1987) Suppression by Saccharomyces boulardii of toxigenic Clostridium difficile overgrowth after vancomycin treatment in hamsters. Antimicrob Agents Chemother 31: 129–131
10. Elmer GW, Corthier G (1991) Modulation of Clostridium difficile induced mortality as a function of the dose and the viability of the Saccharomyces boulardii uses as a preventative agent in gnotobiotic mice. Can J Microbiol 37: 315–317
11. Elmer GW, Surawicz CM, McFarland LV, Chinn J (1989) An open trial Vancomycin plus Saccharomyces boulardii for the treatment of relapsing Clostridium difficile diarrhea/colitis. Microecology Therapy 19: 251–256
12. Gorbach SL, Chang TW, Goldin B (1983) Succesfull treatment of relapsing Clostridium difficile colitis with Lactobacilus GG. Lancet II: 1519
13. Hagenhoff G, Heidt M, Höchter W (1990) Clostridium difficile und antibiotikaassoziierte Diarrhoen: Prävention und Therapie mit Saccharomyces boulardii. In: Ottenjann R, Müller J, Seifert J (Hrsg) Ökosystem Darm II, Springer, Berlin Heidelberg New York Tokyo S 150–165
14. Kimmey MB, Elmer GW, Surawicz CM, McFarland LV (1990) Prevention of further reccurences of Clostridium difficile colitis with Saccharomyces boulardii. Dig Dis Scien 35: 897–901
15. Knoke M, Bernhardt H (1986) Mikroökologie des Menschen. Mikroflora bei Gesunden und Kranken. VCH Weinheim
16. Knoke M, Bernhardt H (1989) Clinical significance of changes of flora in the upper digestive tract. Infection 17: 255–258
17. Surawicz CM, McFarland LV, Elmer GW, Chinn J (1989) Treatment of recurrent Clostridium difficile colitis with vancomycin and Saccharomyces boulardii. Am J Gastroenterol 84: 1285–1287
18. Surawicz CM, Elmer GW, Speelmann P et al. (1989) Prevention of antibiotic associated diarrhea by Saccharomyces boulardii: a prospective study. Gastroenterology 96: 981–988
19. Toothaker RD, Elmer GW (1984) Prevention of clindamycin-induced mortality in hamsters by Saccharomyces boulardii. Antimicrob. Agents Chemother 26: 552–556
20. Tullus K, Aronsson B, Marcus S, Möllby R (1989) Intestinal colonisation with Clostridium difficile in infants up to 18 months. Eur J Clin Microbiol 8: 390–393
21. Tvede M, Rask-Madsen J (1989) Bacteriotherapy for chronic relapsing Clostridium difficile diarrhea in six patients. Lancet I: 1156

III. Physiologie und Störungen der exokrinen Pankreassekretion

(Moderator: W.F. Caspary)

Mechanismen der Sekretion des exokrinen Pankreas

M. M. Lerch, G. Adler

Einleitung

Die exokrine Zelle des Pankreas ist ein Modellfall für Zellen mit hoher Eiweißsynthese und Sekretion. Durch ihre polare Struktur mit einem basolateralen und einem luminalen Anteil eignet sie sich ideal zur Erforschung grundlegender Sekretionsmechanismen. Diese Einschätzung stammt von George Palade, der für die Klärung der intrazellulären Transport- und Sekretionsmechanismen den Nobel-Preis verliehen bekam [1]. Im folgenden sollen die einzelnen Transportschritte in der Azinuszelle von der Synthese bis zur Exozytose erläutert werden. Daneben werden die hierfür erforderlichen Schritte der Signaltransduktion zusammengefaßt.

Proteinsynthese, intrazellulärer Transport und Exozytose

Das exokrine Pankreas besteht zu 85 % aus proteinsynthetisierenden Azinuszellen, die für die Verdauungsleistung der Bauchspeicheldrüse verantwortlich sind. Es handelt sich hierbei um eine der wenigen Zellen im Körper, deren Zellgrenzen durch unterschiedliche Membranen begrenzt sind [2]. An der mit Mikrovilli besetzten apikalen Membran (Abb. 1) geben die Speichergranula ihre Verdauungsenzyme ins Gangsystem des Pankreas ab. Die basolaterale Membran stellt die Grenze zu benachbarten Azinuszellen dar, zu denen sie über interzelluläre Verbindungen Kontakt aufnimmt. Über die basale Membran werden unter anderem die für die Proteinbiosynthese erforderlichen Aminosäuren entlang eines Natriumgradienten aufgenommen (Abb. 2). Die Proteinsynthese beginnt an den Ribosomen, die den Zisternen des rauhen endoplasmatischen Retikulums aufsitzen. Die Proteine werden zunächst als lange, einsträngige Polypeptidketten synthetisiert, die an ihrem aminoterminalen Ende ein lipophiles, 15 bis 20 Aminosäuren langes Signalpeptid tragen. Dieses Signalpeptid ist für die Translokation der Polypeptidketten in die Zisternen des rauhen endoplasmatischen Retikulums erforderlich [3]. Wenn die Polypeptidketten vollständig in die Zisternen des endoplasmatischen Retikulums gelangt sind wird das Signal-Transportpeptid durch membranständige Peptidasen abgespalten. Von diesem Zeitpunkt an verlassen die Pankreasenzyme die membranumschlossene Kompartimente der Azinuszelle nicht mehr. Erst jetzt findet eine sekundäre und tertiäre Strukturumwandlung in die bioaktiven Enzyme statt. Hierzu

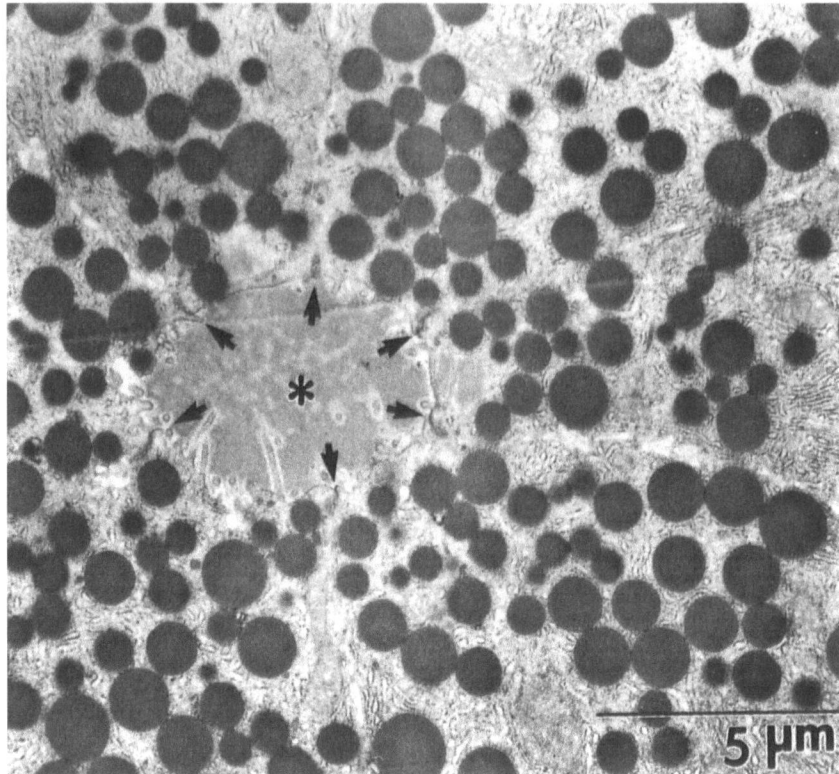

Abb. 1. Pankreasazinus vor der Stimulation. Die apikalen, mit Mikrovilli besetzten Zellmembranen der sternförmig angeordneten Azinuszellen bilden die Begrenzung zum Lumen des Ausführungsganges *(Asterisk)*. Die Verbindung zwischen den einzelnen Zellen und die Abdichtung der Zellzwischenräume gegen das Lumen erfolgt durch zonulae occludentes *(Pfeile)*. Im unstimulierten Zustand der Zelle finden sich am apikalen Zellpol dicht gepackte Zymogengranula. (TEM 3800:1)

ist erstens ein optimales Redoxpotential und zweitens die Anwesenheit von Glutathion erforderlich. Durch eine Disulphidisomerase werden die zur Sekundär- und Tertiärstruktur erforderlichen Disulphidbindungen der Proteine ausgebildet. Außerdem erfolgt ein „exprocessing" durch die Anhängig von Peptidresten und die Modifikation von Zuckerresten, die für das intrazelluläre Sortieren vom rauhen endoplasmatischen Retikulum zum Golgi und in die weiteren Kompartimente verantwortlich sind [4]. Dabei spielt die Phosphorylierung eines terminalen Manoserestes zu Mannose-6-Phosphat eine entscheidende Rolle [5]. Nach ihrer Translokation in den Golgi-Apparat werden die Enzyme mit einem Mannose-6-Phosphatrest von dem Mannose-6-Phosphatrezeptor erkannt. Nur die durch diesen Rezeptor gebundenen Enzyme werden in die intrazellulären Lysosomen sortiert und verlassen damit die Zelle im Prinzip nicht mehr. Hierzu gehören mehr als 50 saure Hydrolasen, die vermutlich zunächst als Proenzyme und erst im sauren Milieu der Lysosomen als aktive Enzyme für die intrazelluläre Eiweißdegradation zuständig sind.

Mechanismen der Sekretion des exokrinen Pankreas 57

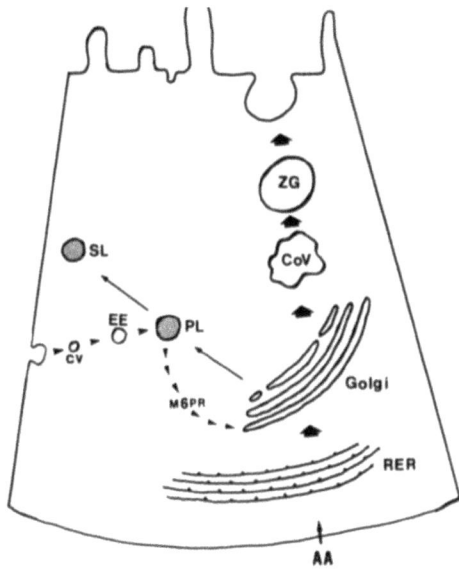

Abb. 2. Intrazelluläre Synthese und Transportmechanismen. Nach Aufnahme von Aminosäuren *(AA)* an der basalen Zellmembran werden diese an den Ribosomen des rauhen endoplasmatischen Retikulum *(RER)* zunächst zu Polypeptidketten synthetisiert und dann in die Zisternen des RER eingeschleust. Nach Transport zum Golgi-Apparat werden die Hydrolasen entsprechend ihres Mannose-6-phosphatrestes entweder von einem Mannose-6-phosphatrezeptor erkannt und zu primären Lysosomen *(PL)* transportiert oder über das sekretorische Kompartiment, bestehend aus kondensierenden Vakuolen *(CoV)* und Zymogengranula *(ZG)*, zur apikalen Zellmembran transportiert. Das lysosomale Kompartiment unterliegt dagegen nicht grundsätzlich den Regulationsmechanismen der Exozytose und Sekretion, sondern vereinigt sich mit den „coated vesicles" *(cv)* und frühen Endosomen *(EE)* des endozytischen Kompartiments. Vor der Ausreifung zu sekundären Lysosomen *(SL)*, die die intrazelluläre Eiweißdegradation übernehmen, wird der Mannose-6-phosphatrezeptor (M6PR) gelöst und zum Golgi-Apparat zurücktransportiert

Die mehr als 20 neutralen Hydrolasen, oder auch Verdauungsenzyme, die etwa 70 % des Eiweißes im Pankreassaft ausmachen, werden vom Golgi-Apparat zunächst in kondensierende Vakuolen transportiert. Hier findet eine weitere Konzentration dieser Enzyme statt [6]. Die kondensierenden Vakuolen werden entlang intrazellulärer Mikrotubuli transportiert und reifen dabei zu Zymogengranula. Diese stellen die endgültige intrazelluläre Transport und Speicherform von Verdauungsenzymen dar. Wiederum entlang kontraktiler Mikrotubuli werden die Zymogengranula über eine große intrazelluläre Distanz zum apikalen Pol der Zelle transportiert [7]. Hier erreichen sie ein aus Mikrofilamenten bestehendes terminales Netz aus Aktin, dessen Intaktheit eine Voraussetzung für die Fusion und Verschmelzung der Zymogengranula mit der apikalen Membran ist [8, 9]. Dabei kommt es zur Bildung einer Pore in der Zellmembran, durch die die Verdauungsenzyme ins Lumen sezerniert werden. Die mit der Zellmembran verschmolzene Zymogengranulamembran wird wieder zum Golgi-Apparat zurücktransportiert. Ein ähnliches Recycling findet beim Transport von lysosomalen Enzymen durch den Mannose-6-Phosphatrezeoptor zu Lysosomen statt. Dieser Rezeptor löst sich erst von seiner Hydrolase im sauren Milieu des Lysosoms. Er wird dann wiederum zum Golgi-Apparat zurücktransportiert. Verschiedene zellbiologische Untersuchungen haben gezeigt, daß eine Unterbrechung dieser Recycling-Vorgänge zu einer Fehlverteilung von lysosomalen und Verdauungsenzymen in den intrazellulären Kompartimenten führt [10] und sich Parallelen hierfür bei der Pankreatitis finden [11]. Diese Mechanismen gelten im wesentlichen für die Azinuszellen des Pankreas.

Die zentroazinären Gangzellen, die überwiegend für die Wasser- und Bikarbonatsekretion verantwortlich sind, sind wesentlich einfacher strukturiert und unterliegen anderen Mechanismen. Für ihre Sektion ist beispielsweise die extrazelluläre Anwesenheit von Bikarbonat erforderlich. Im Gegensatz zu den Azinuszellen sind sie dagegen unabhängig von der Anwesenheit extrazellulären Kalziums. Ihre Hauptleistung besteht im aktiven Transport von H^+- und OH^+-Ionen gegen einen viermal höheren Konzentrationsgradienten. Während der Hauptstimulus für die zentroazinären Gangzellen Sekretin ist, werden die Pankreasazinuszellen im wesentlichen durch Cholkezystokinin und Azetylcholin stimuliert.

Mechanismen der Signaltransduktion

Das am häufigsten verwendete Versuchstier zur Untersuchung der Pankreassekretion ist die Ratte. Auf den Azinuszellen dieser Tiere finden sich eine ganze Reihe von Rezeptoren, die die Sekretion stimulieren können. Hierzu gehören unter anderen Cholezystokinin, Azetylcholin, Bombesin, Substanze-P, Sekretin, VIP, EGF und IGF sowie eine ständig wachsende Zahl weiterer potentieller Stimulantien. Obwohl in vielen eleganten Studien die grundsätzlichen Sekretionsmechanismen anhand dieser Rezeptoren geklärt wurden, ist bis heute nicht klar, ob diese auch für den Menschen eine Rolle spielen. Wir wissen beispielsweise, daß Hunde keine Bombesinrezeptoren auf ihren Pankreasazinuszellen haben, und daß beim Menschen unter physiologischen Bedingungen die Azetylcholinstimulation eine wesentlich größere Rolle spielt als beispielsweise die Stimulation durch Cholezystokinin [12, 13].

Anhand der Beispiele dieser Hormone sollen die grundsätzlichen Mechanismen der Signaltransduktion erläutert werden. Grundsätzlich lassen sich hierbei zwei Mechanismen unterscheiden. Die klassischen Beispiele für die cAMP-abhängige Stimulation sind Vasoaktives-Intestinales-Polypeptid (VIP) und Sekretin, während die klassischen Beispiele für die Inositol-Triphosphat (IP_3)- und kalziumabhängige Stimulation Cholezystokinin und Azetylcholin sind. Letztere binden zunächst an einen Rezeptor der basolateralen Membran. Vermittelt durch ein G-Protein kommt es zu einer Aktivierung der membrangebundenen Phospholipase-C (Abb. 3). Dieses Enzym spaltet Phosphatidylinositol in IP_3 und Diacylglycerol [14]. Vermittelt durch IP_3 kommt es zu einer raschen Freisetzung von Kalzium aus im ER lokalisierten Speichern [15]. Durch Diacylglycerol wird nach klassischer Vorstellung Proteinkinase-C aktiviert. Dieses Enzym und das freigesetzte Kalzium vermitteln die Fusion und Verschmelzung von Zymogengranula mit der luminalen Zellmembran

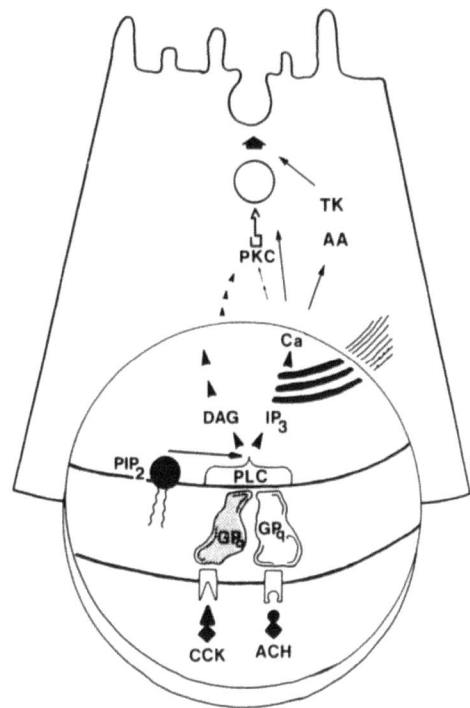

Abb. 3. Signaltransduktion über IP3 und Kalzium. Nach Ankopplung des Hormons (*CCK* Cholezystokinin; *ACH* Azetylcholin) an den spezifischen Rezeptor auf der basolateralen Zellmembran, wird – vermittelt durch ein G-Protein *(GPq)*-Phospholipase C *(PLC)* aktiviert. Diese spaltet Phosphatidylinositol *(PIP2)* in der Membran in Diacylglycerol *(DAG)* und Inositol-triphosphat *(IP3)*. Durch DAG als „second messenger" wird Proteinkinase C *(PKC)* aktiviert. Diese und IP3-stimuliertes Kalzium vermitteln nach klassischer Auffassung die Exozytose von Zymogengranula an der apikalen Zellmembran und die Abgabe der Verdauungsenzyme ins Lumen. Weitere potentielle Vermittler in diesem Signal-Transduktionsweg sind Arachidonsäure *(AA)* und Phosphotyrosinkinasen *(TK)*

und somit die Sekretion der Verdauungsenzyme. Hierbei handelt es sich wie gesagt um ein klassisches Denkmodell, welches durch zahlreiche neuere Untersuchungen zunehmend ergänzt wird. Es ist beispielsweise nicht sicher geklärt, ob Kalzium selbst einen direkten Effekt auf die Proteinkinase-C-Aktivität hat oder hier nur als Kofaktor der Aktivierung fungiert. Neben der direkten Wirkung des Kalziums auf die Sekretion werden auch weitere, zwischengeschaltete „second messenger" [16] wie z. B. Arachidonsäure und Phosphotyrosinkinasen diskutiert. Zum anderen ist unsicher, über welchen Mechanismus die Proteinkinase-C die Sekretion von Zymogengranula vermittelt. In diesem extrem aktiven Forschungsfeld erweitert sich unser Verständnis der Stimulus-Sekretions-Kopplung sehr schnell. So wird bereits diskutiert, daß die Aktivierung von Membranrezeptoren in bestimmten Affinitätszuständen die Freisetzung von Kalzium auch ohne die Vermittlung von IP3 auslösen kann [17].

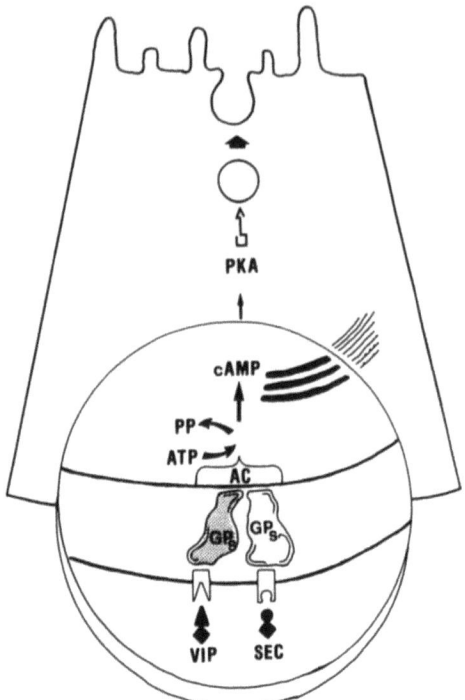

Abb. 4. Signaltransduktion über cAMP. Nach Ankopplung an den spezifischen Rezeptor (*VIP* vasoaktives intestinales Polypeptid; *SEC* Sekretin), aber vermittelt durch eine andere Klasse von G-Proteinen *(GPs)* wird Adenylatcyclase aktiviert *(AC)*. Diese setzt aus Adenosintriphosphat *(ATP)* zyklisches Adenosinmonophosphat *(cAMP)* frei. Dieser „second messenger" aktiviert Proteinkinase A *(PKA)* und vermittelt so die Exozytose von in Zymogengranula gespeicherten Verdauungsenzymen (*PP* anorganisches Phosphat)

Der von VIP oder Sekretin über cAMP vermittelte Mechanismus unterscheidet sich von dem vorgenannten Signaltransduktionsweg. Ebenfalls nach Bindung des Rezeptors wird über eine andere Klasse von membranständigen G-Proteinen Adenylatcyclase aktiviert (Abb. 4). Diese katalysiert die Umwandlung von ATP zu cAMP. Über diesen „second messenger" wird ohne die Freisetzung von Kalzium Proteinkinase-A aktiviert. Auch bei dieser Proteinkinase ist der letzte Schritt zur Vermittlung der Exozytose von Zymogengranula nicht vollständig aufgeklärt.

Zusammenfassung

Die Pankreasazinuszelle ist eine hochspezialisierte und polarisierte Einheit, die Verdauungsenzyme in großen Mengen und in kurzer Zeit produziert und sezerniert. An ihrem Beispiel wurden die grundlegenden Mechanismen der Proteinsynthese, der Translokation von Proteinen in die Zisternen des ER, der intrazellulären Speicherung und Sortierung in die einzelnen Zellkompartimente sowie der intrazelluläre Transport zur apikalen Membran und die Exozytose geklärt. Es stehen grundsätzlich verschiedene Möglichkeiten der Signaltransduktion über die Bindung unterschiedlicher Rezeptoren zur Verfügung. Auf die einzelnen Störungen, die entweder im Synthese- und Transportablauf oder im Signaltransduktionsablauf vorkommen können, wird in den nachfolgenden Referaten, besonders im Zusammenhang mit der Pankreatitis, eingegangen.

Literatur

1. Palade G (1975) Intracellular aspects of the process of protein synthesis. Science 189: 347–358
2. Meldolesi J, Jamieson JD, Palade GE (1971) Composition of cellular membranes in the pancreas of guinea pig II. Lipids. J Cell Biol 49: 130–149
3. Scheele G, Jacoby R, Carne T (1980) Mechanism of compartimentation of secretory proteins I. Transport of exocrine pancreatic proteins across microsomal membrane. J Cell Biol 87: 611–628
4. Pfeffer SR, Rothman JE (1987) Biosynthetic protein transport and sorting by the endoplasmic reticulum and Golgi. Ann Rev Biochem 56: 829–852
5. Brown WJ, Farquhar MG (1984) The mannose-6-phosphate receptor for lysosomal enzymes is concentrated in cis golgi cisternae. Cell 36: 295–307
6. Jamieson JD, Palade GE (1971) Synthesis, intracellular transport, and discharge of secretory proteins in stimulated pancreatic exocrine cells. J Cell Biol 50: 135–158
7. Kelly RB (1990) Microtubules, membrane traffic, and cell organization. Cell 61: 5–7
8. Williams JA, Lee M (1976) Microtubules and pancreatic amylase release by mouse pancreas in vitro. J Cell Biol 71: 795–806
9. O'Konski MS, Pandol SJ (1990) Effects of caerulein on the apical cytoskeleton of the pancreatic acinar cell. J Clin Invest 86: 1649–1657
10. Brown WJ, Constantinescu E, Farquhar MG (1984) Redistribution of mannose-6-phosphate receptors by tunicamycin and chloroquine. J Cell Biol 99: 320–326
11. Saluja M, Saluja A, Lerch MM, Steer ML (1991) A plasma protease which is expressed during supramaximal stimulation causes in vitro subcellular redistribution of lysosomal enzymes in rat exocrine pancreas. J Clin Invest 87: 1280–1285
12. Adler G, Beglinger C, Braun U et al. (1991) Interaction of the cholinergic system and cholecystokinin in the regulation of endogenous and exogenous stimulation of pancreatic secretion in humans. Gastroenterology 100: 537–543
13. Adler G, Reinshagen M, Koop I et al. (1989) Differential effects of atropine and a cholecystokinin receptor antagonist on pancreatic secretion. Gastroenterology 96: 1158–1164
14. Berridge ML, Irvine RF (1989) Inositol phosphates and cell ignalling. Nature 341: 197–205
15. Streb H, Irvine RF, Berridge MG, Schulz I (1983) Release of Ca^{++} from a nonmitochondrial intracellular store in pancreatic acinar cells by inositol-1,4,5-triphosphate. Nature 306: 67–69
16. Gorelick FS, Cohn JA, Freedman SD et al. (1983) Calmodulin-stimulated protein kinase activity from rat pancreas. J Cell Biol 79: 1294–1298
17. Saluja, AK, Dawra RK, Lerch MM, Steer ML (1992) CCK-JMV-180, an analog of cholecystokinin, releases intracellular calcium from an inositol triphosphate-independent pool in rat pancreatic acini. J Biol Chem 267: 11202–11207

Regulation der exokrinen Pankreassekretion

C. Niederau, T. Heintges, R. Lüthen

Diese Übersicht analysiert den aktuellen Wissensstand über die Regulation der exokrinen Pankreasfunktion. Die unterschiedlichen stimulierenden und hemmenden Regulationsmechanismen spielen sich dabei auf verschiedenen Ebenen ab (s. folgende Übersicht).

Einteilung der verschiedenen Regulationsebenen:

- Zentrale Regulation,
- gastrische Regulation,
- duodenale Regulation,
- Azinus-Inselzell-Achse,
- intra- und extrapankreatische neuronale Verschaltungen,
- jejunal,
- ileale und kolonische Regulation,
- Regulation der interdigestiven Pankreassekretion,
- „Feedback"-Regulation der Pankreassekretion.

Zentrale Regulation

Seit langem ist bekannt, daß es eine zentrale Stimulation der Pankreassekretion, z. B. durch eine Scheinfütterung bzw. Scheinmahlzeit gibt. Dabei spielen Anblick, Geruch und Geschmack der Nahrung eine ebenso große Rolle wie die psychische Situation zum Zeitpunkt der Nahrungsaufnahme [37, 41]. Durch zentrale Reize kann man eine deutliche Stimulation der Pankreassekretion erreichen. Diese beträgt beim Hund etwa 25 % [46] und beim Menschen 50 % [12] der Stimulation, die durch eine normale Nahrung ausgelöst wird. Die zentrale Stimulation der Pankreassekretion hört allerdings relativ rasch nach Beendigung des Reizes auf [12]. Die zentralen Mechanismen werden über vagale Efferenzen vermittelt. Eine komplette Vagotomie verhindert am Tiermodell die zentrale Stimulation vollständig [3]. Auch beim Menschen kann man durch Atropin eine Hemmung der durch eine Scheinmahlzeit ausgelösten Pankreassekretion erreichen [4]. Wahrscheinlich wirken die efferenten cholinergischen Fasern direkt auf das Pankreas, da eine vagale Stimulation beim Hund auch dann auf das Pankreas wirkt, wenn dieses Organ extrakorporal perfundiert wird [7]. Eine solche extrakorporale Perfusion schließt sekundäre Hormonfreisetzungen durch die vagale Stimulation aus. Neben einer direkten neurogenen Vermittlung kommt es im Magen wahrscheinlich auch zu einer Freisetzung von Gastrin, das möglicherweise in diesem Zusammenhang die Pankreasfunktion beeinflußt.

Gastrische Regulation

In den Magen gelangende Nahrung führt, teilweise über Dehnungsreize, zu einer Stimulation der Pankreassekretion [48, 53]. Lange Zeit war vermutet, daß dies vor allen Dingen über eine Freisetzung von Gastrin geschieht. Man konnte aber inzwischen zeigen, daß das transplantierte Pankreas auf eine Dehnung des Magens im Tiermodell nicht reagiert [52]. Man nimmt heute deshalb an, daß die Dehnungsreize vorwiegend über vagalcholinerge Mechanismen vermittelt werden. Die Stimulation der Pankreassekretion nach Dehnung des Magens kann man durch eine Vagotomie oder durch Atropin fast vollständig blockieren [52, 53]. Dabei hemmt Atropin aber vor allem die Proteinsekretion nach gastrischer Stimulation und kaum die Flüssigkeitssekretion [20]. Möglicherweise sind auch hier direkte gastro-pankreatische Nerven beteiligt.

Duodenale Regulation

Der Großteil der nahrungsbedingten Stimulation der Pankreassekretion erfolgt über duodenale Reize. Dabei wurden in den letzten Jahren verschiedene Nahrungsreize identifiziert. Hierzu zählen Säure, Fette, Aminosäuren, Dehnungsreize und eine hohe Osmolalität. Es ist seit langem bekannt, daß diese Reize zu einer Freisetzung verschiedener Hormone, vor allen Dingen von Cholezystokinin (CCK) [6] und von Sekretin [9] führen. Die exogene Gabe beider Peptide führt zu einer Stimulation der Pankreassekretion, wobei CCK die Proteinsekretion und Sekretin die Wasser- und Bikarbonatsekretion stimuliert. Mit Hilfe spezifischer Rezeptorantagonisten bzw. mit Hilfe neutralisierender Antikörper konnte nachgewiesen werden, daß diese Peptide bei der nahrungsvermittelten Stimulation der Pankreassekretion als echte Hormone wirken [1, 2, 10, 42].

Das intestinale Hormon Sekretin ist die Substanz, die beim Menschen wie im Tiermodell am wirksamsten die Wasser- und Bikarbonatsekretion stimuliert. Dabei ist der duodenale pH-Wert der eigentliche Mechanismus, über den das Sekretin freigesetzt wird. Führt Säure zum Absinken des pH-Wertes unter 4,5, kann man einen Anstieg des Sekretin in der Zirkulation messen. Auch die exogene Gabe von Sekretin in Dosierungen, die einen solchen Anstieg in der Zirkulation verursachen, führen zu einem deutlichen Anstieg der Wasser- und Bikarbonatsekretion des Pankreas. Es konnte außerdem gezeigt werden, daß Protonen, die an Nahrungspartikel gebunden sind, während der Passage durch das Duodenum zu einer Stimulation der Pankreassekretion führen können, da die Protonen während der weiteren Passage durch den Dünndarm von den Nahrungspartikeln wieder freigesetzt werden [31]. Obwohl andere Nahrungsbestandteile, wie z. B. Produkte der

Fettverdauung ebenfalls zu einem Anstieg des Plasmasekretin [43] und zu einer Stimulation der Bikarbonatsekretion [50] führen können, ist unklar, ob diese Beobachtungen eine physiologische Bedeutung haben, da es bei Patienten mit Achlorhydrie nach einer Nahrungsaufnahme nicht zum Anstieg des Plasmasekretin kommt. Die Blockierung des Sekretin mit einem spezifischen Antiserum konnte beim Hund die durch eine Nahrung vermittelte Bikarbonatsekretion des Pankreas fast vollständig hemmen [10]. Auch diese Untersuchungen zeigen, daß die Bikarbonatsekretion wahrscheinlich hauptsächlich durch das Sekretin vermittelt wird.

Mit Hilfe neuer spezifischer CCK-Rezeptorantagonisten konnte kürzlich gezeigt werden, daß CCK nur für etwa 30–50 % der nahrungsbedingten Stimulation der Proteinsekretion des Pankreas verantwortlich ist [2, 42], während die spezifischen CCK-Antagonisten die postprandiale Gallenblasenentleerung vollständig blockierten [33, 42] (Abb. 1). Die Volumensekretion nach intraduodenaler Infusion von Nahrungsbestandteilen wurde durch den CCK-Antagonisten kaum gehemmt [42] (Abb. 1). Hingegen konnte mit einem Anticholinergikum (Atropin) eine komplette Hemmung der Pankreassekretion nach Nahrungsaufnahme erreicht werden [2]. Diese Befunde unterstreichen die Wichtigkeit der cholinergen Regulationsmechanismen. Die komplette Hemmung der nahrungsvermittelten Pankreasstimulation durch Atropin weist auch daraufhin, daß die Wirkung des nach der Nahrung freigesetzten CCK zu einem großen Teil im physiologischen Bereich über cholinerge Mechanismen vermittelt wird. Es ist bis heute nicht im einzelnen geklärt, welchen Weg die cholinergen Reize nehmen. Es kommt dabei eine direkte Stimulation über vagale Afferenzen in Betracht wie auch eine enteropankreatische Stimulation über Nervenfasern, die vom Duodenum direkt in das Pankreas hineinverlaufen. Solche Fasern wurden in den letzten Jahren von verschiedenen Forschergruppen nachgewiesen [25]. Es konnte außerdem für verschiedene Spezies nachgewiesen werden, daß es zu einer Interaktion zwischen verschiedenen Peptiden, z. B. im Sinne einer Potenzierung, bei der Regulation der Pankreassekretion kommt. Ein klassisches Beispiel hierfür ist die Interaktion zwischen CCK und Sekretin [5, 11, 54]. Die Bedeutung einer solchen Interaktion für den Menschen ist allerdings umstritten. Man geht heute davon aus, daß CCK die Wirkung von Sekretin auf die Wasser- und Bikarbonatsekretion verstärkt, während Sekretin die durch CCK stimulierte Enzymsekretion nicht potenziert [5, 11]. Es existieren eine Fülle von Interaktionen zwischen nervalen und hormonellen Mechanismen im Rahmen der nahrungsvermittelten Stimulation der Pankreassekretion. Eine Interaktion existiert beispielsweise für die Wirkungen von cholinergen Mechanismen und Sekretin auf die Bikarbonatsekretion [45].

Beim Menschen sind wahrscheinlich Aminosäuren und Fettsäuren die Substanzen, die die Enzymsekretion des Pankreas am deutlichsten stimulieren (Literatur in [38]). Wahrscheinlich sind die Aminosäuren noch stärker wirksam als die Fettsäuren. Unter den Aminosäuren spielen vor allen Dingen das Phenylalanin, das Valin und das Methionin eine besonders große Rolle. Unter den Fettsäuren sind es vor allen Dingen die langkettigen Fettsäuren, die zu einer Stimulation der Pankreassekretion führen (Literatur in [38]). Die Reize durch Amino- und Fettsäuren wirken hauptsächlich im Duodenum und im oberen Jejunum. Eine Infusion der Substanz in das Ileum hat keine Steigerung der Pankreassekretion zur Folge. Os-

Regulation der exokrinen Pankreassekretion 65

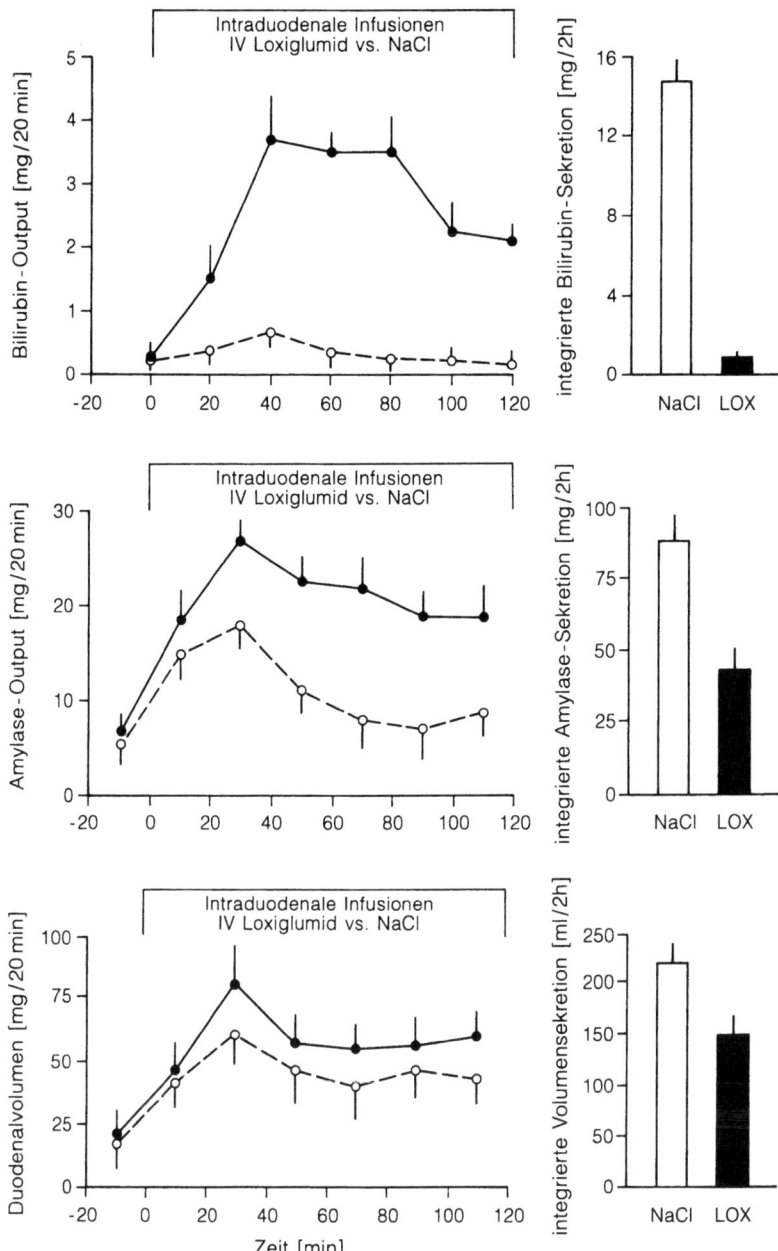

Abb. 1. Wirkung einer intraduodenalen Infusion einer gemischten flüssigen Nahrung auf die Sekretion von Bilirubin *(oben)*, Amylase *(Mitte)* und Volumen *(unten)* bei gleichzeitiger intravenöser Infusion von NaCl *(durchgezogene Linie)* oder intravenöser Infusion des CCK-Antagonisten Loxiglumid *(gestrichelte Linie)*. Die Daten zur integrierten Sekretion sind jeweils rechts dargestellt. Loxiglumid hemmte die Bilirubinsekretion vollständig (Folge der Hemmung der Gallenblasenkontraktion) während die Amylasesekretion nur zu 50 % gehemmt wurde. Die Volumensekretion wurde sogar nur um 20–25 % gehemmt. (Mod. nach [42])

motische Reize und Dehnungsreize werden wahrscheinlich cholinerg vermittelt [14].

Azinus-Inselzell-Achse

Bei verschiedenen Tierspezies konnte in vitro und in vivo nachgewiesen werden, daß es verschiedene Interaktionen zwischen den Inselzellhormonen und den Hormonen gibt, die die exokrine Pankreassekretion stimulieren (z. B. CCK). Diese Interaktionen haben insbesondere wegen der engen anatomischen Beziehung von Inselzellen und Azinuszellen eine besondere Bedeutung. So werden vor allen Dingen die Azinuszellen in der Nähe der Inselapparate (periinsulinäre Zellen) hohen Konzentrationen der Inselzellhormone ausgesetzt. Verschiedene Gruppen konnten zeigen, daß Insulin die CCK-stimulierte Amylasefreisetzung aus dem exokrinen Pankreas deutlich erhöht [16, 40]. Ein Insulinmangelzustand führt zudem zu einer Verminderung der exokrinen Pankreassekretion [15, 16, 26]. Auf der anderen Seite wurde vermutet, daß CCK zu einer vermehrten Freisetzung von Insulin nach Nahrungsaufnahme führt (insulinotrope Wirkung des CCK) [30, 49]. Mit Hilfe neuer spezifischer CCK-Rezeptorantagonisten konnte eine solche insulinotrope Wirkung des CCK bei der Ratte und beim Menschen nicht nachgewiesen werden [35, 36]. Auch nach kompletter Blockade des CCK-Rezeptors war der Anstieg des Insulin nach verschiedenen Mahlzeiten unbeeinflußt [36] (Abb. 2).

Intra- und extrapankreatische neuronale Verschaltungen

Nervale Regulationsmechanismen spielen für die Regulation der Pankreassekretion eine wichtige Rolle. In Denervierungsversuchen zeigte sich, daß das Pankreas ein ausgeprägtes intrinsisches Nervensystem besitzt. Auf die direkten gastro- und enteropankreatischen Nervenfasern wurde bereits hingewiesen. Es wurde außerdem vermutet, daß es über direkte enteropankreatische Nervenfasern auch zu einer Stimulation afferenter Vagusfasern kommt. Ein Teil der nervalen Stimulation läuft sicher über efferente parasympathische vagale Fasern. Das transplantierte Pankreas reagiert gegenüber einer exogenen Stimulation mit CCK mit einer ähnlichen Dosiswirkungsbeziehung wie das intakte Pankreas [44, 47]. Auch eine Vagotomie veränderte die CCK-vermittelte Pankreassekretion nur wenig [29]. Aufgrund dieser Befunde wurde angenommen, daß das intrinsische Nervensystem eine große Bedeutung hat. Eine Vagotomie verminderte aber die Proteinsekretion nach Perfusion des Darmes mit Amino- oder Fettsäuren [44, 47]. Auch die sekretorische Antwort des transplantierten Pankreas auf eine intestinale Perfusion mit Amino- oder Fettsäuren betrug nur etwa die Hälfte im Vergleich zum intakten, innervierten Pankreas [44]. Diese Versuche zeigen, daß ein Teil der neuralen Mechanismen über direkte enteropankreatische, vagovagale, cholinergische Mechanismen vermittelt wird. Neuere Versuche zeigen, daß die postprandiale Stimulation der Pankreassekretion beim Hund nach sorgfältiger, völliger extrinsischer Denervierung deutlich reduziert ist, so daß nach diesen Ergebnissen die Bedeutung der extrinsischen Innervierung doch

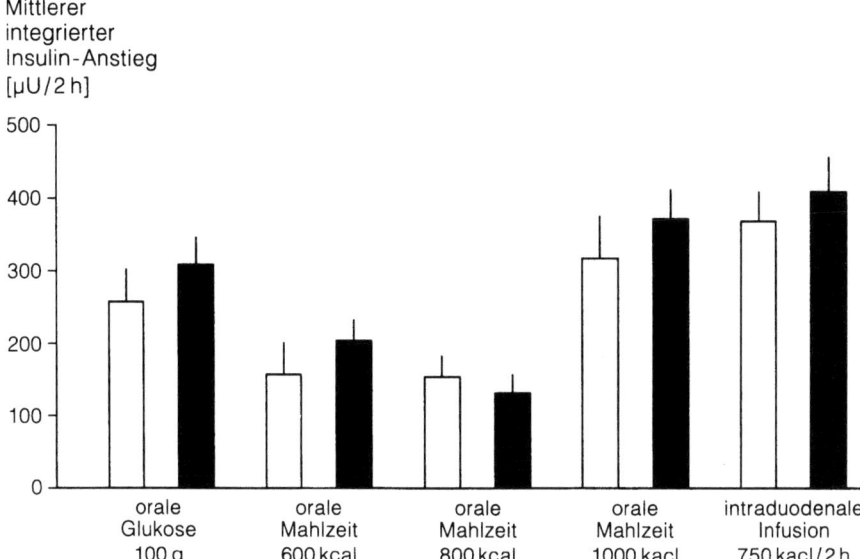

Abb. 2. Dargestellt sind die integrierten Anstiege des Plasmainsulin nach verschiedenen oral eingenommenen Mahlzeiten bzw. nach intraduodenaler Infusion einer flüssigen Nahrung. Die weißen Balken sind Kontrollversuche mit NaCl-Infusion, die schwarzen Balken sind Versuche mit einer intravenösen Infusion des CCK-Antagonisten Loxiglumid. Loxiglumid veränderte den Anstieg des Plasmainsulin nach keiner der verabreichten Mahlzeiten. (Mod. nach [6])

wichtiger zu sein scheint als die intrinsische Innervierung und als die hormonellen Reize [25a].

Splanchnische sympathische Nervenfasern vermitteln dagegen eine hemmende Wirkung auf die Pankreassekretion [27]. Die Regulationmechanismen und Interaktionen sind auch deswegen so komplex, da im Pankreas die Existenz verschiedenster Neurotransmitter bzw. Neuropeptide nachgewiesen wurde (Azetylcholine, CGRP, 5-HT, VIP, PHI, NPY, Substance-P, Neurotensin, Gallanin, CCK, Enkephalin und Neurokinine) [5]. Neuere Arbeiten konnten außerdem nachweisen, daß Entzündungsreize im Pankreas über sensorische afferente Fasern Schmerzen vermitteln können [8].

Jejunal

Im oberen Jejunum führen möglicherweise direkte jejunopankreatischen Nerven zu einer Stimulation des Pankreas. Weiter distal gelegene Darmabschnitte vermitteln in der Regel inhibierende Wirkungen auf die exokrine Pankreasfunktion. Hier spielen verschiedene Nahrungsbestandteile, wie z. B. Fette und Kohlenhydrate eine Rolle sowie die Dehnung des Darms (Literatur in [38]). Auch eine Hemmung der Pankreassekretion durch jejunale Reize wird wahrscheinlich vor allen Dingen über nervale Mechanismen, also splanchnische Nervenfasern vermittelt. Die Nahrung setzt auch im proximalen Dünndarm bereits pankreatisches Polypeptid (PP) und Somatostatin frei, die beide – exogen zugeführt – die Pankreassekretion sehr wirksam hemmen (Literatur in [28a]).

Ileale und kolonische Regulation

In das Ileum- bzw. in das Kolon einströmende Nahrungsreste vermitteln eine Hemmung der Pankreassekretion (ileale Bremse) (Literatur in [38]). Wie auch im Jejunum sind hier sicher splanchnische Nerven beteiligt. Daneben wurde auch die Beteiligung verschiedener Peptide, entweder im Sinne von echten Hormonen oder im Sinne von Neurotransmittern diskutiert. Hierzu zählen Neurotensin, PYY, Pankreatone, GLP-1 („glucagon-like-peptide-1") und andere Peptide [13, 19, 28a, 39]. Im Ileum und Kolon sind es Fette und Kohlenhydrate, die neben einer Dehnung die Pankreassekretion hemmend beeinflussen.

Neuere Studien haben gezeigt, daß eine Reihe von Peptiden, z. B. PP, Somatostatin, Enkephalin, GLP-1 und Pankreastatin die Pankreassekretion wahrscheinlich durch eine Veränderung der cholinergischen Vermittlung blockieren.

Kreuzzirkulationsversuche bei der Ratte haben allerdings ergeben, daß es wahrscheinlich auch humorale Faktoren gibt, die für die Hemmung der Pankreasekretion nach Perfusion des Dickdarmes mit Fettsäuren verantwortlich sind [18]. Eine der Hemmsubstanzen, die aus der Dickdarmschleimhaut isoliert, bisher aber nur zum Teil charakterisiert wurde, ist das Pankreatone [18]. Einige neuere Befunde deuten darauf hin, daß PYY möglicherweise eine Komponente des Pankreatone ist.

Das pankreatische Polypeptid (PP) spielt möglicherweise neben dem PYY eine wichtige Rolle für die hemmenden Einflüsse auf die Pankreassekretion (Literatur in [38]). PP ist in den Inselapparaten lokalisiert und kann ähnlich wie das Somatostatin durch die unmittelbare Nähe zum exokrinen Pankreas eine wichtige Regulationsfunktion haben. Auch die Freisetzung von PP ist zum großen Teil durch cholinergische Mechanismen ausgelöst. Es wird angenommen, daß PP für die Hemmung der cholinergischen enteropankreatischen Mechanismen verantwortlich ist [21, 38].

Welches Peptid in welchem Ausmaß für die ileale Regulation der Pankreassekretion verantwortlich ist, bleibt unklar.

Regulation der interdigestiven Pankreassekretion

Seit einigen Jahren ist bekannt, daß es beim Menschen zu einem periodischen Anstieg der interdigestiven Motilität im Darm kommt, die von einer erhöhten Pankreassekretion begleitet wird. Diese Mechanismen werden zu einem großen Teil nerval bzw. cholinerg vermittelt. Inwieweit auch hormonelle Einflüsse eine Rolle spielen, ist umstritten und unklar.

Neuere Untersuchungen haben gezeigt, daß die Gabe von CCK-Antagonisten die interdigestive Pankreassekretion und auch die interdigestive Motilität nur zu einem relativ kleinen Teil beeinflussen [22–24], während die Gabe von Atropin das zyklische Auftreten der interdigestiven Motalität und Sekretion vollständig hemmt [24]. Neuere Untersuchungen zeigen außerdem, daß die interdigestive Pankreassekretion beim Menschen über einen hemmenden alpha-adrenergischen-Mechanismus reguliert wird, während das beta-adrenergische-System wahrscheinlich weniger wichtig ist [28].

„Feedback"-Regulation der Pankreassekretion

Seit einigen Jahren ist bekannt, daß die Ableitung von Pankreas- und Gallensekret aus dem Darm zu einer Stimulation der Pankreassekretion bei der Ratte führt [17, 32]. Einen ähnlichen Anstieg sieht man nach Gabe von Trypsininhibitoren, so daß man annimmt, daß die Hemmung der Proteaseaktivität im Duodenum zu der vermehrten Pankreassekretion führt. Bei der Ratte ist dieser Mechanismus wahrscheinlich vorwiegend über das Hormon CCK und nur zu einem kleinen Teil cholinerg vermittelt [34, 35] (Abb. 3). Auch beim Menschen konnte inzwischen nachgewiesen werden, daß eine Hemmung der Proteaseaktivität im Duodenum zu einer vermehrten Sekretion von Pankreasenzymen führt. Beim Menschen konnte allerdings die Gabe eines CCK-Antagonisten diese „Feedback"-Stimulation nicht hemmen, während Atropin die „Feedback"-vermittelte-Sekretion vollständig auf-

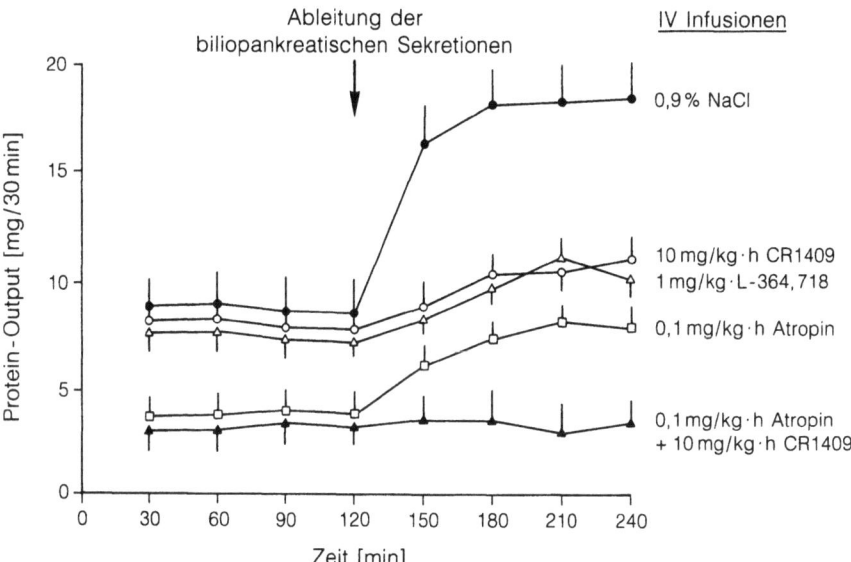

Abb. 3. Wirkung von Atropin und den beiden CCK-Antagonisten CR1409 bzw. L-364,718 auf den Anstieg der Proteinsekretion des Pankreas nach Ableitung des Pankreas-Galle-Sekretes bei der Ratte. Beide CCK-Antagonisten hemmten den „Feedback"-vermittelten Anstieg der Proteinsekretion fast vollständig, während Atropin vorwiegend die basale Sekretion reduzierte. (Mod. nach [34])

hob, so daß die Mechanismen beim Menschen wahrscheinlich vorwiegend cholinerg und nicht durch CCK vermittelt sind [1].

Zusammenfassung

Die Pankreassekretion wird durch verschiedenste Reize stimulierend und hemmend beeinflußt. Diese Einflüsse beginnen bereits vor der Einnahme der Mahlzeit und reichen bis zum Eintritt der Nahrung in den Dickdarm. Während die meisten Reize in den oberen Verdauungsabschnitten zu einer Stimulation führen, lösen Nahrungsreize distal des Jejunums in der Regel eine Hemmung der Pankreassekretion aus. Zukünftige Untersuchungen zur Regulation werden sich vor allen Dingen den vielfältigen Interaktionen der nervalen, peptidergen und hormonellen Mechanismen widmen.

Literatur

1. Adler G, Reinshagen M, Koop I et al. (1989) Differential effects of atropine and a cholecystokinin receptor antagonist on pancreatic secretion. Gastroenterology 96: 1158–1164
2. Adler G, Beglinger C, Braun U et al. (1991) Interaction of the cholinergic system and cholecystokinin in the regulation of endogenous and exogenous stimulation of pancreatic secretion in humans. Gastroenterology 100: 537–543
3. Alphin RS, Lin TM (1959) Effect of feeding and sham feeding on pancreatic secretion of the rat. Am J Physiol 197: 260
4. Anagostideo A, Chadwick, Selden VS et al. (1984) Sham feeding and pancreatic secretion. Evidence for direct vagal stimulation of output. Gastroenterology 87: 109
5. Beglinger C, Grossmann MI, Solomon TE (1984) Interaction between stimulants of exocrine pancreatic secretion in dogs. Am J Physiol 246: G173
6. Beglinger C, Fried M, Whitehouse I et al. (1985) Pancreatic enzyme responses to a liquid meal and to hormonal stimulation. Correlation with plasma secretin and cholecystokinin levels. J Clin Invest 75: 1471
7. Bergmann RN, Miller RE (1973) Direct enhancement of insulin secretion by vagal stimulation of the isolated pancreas. Am J Physiol 225: 481
8. Bockman DE, Büchler M, Malfertheiner P, Beger HG (1990) Morphology of nerves in chronic pancreatitis and in the interrelationship with inflammatory tissue. In: Beger HG, Büchler M, Ditschuneit H, Malfertheiner P (Hrsg) Chronic pancreatitis. Springer, Berlin Heidelberg New York Tokyo. pp 72–82
9. Chey WY, Lee YH, Hendricks JG et al. (1978) Plasma secretin concentrations in fasting and postprandial state in man. Dig Dis Sci 23: 981
10. Chey WY, Kim MS, Lee KY et al. (1979) Effect of rabbit antisecretin serum on postprandial pancreatic secretion in dogs. Gastroenterology 77: 1268
11. Chey WY, Lee KY, Chang T et al. (1984) Potentiating effect of secretin on cholecystokinin-stimulated pancreatic secretion in dogs. Am J Physiol 246: G248
12. Defillipi C, Solomon TE, Valenzuela JE (1982) Pancreatic secretory response to sham feeding in humans. Digestion 23: 217
13. DeMar AR, Lake R, Fink AS (1991) The effect of pancreatic polypeptide and peptide Y on pancreatic blood flow and pancreatic exocrine secretion in the anesthetized dog. Pancreas 6: 9–14
14. Dooley CP, Valenzuela JE (1984) Duodenal volume and osmoreceptors in the stimulation of human pancreatic secretion. Gastroenterology 96: 23
15. Frier BM, Adrian TE, Saunders JHB, Bloom SR (1980) Serum trypsin concentration and pancreatic trypsin secretion in insulindependent diabetes mellitus. Clin Chim Acta 105: 297–300
16. Goldfine ID, Williams JA (1983) Receptors for insulin and CCK in the acinar pancreas: relationship to hormone action. Int Rev Cytol 85: 1–38

17. Green GM, Lyman RL (1972) Feedback regulation of pancreatic enzymes secretion as a mechanism for trypsin inhibitor-induced hypersecretion in rats. Proc Soc Exp Biol Med 140: 6–12
18. Harper AA, Hood AJC, Mushens J (1979) Pancreatone, an inhibitor of pancreatic secretion in extracts of ileal and colonic mucosa. J Physiol 292: 455
19. Ishizuka J, Asada I, Poston GJ, Lluis F, Tatemoto K, Greeley GH jr., Thomson JC (1989) Effect of pancreastatin on pancreatic endocrine and exocrine secretion. Pancreas 4: 277–281
20. Johnson CD, Devaux MA, Treffot MJ, Sarles H (1991) The cephalogastric phase of the pancreatic response to food in the dog. Pancreas 6: 190–196
21. Jung G, Louis DS, Owyang C (1987) Pancreatic polypeptide inhibits pancreatic enzyme secretion via a cholinergic pathway. Am J Physiol 253: G706
22. Karaus M, Niederau C (1991) Effects of CCK antagonists on intestinal motility in dogs. In: Adler G, Beglinger C (eds.). Cholecystokinin antagonists in gastroenterology. Springer-Verlag Berlin Heidelberg 165–172
23. Katschinski M (1991) The role of CCK and CCK antagonists in human esophageal and gastroduodenal motility. In: Adler G, Beglinger C (Hrsg.). Cholecystokinin antagonists in gastroenterology. Springer-Verlag Berlin Heidelberg 173–182
24. Katschinski M, Langbein S, Dahmen G, Arnold R, Beglinger C, Adler G (1992) Die Regulation der interdigestiven antroduodenalen Motilität des Menschen durch das cholinerge Nervensystem und Cholecystokinin. Z Gastroenterol 30: A638
25. Kirchgessner AI, Gershon MD (1989) Innervation of the rats pancreas: analysis of direct projections from neurons in myenteric ganglia of the duodenum and stomach and intrapancreatic ganglia. Gastroenterology 96: A258
25a. Köhler N, Nustede R, Barthel M, Schafmayer A (1992) Einfluß der extrinsischen Denervation des Pankreas auf die nahrungsstimulierte Pankreassekretion und die Freisetzung von Cholezystokinin und Neurotensin beim Hund. Z Gastroenterol 30: 125–129
26. Lankisch PG, Manthey G, Otto J, Koop H, Talaulicar M, Willms B, Creutzfeldt W (1982) Exocrine pancreatic function in insulin-dependent diabetes mellitus. Digestion 25: 211–216
27. Larsson L, Rehfield JF (1979) Peptidergic and adrenergic innervation of pancreatic ganglia. Scand J Gastroenterol 14: 433
28. Layer P, Chan ATH, Go VLW, Zinsmeister AR, DiMagno EP (1992) Adrenergic modulation of interdigestive pancreatic secretion in humans. Gastroenterology 103: 990–993
28a. Layer P (1992) Intestinale Regulation der Pankreasenzymsekretion: Stimulatorische und inhibitorische Mechanismen. Z Gastroenterol 30: 495–497
29. Malagelada JR, Go VLW, Summerskill WMJ (1974) Altered pancreatic and biliary function after vagotomy and pyloroplasty. Gastroenterology 66: 22
30. Meade RC, Kneubuhler HA, Schulte WJ, Barboiak JJ (1967) Stimulation of insulin secretion by pancreozymin. Diabetes 16: 141–147
31. Meyer JH, Fink AS (1984) Pancreatic bicarbonate response to foodbound hydrogen ion along the gut. Gastroenterology 87: 587
32. Miyasaka K, Green GM (1984) Effect of partial exclusion of pancreatic juice of rat basal pancreatic secretion. Gastroenterology 86: 114–119
33. Niederau C, Heintges T, Rovati L, Strohmeyer G (1989) Effects of loxiglumide on gallbladder emptying after a meal or after intravenous infusion of caerulein in healthy human volunteers. Gastroenterology 97: 1331–1337
34. Niederau C, Niederau M, Lüthen R, Grendell JG (1990) Influence of cholecystokinin receptor antagonists on feedback regulation of pancreatic secretion. In: Beger HG, Büchler M, Ditschuneit H, Malfertheiner P (Hrsg.). Chronic pancreatitis. Springer-Verlag Berlin Heidelberg 185–197
35. Niederau C, Niederau M, Lüthen R, Strohmeyer G, Grendell JH (1991) Effects of cholezystokinin receptor antagonists in animal models. In: Adler G, Beglinger C (Hrsg.). Cholecystokinin antagonists in gastroenterology. Springer-Verlag Berlin Heidelberg 112–126
36. Niederau C, Schwarzendrube J, Lüthen R, Niederau M, Strohmeyer G, Rovati L (1992) Effects of cholecystokinin receptor blockade on circulating concentrations of glucose, in-

sulin, C-peptide, and pancreatic polypeptide after various meals in healthy human volunteers. Pancreas 7: 1–10
37. Novis BM, Bank S, Marks IN (1971) the cephalic phase of pancreatic secretion in man. Scand J Gastroenterol 6: 417
38. Owyang C, Williams J (1991) Pancreatic secretion. In: Yamada T, Alpers DH, Owyang C, Powell DW, Silverstein FE (Hrsg.) Textbook of Gastroenterology. Lippincott Company, Philadelphia 294–314
38a. Otsuki M, Williams JA (1982) Effect of diabetes mellitus on the regulation of enzyme secretion by isolated rat pancreatic acini. J Cin Invest 70: 148–156
39. Rünzi M, Müller MK, Schmid P, von Schönfeld J, Goebell H (1992) Stimulatory and inhibitory effects of galanin on exocrine and endocrine rat pancreas. Pancreas 7: 619–623
40. Saito A, Williams JA, Kanno T (1980) Potentiation of cholecystokinin-induced exocrine secretion by both exogenous and endogenous insulin in isolated and perfused rat pancreata. J Clin Invest 65: 777–782
41. Sarles H, Dani R, Prezelin G, et al. (1968) Cephalic phase of pancreatic secretion in man. Gut 9: 214
42. Schwarzendrube J, Niederau C, Lüthen R, Strohmeyer G (1991) Effects of CCK-receptor blockade on endocrine and exocrine pancreatic function in healthy humans. Gastroenterology 100: 1683–1690
43. Shoratori K, Watanabe S, Takeuchi T (1989) Effect of fatty acid on secretion release and cholinergic dependence of pancreatic secretion in rats. Pancreas 4: 452–458
44. Singer MV, Solomon TE, Grossmann MI (1980) Effect of atropine on secretion from the intact and transplanted pancreas in the dog. Am J Physiol 238: G18–G22
45. Singer MV, Solomon TE, Rammert H, Caspary F, Niebel W, Goebell H, Grossman MI (1981) Effect on atropine on pancreatic response to HCl and secretin. Am J Physiol 240: G376–G380
46. Solomon TE, Grossman MI (1976) Vagal control of pancreatic exocrine secretion. In: Books FP, Evers PW (eds.). Nerves and the gut. Thorofare New Jersey
47. Solomon TE, Grossman MI (1979) Effect of atropine and vagotomy on response of transplated pancreas. Am J Physiol 236: E186–E190
48. Vagne M, Grossman MI (1969) Gastric and pancreatic secretion in response to gastric distension in dogs. Gastroenterology 57: 300
49. Verspohl EJ, Ammon HPT, Williams JA, Goldfine ID (1986) Evidence that cholecystokinin interacts with specific receptors and regulates insulin release in isolated rat islets of Langerhans. Diabetes 35: 38–43
50. Watanabe S, Chey WY, Lee KY, Chang TM (1986) Secretin is released by digestive products of fat in dogs. Gastroenterology 90: 1008
51. Weihe E, Büchler M, Müller S, Friess H, Zentel HJ, Yanaihara N. (1990) Peptidergic innervation in chronic pancreatitis. In: Beger HG, Büchler M, Ditschuneit H, Malfertheiner P (Hrsg.). Chronic pancreatitis. Springer-Verlag Berlin Heidelberg 83–105
52. White TT, Lundh G, Magee DF (1960) Evidence for the existence of a gastropancreatic reflex. Am J Physiol 198: 725
53. White TT, McAlexander RA, Magee DF (1963) The effect of gastric distension on duodenal aspirates in man. Gastroenterology 44: 48
54. You CH, Rominger JM, Chey WY (1963) Potentiation effect of cholecystokinin-octapeptide on pancreatic bicarbonate secretion stimulated by a physiological dose of secretin in humans. Gastroenterology 85: 40

Pankreasfunktionstests:
Standards der Diagnostik – Standarddiagnostik

B. Lembcke

Die 1984 revidierte Klassifikation der Pankreatitiden von Marseille charakterisiert die chronische Pankreatitis als durch rezidivierende oder persistierende Schmerzen und einen *irreversiblen* Verlust von exokrinem Parenchym gekennzeichnete Erkrankung der Bauchspeicheldrüse. Diese manifestiert sich durch fokale Nekrosen und fokale, segmentäre oder diffuse Fibrose des Parenchyms. Die genannten morphologischen Veränderungen charakterisieren die chronische Pankreatitis aber auch dann, wenn keine Schmerzen bestehen (10 %).

Eine Sonderform stellt die obstruktive chronische Pankreatitis dar, bei der prästenotische Veränderungen vorliegen und nach Beseitigung der Obstruktion (Gangstein, Tumor, Striktur) prinzipiell Reversibilität der Störungen von Morphologie und Funktion des Parenchyms besteht.

Diese Klassifikation berücksichtigt Verschiedenheiten des Erscheinungsbildes der chronischen Pankreatitis; sie birgt aber erhebliche Schwierigkeiten für die Praxis. Basis der Einteilung ist primär die pathologisch anatomische Morphologie; die diagnostischen Methoden, die dem praktisch tätigen Arzt und Kliniker zur Verfügung stehen, betreffen demgegenüber bildgebende Verfahren mit vorwiegender Darstellung des Parenchyms (Sonographie, Endosonographie, Computertomographie) bzw. des Pankreasgangsystems (endoskopisch retrograde Pankreatikographie; ERCP) und funktionsdiagnostische Methoden wie den Pankreolauryltest (PLT), die Chymotrypsinbestimmung im Stuhl oder den Sekretin-Pankreozymin-Test (SPT).

Die mit diesen Methoden erfaßbaren Veränderungen sind jedoch nicht immer konform, so daß die exakte Diagnose einer chronischen Pankreatitis Schwierigkeiten bereiten kann, wenn man sich nur auf ein diagnostisches Verfahren stützt.

Die exokrine Pankreasinsuffizienz bei Mukoviszidose (zystischer Fibrose) ist als genetisch determinierte Störung des Chloridtransportes primär mit einer Störung der hydrokinetischen (duktalen) Pankreasfunktion verknüpft (Volumen, Bikarbonat) und wird (wie andere metabolische Systemerkrankungen mit Pankreasbeteiligung, u. a. die Hämochromatose, Hyperkalzämie, Hyperlipidämie) nicht dem Formenkreis der chronischen Pankreatitiden zugerechnet.

Die Funktionsdiagnostik der exokrinen Pankreasinsuffizienz betrifft jedoch auch diese Erkrankungen sowie Resektionsfolgen.

Funktionsdiagnostik: Diagnosesicherung – Schweregradbeurteilung

Zweckmäßigerweise sollte unterschieden werden zwischen Methoden, die die Diagnose einer chronischen Pankreatitis sichern und solchen dignostischen Methoden, die Aufschluß über den Schweregrad der Erkrankung bzw. detaillierter Funktionen geben, z. B. die exokrine oder endokrine Insuffizienz.

In praxi wird in Fachpraxen, Einsendelaboratorien, Kliniken und Schwerpunkt-Zentren in der Regel eine an der Häufigkeit der Fragestellung und dem Spektrum der Voruntersuchungen orientierte Auswahl diagnostischer Verfahren getroffen.

Die Diagnose der chronischen Pankreatitis wird gesichert durch den eindeutigen Nachweis einer verminderten parenchymatösen Funktionsleistung, d. h. z. B. durch einen pathologischen Pankreolauryltest (T/K-Quotient < 30) oder eine subnormale Chymotrypsinkonzentration im Stuhl (< 3 U/g). Eindeutig heißt in diesem Zusammenhang, daß keine Störfaktoren dieser Funktionstests vorliegen und die Untersuchung erst nach Abklingen eines akuten Schubes der Pankreatitis (>3 Monate) erfolgt. Alle indirekten Funktionsprüfungen weisen jedoch erst bei mäßig bis stark ausgeprägter Funktionseinschränkung eine diagnostisch akzeptable Sensitivität auf; d. h., sie sind ein guter Indikator für die fortgeschrittene Pankreasinsuffizienz, ein normaler Befund schließt jedoch eine chronische Pankreatitis nicht aus.

Dies gilt nicht in gleichem Maße für den Sekretin-Pankreozymin-Test als direkte Funktionsprüfung, der jedoch heute praktisch nur noch für wissenschaftliche und gutachterliche Fragestellungen eingesetzt wird; die Methode stellt das empfindlichste Verfahren zur Funktionsbeurteilung des Pankreas dar.

Die empfindlichste morphologische Methode ist die ERCP, wobei eine graduelle Zunahme der morphologischen Gangveränderungen mit einer graduellen Zunahme des Schweregrades der Pankreasinsuffizienz im Sekretin-Pankreozymin-Test korreliert. Es ist jedoch bekannt, daß in etlichen Fällen keine Übereinstimmung des ERCP-Befundes und der Funktionsprüfung besteht: dabei lassen sich sowohl (meist leichte) Funktionsstörungen bei normalem Pankreasgang nachweisen wie auch eine normale Sekretion bei Patienten mit pathologischem Gangsystem in der ERCP.

Der spezifische Informationgehalt der ERCP mit Blick auf die Lokalisation der Gangveränderungen, das Vorliegen einer Obstruktion, die Pankreasgangweite, Pseudozysten, begleitende Gallenwegsveränderungen und die Differentialdiagnose gegenüber dem Pankreaskarzinom ist jedoch höher als der der Funktionsprüfung, die keinen dieser Aspekte einschließt.

Hauptursachen einer exokrinen Pankreasinsuffizienz, deren Nachweis an direkte oder indirekte Pankreasfunktionsprüfungen gebunden ist, sind in erster Linie die chronische Pankreatitis und das Pankreaskarzinom (weitere Ursachen s. folgende Übersicht).

Ursachen einer exokrinen Pankreasinsuffizienz:

- Chronische Pankreatitis,
- Pankreaskarzinom (meistens Pankreaskopf),
- Mukoviszidose,
- Zustand nach Pankreasresektion,
- akute Pankreatitis (meist passagere Insuffizienz),

- primär sklerosierende Cholangitis,
- Zustand nach Pankreastrauma (oft passagere Insuffizienz),
- Hämochromatose,
- angeborene Insuffizenz (z. B. Shwachman-Syndrom = exokrine Pankreasinsuffizienz mit Zwergwuchs, Dysostosen und chronischer Neutropenie),
- Kwashiorkor (Proteinmangelernährung)].

Bei Verdacht auf einen raumfordernden Pankreasprozeß stehen zunächst die bildgebenden Verfahren im Vordergrund; bei Verdacht auf eine chronische Pankreatitis oder auf andere, seltenere Ursachen einer exokrinen Insuffizienz sind Pankreasfunktionstests indiziert (s. dazu auch Tabelle 1).

Indikationen für einen Pankreasfunktionstest sind:

- Verdacht auf chronische Pankreatitis bei
  - rezidivierenden Oberbauchschmerzen,
  - Steatorrhö/Diarrhö
  - röntgenologisch/sonographisch nachweisbaren Pankreasverkalkungen,
  - unklarem ERCP-/Sonographiebefund,
- Verlaufskontrolle bei chronischer Pankreatitis,
- Zustand nach akuter Pankreatitis (>3 Monate) zur Klärung der Diagnose,
- Therapiekontrolle.

Eine labordiagnostische Differenzierung zwischen chronischer Pankreatitis und Pankreaskarzinom ist mit funktionsdiagnostischen Methoden nicht möglich; die Bestimmung des CA 19-9/Protein-Quotienten im duodenalen Pankreassekret nach Stimulation hat sich nicht durchgesetzt.

Von den indirekte Pankreasfunktionstests ist die Trypsinbestimmung im Stuhl wegen der schlechten Übereinstimmung mit dem Krankheitsbild verlassen worden [1]. Der NBT-PABA-Test ist in Deutschland nicht mehr verfügbar; Serumenzymbestimmungen der Pankreasisoamylase und des immunoreaktiven Trypsins haben sich zur Diagnostik der chronischen Pankreatitis trotz hoher Spezifität wegen ihrer zu geringen Sensitivität nicht durchgesetzt [23].

Art und Durchführung der Pankreasfunktionsprüfungen

Zur Untersuchung der exokrinen Pankreasfunktion stehen prinzipiell 2 verschiedene Möglichkeiten zur Verfügung (Tabelle 1):

- *direkte Verfahren,* mit denen die Produkte der Pankreassekretion (Bikarbonat, Enzyme) unmittelbar erfaßt werden;
- *indirekte Methoden,* bei denen der Nachweis einer verminderten Verdauungsleistung (Maldigestion) oder einer verminderten Prekursoraufnahme aus dem Blut (α-Amino-Stickstoff-Abfall bzw. Aminosäureabfall nach Stimulation) auf eine verminderte Pankreassekretion schließen läßt.

Tabelle 1. Spektrum der Funktionsprüfungen des exokrinen Pankreas 1993

Bedeutung	Validität	Praktische Bedeutung	Praktikabilität
Direkte Funktionstests			
Sekretin-Pankreozymin-Test	+++	++/- -	- -
Sekretolin-Caerulein-Test	+++	++/- -	- -
Lundh-Test	+++	+/- -	- - -
Indirekte Funktionstests			
Messung eines Enzyms im Serum			
– Isoamylase	- -	- - -	+++
– IR-Trypsin	- -	- - -	+++
Messung eines Enzyms im Stuhl			
– Chymotrypsin	+	+++	+
– Pankreas-Elastase I	++	+++	++
Messung einer Enzymleistung			
– Pankreolauryltest (Urin, Serum)	++	+++	+
– quantitative 72-h-Stuhlfettbestimmung (Infrarotanalyse, van de Kamer)	++	+++	-
– Atemtests			
– Reis-H_2-Atemtest	- - -	- - -	++
– ^{13}C-Stärke	- - -	- - -	+
– ^{14}C-Triolein	++	- -/++	++
– ^{13}C-Hiolein	++	+	+
– ^{13}C-Cholesteryl-Octanoat	-	- -	+
– ^{13}C-Mixed-Triglyceride-Test	++	-	+
α-Aminostickstoff-Bestimmung (bzw. Aminosäuren) im Serum	+/-	+	-

Direkte Pankreasfunktionstests

Sekretin-Pankreozymin-Test/Sekretolin-Caerulein-Test

Beim Sekretin-Pankreozymin-Test wird das exokrine Pankreas durch intravenöse Injektion der physiologischen hormonellen Stimuli Sekretin (bzw. Sekretolin) und Cholezystokinin-Pankreozymin (CCK-PZ) (bzw. Caerulein) stimuliert, das Sekret über eine Duodenalsonde gesammelt und analysiert.

Die Durchführung des Tests wird von Klinik zu Klinik unterschiedlich gehandhabt. Trotz vielfacher Bemühungen des „European Pancreatic Club" ist es nicht gelungen, eine Standardisierung dieses Tests zu erreichen und durchzusetzen. Uneinigkeit herrscht darüber, ob Duodenalsonden mit oder ohne aufblasbare Ballons zur Verhinderung des Rückflusses von Pankreassekret in den Magen bzw. des Abflusses in den Dünndarm verwandt werden sollen, ob beide Hormone – und wenn ja, in welcher Form (Infusion oder Bolus) – gegeben werden und schließlich, wie lange und in welchen Abständen der Duodenalsaft gesammelt werden muß.

Wir führen den Test traditionell wie folgt durch: Nach 12stündiger Nahrungskarenz wird eine doppelläufige Lagerlöf-Sonde (Fa. Rüsch, Waiblingen) unter Röntgenkontrolle in das Duodenum vorgeschoben; die Spitze der Sonde wird dabei linksseitig der Wirbelsäule plaziert, die Öffnungen des gastralen Sondenteils drainieren dann das Antrum. Zur Vermeidung von Pankreassekretverlusten soll der Patient während der Untersuchung in Rechtsseitenlage ruhen; unter diesen Bedingungen ist eine Volumenverlustkorrektor entbehrlich. Bei korrekter Lage fließt aus dem Duodenalschlauch alkalischer, gallig gefärbter Duodenalsaft, aus dem Magenschlauch saurer Magensaft. Nach Messung der Basalsekretion über 15 min werden im Abstand von 30 min zunächst Sekretolin (1 U/kg KG), dann CCK-PZ (1 IU/kg KG, *IU* = Ivy dog unit) intravenös injiziert. Der Duodenalsaft wird unter Eiskühlung nach jeder Hormonapplikation fraktioniert über 2mal 15 min gesammelt. Die Sekretvolumina werden gemessen und die Bikarbonatkonzentration sowie die Enzymaktivitäten (Amylase, Trypsin und Lipase) bestimmt. Zur Beurteilung des Testergebnisses dienen die Sekretvolumina, die maximale Bikarbonatkonzentration, die innerhalb von 30 min nach Sekretininjektion sezernierte Bikarbonatmenge sowie die innerhalb von 30 min nach CCK-PZ-Injektion ausgeschiedenen Enzymmengen.

Um eventuelle Volumenverluste nachträglich rechnerisch zu korrigieren, kann während der Sammelperiode eine definierte Menge ^{58}Co-markierten Vitamins B12 (Strahlenbelastung und Kontaminationsrisiko während der Untersuchung des Duodenalsaftes) oder Polyäthylenglykols (PEG) durch einen weiteren Sondenlauf kontinuierlich ins Duodenum instilliert und mit dem Pankreassekret wieder aspiriert werden. Die Volumenverlustkorrektur wird vorwiegend bei Untersuchung des Patienten in Linkslage angewandt; bei Rechtsseitenlage des Patienten liegen die Volumenverluste nach Erfahrungen mit PEG als Markersubstanz unter 5 % und sind damit für die klinische Routinediagnostik zu vernachlässigen [19].

Entsprechend dem Ergebnis des Sekretin-Pankreozymin- bzw. Sekretolin-Caerulein-Tests läßt sich die Pankreasinsuffizienz schematisch in folgende Schweregrade einteilen:

- leichte Pankreasinsuffizienz: HCO_3^--Konzentration normal, Sekretion eines oder mehrerer Enzyme erniedrigt,
- mittelschwere Pankreasinsuffizienz: Bikarbonatkonzentration erniedrigt, Sekretion aller Enzyme erniedrigt, Stuhlfettausscheidung normal,
- *schwere Pankreasinsuffizienz:* Bikarbonatkonzentration und Sekretion aller Enzyme erniedrigt, Steatorrhö.

Lundh-Test

Bei diesem direkten Pankresfunktionstest wird das exokrine Pankreas endogen durch eine definierte Testmahlzeit stimuliert, d. h., es wird nicht nur die Sekretionsleistung des Organs, sondern auch sein nervaler und humoraler Stimulationsmechanismus geprüft [30].

Im Vergleich zum Sekretin-Pankreozymin-Test bietet der Lundh-Test einige Vorteile:
- er ist einfacher und weniger kostspielig, da eine intravenöse hormonelle Stimulation nicht notwendig ist,
- das Testergebnis beruht nicht auf einer nahezu maximalen, sondern auf einer physiologischen Stimulation des Pankreas.

Diesen Vorzügen stehen jedoch einige *Nachteile* gegenüber:
- der Test ermöglicht weder eine Aussage über das Sekretionsvolumen noch über die sezernierten Enzymmengen,
- das Testergebnis ist abhängig von einer anatomisch intakten Magen-Darm-Passage und Innervation des Pankreas und daher nach Vagotomie und Magenresektion nur mit Einschränkung verwertbar (vice versa prüft der Lundh-Test jedoch eben diese Dimension der funktionellen Integrität der Pankreasfunktion),
- der Test ist abhängig von der endogenen Hormonfreisetzung, die bei Dünndarmerkrankungen (z. B. der einheimischen Sprue) beeinträchtigt sein kann.

Wegen dieser für die klinische Diagnostik als Nachteile zu betrachtenden Besonderheiten hat sich der Lundh-Test in Deutschland kaum durchsetzen können.

Indirekte Verfahren

Chymotrypsin im Stuhl

Die im Stuhl nachweisbare Chymotrypsinaktivität beträgt etwa 5 ‰ der vom Pankreas sezernierten Enzymmenge [1]. Trotz dieser geringen Restaktivität des Enzyms im Stuhl lassen sich hieraus Rückschlüsse auf die Pankreassekretion ziehen.

Die Bestimmung von Chymotrypsin erfolgt in der Regel an zwei willkürlich entnommenen Stuhlproben mit einer titrimetrischen Methode (*Substrat ATE* = N-Acetyl-Tyrosinäthylester). Die Restaktivität des Enzyms im Stuhl ist im Gegensatz zu der sonstigen Aktivität des Enzyms auch bei Raumtemperatur sehr stabil, so daß ein Postversand der Proben möglich ist. Es ist erforderlich, Pankreasenzympräparate mindestens 3 Tage vor der Abgabe der Stuhlprobe abzusetzen, da sie in die Bestimmung eingehen können.

Die früher häufig verwandte und wegen der Geruchsbelästigung nicht sehr beliebte titrimetrische Methode wurde inzwischen durch gleichwertige photometrische Verfahren verdrängt [9, 36]. Dabei zeigen Chymotrypsinkonzentrationen < 3 U/g Stuhl eine exokrine Pankreasinsuffizienz an; Werte > 6 U/g Stuhl sind als normal zu betrachten.

Pankreas-Elastase-I

Die Pankreaselastase-I wird sowohl bei normaler wie auch bei eingeschränkter exokriner Pankreasfunktion parallel zu Amylase, Lipase und Trypsin sezerniert. Aufgrund immunologischer Stabilität im Stuhl kann die Konzentration in einer

Stuhlprobe als diagnostischer Indikator der exokrinen Pankreasfunktion herangezogen werden. Die Bestimmung der Pankreaselastase-I erfolgt aus einer Stuhlprobe durch einen mit zwei monoklonalen Antikörpern arbeitenden ELISA. Die inzwischen kommerziell erhältliche Methode stellt mit einer Intraassay-Varianz von 5,8 % und einer Interassayvarianz von 7,7 % ein hochgenaues Verfahren dar. Patienten mit normaler exokriner Pankreasfunktion weisen Elastasekonzentrationen > 250 µg/g Stuhl auf, Patienten mit exokriner Insuffizienz Werte < 150 µg/g. Da Pankreasenzympräparate nicht zu einer vermehrten Ausscheidung von (humaner) Pankreaselastase-I führen, eignet sich der Test auch zur Verlaufskontrolle der Organfunktion unter Substitution.

Pankreolauryltest im Urin

Bei diesem oralen Pankreasfunktionstest erhält der Patient zusammen mit der Testmahlzeit Fluoreszein-Dilaurinsäureester, der durch eine pankreasspezifische Esterase gespalten wird. Ein Teil dieser Substanz (Fluoreszein) wird resorbiert und im Urin ausgeschieden. Der Test wird zwei Tage später mit unkonjugiertem Fluoreszein wiederholt, um eine individuelle Resorptions- oder Leberstoffwechselstörung bzw. eine Niereninsuffizienz auszuschließen. Aus der Ausscheidung am Test- (T) und Kontrolltag (K) wird der T/K-Quotient ermittelt. Der Test ist standardisiert und kommerziell erhältlich (Temmler-Werke, Marburg). Er wird in folgender Weise durchgeführt:

Testtag: Der Patient erhält um 6.30 Uhr 0,5 l dünnen schwarzen Tee und um 7 Uhr ein genormtes Frühstück, das die Pankreassekretion anregt (ein Brötchen, 20 g Butter und eine Tasse Tee). Die intakten Testkapseln (2mal 0,5 mmol Fluoreszein-Dilaurat) werden in der Mitte des Frühstücks mit zerkautem Brötchen eingenommen. Um die Diurese anzuregen, erhält der Patient um 10 Uhr 1 l Tee, der innerhalb von 2 h zu trinken ist. Der Urin wird von 7 Uhr bis zum Testende um 17 Uhr gesammelt und muß mindestens 600 ml betragen.

Kontrolltag: Der Ablauf des zweiten Tages entspricht genau dem des ersten Tages, es werden jedoch statt der Testkapseln Kontrollkapseln eingenommen, die unverestertes Fluoreszein (0,5 mmol Fluoreszeinnatrium) enthalten. Die Resorption dieser Substanz erfolgt ohne Mitwirken der pankreasspezifischen Cholinesterase. Die Farbstoffausscheidung im Urin wird photometrisch ermittelt. Nach Angaben der Hersteller zeigt ein T/K-Quotient über 30 eine normale, einer unter 20 eine pathologische Pankreasfunktion an. Bei Quotienten zwischen 20 und 30 soll der Test wiederholt werden und wird als pathologisch angesehen, wenn der Quotient auch bei Kontrolle unter 30 liegt. Ein T/K-Quotient < 10 ist als Befund einer schweren exokrinen Pankreasinsuffizienz (d. h. mit pankreatogener Steatorrhö) zu bewerten, d. h. es besteht i.d.R. eine Substitutionsbedürftigkeit durch Pankreasenzyme.

Der Test interferiert mit Vitamin-B_2 und Salazosulfapyridin-Präparaten, die ebenso wie Pankreasenzyme 5 Tage vor der Untersuchung abgesetzt werden müssen. Falsch pathologische Testergebnisse werden berichtet bei Patienten mit Galleabflußstörungen (mangelhafte Hydrolyse des Esters?) oder nach Billroth-II-Resektion des Magens (pankreatikocibale Asynchronie), aber auch bei einigen Patienten mit entzündlichen Darmerkrankungen [10, 17, 31].

Pankreolauryltest im Serum

Da bei alten, schwerkranken und ambulanten Patienten das korrekte Urinsammeln schwierig sein kann und eine Verkürzung des Tests wünschenswert ist, wurde versucht, durch Fluoreszeinbestimmung im Serum eine Aussage über die exokrine Pankreasfunktion zu erhalten [5]. Dabei ermöglicht die Serumfluoreszeinmessung nach 210 min die beste Trennung zwischen Pankreasgesunden und Patienten mit einer exokrinen Pankreasinsuffizienz [22]. In der Zwischenzeit liegen auch Modifikationen des Serumtests vor, bei denen zur Stimulation Metoclopramid und Sekretin verwandt werden [34, 35].

Quantitative Stuhlfettanalyse

Die traditionelle chemische Messung der Stuhlfettausscheidung nach van de Kamer et al. [40] erfolgt titrimetrisch aus mindestens über 3 Tage unter konstanter Fettzufuhr (80–100 g) gesammeltem Stuhl. Eine mögliche künftige Alternative ist die Infrarotabsorptionsspektrometrie (NIRA), die bei zuverlässiger Bestimmung des Stuhlfettgehaltes deutliche Praktikabilitätsvorteile aufweist [38].

Die quantitative Stuhlfettanalyse stellt einen wichtigen Suchtest für das Vorliegen eines Malassimilationssyndroms dar; sie erfaßt dabei neben Störungen der Lipolyse (pankreatische Phase der Fettverdauung) auch Störungen der hepatobiliären Phase (Mizellenbildung), der intestinalen Phase (Resorption und Reveresterung) sowie des lymphatischen Abtransportes, d. h. die Methode ist als Pankreasfunktionstest *unspezifisch*. Eine Verbesserung stellt hier die Betrachtung der fäkalen Fettkonzentration dar (g Fett/100 g Stuhlfeuchtgewicht), die bei pankreatogener Steatorrhö deutlich höher ist als bei anderen Ursachen einer Steatorrhö (wichtige Ausnahme: einheimische Sprue) [27].

Darüber hinaus kommt der Stuhlfettbestimmung als Pankreasfunktionstest aber auch nur geringe Sensitivität zu, da erst bei einer Einschränkung der exokrinen Funktionsreserve des Pankreas von > 90 % mit einer Steatorrhö zu rechnen ist [6, 24]. Diese Abhängigkeitscharakteristik bedeutet andererseits, daß eine Steatorrhö als Indikator der schweren exokrinen Pankreasinsuffizienz zu betrachten ist.

Die praktischen Probleme der technischen Handhabung der 72-h-Stuhlfettanalyse bedingen, daß die Methode beim Laborpersonal weitgehend unbeliebt ist. Als eine einfache und praktikable Alternative zur Erfassung einer Steatorrhö kann die β-Carotinoid-Bestimmung im Serum gelten; diese erlaubt jedoch keine Aussagen über den Schweregrad der Malassimilation von Fett [28].

a-Amino-Stickstoff- bzw. Aminosäuremessung im Plasma nach Stimulation mit Sekretin und Pankreozymin

Einen neuen, interessanten Ansatz zur Beurteilung der Pankreasfunktion stellte die Messung von α-Aminostickstoff bzw. der Aminosäurespiegel im Plasma nach Stimulation des exokrinen Pankreas mit Sekretin und Pankreozymin dar. Bei Patienten mit normaler exokriner Pankreasfunktion kommt es zu einem Abfall des α-Amino-Stickstoffs im Plasma um mehr als 12 %, bei Patienten mit mäßiger bis schwerer exokriner Pankreasinsuffizienz um weniger als 12 % [7, 15]. Im Gegensatz zu den anderen indirekten Pankreasfunktionstests verliert die Plasma-Aminosäuremessung nach partieller und totaler Gastrektomie nicht an Spezifität [16].

Der Wert dieser Methode bei leichter exokriner Pankreasinsuffizienz ist bisher nicht untersucht; überdies finden andere Arbeitsgruppen eine diagnostisch nicht tolerable Überlappung zwischen Patienten mit exokriner Pankreasinsuffizienz und solchen mit normaler Pankreasfunktion [29].

Atemtests

Als nichtradioaktives Testprinzip sind heute ^{13}C-markierte Substrate von besonderem Interesse für die klinische Forschung. Die Wertigkeit dieser Verfahren für die klinische Diagnostik ist jedoch bisher nur in geringem Umfang untersucht; eine Übertragung der mittels radioaktiver, ^{14}C-markierter Substrate erzielten Ergebnisse ist infolge des unterschiedlichen Meßprinzips nicht möglich.

Die $^{13}CO_2$-Atemtests sind prinzipiell einfach und praxisgerecht durchführbar, der analytische Aufwand ist jedoch erheblich, so daß die Kooperation mit einem entsprechenden Speziallabor erforderlich ist.

Für die Erfassung der lipolytischen Funktion des Pankreas ist eine Verbesserung der Spezifität durch den Einsatz neuer Substrate angestrebt worden, z. B. in Form eines „mixed triglyceride"-Exhalationstests (1,3-Distearyl-2-^{13}C-octanoyl-glycerin) oder als Cholesteryl-^{13}C-octanoat-Atemtest (Esterase-Spaltung). Dabei wurde eine Korrelation des ^{13}C-mixed triglyceride-CO_2-Exhalationstests zur luminalen Lipaseaktivität im Duodenum nachgewiesen. Die für diese Untersuchungen eingesetzten, nur an der Carboxylgruppe mit ^{13}C markierten Substrate sind jedoch sehr kostspielig, stellen erhebliche Mengen eines unphysiologischen Substrates dar und sind im Fall des „mixed triglyceride" nicht konstant erhältlich.

Die Verwendung uniform ^{13}C-markierter, durch Algen synthetisierter Testlipide (Hiolein) mit ^{13}C-Atomen in 98 % aller C-Atompositionen des Gemisches bewirkt eine Verstärkung des $^{13}CO_2/^{12}CO_2$-Signalverhältnisses und ermöglicht damit eine deutliche Reduktion der Tracerdosis. Bei Patienten mit exokriner Pankreasinsuffizienz unterschiedlichen Schweregrades weist der ^{13}C-Hiolein-Atemtest eine enge Korrelation mit dem stimulierten Lipase-Output wie auch mit der quantitativen Stuhlfettausscheidung auf; gegenwärtig ist jedoch nicht hinreichend geklärt, ob die Methode diagnostisch hilfreich sein wird.

Atemtests mit ^{13}C-Stärke als Substrat und der H$_2$-Reis-Atemtest wurden von einzelnen Arbeitsgruppen inauguriert, haben aber ebenso wie andere Methoden (z. B. der Dual-„label"-Schilling-Test) keinen Eingang in die klinische Pankreasfunktionsdiagnostik gefunden.

Aussagefähigkeit direkter und indirekter Pankreasfunktionstests zum Nachweis bzw. Ausschluß einer exokrinen Pankreasinsuffizienz

Der Sekretin-Pankreozymin-Test (SPT) gilt als Goldstandard in der Pankreasfunktionsdiagnostik [21]. In einer umfangreichen Studie an 403 Patienten fand Otte [37] bei 8 % falsch pathologische und bei 6 % falsch normale Testergebnisse. Diese Prozentsätze werden sich kaum verbessern lassen, da die normale exokrine Pankreassekretion eine erhebliche Streubreite hat. Auch ist unklar, woran man falsch normale und falsch pathologische Testergebnisse messen muß. Beim Vergleich mit der endoskopischen retrograden Cholangiopankreatikographie (ERCP) wurde festgestellt, daß in einem Prozentsatz von 0–20 % keine Übereinstimmung mit dem SPT besteht. Daher ist es fraglich, ob die ERCP in diesen Fällen wirklich den Zustand der Drüse am besten reflektiert oder ob Pankreasgangveränderungen nur Ausdruck von vernarbenden und abheilenden Entzündungsprozessen sind [2, 11–14, 32].

Nach akuter Pankreatitis sind ERCP-Veränderungen deutlich häufiger als exokrine Pankreasfunktionseinbußen [4]. Über einen längeren Beobachtungszeitraum bessert sich zwar die exokrine Pankreasfunktion, nicht aber die bei der ERCP dargestellte Pankreasgangveränderungen [3].

Die Arbeitsgruppe um Toskes konnte 1993 zeigen, daß die direkte Pankreasfunktionsprüfung (Stimulation lediglich mit Sekretin) eine chronische Pankreatitis eher anzeigt als die ERCP [18].

Alle direkten Pankreasfunktionstests sind allerdings aufgrund des analytischen Aufwandes, der dabei erforderlichen Erfahrung und der hohen Kosten für die Praxis und nichtspezialisierte Krankenhäuser ungeeignet.

Die am häufigsten gebräuchlichen indirekten Pankreasfunktionstests, die Chymotrypsinbestimmung im Stuhl, Pankreolauryltest und – mit der oben angeführten Einschränkung – auch die quantitative Stuhlfettanalyse (NIRA) haben gemeinsam den Vorteil, daß sie keine Nebenwirkungen oder Risiken für den Patienten haben und nach einem standardisierten Verfahren durchgeführt werden können. Die genannten indirekten Pankreasfunktionstests wie auch die Bestimmung der Pankreaselastase-I sind nicht mit einem größeren Aufwand für Patient, Arzt und Labor verbunden.

Das Ergebnis der jeweiligen Untersuchung hängt wesentlich von präanalytischen Fehlerquellen (Medikamente, Versand usw.) und der Durchführung der Untersuchung im Labor, weniger jedoch von der Erfahrung des Untersuchers ab. Damit unterscheiden sich die indirekten Pankreasfunktionstests deutlich von den morphologischen Nachweisverfahren für die chronische Pankreatitis. Das Ergebnis indirekter Pankreasfunktionstests ist jedoch in hohem Maße abhängig von folgenden Faktoren:

- *Vorauswahl des Patienten:* Wenn diese Vorauswahl durch Anamnese und klinische Anhaltspunkte genauer getroffen werden kann und damit die Prävalenz der chronischen Pankreatitis bei den zu untersuchenden Patienten ansteigt, steigt auch der prädiktive Wert der Funktionstests [10],
- *genaue Instruktion des Patienten:* Wenn z. B. die Testtabletten beim Pankreolauryltest statt in der Mitte des Frühstücks vorher oder nachher genommen werden, kann es durch eine postcibale Asynchronie zu einer erheblichen Verfälschung des Testergebnisses kommen,
- *Schweregrad der exokrinen Pankreasinsuffizienz.*

Bei leichter Insuffizienz sind bei allen indirekten Pankreasfunktionstests falsch normale Testergebnisse möglich.

Bei der Chymotrypsinbestimmung im Stuhl ist die Sensitivität, insbesondere bei Patienten mit schwerer exokriner Pankreasinsuffizienz, hoch [1, 8, 20, 39]. Falsch normale und falsch pathologische Meßergebnisse sind jedoch nicht selten. Die Pankreaselastase I scheint eine deutlich bessere Reproduzierbarkeit zu besitzen und wird die Chymotrypsin-Bestimmung als praxisgerechten, einfachen Test künftig möglicherweise ablösen.

Der Pankreolauryltest zeigt mit hoher Treffsicherheit eine schwere exokrine Pankreasinsuffizienz an, während bei leichter oder mäßiger Insuffizienz auch falsch normale Ergebnisse registriert werden können [20, 31, 39]. Bei vergleichenden Untersuchungen an Patienten mit pankreatogener Steatorrhö lag die Sensitivität für beide Tests zwischen 92 % und 100 %. Bei Patienten mit leichter bzw. mäßiger exokriner Pankreasinsuffizienz war der sondenlose Test der Chymotrypsinbestimmung im Stuhl deutlich überlegen (Tabelle 2 [20]).

Anläßlich eines Symposiums 1986 in Ulm [33] wurden alle zu diesem Zeitpunkt bekannten Übersichten über die Sensitivität und Spezifität indirekter Pankreasfunktionstests zusammengefaßt. Die zum Teil große Schwankungsbreite für die Angaben zur Spezifität und Sensitivität ist sicherlich durch die erwähnte Abhängigkeit der Tests von Vorauswahl und Instruktion der Patienten und vom Schweregrad der exokrinen Pankreasinsuffizienz erklärt.

Nach Untersuchungen von Lankisch et al. sind die Serum- den Urintests gleichwertig [22], nach anderen Angaben sogar den Urintests überlegen [34, 35]. Weitere Studien müssen jedoch abgewartet werden, bevor eine endgültige Aussage über die Wertigkeit der Serumtests gemacht werden kann.

Tabelle 2. Untersuchungsergebnisse verschiedener indirekter Pankreasfunktionstests. (Nach Lankisch et al. [20])

Exokrine Pankreasinsuffizienz im Sekretin-Pankreozymin-Test	Pankreolauryltest pathologisch (n = 53)	Chymotrypsin im Stuhl pathologisch (n = 48)
Leicht	67 %	25 %
Mäßig	88 %	60 %
Schwer	100 %	92 %

In der Vergangenheit ist vielfach noch eine qualitative Stuhlfettbestimmung (Stuhl auf Ausnutzung) durchgeführt worden. Da bereits normaler Stuhl Fett enthält (<7g/Tag), sind diese Untersuchungen obsolet. Unzutreffend ist die nicht selten anzutreffende Auffassung, daß eine einfach durchzuführende Stuhlgewichtsbestimmung die aufwendigere Stuhlfettanalyse ersetzen kann. Beim Vergleich der Stuhlgewichtsbestimmung mit der quantitativen Stuhlfettanalyse bei 1269 Untersuchungen lag in 26,3 % der Fälle keine Übereinstimmung zwischen beiden Methoden vor: 12,8 % der Patienten hatten eine Steatorrhö bei normalem Stuhlgewicht (ein Befund, der sich insbesondere bei Patienten mit exokriner Pankreasinsuffizienz findet), d. h. die pankreatogene Steatorrhö geht in der Regel mit einer höheren fäkalen Fettkonzentration einher als andere Erkrankungen, die zur Malassimilation von Fett führen. Vice versa hatten 13,5 % einen normalen Stuhlfettgehalt bei erhöhtem Stuhlgewicht [26]. Diagnose oder Ausschluß einer Steatorrhö sind also mit der Stuhlgewichtsbestimmung nicht möglich.

Ob eine substitutionsbedürftige exokrine Pankreasinsuffizienz (Steatorrhö) vorliegt, kann auch anhand des Ergebnisses bei der direkten und indirekten Pankreasfunktionsprüfung abgeschätzt werden. DiMagno et al. sowie unsere Arbeitsgruppe [6, 24] stellten fest, daß erst beim Abfall der stimulierten Lipasesekretion auf unter 10 % der Norm eine Steatorrhö auftritt. Nach eigenen Untersuchungen besteht eine ähnliche Beziehung auch für den Pankreolauryltest, d. h. bei einem T/K-Quotienten von unter 10 muß eine Steatorrhö angenommen werden [25].

Diagnostisches Vorgehen

Bei Verdacht auf eine chronische Pankreatitis richtet sich die Diagnostik nach dem jeweils vorherrschenden Symptom. Die klinisch-chemischen Untersuchungen umfassen auch endokrine Pankreasfunktionsprüfungen (Nüchternblutzucker, oraler Glukosetoleranztest).

Wenn Oberbauchbeschwerden das vorherrschende Symptom sind, sollte eine ERCP zum Nachweis von Gangveränderungen, die die Schmerzsymptomatik erklären können, durchgeführt werden. Wenn Gewichtsverlust, Diarrhö und/oder Steatorrhö vorliegen, wäre der erste Schritt eine indirekte Pankreasfunktionsprüfung.

Bei normalen indirekten Pankreasfunktionstests haben Gewichtsverlust und Steatorrhö im allgemeinen keine pankreatogene Ursache. Da aber falsch normale Testergebnisse möglich sind und die chronische Pankreatitis auch die kleinen Pankreasgänge betreffen kann, die nicht immer bei einer ERCP darstellbar sind, sollte bei anhaltendem Verdacht auf eine chronische Pankreatitis trotz regelrechter ERCP-Befunde und normalen Ergebnissen bei den indirekten Tests eine direkte Pankreasfunktionsprüfung durchgeführt werden, bevor bei dem Patienten nach Ausschluß anderer organischer Ursachen die Diagnose eines irritablen Magen-Darm-Syndroms gestellt wird.

Literatur

1. Ammann R (1967) Fortschritte in der Pankreasfunktionsdiagnostik. Springer, Berlin Heidelberg New York
2. Ammann RW, Bühler H, Brühlmann W, Kehl O, Münch R, Stamm B (1986) Acute (nonprogressive) alcoholic pankreatitis: prospective longitudinal study of 144 patients with recurrent alcoholic pancreatitis. Pancreas 1: 195–203
3. Angelini G, Pederzoli P, Caliari S, Fratton S, Brocco G, Marzoli G, Bovo P, Cavallini G, Scuro LA (1984) Long-term outcome of acute necrohemorrhagic pancreatitis. A 4-year follow-up. Digestion 30: 131–137
4. Büchler M, Malfertheiner P, Block S, Maier W, Beger HG (1985) Morphologische und funktionelle Veränderungen des Pankreas nach akuter nekrotisierender Pankreatitis. Z Gastroenterol 23: 79–83
5. Cavallini G, Piubello W, Brocco G, Micciolo R, Chech G, Angelini G, Benini L, Riela A, Dalle Molle L, Vantini I, Scuro LA (1985) Serum PABA and fluorescein in the course of Bz-Ty-PABA and pancreolauryl test as an index of exocrine pancreatic insufficiency. Dig Dis Sci 30: 655–663
6. DiMagno EP, Go VLW, Summerskill WHJ (1973) Relations between pancreatic enzyme outputs and malabsorption in severe pancreatic insufficiency. N Engl J Med 288: 813–815
7. Domschke S, Heptner G, Kolb S, Sailer D, Schneider MU, Domschke W (1986) Decrease in plasma amino acid level after secretin and pancreozymin as an indicator of exocrine pancreatic function. Gastroenterology 90: 1031–1038
8. Dürr HK, Otte M, Forell MM, Bode JC (1978) Fecal chymotrypsin: a study on its diagnostic value by comparison with the secretin-cholecystokinin test. Digestion 17: 404–409
9. Ehrhardt-Schmelzer S, Otto J, Schlaeger R, Lankisch PG (1984) Faecal chymotrypsin for investigation of exocrine pancreatic function: a comparison of two newly developed tests with the titrimetric method. Z Gastroenterol 22: 647–651
10. Freise J, Ranft U, Fricke K, Schmidt FW (1984) Chronische Pankreatitis: Sensitivität, Spezifität und prädiktiver Wert des Pankreolauryltests. Z Gastroenterol 22: 705–712
11. García-Pugés AM, Navarro S, Ros E, Elena M, Ballesta A, Aused R, Vilar-Bonet J (1986) Reversibility of exocrine pancreatic failure in chronic pancreatitis. Gastroenterology 91: 17–24
12. Girdwood AH, Hatfield ARW, Bornman PC, Denyer ME, Kottler RE, Marks IN (1984) Structure and function in noncalcific pancreatitis. Dig Dis Sci 29: 721–726
13. Heij HA, Obertop H, van Blankenstein M, ten Kate FW, Westbroek DL (1986) Relationship between functional and histological changes in chronic pancreatitis. Dig Dis Sci 31: 1009–1013
14. Heij HA, Obertop H, van Blankenstein M, Nix GAJJ, Westbroek DL (1987) Comparison of endoscopic retrograde pancreatography with functional and histologic changes in chronic pancreatitis. Acta Radiol 28: 289–293
15. Heptner G, Domschke S, Schneider MU, Kolb S, Domschke W (1987) Aminosäurespiegel im Plasma – dargestellt als α-Amino-Stickstoff – reagieren auf Stimulation des exokrinen Pankreas: Ansätze für einen Pankreasfunktionstest. Klin Wochenschr 65: 1054–1061
16. Heptner G, Domschke S, Domschke W (1989) Exocrine pancreatic function after gastrectomy. Gastroenterology 97: 147–153
17. Kay G, Hine P, Braganza J (1982) The pancreolauryl test. A method of assessing the combined functional efficacy of pancreatic esterase and bile salts in vivo? Digestion 24: 241–245
18. Lambiase L, Forsmark CE, Albert C, Toskes PP (1983) Secretin test diagnoses chronic pancreatitis earlier than ERCP. Gastroenterology 104: A315
19. Lankisch PG, Creutzfeldt W (1981) Effect of synthetic and natural secretin on the function of the exocrine pancreas in man. Digestion 22: 61–65
20. Lankisch PG, Schreiber A, Otto J (1983) Pancreolauryl test. Evaluation of a tubeless pancreatic function test in comparison with other indirect and direct tests for exocrine pancreatic function. Dig Dis Sci 28: 490–493

21. Lankisch PG (1984) Secretin test or secretin-CCK test – gold standard in pancreatic function testing? In: Gyr KE, Singer MV, Sarles H (eds) Pancreatitis – Concepts and Classification. Excerpta Medica, ICS 642, Amsterdam New York, pp 247–259
22. Lankisch PG, Brauneis J, Otto J, Göke B (1986) Pancreolauryl and NBT-PABA tests. Are serum tests more practicable alternatives to urine tests in the diagnosis of exocrine pancreatic insufficiency? Gastroenterology 90: 350–354
23. Lankisch PG, Koop H, Otto J (1986) Estimation of serum pancreatic isoamylase: its role in the diagnosis of exocrine pancreatic insufficiency. Am J Gastroenterol 81: 365–368
24. Lankisch PG, Lembcke B, Wemken G, Creutzfeldt W (1986) Functional reserve capacity of the exocrine pancreas. Digestion 35: 175–181
25. Lankisch PG, Otto J, Brauneis J, Hilgers R, Lembcke B (1988) Detection of pancreatic steatorrhea by oral pancreatic function tests. Dig Dis Sci 33: 1233–1236
26. Lembcke B (1984) Malassimilationsdiagnostik. In: Caspary WF (Hrsg) Maldigestion – Malabsorption. Klinik – Differentialdiagnose – Therapie. Die Gastroenterologische Reihe, Bd. 21. Kali-Chemie Pharma GmbH, Hannover, S. 47–86
27. Lembcke B, Grimm K, Lankisch PG (1987) Raised fecal fat concentration does not differentiate pancreatic from other steatorrheas. Am J Gastroenterol 82: 526–531
28. Lembcke B, Geibel K, Kirchhoff S, Lankisch PG (1989) Serum-β-Carotin: ein einfacher statischer Laborparameter für die Diagnostik der Steatorrhö. Dtsch med Wschr 114: 243–247
29. Lembcke B, Konle O, Caspary WF (1990) Serielle Serum-α-Aminostickstoff-Bestimmung bei exokriner Pankreasinsuffizienz: Wertigkeit und Einfluß unterschiedlicher Stimulation. Z Gastroenterol 28: 500
30. Lundh G (1962) Pancreatic exocrine function in neoplastic and inflammatory disease; a simple and reliable new test. Gastroenterology 42: 275–280
31. Malfertheiner P, Peter M, Junge U, Ditschuneit H (1983) Der orale Pankreasfunktionstest mit FDL in der Diagnose der chronischen Pankreatitis. Klin Wochenschr 61: 193–198
32. Malfertheiner P, Büchler M, Stanescu A, Ditschuneit H (1986) Exocrine pancreatic function in correlation to ductal and parenchymal morphology in chronic pancreatitis. Hepatogastroenterology 33: 110–114
33. Malfertheiner P, Ditschuneit H (eds) (1986) Diagnostic Procedures in Pancreatic Disease. Springer, Berlin Heidelberg New York Tokyo
34. Malfertheiner P, Büchler M, Müller A, Ditschuneit H (1987) Fluorescein dilaurate serum test: a rapid tubeless pancreatic function test. Pancreas 2: 53–60
35. Malfertheiner P, Büchler M, Müller A, Ditschuneit H (1987) Fluoresceindilaurat-Serumtest nach Metoclopramid- und Sekretinstimulation zur Pankreasfunktionsprüfung. Beitrag zur Diagnose der chronischen Pankreatitis. Z Gastroenterol 25: 225–232
36. Münch R, Bühler H, Ammann R (1983) Chymotrypsinaktivität im Stuhl: Vergleich eines neuen photometrischen Verfahrens mit der titrimetrischen Standardmethode. Schweiz Med Wochenschr 113: 1794–1797
37. Otte M (1979) Pankreasfunktionsdiagnostik. Internist 20: 331–340
38. Stein J, Purschian B, Caspary WF, Lembcke B (1992) Validation of near-infrared reflectance analysis (NIRA) for assessment of fecal fat, nitrogen, and water. A new approach to malabsorption syndromes. Gastroenterology 102: A 244
39. Stock K-P, Schenk J, Schmack B, Domschke W (1981) Funktions-„Screening" des exokrinen Pankreas. FDL-, N-BT-PABA-Test, Stuhl-Chymotrypsinbestimmung im Vergleich mit dem Sekretin-Pankreozymin-Test. Dtsch Med Wochenschr 106: 983–987
40. Van de Kamer JH, ten Bokkel Huinink H, Weijers HA (1949) Rapid method for the determination of fat in feces. J Biol Chem 177: 347–355

Schicksal der Pankreasenzyme im Intestinallumen – Bedeutung für Pathophysiologie und Therapie der exokrinen Pankreasinsuffizienz

P. Layer, G. Gröger

Pankreasinsuffizienz und Entwicklung der Maldigestion

Bei einer progredienten Pankreasinsuffizienz auf dem Boden einer chronischen Pankreatitis treten infolge der enormen Reservekapazität des Pankreas klinisch manifeste Verwertungsstörungen von Nahrung erst dann auf, wenn mehr als 90–95 % des sekretorischen Parenchyms zerstört sind [1]. Hierbei entwickelt sich die Maldigestion von Fett rascher als die der anderen Hauptnährstoffe (Stärke, Eiweiß) und steht auch im Spätstadium der Erkrankung klinisch im Vordergrund. Für die rasche und ausgeprägte Entwicklung einer Steatorrhö sind verschiedene Mechanismen verantwortlich:

- Fehlen von effektiven Ersatzsystemen,
- raschere Abnahme der Sekretion,
- raschere proteolytische Zerstörung,
- größere pH-Empfindlichkeit.

Folge: Die Fettverdauung ist früher und stärker eingeschränkt.

Digestive Ersatzmechanismen: Zum einen ist die Fettverdauung in hohem Maße von der Sekretionsleistung des Pankreas für Lipase abhängig, da bei einem Ausfall der Pankreaslipase keine relevanten Ersatzmechanismen für die Fettverdauung zur Verfügung stehen (die physiologische Bedeutung der Magenlipase ist bisher nicht eindeutig definiert). Die Stärkeverdauung wird dagegen bereits beim Kauen durch die Einwirkung der Speichelamylase eingeleitet. Darüber hinaus besteht ein leistungsfähiges System an wandständigen Oligosaccharidasen des Dünndarmepithels, die auch zur Verdauung von Kohlenhydratmakromolekülen befähigt sind. In analoger Weise ist auch die Eiweißverdauung durch mehrere, sich ergänzende und teilweise ersetzende Mechanismen abgesichert; hierbei kann die intragastrale Pepsinaktivität sowie die Bürstensaumreptidasen der Dünndarmschleimhaut zumindest einen Teil der enzymatischen Wirkung der Pankreasproteasen ersetzen.

Enzymsekretion: Es gibt Hinweise aus Langzeitbeobachtungen von Patienten mit chronischer alkoholischer Pankreatitis, daß bei fortschreitender Pankreasinsuffizienz die Fähigkeit der Drüse, Lipase zu synthetisieren, rascher nachläßt als die, Proteasen zu bilden [2].

Säuredestruktion: Die Pankreaslipase weist eine höhere Empfindlichkeit gegenüber Säure auf als Proteasen oder Amylase. Dies ist nicht nur bei der oralen Substitution von Enzymen im Hinblick auf die Zerstörung im Magen wichtig, sondern auch bei der körpereigenen Sekretion in den Dünndarm, da Patienten mit Pankreasinsuffizienz infolge ihrer ungenügenden Bikarbonatsekretion niedrigere pH-Werte im proximalen Dünndarmlumen aufweisen als Gesunde: Vor allem in der spätpostprandialen Phase liegt der mittlere duodenale pH-Wert um oder unter 4, was eine irreversible Destruktion der säureempfindlichen Lipase bewirken kann.

Proteolytische Destruktion: Die Lipase ist auch im weiteren Verlauf des Dünndarmtransits sehr instabil; hierbei spielt v. a. ein rascher hydrolytischer Abbau durch die Pankreasproteasen eine entscheidende Rolle. Dieser Aspekt der proteolytischen Destruktion der Lipase auf dem Dünndarmtransit ist lange in seiner Bedeutung für die Pathophysiologie und Therapie der exokrinen Pankreasinsuffizienz unterschätzt worden und soll im folgenden näher ausgeführt werden.

Schicksal von Pankreasenzymen im Darmlumen

Physiologischer Abbau der Enzyme beim Dünndarmtransit

Neuere Ergebnisse mit direkter luminaler Bestimmung der Pankreasenzymaktivitäten im proximalen, mittleren und unteren Dünndarm haben die hergebrachte Auffassung widerlegt, daß die Aktivitätsabnahme der unterschiedlichen Pankreasenzyme im Verlaufe des Dünndarmtransits annähernd gleich sei. Bereits in vitro, bei Autoinkubation von frischem menschlichen Duodenalsaft bei 37 °C, läßt sich ein rascher Aktivitätsverlust der Lipase nachweisen, während sich die Aktivitäten anderer Enzyme stabiler verhalten [9].

In vivo sind diese Unterschiede noch ausgeprägter: Wird mittels multipler Markerwiederfindungstechnik die kumulative postprandiale Enzymsekretion ins Duodenum mit der kumulativen Aktivität im mittleren Jejunum und im terminalen Ileum verglichen, so zeigt sich, daß die Pankreasamylase ein relativ stabiles Enzym ist, dessen Aktivität zwischen Duodenum und Ileum um weniger als 30 % abnimmt [7].

Demgegenüber beträgt der kumulative Aktivitätsverlust des Trypsins bereits zwischen Duodenum und Jejunum zwischen 25 und 40 %, zwischen Duodenum und Ileum ca. 80 %. Ähnliche Befunde lassen sich auch für Chymotrypsin erheben; hier ist die Aktivitätsabnahme allerdings etwas geringer. Beim Trypsin nimmt bemerkenswerterweise die parallel mittels Radioimmunoassay gemessene Immunoreaktivität schneller ab als die enzymatische Aktivität. Eine mögliche Interpretation hierfür ist, daß die komplette strukturelle Integrität des Trypsinmoleküls für dessen proteolytische Aktivität nicht erforderlich ist. Vielmehr führen Änderungen der molekularen Struktur beim den Dünndarmtransit durch luminale Faktoren nicht automatisch zu einem totalen Verlust der tryptischen Aktivität, sondern auch proteolytisch angedaute Trypsinfragmente weisen noch enzymatische Aktivität auf [7].

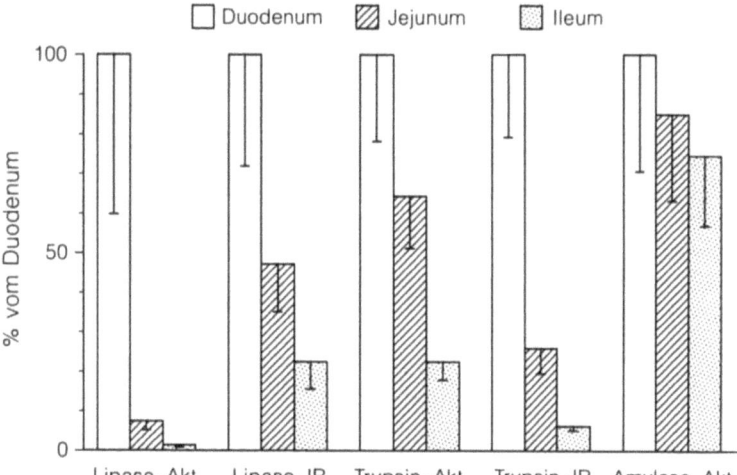

Abb. 1. Kumulative postprandiale Pankreasenzymaktivität *(akt.)* und Immunoreaktivität *(IR)* im Duodenum, Jejunum und Ileum beim gesunden Menschen. (Adaptiert aus [7], mit Genehmigung)

Der Aktivitätsverlust der Lipase ist wesentlich ausgeprägter als der von Trypsin oder Amylase. Er beträgt bereits zwischen Duodenum und Jejunum 60–80 %; im Ileum finden sich deutlich weniger als 10 % der duodenalen Aktivität (Abb. 1).

Zusammenfassend zeigen diese Befunde, daß die Pankreasenzyme des gesunden Menschen auf ihrem physiologischen Transit durch den Dünndarm unterschiedlich rasch an Aktivität abnehmen. Die relativ große Stabilität der Amylase ist die Ursache für die relativ hohen intraluminalen Amylaseaktivitäten selbst in distalen Abschnitten, auch in Phasen geringer sekretorischer Aktivität der Bauchspeicheldrüse. Umgekehrt erklärt die Instabilität der Lipase, daß im distalen Darm in der Regel nur geringe Lipaseaktivitäten vorhanden sind. Bei Patienten mit exokriner Pankreasinsuffizienz dürfte dieser Mechanismus bewirken, daß ausreichende Lipaseaktivitäten nur auf einem relativ kurzen Segment des proximalen Dünndarms zur Verfügung stehen und somit zur Genese der Reststeatorrhö unter Substitution beitragen.

Mechanismus der intraluminalen Lipasedestruktion im Dünndarm

Um zu prüfen, ob der Abbau der Lipaseaktivität durch proteolytische Destruktion mittels Pankreasproteasen verursacht wird, wurde in mehreren Untersuchungsserien die intraluminale Proteasenaktivität gezielt reduziert. Die Ergebnisse zeigen, daß eine abgestufte Hemmung der Proteasenaktivität im Dünndarmlumen zu einer dosisabhängigen Verlangsamung des Aktivitätsverlustes der Lipase auf dem Transit zwischen Duodenum und Ileum beim Gesunden führt [9]. Hierbei ist die Stabilität im proximalen Teil des Dünndarms mehr als verdoppelt, das Ileum erreichen sogar mehr als die sechsfachen Lipaseaktivitäten bei Hemmung der Trypsin- bzw. Chy-

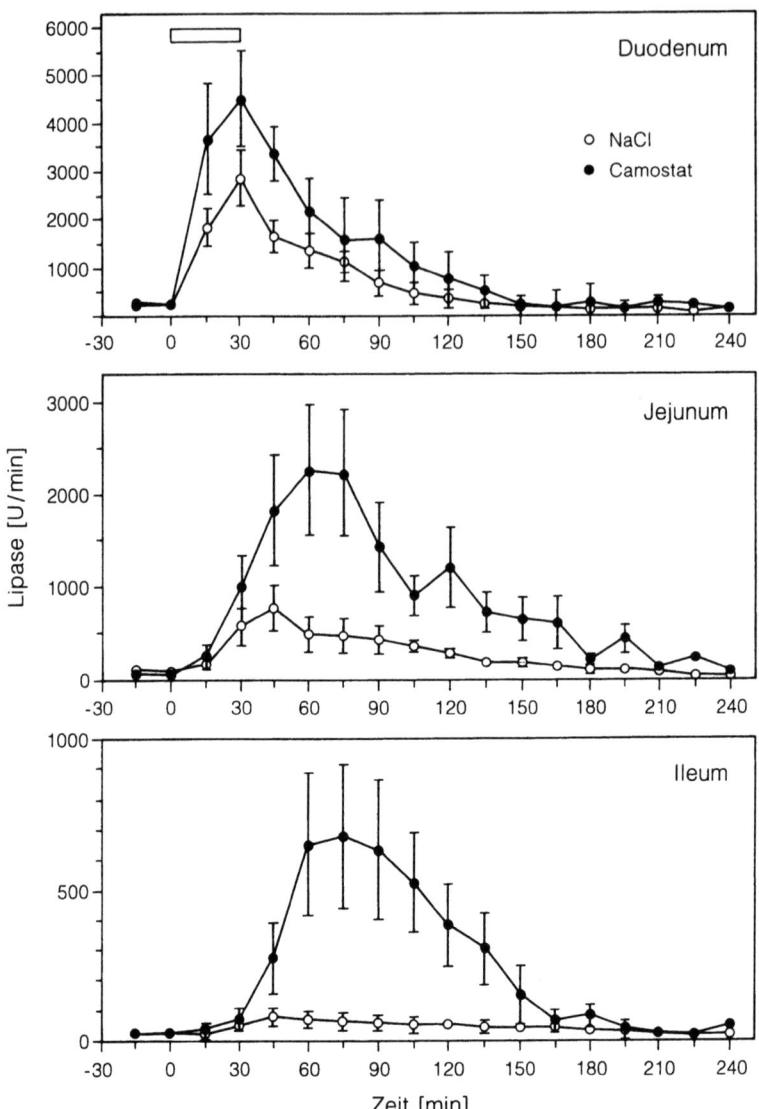

Abb. 2. Lipaseaktivität im Duodenum *(oben)*, Jejunum *(Mitte)* und Ileum *(unten)* nach duodenaler Perfusion des Proteasen-Inhibitors-Camostat (•) im Vergleich zu Kochsalz *(o)* als Kontrolle. Der Balken repräsentiert eine 30minütige Infusion mit Caerulein und Sekretin in submaximaler Dosierung und eine simultane 30minütige duodenale Perfusion mit Camostat bzw. Kochsalz. Mittelwert æ SE, n=6. Nach Camostat-Perfusion waren duodenaler Lipase-,,Output" und ,,Überleben" während des Transits signifikant erhöht (p<0.01). (Aus [9]; mit Genehmigung)

motrypsinaktivität um mehr als 80–90 % (Abb. 2). Demgegenüber wird die Abbaurate der Amylase durch Proteasenhemmung nicht signifikant verändert. Analoge Ergebnisse erbrachten in vitro-Studien mit autoinkubiertem frischem menschlichen Duodenalsaft: Auch hier bewirkt eine Hemmung der Proteasen eine größere Stabilität der Lipase über die Zeit. Hierbei ist offenbar vorwiegend die Chymotrypsinaktivität für den Lipaseabbau verantwortlich [13].

Intraluminale Lipaseaktivität und Fettverdauung beim Gesunden

In einem weiteren Schritt überprüften wir die Frage, ob eine Reduktion der intraluminalen Proteasenaktivitäten mit daraus resultierender konsekutiver Steigerung der Lipaseaktivitäten das Verdauungsmuster einer gemischten Mahlzeit ändert. Wir fanden, daß eine 80–95 %ige Inaktivierung von Trypsin und Chymotrypsin auch in Gegenwart von Nährstoffsubstrat zu einer Steigerung der ilealen Lipaseaktivität um den Faktor 6–7 führt. Trotz stark verringerter intraluminaler Proteasenaktivität ist hierbei die Nettoproteinabsorption nur um etwa 60 % vermindert. Diese Befunde bestätigen, daß nur wenige Prozent der normalen Proteasenaktivität ausreichen, eine noch ausreichende Eiweißverdauung zu gewährleisten [8]. Umgekehrt waren die höheren intraluminalen Lipaseaktivitäten während Proteaseninaktivierung mit einer Abnahme der Nettomalabsorption von Triglyzeriden um 80–90 % assoziiert. Diese Ergebnisse zeigen, daß auch beim Pankreasgesunden die physiologische Fettmalabsorption teilweise von der verfügbaren intraluminalen Lipaseaktivität während des Dünndarmtransits des Chymus abhängt [6].

Intraluminale Lipaseaktivität und Fettverdauung bei exokriner Pankreasinsuffizienz

Nachdem gezeigt werden konnte, daß der proteolytische Abbau der Lipaseaktivität im Darmlumen durch luminale Proteasenhemmung verzögert und hierdurch gleichzeitig die Fettverdauung gesteigert werden kann [11], wurde in einer weiteren Serie untersucht, ob dieser Mechanismus auch bei Patienten mit exokriner Pankreasinsuffizienz, die mit Pankreasenzymextrakten behandelt werden, eine Rolle spielt. Auch diese Untersuchungen wurden mittels direkter luminaler Messung der Enzymaktivität über eine oroileale Multilumensonde durchgeführt. Die Ergebnisse zeigen, daß der durch Pankreatingabe induzierte postprandiale Anstieg der Lipaseaktivität bei Patienten mit exokriner Pankreasinsuffizienz durch gleichzeitige Proteasenhemmung ebenfalls gesteigert wird. Die Zunahme der intraluminalen Lipaseaktivität war im distalen Dünndarm besonders ausgeprägt. Die mittlere Lipaseaktivität im Ileum war hierbei im Vergleich mit den Kontrollen um mehr als das Doppelte gesteigert. Hierunter kam es, ähnlich wie bei den gesunden Vergleichspersonen, auch bei den pankreasinsuffizienten Patienten zu einer signifikanten Reduktion der malabsorbierten Triglyzeridmenge. Diese Daten erlauben die Folgerung, daß die proteolytische Destruktion substituierter Lipase auf dem Dünndarmtransit einer der Faktoren ist, die zur Reststeatorrhö bei pankreatinbehandelten Patienten mit exokriner Pankreasinsuffizienz beitragen.

Praktische Konsequenzen

Die Substitutionstherapie der chronischen Pankreasinsuffizienz wird durch mehrere Pathomechanismen erschwert: Ein wichtiger Faktor ist die hohe Säureempfindlichkeit der Lipase, die somit durch eine entsprechend resistente, dünndarmlösliche Ummantelung geschützt werden muß [3]. Die resultierenden galenischen Produkte müssen darüber hinaus eine zeitgerechte, mahlzeitparallele Entleerung aus dem Magen sicherstellen, die oberhalb einer Partikelgröße von ca. 2 mm nicht unumschränkt gewährleistet ist [4, 5, 10, 12].

Zusätzlich zu diesen Gesichtspunkten wird in Zukunft auch der Faktor der proteolytischen Zerstörung der Lipase durch die gleichzeitig ingestierten Proteasen zu berücksichtigen sein [11] (Abb. 3). Dieser Mechanismus erklärt, warum eine

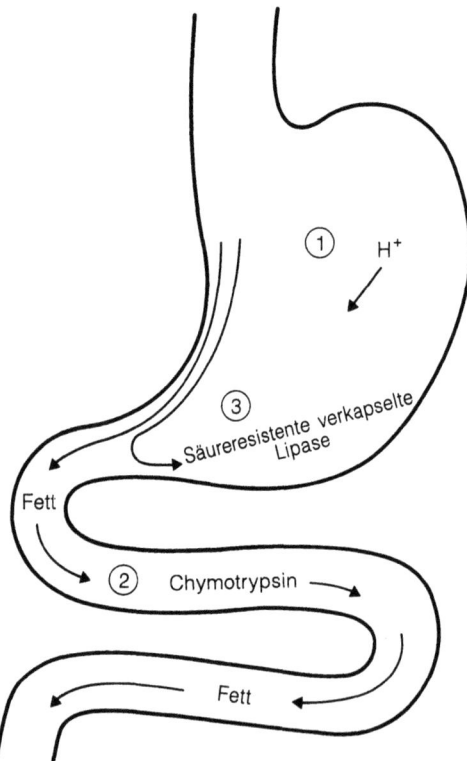

Abb. 3. Faktoren, die zur insuffizienten prandialen Aktivität von substituierter Lipase im Darmlumen bei Pankreasinsuffizienz beitragen. *1* Destruktion von Lipase durch Magensäure, *2* Destruktion von Lipase durch intraluminale Proteasen, *3* asynchrone Entleerung von substituierten Enzymen und Mahlzeit aus dem Magen

Steigerung der Pankreasenzymsubstitutionsmenge nicht von einer proportionalen Abnahme der Steatorrhö begleitet wird. In Anbetracht der Tatsache, daß die meisten Patienten mit exokriner Pankreasinsuffizienz keine faßbare bzw. relevante Eiweißverwertungsstörung haben, ist bei Pankreasenzympräparaten im Hinblick auf eine effektive Behandlung der Steatorrhö neben einem möglichst hohen Lipasegehalt auch ein möglichst niedriger Proteasenanteil von Vorteil.

Literatur

1. DiMagno EP, Go VLW, Summerskill WHJ (1973) Relations between pancreatic enzyme outputs and malabsorption in severe pancreatic insufficiency. N Engl J Med 288: 813–815
2. DiMagno EP, Malagelada J-R, Go VLW (1975) Relationship between alcoholism and pancreatic insufficiency. New York Academy of Sciences 252: 200–207
3. DiMagno EP, Malagelada JR, Go VLW, Moertel CG (1977) Fate of orally ingested enzymes in pancreatic insufficiency. N Engl J Med 296: 1318–1322
4. Kölbel C, Layer P, Hotz J, Goebell H (1986) Der Einfluß eines säuregeschützten, mikroverkapselten Pankreatinpräparats auf die pankreatogene Steatorrhö. Med Klin 81: 85–86
5. Kühnelt P, Mundlos S, Adler G (1991) Einfluß der Pelletgröße eines Pankreasenzympräparates auf die duodenale lipolytische Aktivität. Z Gastroenterol 29: 417–421
6. Layer P, Baumann J, Hellmann C et al. (1990) Effect of luminal protease inhibition on prandial nutrient digestion during small intestinal chyme transit. Pancreas 5: 718
7. Layer P, Go VLW, DiMagno EP (1986) Fate of pancreatic enzymes during small intestinal aboral transit in humans. Am J Physiol (Gastrointest Liver Physil 14) 251: G475–480
8. Layer P, Hellmann C, Baumann J et al. (1990) Modulation of physiologic fat malabsorption in humans. Digestion 46: 153 (a)
9. Layer P, Jansen JBMJ, Cherian L et al. (1990) Feedback regulation of human pancreatic secretion: effects of protease inhibition on duodenal delivery and small intestinal transit of pancreatic enzymes. Gastroenterology 98: 1311–1319
10. Layer P, Gröger G, Dicke D et al. (1992) Enzyme pellet size and luminal nutrient digestion in pancreatic insufficiency. Digestion 52: 100
11. Layer P, v. d. Ohe M, Gröger G et al. (1992) Intraluminal proteolytic degradation of lipase and fat malabsorption in pancreatin-treated pancreatic insuffiency. Pancreas 7: 745
12. Meyer JH, Elashoff J, Porter-Fink V et al. (1988) Human postprandial gastric emptying of 1–3-millimeter spheres. Gastroenterology 94: 1315–25
13. Thiruvengadam R, DiMagno EP (1988) Inactivation of human lipase by proteases. Am J Physiol (Gastrointest liver Physiol 18) 255: G476–481

Ein Röntgenblick auf die Struktur und Wirkungsweise des Lipase-Kolipase-Systems

F. Spener, C. Eggenstein, N. de Sousa Carvalho

Zusammenfassung

Die Pankreaslipase und ihr Kofaktor, die Kolipase, gelangen über den Pankreassaft ins Duodenum. Während die Lipase fertig synthetisiert bereitgestellt wird, gelangt letztere zunächst als Prokolipase ins Duodenum. Die Prozessierung zur Kolipase setzt ein N-terminales Pentapeptid (Enterostatin) frei, das an der Regulation der Fettaufnahme und des Körpergewichts beteiligt sein soll. Die Lipase ist zur Entfaltung ihrer katalytischen Aktivität auf eine saubere Öl-Wasser-Grenzfläche im Darmlumen angewiesen, für die die grenzflächenaktiven Gallensalze sorgen. Daß trotz Anwesenheit der Gallensalze die Lipase funktionell an die Grenzfläche anbinden kann, verdankt sie der Komplexbildung mit der Kolipase. Ein genauer Einblick in die Struktur des sich ausbildenden *Lipase-Kolipase-Komplexes* wurde durch die Aufklärung der Tertiärstruktur mit Hilfe der Röntgenstrukturanalyse möglich. Das aktive Zentrum, die katalytische Triade (Asp-His-Ser), liegt in einer hydrophoben Tasche und ist nach außen durch ein *Lid* verdeckt. Erst durch die Bildung des spezifischen Lipase-Kolipase-Komplexes bringt der Kofaktor die Pankreaslipase in direkten Kontakt zur Öl-Wasser-Grenzfläche, der mit der Öffnung des *Lids* und somit der Freigabe des katalytischen Zentrums einhergeht. Diese *Grenzflächenaktivierung* der Pankreaslipase ermöglicht die Lipolyse im Darmlumen.

Die Enzyme der Fettverdauung

Für eine ungestört ablaufende Verdauung und Resorption der Fette im Gastrointestinaltrakt sind die gastrale Lipase und die Pankreasenzyme essentiell. Im sauren Milieu des Magens werden Triglyzeride zunächst durch die gastrale Lipase anverdaut [7, 40]. Nach der Wanderung durch den Pylorus gelangen die Fette in das durch Bikarbonat neutrale bis schwach basische Milieu des Duodenums. Hier hinein entläßt die Bauchspeicheldrüse über den Pankreassaft 4 für die intestinale Lipolyse verantwortliche Proteine, so die „klassische" Pankreaslipase, die gemeinsam mit ihrem Proteinfaktor, der Kolipase, für den Abbau der Tri- und Diglyzeride, die über 90 % aller täglich aufgenommenen Fette darstellen, zu 2-Monoglyzeriden und Fettsäuren verantwortlich ist; ferner eine Carboxylesterlipase, die Monoglyzeride zu Glyzerin und Fettsäuren zerlegen kann, deren Hauptaufgabe aber die Hydrolyse von Sterin- und Vitaminestern ist [36]. Weiter enthält Pankreassaft eine lösliche Phospholipase A_2, die Phospholipide zu Lysophosphatiden und Fettsäuren abbaut [27]. Das komplexe System der intestinalen Fettverdauung wird außerdem durch weitere Kofaktoren optimiert, wie die mit der Galle in das Duodenum einfließenden Gallensalze und die aus der gastralen Fettverdauung stammenden Fettsäuren [3].

Pankreaslipase

Zur Entfaltung ihrer katalytischen Aktivität im Darmlumen ist die Pankreaslipase auf eine saubere Öl-Wasser-Grenzfläche angewiesen, für die die grenzflächenaktiven Gallensalze verantwortlich sind [32]. Die funktionelle Anbindung der Pankreaslipase an diese Grenzfläche ist daher ein wichtiger Schritt, der nur über eine Komplexbildung mit der Kolipase möglich ist [5, 29]. Die Pankreaslipase und ihr Kofaktor, die Kolipase, sind daher die Schlüsselproteine für die intestinale Fettverdauung. Beide Proteine werden in den azinären Zellen der Bauchspeicheldrüse gebildet [30, 32, 39] (s. Abb. 1).

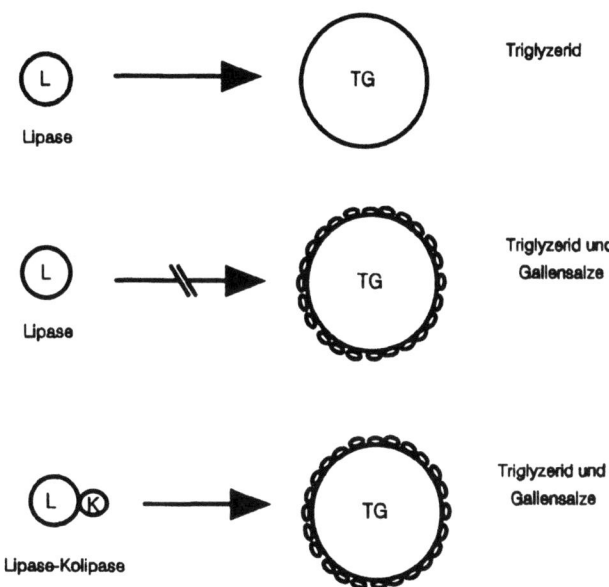

Abb. 1. Schematische Darstellung der Aktivierung der Pankreaslipase *(L)* durch die Kolipase *(K)*. Die Pankreaslipase benötigt zur Entfaltung ihrer Aktivität eine saubere Öl-Wasser-Grenzfläche. Dies stellen Gallensalze sicher, doch verliert die Lipase die Fähigkeit, sich an solche Grenzflächen zu binden. Hier setzt die Wirkung der Kolipase an. Sie bindet sich in einem molaren Verhältnis von 1:1 an die Pankreaslipase und ermöglicht so die Bindung des Lipase-Kolipase-Komplexes an die Grenzfläche bzw. die Verankerung der Lipase an die Substratoberfläche *(TG* Triglyzeride).

Eine Sequenz mit 1395 Nucleotiden kodiert ein Protein mit 465 Aminosäuren, die Proform der Pankreaslipase. Die Abspaltung eines Signalpeptids von 16 Aminosäuren beim Ausschleusen aus den Azinuszellen stellt die reife Pankreaslipase, ein einzelsträngiges glykosyliertes Protein mit 449 Aminosäuren und einer Molekularmasse von 52 kDa, bereit [1, 41, 43].

Interessanterweise besteht dieses Enzym aus zwei Domänen. Die Struktur der N-terminalen Domäne (Aminosäuren 1-336) stimmt weitestgehend mit der Grundstruktur der typischen α/β-Faltung von α/β-Hydrolasen überein und enthält das katalytische Zentrum [9, 10, 41]. Die Grundstruktur der α/β-Hydrolasen, die vielen hydrolytischen Enzymen verschiedenen Ursprungs und unterschiedlicher katalytischer Funktion gemeinsam ist, besteht aus 8, das Faltblatt aufbauenden, β-Strängen, die in einer bestimmten Reihenfolge über Kehren und α-Helices miteinander verbunden sind (s. Abb. 2) [34]. Die Faltung der N-terminalen Domäne der humanen Pankreaslipase zeigt allerdings einige Unterschiede zur Grundstruktur der α/β-Hydrolasen. Der erste β-Strang in der zentralen Grundstruktur der N-terminalen Domäne ist über eine Schleife mit dem vierten β-Strang verbunden. Im Gegensatz dazu ist in der typischen Grundstruktur der erste β-Strang über eine Schleife mit dem zweiten β-Strang verbunden. Weiterhin weist die Struktur der N-terminalen Domäne der Pankreaslipase zusätzlich 2 β-Stränge am N-Terminus und einen am C-Terminus auf [34].

Das katalytische Zentrum der humanen Pankreaslipase besteht wie bei allen α/β-Hydrolasen aus der bekannten katalytischen Triade Ser153-His264-Asp177 [9]. Diese katalytische Triade ist chemisch äquivalent zu der Triade der Serin-Proteasen, aber räumlich gesehen genau das Spiegelbild [29, 43]. Eine mögliche Erklärung dafür könnte sein, daß der evolutionäre Ursprung der beiden Aktivitätszentren unterschiedlich ist. Die Position der 3 Aminosäuren der katalytischen Triade innerhalb der Sequenz ist bei fast allen α/β-Hydrolasen gleich [34], und zwar befindet sich das Serin unmittelbar nach dem fünften β-Strang, während das Histidin innerhalb der C-terminalen Kehre dieser Domäne liegt. Nur die Position des Aspartats ist bei der Pankreaslipase im Gegensatz zu den anderen α/β-Hydrolasen etwas verschoben. Es befindet sich unmittelbar nach dem sechsten β-Strang (s. Abb. 2).

Die C-terminale Domäne (Aminosäuren 337-449) ist eine typische β-Sandwich Struktur, zwei Gruppen von 4 antiparallelen β-Strängen liegen in engem Kontakt und bilden eine relativ steife, flache Domäne, die gut geeignet für ihre Funktion, die Bindung der Kolipase, ist [41, 43].

Die Grenzflächenaktivierung der Lipasen aus menschlichen, tierischen und mikrobiellen Quellen ist schon lange bekannt [6, 16, 21, 29, 32, 41]. Ein genauer Einblick in dieses Phänomen wurde durch die Aufklärung der Tertiärstrukturen mit Hilfe der Röntgenstrukturanalyse möglich [41, 43]. Das katalytische Zentrum liegt nicht, wie bei den Serin-Proteasen, an der Oberfläche in direktem Kontakt mit dem Lösungsmittel, sondern tief in einer vorwiegend hydrophoben Tasche verborgen [9, 43]. Der Zugang des Lösungsmittels sowie löslicher Substrate wird durch ein sogenanntes *Lid,* einer Schleife von 24 Aminosäuren (242–264) verhindert. In Lösung liegt die Lipase in der katalytisch inaktiven Konformation (geschlossenes *Lid*) vor [29, 41].

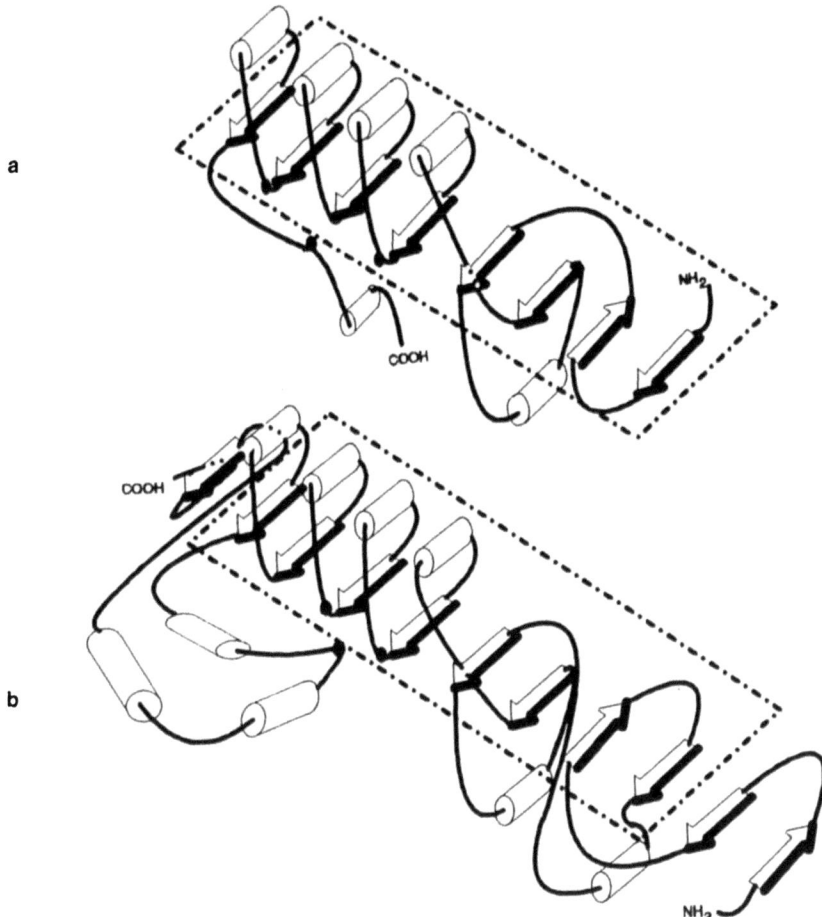

Abb. 2 a, b. Schematische Darstellung der allgemeinen Faltung von α/β Hydrolasen (**a**) und der Faltung der humanen Pankreaslipase (**b**). Die *Pfeile* stellen β-Stränge und die *Zylinder* α-Helices dar. Die *Kreise* kennzeichnen die Positionen der Aminosäuren der katalytischen Triade (Ser-His-Asp). Die zentrale Struktur der β-Stränge ist in beiden Darstellungen durch die *strichpunktierten Rechtecke* hervorgehoben. (Nach Ollis et al. [34])

Das *Lid* ist bifunktionell, da es zum einen die Bindung der Lipase an die Grenzfläche vermittelt, zum anderen erfolgt durch die Bindung an die Grenzfläche eine Bewegung des *Lids*, wodurch das katalytische Zentrum freigegeben wird und somit für die Substrate zugänglich wird [41]. Bei der Aktivierung bewegen sich wahrscheinlich weitere Seitenketten (Aminosäuren 75–79 und 212–216), die in engem Kontakt mit dem *Lid* stehen [29]. Es wird vermutet, daß das katalytische Zentrum ohne diese Bewegung für große Substrate wie Triglyzeride unzugänglich bleiben würde. Die Grenzflächenaktivierung ist somit essentiell für die Entfaltung der katalytischen Aktivität der Pankreaslipase [12, 41].

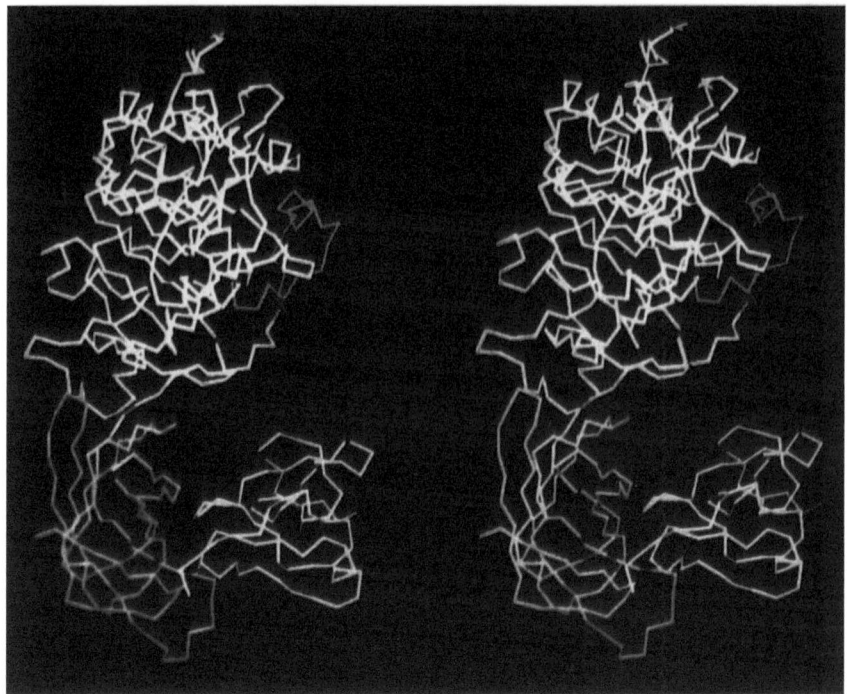

Abb. 3. Tertiärstruktur des Lipase-Kolipase-Komplexes. Die Kolipase ist das *orange* globuläre Protein. Die Lipase wird in 2 Domänen unterteilt; die katalytische Domäne (Reste 1–336), *gelb* dargestellt, und die C-terminale Domäne (Reste 337–449), *grün* dargestellt. Das Lid (Reste 242–264) ist in *lila* gezeichnet. (Aus Van Tilbeurgh et al. [41])

Kolipase

Die Kolipase wird aus den Azinuszellen der Bauchspeicheldrüse als ein Protein mit 117 Aminosäuren ausgeschleust [4, 8, 15, 30]. Durch die Abspaltung des Signalpeptids (17 Aminosäuren) beim Ausschleusen ergibt sich ein Protein mit 100 Aminosäuren, die Prokolipase.

Dieses Protein weist schon die Fähigkeit auf, sich an die Lipase zu binden [6, 12, 16, 32]. Im Duodenum wird durch die Protease Trypsin ein N-terminales-Pentapeptid, das auch als Enterostatin bezeichnet wird, abgespalten, wodurch jetzt Kolipase, ein 10 kDa nichtenzymatisches Protein mit 95 Aminosäuren, entsteht [5, 6, 11, 28, 39].

Das durch die Prozessierung zur Kolipase freiwerdende Pentapeptid (Ala-Pro-Gly-Pro-Arg) soll an der Regulation der Fettaufnahme und des Körpergewichts beteiligt sein. Es wird vermutet, daß es sich um ein Sättigungssignal handelt [16, 20]. In früheren Studien mit Ratten [18, 38] wurde gezeigt, daß durch die Verabreichung von Enterostatin, sowohl durch zentrale als auch durch periphere Injektion, die Aufnahme von Nahrung reduziert wird. Aus weiteren Untersuchungen an Ratten geht hervor, daß Enterostatin spezifisch die Aufnahme von Fett unterdrückt, wenn

Ein Röntgenblick auf die Struktur und Wirkungsweise des Lipase-Kolipase-Systems 99

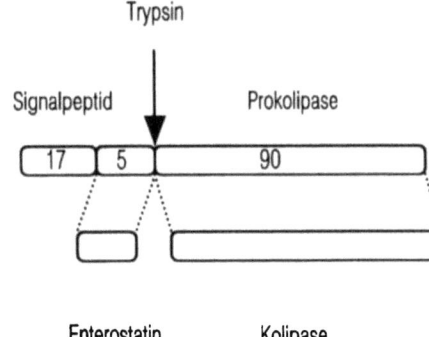

Abb. 4. Schematische Darstellung der Prozessierung der Kolipase. Die Kolipase wird als Präprokolipase synthetisiert. Das Signalpeptid von 17 Aminosäuren wird beim Ausschleusen abgespalten. Mit dem Pankreassaft gelangt die Kolipase als Prokolipase ins Duodenum, wo durch Trypsin unter Abspaltung eines N-terminalen-Pentapeptids (Enterostatin) die Kolipase freigesetzt wird.

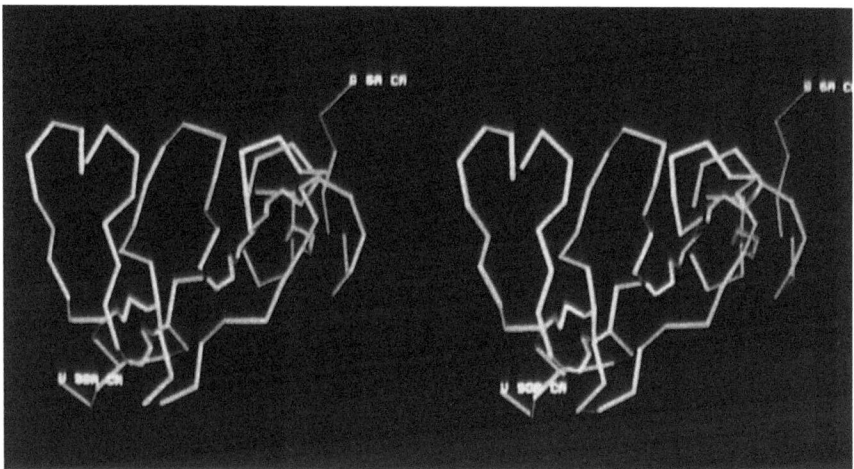

Abb. 5. Tertiärstruktur der Kolipase. Disulfidbrücken sind in *grün* dargestellt. Das Modell zeigt deutlich die 3 fingerförmigen hydrophoben Schleifen. Die Lipase-Bindungsstelle liegt unterhalb der Finger. (Aus Van Tilbeurgh et al. [41])

Proteine, Kohlenhydrate und Fette in einer Mahlzeit angeboten werden [33]. Des weiteren konnte gezeigt werden, daß das Pentapeptid die Fettaufnahme nicht durch eine ausgelöste Übelkeit reduziert, sondern durch seine Wirkung auf einen regulatorischen Schritt der Fettaufnahme, eventuell als Rückkopplungssignal. Bei Studien an Schweinen wurde beobachtet, daß durch die Infusion des Enterostatins die Sekretion der Pankreasenzyme stark eingeschränkt wurde [16]. Genaueres über den Mechanismus der Enterostatinwirkung ist bisher nicht bekannt [18, 19, 20, 38].

Die Kolipase enthält als eine wichtige Struktur die Grenzflächenbindungsstelle [8, 38]. Sie besteht aus 3 hydrophoben fingerförmigen Schleifen (Aminosäuren 26–39; 47–64; 67–87), die durch 3 Disulfidbrücken (Cys27–Cys61; Cys49–Cys69; Cys63–Cys87) zusammengehalten werden [5, 22, 41]. Diese Struktur wird zusätzlich durch Wasserstoffbrückenbindungen stabilisiert. Alle stabilisierenden Bindungen befinden sich ausschließlich im unteren Bereich der Kolipase. Dadurch ist der obere Bereich der hydrophoben Finger sehr beweglich (s. Abb. 5).

Die Anbindung der Kolipase an die Öl-Wasser-Grenzfläche in Anwesenheit von Gallensalzen erfolgt sowohl durch hydrophobe Wechselwirkungen zwischen der Ölphase und hydrophoben Resten der Kolipase, als auch durch ionische Wechselwirkungen der Kolipase mit den Gallensalzen. Wichtig für die hydrophoben Wechselwirkungen sind 3 Tyrosinreste (Tyr 55, 58, 59), die eine Konsensussequenz (Tyr-X-X-Tyr-Tyr) im zentralen Finger der Kolipase darstellen [16, 32, 38, 41, 42]. Für die ionischen Wechselwirkungen der Kolipase mit den negativ geladenen Gallensalzen sind je ein Lysin (Lys 24, 60, 73) innerhalb und unmittelbar neben den einzelnen Fingern verantwortlich [30, 41].

Bindung der Pankreaslipase an die Kolipase

Eine zweite Bindungsstelle der Kolipase ist die Lipasebindungsstelle. Diese befindet sich in dem schon angesprochenen „unteren Bereich" und stellt eine feste, wenig flexible Region der Kolipase dar, bedingt durch 2 Disulfidbrücken (Cys17–Cys28; Cys23–Cys39) und durch Wasserstoffbrückenbindungen [11, 22]. Insgesamt vermitteln die Bindung zwischen Pankreaslipase und Kolipase 2 Salzbrücken (Glu45–Lys399 und Arg44–Asp389), 6 Wasserstoffbrückenbindungen und hydrophobe Wechselwirkungen [41].

Bindung des Pankreaslipase-Kolipase-Komplexes an die Grenzfläche

Die Gallensalze verändern als negativ geladene Amphiphile das hydrophobe/hydrophile Gleichgewicht an der Grenzfläche, die durch die negativen Ladungen hydrophiler wird. Dies hat zur Folge, daß die Pankreaslipase, deren Bindung zur Grenzfläche über das *Lid* ausschließlich auf hydrophoben Wechselwirkungen beruht, allein nicht mehr an diese Phasengrenze binden kann. Im Gegensatz dazu bildet die Kolipase neben hydrophoben Wechselwirkungen auch Salzbrücken aus und kann sich daher auch in Gegenwart von Gallensalzen an die Grenzfläche binden. Eine intakte Kolipase ist somit eine Voraussetzung für die Bindung der Pankreaslipase an die Grenzfläche und damit für die Entfaltung der katalytischen Aktivität. Die Verankerung der Lipase in der Grenzfläche erfolgt nur nach vorangehender Bindung an die Kolipase [32, 41].

Die Lipolyse durch Pankreaslipase weist eine Produktaktivierung und eine biphasische Kinetik auf [28, 32], da nach einer langsamen Verzögerungsphase die Lipolysegeschwindigkeit sprunghaft ansteigt. Zu diesem Zeitpunkt ist dann die Gleichgewichtsphase erreicht und der Lipase-Kolipase-Komplex ist optimal an der

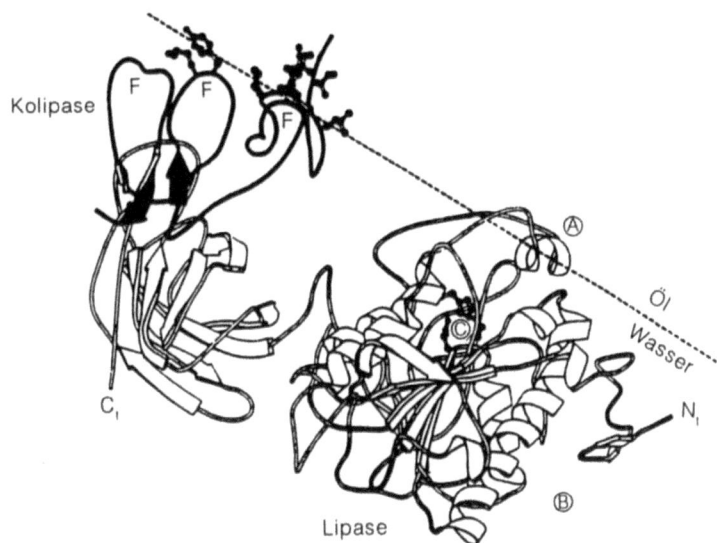

Abb. 6. Anbindung des Lipase-Kolipase-Komplexes an die Grenzfläche. Die Pankreaslipase unterliegt einer Grenzflächenaktivierung. Durch die Bildung des spezifischen Lipase-Kolipase-Komplexes bringt der Kofaktor die Lipase in direkten Kontakt zur Öl-Wasser-Grenzfläche, wodurch die Öffnung des Lids und somit die Freigabe des aktiven Zentrums bewirkt werden. (Aus Van Tilbeurgh et al. [41])

Phasengrenze positioniert. Diese Produktaktivierung läßt sich durch die Präsenz von freien Fettsäuren erklären, da in Untersuchungen von Bernbäck et al. [2] und Gargouri et al. [23] gezeigt wurde, daß die Zugabe von freien Fettsäuren zum Lipase-Kolipase-System die Verzögerungsphase der lipolytischen Reaktion herab setzte und die Lipolysegeschwindigkeit anstieg. Bei einer Konzentration von 1 mM Fettsäuren verschwand die Verzögerungsphase gänzlich. Mechanistisch läßt sich dies vermutlich so erklären, daß sich nach der Abspaltung des Enterostatins am neuen N-Terminus 3 Isoleucine (Ile 2, 3, 4) befinden, die als hydrophobe Aminosäuren eine Bindungsstelle für freie Fettsäuren bilden [17, 28]. Dadurch wird die hydrophobe Oberfläche des Lipase-Kolipase-Komplexes vergrößert und eine Verstärkung der hydrophoben Wechselwirkungen zur Öl-Wasser-Grenzfläche ermöglicht. Dieser Mechanismus weist somit den, im Zuge der gastralen Lipolyse freigesetzten Fettsäuren [25, 31] eine Optimierungsfunktion für die Bindung des Lipase-Kolipase-Komplexes an die Öl-Wasser-Grenzfläche zu.

Welche Auswirkungen hat nun die Prozessierung der Prokolipase auf die Grenzflächenaktivierung der Pankreaslipase? Untersucht wurde dies erstmals von Borgström et al. [6]. Vergleicht man unter alkalischen Bedingungen die Aktivitätsentfaltung des Lipase-Prokolipase-Komplexes mit der des nach Trypsinolyse vorliegenden Lipase-Kolipase-Komplexes, so läßt sich die Aktivierung der Prokolipase zur Kolipase anhand der Zweiphasen-Kinetik verfolgen, bedingt durch eine Verkürzung der Verzögerungsphase der lipolytischen Aktivität und ein Ansteigen der Bindungsaffinität des Komplexes zu den Lipiden an der Grenzfläche [6]. Die bessere Anbindung des Lipase-Kolipase-Komplexes läßt sich möglicherweise durch eine Konformationsänderung, verursacht durch die Abspaltung des N-terminalen-Pentapeptids, an der tyrosinreichen Region der Kolipase, die wie schon erwähnt für die hydrophoben Wechselwirkungen mit der Ölphase verantwortlich ist, erklären [14, 35]. Weiterhin wurde beobachtet, daß durch die Prozessierung zur Kolipase ein Wechsel in der Ausrichtung einiger basischer Aminosäurereste erfolgt [14]. Dies würde ebenfalls die höhere Affinität der Kolipase zur Grenzfläche bei alkalischem pH-Wert erklären. Aus Studien von Larsson et al. [28], die die Auswirkungen der Trypsin Aktivierung der Prokolipase auf die Hydrolyse von Intralipid (durch Phospholipide stabilisierte Trioleinemulsion) unter physiologischen (pH 7.0) und alkalischen (pH 8.0) Bedingungen untersuchten, geht hervor, daß bei pH 7.0 kein Unterschied bei der Aktivitätsentfaltung zu beobachten ist. Wie Tabelle 1 zeigt, sind mit Intralipid als Substrat die Werte für K_m (Bindungsstärke) und V_{max} (Hydrolyserate) im Lipase-Prokolipase- und Lipase-Kolipase-System vergleichbar. Bei pH 8.0 hingegen sind im Lipase-Prokolipase-System ein erhöhter K_m-Wert, und somit eine Abnahme der Bindungsaffinität, und ein erniedrigter V_{max}-Wert, und somit eine verlangsamte Hydrolyserate, zu beobachten. Offenbar hat die tryptische Spaltung der Prokolipase unter physiologischen Bedingungen keinen entscheidenden Einfluß auf die hydrolytische Aktivität der Pankreaslipase [28].

Die gegenseitige funktionelle Abhängigkeit von Lipase und Kolipase für eine ungestört ablaufende Verdauung der Fette wird an Patienten mit spezifischem Kolipasemangel deutlich. Diese leiden ebenso wie Patienten mit Lipasemangel unter Steatorrhö [24, 26]. Studien an Patienten mit Steatorrhö zeigten, daß das Ausmaß von Verdauungs- und Resorptionsstörungen der Fette negativ korreliert ist mit der Konzentration der Kolipase im Pankreassaft [24]. Fällt nun die Hydrolyse der Triglyzeride aus, oder ist sie eingeschränkt, so können die fehlenden Enzyme durch Substitutionspräparate zugeführt werden. Die meisten Präparate liegen auf der Basis von Schweinepankreatin, dessen Enzymzusammensetzung dem menschlichen Pankreassaft sehr nahe kommt [13]. Des weiteren weisen sowohl die Pankreaslipasen als auch die Kolipasen aus Mensch und Schwein die höchsten Homologien auf. Die Proteinsequenz der humanen Kolipase zeigt 76 % Übereinstimmung zur Kolipase des Schweins [30], während die Sequenz der humanen Pankreaslipase zu 86 % mit der des Schweins homolog ist [43]. Man kann annehmen, daß trotz

Tabelle 1. Einfluß des pH-Wertes auf die kinetischen Konstanten der Hydrolyse durch das Lipase-Prokolipase- und das Lipase-Kolipase-System. (Nach Larsson et al. [28])

Substrat	pH-Wert		V_{max} [µmol min^{-1}]	K_m [mM]
Trioctanoin	7.0	Prokolipase	4.4	0.04
		Kolipase	4.2	0.06
Intralipid	7.0	Prokolipase	3.7	0.06
		Kolipase	4.0	0.05
Intralipid	8.0	Prokolipase	3.1	0.23
		Kolipase	5.4	0.08

unterschiedlicher Aufarbeitung des Schweinepankreatins, die verfügbaren Substitutionspräparate Lipase und Kolipase enthalten, da diese Proteine eine nicht unbeträchtliche Affinität zueinander besitzen.

Literatur

1. Benkouka F, Guidoni AA, De Caro JD, Bonicel JJ, Desnuelle PA und Rovery M (1982) Porcine pancreatic lipase. The disulfide bridges and the sulfhydryl groups. Eur J Biochem 128: 331–341
2. Bernbäck S, Bläckberg L und Hernell O (1989) Fatty acids generated by gastric lipase promote human milk triacylglycerol digestion by pancreatic colipase-dependent lipase. Biochim Biophys Acta 1001: 286–292
3. Borgström B (1991) The lipolytic enzymes of the gastrointestinal tract and fat digestion. In: Lankisch PG (ed) „Pankreatic enzymes in health and disease". Springer-Verlag, Berlin Heidelberg New York Tokyo pp. 19–26
4. Borgström B und Erlanson-Albertsson C (1984) Pancreatic colipase. In: Borgström B und Brockmann HL (eds), Lipases. Elsevier, Amsterdam, pp. 151–184
5. Borgström B, Wieloch T und Erlanson-Albertsson C (1979) Pancreatic colipase: chemistry and physiology. J Lipid Res 20: 805–816
6. Borgström B, Wieloch T und Erlanson-Albertsson C (1979) Evidence for a pancreatic procolipase and its activation by trypsin. FEBS Lett 108: 104–114
7. Borgström B, Dahlquist A, Lundh G und Sjövall J (1957) Studies on intestinal digestion and absorption in the human. J Clin Invest 36: 1521–1536
8. Bosc-Bierne I, Fournière L, Rathelot J, Hirn M und Sarda L (1987) Production and characterization of four monoclonal antibodies against porcine pancreatic colipase. Biochim Biophys Acta 911: 326–333
9. Brady L, Brozozowski AM, Derewenda ZS, Dodson E, Dodson G, Tolley S, Turkenburg JP, Christiansen L, Huge-Jensen B, Norskov L, Thim L und Menge U (1990) A serine protease triad forms the catalytic centre of a triacylglycerol lipase. Nature 343: 767–770
10. Chaillan C, Kerfelec B, Foglizzo E und Chapus C (1992) Direct involvement of the C-terminal extremity of pancreatic lipase (403–449) in colipase binding. Biochim Biophys Acta 184: 206–211
11. Charles M, Erlanson C, Bianchetta J, Joffre J, Guidoni A und Rovery M (1974) The primary structure of porcine colipase II. I. The amino acid sequence. Biochim Biophys Acta 359: 186–197
12. De Caro J, Boudouard M, Bonicel J, Guidoni A, Desnuelle P und Rovery M (1981) Porcine pancreatic lipase. Completion of the primary structure. Biochim Biophys Acta 671: 129–138
13. Düdder M und Spener F (1988) Vergleich der Lipaseaktivität in Pankreatin-Fertigarzneien. Pharmazie 42: 56–66
14. Erlanson-Albertsson C (1980) The importance of the tyrosine residues in pancreatic colipase for its activity. FEBS Lett 117: 295–298
15. Erlanson-Albertsson C (1981) The existence of procolipase in pancreatic juice. Biochim Biophys Acta 666: 299–300
16. Erlanson-Albertsson C (1992) Pancreatic colipase. Structural and physiological aspects. Biochim Biophys Acta 1125: 1–7
17. Erlanson-Albertsson C und Larsson A (1981) Importance of the N-terminal sequence in porcine pancreatic colipase. Biochim Biophys Acta 665: 250–255
18. Erlanson-Albertsson C und Larsson A (1988) The activation peptide of pancreatic procolipase decreases food intake in rats. Regul Pept 22: 325–331
19. Erlanson-Albertsson C und Larsson A (1988) A possible physiological function of procolipase activation peptide in appetite regulation. Biochimie 70: 1245–1250
20. Erlanson-Albertsson C, Mei J, Okada S, York D und Bray GA (1991) Pancreatic procolipase propeptide, enterostatin, specifically inhibits fat intake. Physiol Behav 49: 1191–1194

21. Erlanson C und Akerlund HE (1984) Conformational change in pancreatic lipase induced by colipase. FEBS Lett 155: 32–38
22. Erlanson C, Charles M, Astier M und Desnuelle P (1974) The Primary structure of porcine colipase II. II. The disulfide bridges. Biochim Biophys Acta 359: 198–203
23. Gargouri Y, Moreau H und Verger R (1989) Gastric lipases: biochemical and physiological studies. Biochim biophys Acta 1006: 255–271
24. Gaskin KJ, Durie PR, Hill RE, Lee LM und Forstner GG (1982) Colipase and maximally activated pancreatic lipase in normal subjects and patients with steatorrhea. J Clin Invest 69: 427–434
25. Hamosh M (1984) Lingual lipase. In: Borgström B und Brockmann HL (eds), Lipases. Elsevier, Amsterdam, pp. 49–81
26. Hildebrand H, Borgström B, Bekassy A, Erlanson-Albertsson C und Heldin I (1982) Isolated co-lipase deficiency in two brothers. Gut 23: 243–246
27. Kozumplik V, Staffa F und Hoffmann GE (1988) Purification of pancreatic phospholipase A_2 from human duodenal juice. Biochim Biophys Acta 1002: 395–397
28. Larsson A und Erlanson-Albertsson C (1991) The effect of pancreatic procolipase and co-lipase on pancreatic lipase activation. Biochim Biophys Acta 1083: 283–288
29. Lowe ME (1992) The catalytic site residues and interfacial binding of human pancreatic lipase. J Biol Chem 267: 17069–17073
30. Lowe ME, Rosenblum JL, McEwen P und Strauss AW (1990) Cloning and characterization of the human colipase cDNA. Biochemistry 29: 823–828
31. Meyer JH, Mayer EA, Jehn D, Gu YG, Fried M und Fink A (1986) Gastric processing and emptying of fat. Gastroenterology 90: 1176–1187
32. Müller G (1984) Das Pankreaslipase/Colipase-System. Z Ges Inn Med 39: 321–325
33. Okada S, York DA, Bray GA und Erlanson-Albertsson C (1991) Enterostatin (Val-Pro-Asp-Pro-Arg), the activation peptide of procolipase selectively reduces fat intake. Physiol Behav 49: 1185–1189
34. Ollis DL, Cheah E, Cygler M, Dijkstra B, Frolow F, Franken SM, Harel M, Remington SJ, Silman I, Schrag J, Sussman JL, Verschueren KHG und Goldman A (1992) The α/β hydrolase fold. Protein Engineering 5: 197–211
35. Rathelot J, Canioni P, Bosc-Bierne I, Sarda L, Kamoun A, Kaptein R und Cozzone PJ (1981) Limited Trypsinolysis of porcine and equine colipases. Spectroscopic and kinetic studies. Biochim Biophys Acta 671: 155–163
36. Rudd EA und Brockman HL (1984) Pancreatic carboxyl ester lipase. In: Borgström B und Brockman HL (eds), Lipases. Elsevier, Amsterdam, pp. 185–204
37. Sari H, Granon S und Semeriva M (1978) Role of tyrosine residues in the binding of colipase to taurodeoxycholate micelles. FEBS Lett 95: 229–234
38. Shargill NS, Tsujii S, Bray G und Erlanson-Albertsson C (1991) Enterostatin suppresses food intake following injection into the third ventricle of rats. Brain Res 544: 137–140
39. Sims HF und Lowe ME (1992) The human colipase gene: isolation, chromosomal location, and tissue-specific expression. Biochemstry 31: 7120–7125
40. Spener F, Paltauf F und Holasek A (1968) The intestinal absorption of glycerol trioctadecenyl ether. Biochim Biophys Acta 152: 368–371
41. Van Tilbeurgh H, Sarda L, Verger R und Cambillau C (1992) Structure of the pancreatic lipase-procolipase complex. Nature 359: 159–162
42. Wieloch T und Falks KE (1978) A NMR study of a tyrosine and two histidine residues in the structure of porcine pancreatic colipase. FEBS Lett 85: 271–274
43. Winkler FK, D'Arcy A und Hunziker W (1990) Structure of human pancreatic lipase. Nature 343: 771–774

Pankreasenzyme als Schmerzmittel bei chronischer Pankreatitis

J. Mössner

Die konservative Therapie der chronischen Pankreatitis ist abhängig von der Ätiologie, den Pathomechanismen, dem unterschiedlichen klinischen Verlauf, dem Stadium und den Komplikationsmöglichkeiten der Erkrankung. Die konservative Therapie läßt sich in kausale und symptomatische Therapie unterteilen; letztere hat 4 Arme:

- Therapie des akuten Schubes und seiner intra- und extrapankreatischen Komplikationsmöglichkeiten;
- Behandlung der exokrinen Insuffizienz mit Pankreasextrakten, Diät und Vitaminsubstitution;
- Therapie der endokrinen Insuffizienz mit Insulin;
- symptomatische Therapie der Schmerzen.

In der Therapie der chronischen Pankreatitis hat die Schmerztherapie einen zentralen Stellenwert.

Charakteristik und Pathogenese der Schmerzen

Schmerzen kennzeichnen die chronische Pankreatitis. Starke Schmerzen begleiten einen akuten Schub der Erkrankung oder auch eine Komplikation. Zwischen den Schüben kann der Patient schmerzfrei sein. Beobachtet wird aber auch eine chronische Schmerzsymptomatik ohne klar erkennbare Entzündungsaktivität des Pankreas. Die Ursache der Schmerzen und ihre Pathogenese ist vielschichtig und kann auch beim gleichen Patienten im Verlauf der Erkrankung sehr variabel sein (s. Übersicht).

Ursachen der Schmerzen bei chronischer Pankreatitis:

Intrapankreatische Ursachen:

- Entzündliche Infiltration des azinären Gewebes und sensibler Nerven,
- Kompression sensibler Nerven,
- Abflußbehinderung des Pankreassekrets:
  Gangstenosen bedingt durch Strikturen, Pseudozysten, Steine,

- Pankreaskapseldehnung: Pseudozyste(n),
- Kompression des Duodenums und des Ductus choledochus:
  entzündlicher Pankreaskopftumor, Pseudozyste,
- Abflußbehinderung der Galle:
  je nach Geschwindigkeit des Auftretens Schmerzen bedingt durch Leberstauung, Gallenblasen-/Gallenwegskontraktionen
- schwerer entzündlicher Schub:
  Schmerzen bedingt durch Pankreasnekrose, retroperitoneale Effusionen, Infektionen mit Abszedierungen, Aszitesbildung.

Extrapankreatische Ursachen:

- Begleit- und Zweiterkrankungen:
  peptisches Magen/Duodenalulkus,
- Minderdurchblutungen der intestinalen Arterien:
  Gefäßsklerose,
- Polyneuropathie des intestinalen Nervensystems:
  Folge von Äthylismus, Vitaminmangel oder Diabetes,
- Maldigestion mit Steatorrhö:
  bakterielle Fehlbesiedlung des Darmes: Meteorismus.

Eine rationale Schmerztherapie erfordert daher nicht selten den Einsatz aller diagnostischen Möglichkeiten, um erstens zu klären, ob die Schmerzen die chronische Pankreatitis zur Ursache haben, eine Folge einer Komplikation der Erkrankung sind oder ob nicht Begleiterkrankungen, wie beispielsweise Magen-/Duodenalulkus, vorliegen. Nicht immer gelingt die Klärung der Pathogenese der Schmerzen, so daß die Therapie empirisch bleiben muß.

Zu den pankreatogenen Ursachen des Schmerzes zählen die entzündliche Infiltration des azinären Gewebes und der Nerven, insbesondere die Kompression sensibler Nerven [5], eine Abflußbehinderung des Pankreassekrets durch Gangstenosen und Steine sowie eine Pseudozystenbildung. Pseudozysten verursachen Schmerzen je rascher ihre Größe zunimmt, hier aufgrund der Pankreaskapseldehnung. Eine weitere Ursache für zystenbedingte Schmerzen sind Kompression des Duodenums und des Ductus choledochus, die auch durch einen entzündlichen Pankreaskopftumor bedingt sein können. Abflußbehinderung der Galle führt ebenfalls, je nach Geschwindigkeit ihres Auftretens, zu Schmerzen bedingt durch Leberstauung sowie Gallenblasen- und Gallenwegskontraktionen. Ein schwerer Schub einer chronischen Pankreatitis kann wie eine akute nekrotisierende Pankreatitis verlaufen mit stärksten Schmerzen, bedingt durch Pankreasnekrose, retroperitoneale Effusionen, Infektionen mit Abszedierungen und Aszitesbildung. Zu extrapankreatischen Ursachen der Schmerzen zählen Begleit- und Zweiterkrankungen, wie Ulzerationen und Minderdurchblutungen der intestinalen Arterien bei Gefäßsklerose. Eher selten sind Polyneuropathien des intestinalen Nervensystems als Folge von Äthylismus, Vitaminmangel und Diabetes. Eine weitere Ursache für meist leichtere Schmerzen ist die Maldigestion mit Steatorrhö, bakterieller Fehlbesiedlung des Darmes und Meteorismus.

Therapie bei Schmerz, bedingt durch Pseudozyste

Nicht jede Pseudozyste muß sofort chirurgisch oder perkutan drainiert werden. Eine primär abwartende Haltung ist bei geringen Schmerzen, Zystendurchmesser unter 5 cm (geringere Rupturgefahr?) und fehlender Größenzunahme durchaus vertretbar. Eine Indikation zur Intervention besteht meist bei einer Zystengröße über 5 cm Durchmesser, Zystendauer von mehr als 4–6 Wochen (wahrscheinlich keine Spontanrückbildung mehr zu erwarten; ausreichende Wanddicke für operative Verfahren, z. B. Drainage über Y-Roux-Anastomosierung), starken Schmerzen, rascher Größenzunahme der Zyste sowie Komplikationen, wie Einblutung, Infektion, Ruptur in die Bauchhöhle. Je nach Zystenlage und Erfahrung des Therapeuten wird die operative, die perkutane sonographisch oder CT-gesteuerte sowie die endoskopisch interne Zystendrainage durchgeführt [48].

Therapie bei Schmerz, bedingt durch Gangdilatation vor narbiger Stenose

Bessern sich die Schmerzen nicht spontan bei zuwartender Haltung, beispielsweise nach Abklingen eines akuten Schubes, ist in den meisten Fällen eine diagnostische ERCP indiziert. Zeigt sich eine deutliche Gangdilatation vor einer oder mehrerer Stenosen, sind narbige Strikturen wahrscheinlich. Die meisten Zentren führen eine operative Drainage des dilatierten Ganges durch Pankreaticojejunostomie durch. Einige bevorzugen aber auch bei dieser Indikation pankreasresezierende Verfahren wegen angeblich besserer Langzeitergebnisse [17, 53]. Endoskopisch gelegte Stents werden versucht, ihre langfristige Effizienz ist aber nicht durch größere Studien belegt.

Therapie bei medikamentös nicht beherrschbaren starken Schmerzen

Pathogenetisch könnte eine entzündliche Infiltration oder Kompression von sensiblen Nerven vorliegen. Gerechtfertigt ist der Versuch der CT-gesteuerten Plexuscoeliakus-Blockade [4, 32, 37] durch Glukokortikosteroidinjektion. Bei therapierefraktären Schmerzen besteht auch hier die Indikation zur Resektion; beispielsweise duodenumerhaltende Pankreaskopfresektion [3] oder Resektion nach Whipple.

Therapie bei Schmerzen durch Duodenal- oder Gallengangskompression

Die Therapie richtet sich nach der Dynamik der Erkrankung. Oft klingen die Schmerzen nach Rückgang des entzündlichen Pankreaskopftumors wieder ab. Bei konstanter Kompression des Duodenums sind Gastrojejunostomie oder biliodigestive Anastomose oder, falls möglich, eine Pankreaskopfresektion erforderlich; bei

Gallengangskompression ist eine endoskopische Stentimplantation eine Alternative, deren langfristige Effizienz bei einer primär nicht malignen Erkrankung, ebenso wie die Stents im Pankreashauptgang, durch größere Studien belegt werden muß.

Therapie bei Schmerzen und Pankreasgangsteinen

Die Schwierigkeit liegt in der prätherapeutischen Beurteilung, ob die Schmerzen wirklich durch die Gangsteine bedingt sind. Therapeutisch kommen in Frage: Versuch der endoskopischen Extraktion nach Papillotomie; endoskopische Extraktion nach vorheriger Lithotropsie durch extrakorporale Stoßwellen [11, 49] und operative Extraktion mit Drainage. Bezüglich der endoskopischen Verfahren muß auch hier das Ergebnis von größeren Studien abgewartet werden. Zeigt sich in der ERCP die Gangdilatation vor dem Stein, ist anzunehmen, daß er für die Abflußbehinderung des Pankreassekretes verantwortlich ist. Bei multiplen intraduktalen und intraparenchymalen Kalzifikationen dürfte eine Konkrementenfernung weder sinnvoll noch technisch möglich sind. Auch sind nicht in allen Fällen intraduktale Konkremente für eine Obstruktion verantwortlich, da Gangstrikturen und -erweiterungen auch durch Narbenzüge im Rahmen der chronischen Entzündung bedingt sein können.

Therapie von Schmerzen mit Pankreasenzymen

In zahlreichen Studien wurde bei verschiedensten Tierspezies gezeigt, daß die Anwesenheit von Proteasen im Duodenum die exokrine Pankreassekretion hemmt. Diese „negative Feedback-Regulation" läßt sich zweifelsfrei bei der Ratte [21, 25, 33, 35, 38, 47, 51], beim Huhn [9] und beim Schwein[10] nachweisen. Bei der Ratte ist diese Regulation durch Cholezystokinin (CCK) vermittelt [16, 31, 35], welches wahrscheinlich von Peptiden aus dem Dünndarm und auch aus dem Pankreassekret freigesetzt wird [18, 36]. Diese CCK-Freisetzungspeptide werden durch Proteasen, wie Trypsin, zerstört.
Die Daten beim Menschen sind noch kontrovers (s. Übersicht).

Kontroverse Aussagen zur „negativen Feedback-Regulation" der Pankreassekretion des Menschen:

- Die „negative Feedback-Regulation" existiert auch beim Menschen unter physiologischen Bedingungen [13, 24, 34, 52]!
- Die „negative Feedback-Regulation" ist auch beim Menschen CCK-vermittelt [45, 46]!
- Die „negative Feedback-Regulation" existiert beim Menschen, ist aber nicht CCK-vermittelt [1, 2]!
- Die „negative Feedback-Regulation" existiert nicht beim Menschen [12, 23, 28, 30, 41, 43]!

- Plasma-CCK ist bei chronischer Pankreatitis erhöht [19, 50]!
- Plasma-CCK ist bei chronischer Pankreatitis normal [6, 8, 27, 39, 44]!
- Plasma-CCK ist bei chronischer Pankreatitis nur bei Schmerzen erhöht [7, 20]!
- Intraduodenale Applikation von Pankreasextrakten hemmt die Pankreassekretion [52]!
- Intraduodenale Applikation von Pankreasextrakten stimuliert die Pankreassekretion [40, 41, 42]!
- Pankreasenzyme bessern die Schmerzen bei chronischer Pankreatitis [26, 52]!
- Säuregeschützte Pankreasenzyme bessern nicht die Schmerzen bei chronischer Pankreatitis [7]!
- Pankreasenzyme haben generell keinen Einfluß auf die Schmerzsymptomatik bei chronischer Pankreatitis [22, 43]!

Mehrere Autoren zeigen in ihrer experimentellen Anordnung die Existenz einer negativen „Feedback-Regulation" der Pankreassekretion reguliert durch Trypsin [13, 24, 34, 52] und vermittelt über CCK [45, 46]. Es wird aber auch bezweifelt, ob die Regulation tatsächlich CCK vermittelt ist und ob sie unter physiologischen Bedingungen überhaupt eintritt [30, 41, 42]. Unter Anwendung von Proteaseninhibitoren zeigte eine Gruppe die Existenz einer Feedback-Regulation beim Menschen, sie war aber nicht CCK vermittelt sondern durch einen atropinsensitiven Weg [1, 2]. In anderen experimentellen Ansätzen ließ sich diese „Feedback-Regulation" nicht nachweisen [28]. Auch führte die Hemmung von Trypsin nicht zu einer Stimulation der Pankreassekretion [12, 23].

Studien an Patienten mit chronischer Pankreatitis schienen das Konzept dieser negativen „Feedback-Regulation" zu unterstützen (Abb. 1): bei der Erkrankung, bei der es über kurz oder lang zu einer Verminderung auch der Sekretion von Pankreasproteasen kommt, wurden erhöhte CCK-Plasmaspiegel [19, 50] und ein erhöhter Pankreasgangdruck gemessen [14, 15]. In zwei Studien ließen sich die Schmerzen der Patienten durch eine Therapie mit Pankreasextrakten bessern [26, 52]. Die Besserung wurde auf die Senkung des intrapankreatischen Gangdruckes durch die trypsinbedingte Hemmung der Pankreassekretion zurückgeführt. Andere Gruppen fanden allerdings keine erhöhten Plasma-CCK-Spiegel bei fortgeschrittener chronischer Pankreatitis [6, 8, 39, 44]. Es wird aber auch berichtet, daß Plasma-CCK nur bei chronischer Pankreatitis mit Schmerzen erhöht sei [7, 20], was pathophysiologisch schwer zu verstehen ist. Es wird aber auch nicht allgemein akzeptiert, daß eine Behandlung mit Schweinepankreasextrakten eine Besserung der Schmerzen bewirke [22].

Wir zeigten kürzlich bei Probanden, daß eine Perfusion des oberen Dünndarms mit Schweinepankreasextrakten in einer Dosis, wie sie zur Therapie der Digestionsinsuffizienz angewendet wird [29], die Pankreassekretion nicht hemmt sondern stimuliert [40]. Wir postulierten, daß der hohe Proteingehalt der Extrakte eine potentielle Hemmung durch die Proteasen überspiele. Ein Nachteil der Studie war die Perfusion des oberen Jejunums anstelle der physiologischeren Perfusion des Duodenums, denn der negative „Feedback" soll nur im Duodenum operativ sein. Nach Einführung eines Enzym-Immunoassays der menschliche Lipase mißt und keine Kreuzreaktivität mit Schweinelipase zeigt, konnten wir die Studie unter phy-

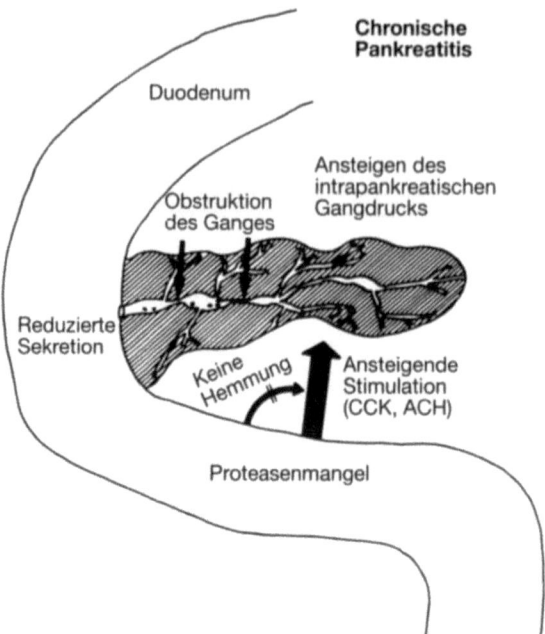

Abb. 1. Hypothetisches Modell zur Pathogenese der Schmerzen bei chronischer Pankreatitis. Die chronische Pankreatitis führt zu einer verminderten Sekretion von Pankreasproteasen. Der Mangel an intraduodenalen Proteasen führt über den „negativen Feedback"-Mechanismus zu einer vermehrten Stimulation des Pankreas entweder über eine vermehrte Freisetzung von Cholezystokinin oder über andere Mechanismen. Diese Stimulation des Pankreas führt zu einem Anstieg des Drucks in den Pankreasgängen, da das Sekret aufgrund der narbigen Strukturen und intraduktalen Konkremente nicht ungehindert in das Duodenum ablaufen kann. Dieser Druckanstieg führt zu Schmerzen. Intraduodenale Applikation von Proteasen (Pankreasenzyme) reduziere die Pankreassekretion, somit den Pankreasgangdruck und die Schmerzen

siologischeren Bedingungen wiederholen: Perfusion des Duodenums mit Schweinepankreasextrakten und dennoch Möglichkeit der Messung der endogenen Pankreassekretion. Postulat war allerdings, daß die endogene Lipasesekretion stellvertretend für die Sekretion des Gesamtpankreassaftes gewertet werden kann. In dieser Studie ließen sich die Ergebnisse anderer Autoren [45] teilweise reproduzieren: Perfusion des Duodenums mit der Aminosäure Phenylalanin stimuliert die Pankreassekretion und führt zu einem Anstieg der Plasma-CCK-Spiegel. Wird gleichzeitig reines Trypsin mit Phenylalanin perfundiert, kehren sowohl die Pankreassekretion als auch die CCK-Spiegel, auf Basalwerte zurück. Die Trypsinmenge, die zum Nachweis dieser leichten Hemmung der Pankreassekretion erforderlich war, ist allerdings extrem hoch. Perfusion des Duodenums mit kommerziell erhältlichen Schweinepankreasextrakten in trypsinäquivalenter Dosis bewirkte hingegen eine Stimulation der Pankreassekretion und einen leichten Plasma-CCK-Anstieg [42]. Die Pankreassekretion läßt sich daher wahrscheinlich nicht durch exogene Zufuhr von Pankreatin hemmen.

Eine eiweiß- und fettreiche Mahlzeit führte bei Probanden und Patienten mit chronischer Pankreatitis in einer Studie von uns zu einem vergleichbaren CCK-Anstieg. Applikation und Pankreatin zusammen mit der gleichen Flüssigmahlzeit bewirkte bei den Patienten mit schwerer exokriner Insuffizienz jedoch noch höhere CCK-Spiegel [39]. Diese Beobachtung konnte auch von anderen geteilt werden [27]. Wahrscheinlich führt das Pankreatin bei den pankreasinsuffizienten Patienten zu einer rascheren Digestion der Flüssigmahlzeit, deren Abbauprodukte im oberen Dünndarm CCK freisetzen.

Nach wie vor offen ist aber auch die Frage, ob es bezüglich der verschiedenen kommerziell verfügbaren Schweinepankreatinpräparate Unterschiede in der Beeinflussung der Pankreassekretion, d. h. Hemmung oder Stimulation, gibt. Zur Schmerztherapie wird von einigen Autoren empfohlen, konventionelle nicht säuregeschützte aber trypsinreiche Pankreatinpräparate zu verwenden. Es wurde kürzlich berichtet, daß säuregeschütztes mikroverkapseltes Pankreatin keinen günstigen Einfluß auf Schmerzen bei chronischer Pankreatitis zeige. Die Autoren erklären dies mit der Annahme, daß diese Präparate ihre Proteasen nicht im Duodenum sondern verzögert erst im Jejunum freisetzen [7]. Da auch die lipasereichen säuregeschützten Präparate relativ reich an Proteasen sind, untersuchten wir jedoch, ob ihr Einsatz nicht doch einen günstigen Effekt auf die Schmerzsymptomatik bei chronischer Pankreatitis hat. Eine Besserung der Schmerzen muß nicht unbedingt durch Hemmung der Enzymsekretion bedingt sein, sondern vielleicht auch durch Besserung des Meteorismus oder aufgrund anderer noch unbekannter Mechanismen. In einer Plazebokontrollierten Doppelblind-Multicenter-Studie wurde der Effekt einer Therapie mit Schweinepankreasextrakten in hoher Dosierung auf die Schmerzsymptomatik bei 46 Patienten mit chronischer Pankreatitis geprüft. Einschlußkriterien waren durch Ultraschall, CT und ERCP dokumentierte chronische Pankreatitis, Stuhlfettausscheidung unter 30 g/Tag, Ausschluß von schwerer Cholestase, sowie Magen- oder Pankreasresektionen in der Vorgeschichte. Die Patienten erhielten entweder zuerst Pankreasenzyme für 14 Tage gefolgt von einer 14tägigen Plazebobehandlung oder vice versa zuerst Plazebo und dann Enzyme. Schmerzen, Allgemeinbefinden und Analgetikaverbrauch wurden mittels Tagebuch protokolliert. Während der Plazebobehandlung hatten 23 Patienten mehr Schmerzen im Vergleich zur Verumphase. In dieser Gruppe begannen 16 Patienten mit Plazebo. 16 Patienten hatten mehr Schmerzen während der Verumphase. Hier begannen 13 mit Verum [43]. Wir folgerten daraus, daß eine Therapie mit Pankreasextrakten eine allerdings nicht signifikante Besserung der Schmerzsymptomatik im Vergleich zu Plazebo zeigte. Die Überlegenheit der Enzymtherapie war aber sicher zum Teil stimuliert, da der Therapiebeginn entscheidender war: Schmerzen sind bei chronischer Pankreatitis kein statisches Ereignis sondern zeigen eine deutliche Tendenz zur Spontanbesserung. Eine genauere Analyse unterer Patienten zeigte aber auch eine gewisse Inhomogenität: es fanden sich Patienten mit mehr undulierendem Schmerzverlauf, wo wir letztlich nicht sicher sein konnten, ob der Ursache der jetzigen Schmerzen nicht doch ein akuter Schub zugrunde lag; bei anderen hätten die Schmerzen vielleicht auch durch eine Abflußbehinderung der Galle erklärt werden können. Die Beantwortung der Frage, ob Schmerzen bei chronischer Pankreatitis mit Pankreasextrakten behandelt werden sollten, erfordert daher weitere Studien mit noch strengeren Ein- und Ausschlußkriterien:

1. Die Schmerzen sollten wirklich chronisch und relativ konstant über einige Wochen sein.
2. Mittels ERCP sollten Patienten mit schweren Gangveränderungen ausgeschlossen werden. Bei schweren Gangveränderungen, gemäß den Kriterien der Cambridge-Klassifikation, liegt bereits eine weit fortgeschrittene chronische Pankreatitis vor, in der Druckerhöhung im Gangsystem nicht mehr die Ursache von Schmerzen sein soll.
3. Patienten mit einer Erhöhung der Serum-Amylase/-Lipase sollten ausgeschlossen werden, da die Ursache ihrer Schmerzen wahrscheinlich ein akuter Schub der Erkrankung ist.
4. Mittels ERCP sollten die Patienten von einer Schmerztherapie mit Enzymen ausgeschlossen werden, die eine Einengung des Ductus choledochus zeigen, denn hier könnten die Schmerzen durch Behinderung des Gallenflusses bedingt sein.
5. Die Patienten sollten keinerlei Steatorrhö zeigen (Stuhlfettausscheidung unter 7,5 g/Tag), da Steatorrhö über die bakterielle Fehlbesiedlung zu Meteorismus führen kann.
6. Natürlich müssen alle Patienten mit Komplikationen der chronischen Pankreatitis, wie Pseudozystenbildung, ausgeschlossen werden.
7. Es wäre zu diskutieren, ob Patienten mit Pankreasgangkonkrementen auch ausgeschlossen werden sollten, da Steine bereits ein Zeichen einer weit fortgeschrittenen Erkrankung sein könnten.
8. Die Applikation von reinen Proteasen wäre sicher sinnvoller als von Mischpräparaten. Wahrscheinlich würde man daher in dieser Studie keine säuregeschützten mikroverkapselten Pankreatinpräparate einsetzen.
9. Schließlich wäre es notwendig, den Grad der Schmerzen bei diesen Patienten besser quantifizieren zu können.
10. Man sollte nur Patienten einschließen, die glaubhaft alkoholkarent sind.

An unserer Studie nahmen 4 Universitätskliniken teil, die eine große Anzahl von Patienten mit chronischer Pankreatitis betreuen. Trotz einer mehr als 2jährigen Einschlußphase, gelang es nur, 46 Patienten zu rekrutieren. Setzt man die oben genannten 10 Punkte in Rechnung, käme für eine Schmerztherapie mit Enzymen nur ein Bruchteil der Patienten in Betracht. Wir meinen daher, daß die etwaige Rolle einer Schmerztherapie mit Enzymen bei chronischer Pankreatitis, ungeachtet des Ergebnisses einer derartigen noch durchzuführenden Studie, überbewertet wird.

Medikamentöse Schmerztherapie der chronischen Pankreatitis

Analgetika bleiben daher unverzichtbarer Bestandteil in der Therapie von Schmerzen bei chronischer Pankreatitis. Die Schmerztherapie entspricht den allgemeinen Empfehlungen zur Schmerztherapie, wie individuelle Dosisanpassung und bei länger anhaltenden Schmerzen kontinuierliche Therapie mit regelmäßiger Einnahme nach festem Zeitschema. Bei leichten Schmerzen werden peripher wirksame Analgetika, wie nichtsteroidale Antirheumatika (z. B. Diclofenac, Azetylsalicylsäure) oder auch Metamizol eingesetzt, gegebenenfalls in Kombination mit einem Spasmolytikum (z. B. Butylscopolaminiumbromid). Bei mittelstarken Schmerzen empfiehlt sich eine Kombination aus peripher wirksamen mit niedrig potenten zentral wirksamen Analgetika, wie z. B. Tramadol; bei starken Schmerzen Kombination aus peripher wirksamen mit hochpotenten zentral wirksamen Analgetika, wie z. B. Buprenorphin und auch Antidepressiva. Die Schmerztherapie bei akutem Schub einer chronischen Pankreatitis unter dem Bild einer akuten hämorrhagisch, nekrotisierenden Pankreatitis erfordert meist hochpotente zentral wirksame Analgetika, allerdings sollten die Morphinderivate, die den Tonus der Papille erhöhen, gemieden werden.

Literatur

1. Adler G, Müllenhoff A, Koop I et al. (1988) Stimulation of pancreatic secretion in man by a protease inhibitor. Eur J Clin Invest 18: 98–104
2. Adler G, Reinshagen M, Koop I et al. (1989) Differential effects of atropine and a cholecystokinin receptor antagonist on pancreatic secretion. Gastroenterology 96: 1158–1164
3. Beger HG, Krautzberger W, Bittner R et al. (1984) Die duodenumerhaltende Pankreaskopfresektion bei chronischer Pankreatitis – Ergebnisse nach 10jähriger Anwendung. Langenbecks Arch f Chir 362: 229–236
4. Bell SN, Cole R, Roberts-Thomson IC (1980) Coeliac plexus block for control of pain in chronic pancreatitis. Br med J 281: 1604
5. Bockmann DE, Büchler M, Malfertheiner P, Berger HG (1988) Analysis of nerves in chronic pancreatitis. Gastroenterology 94: 1459–1469
6. Bozkurt T, Adler G, Koop I et al. (1988) Plasma CCK levels in patients with pancreatic insufficiency. Dig Dis Sci 33: 276–281
7. Campbell D, Jadunandan I, Curington C et al. (1992) Alcoholic and idiopathic patients with painful chronic pancreatitis do not experience suppression of CCK levels or pain relief following treatment with enteric-coated pancreatin. Gastroenterology 102: A259
8. Cantor P, Petronijevic L, Worning H (1986) Plasma cholecystokinin concentrations in patients with advanced chronic pancreatitis. Pancreas 1: 488–493
9. Chernick SS, Lepkovsky S, Chaikoff IL (1948) A dietary factor regulating the enzyme content of the pancreas: changes induced in size and proteolytic activity of the chick pancreas by ingestion of raw soybean meal. Am J Physiol 155: 33–41
10. Corring T (1973) Mechanisme de la secretion pancreatique exocrine chez le porc: regulation par retro inhibition. Ann Biol Anim Biochim Biophys 13: 755–756
11. Delhaye M, Vandermeeren A, Gabbrielli A, Cremer M (1990) Lithotripsy and endoscopy for pancreatic calculi: the first 104 patients. Gastroenterology 98: A216
12. Dlugosz J, Fölsch UR, Creutzfeldt W (1983) Inhibition of intraduodenal trypsin does not stimulate exocrine pancreatic secretion in man. Digestion 26: 197–204
13. Dlugosz J, Fölsch UR, Cuajkowski A, Gabryelewicz A (1988) Feeback regulation of stimulated pancreatic enzyme secretion during intraduodenal or trypsin in man. Eur J Clin Invest 18: 267–272
14. Ebbehoj N, Borly L, Buelow J et al. (1990) Evaluation of pancreatic tissue fluid pressure and pain in chronic pancreatitis. A longitudinal study. Scand J Gastroenterol 25: 462–466
15. Ebbehoj N, Borly L, Buelow J et al. (1990) Pancreatic tissue fluid pressure in chronic pancreatitis. Relation to pain, morphology, and function. Scand J Gastroentrol 25: 1046–1051

16. Fölsch UR, Cantor P, Wilms HM et al. (1987) Role of cholecystokinin in the negative feedback control of pancreatic enzyme secretion in conscious rats. Gastroenterology 92: 499–58
17. Frick S, Jung K, Rückert K (1987) Chirurgie der chronischen Pankreatitis. I. Spätergebnisse nach Resektionsbehandlung. Dtsch Med Wochenschr 112: 629–635
18. Fukuola S-I, Kawajiri H, Fushiki T et al. (1986) Localization of pancreatic enzyme secretion-stimulating activity and trypsin inhibitory activity in zymogen granule of the rat pancreas. Biochim Biophys Acta 84: 18–24
19. Funakoshi A, Nakano I, Shinozaki H et al. (1986) High plasma cholecystokinin levels in patients with chronic pancreatitis having abdominal pain. Am J Gastroenterol 81: 1174–1178
20. gomez Cerezo J, Codoceo R, Fernandez Calle P et al. (1991) Basal and postprandial cholecystokinin values in chronic pancreatitis with and without abdominal pain. Digestion 48: 134–140
21. Green GM, Lyman RL (1972) Feedback regulation of pancreatic enzyme secretion as a mechanism for trypsin inhibitor-induced hypersecretion in rats. Proc Soc Exp Biol Med 140: 6–12
22. Halgreen H, Pedersen TN, Worning H (1986) Symptomatic effect of pancreatic enzyme therapy in patients with chronic pancreatitis. Scand J Gastroenterol 21: 104–108
23. Hotz J, Ho SB, Go VLW, DiMagno EP (1983) Short-term inhibition of duodenal tryptic activity does not affect human pancreatic, biliary, or gastric function. J Lab Clin Med 101: 488–495
24. Ihse I, Lilja P, Lundquist I (1977) Feedback regulation of pancreatic enzyme secretion by intestinal trypsin in man. Digestion 15: 303–308
25. Ihse I, Lilja P, Lundquist I (1979) Trypsin as a regulator of pancreatic secretion in the rat. Scand J Gastroenterol 13: 873–880
26. Isaksson G, Ihse I (1983) Pain reduction by an oral pancreatic enzyme preparation in chronic pancreatitis. Dig Dis Sci 28: 97–102
27. Jansen JB, Jebbink MC, Mulders HJ, Lamers CB (1989) Effect of pancreatic enzyme supplementation on postprandial plasma cholecystokinin secretion in patients with pancreatic insufficiency. Regul Pept 25: 333–342
28. Krawisz BR, Miller LJ, DiMagno EP, Go VLW (1980) In the absence of nutrients, pancreatic-biliary secretions in the jejunum do not exert feedback control of human pancreatic or gastric function. J Lab Clin Med 95: 13–18
29. Lankisch PG, Lembcke B, Kirchhoff S et al. (1988) Therapie der pankreatogenen Steatorrhö. Vergleich zweier säuregeschützter Enzympräparate. Dtsch med Wsch 113: 15–17
30. Layer P, Jansen JBMJ, Cherian L et al. (1990) Feedback regulation of human pancreatic secretion. Effects of protease inhibition on duodenal delivery and small intestinal transit of pancreatic enzymes. Gastroenterology 98: 1311–1319
31. Lee PC, Newman BM, Praissman M et al. (1986) Cholecystokinin: a factor responsible for the enteral feedback control of pancreatic hypertrophy. Pancreas 1: 335–340
32. Leung JWC, Bowenwright M, Aveling W et al. (1983) Coeliac plexus block for pain in pancreatic cancer and chronic pancreatitis. Br J Surg 70: 730–732
33. Levan van H, Green GM (1986) Effect of diversion of bile-pancreatic juice to the ileum in pancreatic secretion and adaptation in the rat. Proc Soc Exp Biol Med 181: 139–143
34. Liener IE, Goodale RL, Deshmukh A et al. (1988) Effect of a trypsin inhibitor from soybeans (Bowman-Birk) on the secretory activity of the human pancreas. Gastroenterology 94: 419–427
35. Louie DS, May D, Miller P, Owyang C (1986) Cholecystokinin mediates feedback regulation of pancreatic enzyme secretion in rats. Am J Physiol 250: G252–59
36. Lu L, Louie D, Owyang C (1989) A cholecystokinin releasing peptide mediates feedback regulation of pancreatic secretion. Am J Physiol 256: G430–G435
37. Madsen P, Hansen E (1985) Coeliac plexus block vesus pancreaticogastrostomy for pain in chronic pancreatitis. A controlled randomized trial. Scand J Gastroenterol 20: 1217–1220
38. Miyasaka K, Green GM (1984) Effect of partial exclusion of pancreatic juice on rat basal pancreatic secretion. Gastroenetrology 86: 114–119

39. Mössner J, Back T, Regner U, Fischbach W (1989) Plasma cholecystokinin in chronic pancreatitis. Z Gastroenterol 27: 401–405
40. Mössner J, Wresky H-P, Kestel et al. (1989) Influence of treatment with pancreatic enzymes on pancreatic enzyme secretion. Gut 30: 1143–1149
41. Mössner J, Wresky HP, Back T (1990) Does feedback regulation exist in chronic pancreatitis? In: Beger HG, Büchler M, Ditschuneit H, Malfertheiner O (eds) Chronic Pancreatitis: Research and Clinical Management. Springer, Berlin Heidelberg New York Tokyo, pp 198–209
42. Mössner J, Stange J, Ewald M et al. (1991) Influence of exogenous application of pancreatic extracts on endogenous pancreatic enzyme secretion. Pancreas 6: 637–644
43. Mössner J, Secknus R, Meyer J et al. (1992) Treatment of pain with pancreatic extracts in chronic pancreatitis (c.p.) results of a prospective placebo controlled multicenter trial. Digestion 53: 54–66
44. Olsen O, Schaffalitzky de Muckadell OB, Cantor P et al. (1988) Effect of trypsin on the hormonal regulation of the fat-stimulated human exocrine pancreas. Scand J Gastroenterol 23: 875–881
45. Owyang C, Louie DS, Tatum D (1986) Feedback regulation of pancreatic enzyme secretion. Suppression of cholecystokinin release by trypsin. J Clin Invest 77: 2042–2047
46. Owyang C, May D, Louie DS (1986) Trypsin suppression of pancreatic enzyme secretion. Differential effect of cholecystokinin release and the enteropancreatic reflex. Gastroenterology 91: 637–643
47. Rausch U, Adler G, Weidenbach H et al. (1987) Stimulation of pancreatic secretory process in the rat by low-molecular weight proteinase inhibitor. I. Dose-response study on enzyme content and secretion, cholecystokinin release and pancreatic fine structure. Cell Tissue Res 247: 187–193
48. Sahel J, Bastid C, Pellat B et al. (1987) Endoscopic cystoduodenostomy of cysts of chronic calcifying pancreatitis: a report of 20 cases. Pancreas 2: 447–453
49. Sauerbruch T, Holl J, Sackmann M, Paumgartner G (1992) Extracorporeal lithotripsy of pancreatic stones in patients with chronic pancreatitis and pain: A prospective follow up study. Gut 33: 969–972
50. Schafmayer A, Becker HD, Werner M et al. (1985) Plasma cholecystokinin levels in patients with chronic pancreatitis. Digestion 32: 136–139
51. Shiratori K, Chen YF, Chey WY et al. (1986) Mechanism of increased exocrine pancreatic secretion in pancreatic juice-diverted rats. Gastroenterology 91: 1171–1178
52. Slaff J, Jacobson D, Tillman CR et al. (1984) Protease-specific suppression of pancreatic exocrine secretion. Gastroenterology 87: 44–52
53. Wolfson P (1980) Surgical management of inflammatory disorders of the pancreas. Surg Gynecol Obstet 151: 689–98

IV. Regulation und Störungen der gastrointestinalen Motilität

(Moderator: G. Lux)

Neurotransmitter im enterischen Nervensystem

M. Kurjak, H.D. Allescher

Aufbau des enterischen Nervensystems

Das autonome Nervensystem teilt sich nach dem Konzept von Langley (1921) auf in 3 Subsysteme: Das enterische Nervensystem, das sympathische und das parasympatische Nervensystem.

Das enterische Nervensystem besteht aus mehreren ganglienhaltigen Plexus, die untereinander vernetzt sind und Nervenausläufer zur glatten Muskulatur, zu Gefäßen und zur Mukosa des Gastrointestinaltrakts besitzen. Das Verteilungsmuster der intramuralen Plexus ist innerhalb des Gastrointestinaltraktes gleich, variiert aber bezüglich Größe und Form der Ganglien in den verschiedenen Regionen und Spezies. Man bezeichnet diese Nervenzellen als intrinsische Neurone. Modulierende Einflüsse des zentralen Nervensystems werden über efferente sympathische und parasympathische Fasern vermittelt, die Zellsomata dieser Neurone liegen in Ganglien außerhalb des Gastrointestinaltrakts und werden als zum extrinsischen Nervensystem zugehörig bezeichnet.

Im Gegensatz zum sympathischen und parasympathischen Nervensystem vermag das enterische Nervensystem nach Ausschaltung zentraler Einflüsse noch relativ komplexe Handlungen ausführen. Dazu zählen etwa die intestinale Peristaltik mit der Propulsion von Nahrungsbrei, sekretorische und vasomotorische Reflexe. Eine Voraussetzung dafür ist, daß im enterischen Nervensystem komplette Reflexbögen mit sensorischen Nerven, Interneuronen, sowie exzitatorischen und inhibitorischen Interneuronen vorhanden sind. Dies wiederum kann nur durch funktionell verschiedene Neurone gewährleistet werden, die, wie im folgenden ausgeführt, durch unterschiedliche methodische Ansätze wie Immunhistochemie, Morphologie und Elektrophysiologie subklassifiziert werden können.

Bis Mitte des Jahrhunderts wurde angenommen, daß Noradrenalin und Azetylcholin die einzigen Neurotransmitter im autonomen Nervensystem sind. Inzwischen kennt man eine Vielzahl von Substanzen, die als Neurotransmitter im enterischen Nervensystem in Frage kommen. Neben Substanzen wie Serotonin und Stickstoffmonoxid (NO), GABA oder ATP gehört dazu die große heterogene Gruppe der gastrointestinalen Neuropeptide. Auch ursprünglich klassische Hormone wie Cholezystokinin (CCK) oder Somatostatin wurden im enterischen Nervensystem nachgewiesen und werden als Neurotransmitter diskutiert. Eine chronologische

Zusammenstellung der Peptide nach der Zeit ihrer Entdeckung im Gastrointestinaltrakt gibt die Tabelle 1.

Tabelle 1. Überblick über die Entdeckung von Neuropeptiden

Zeitpunkt	Entdeckte Neuropeptide
vor 1960	Insulin Vasopressin Glukagon Oxytocin
1960–1969	Gastrin Cholezystokinin (CCK) Sekretin b-Lipoprotein
1970–1979	Substanz P (SP) Vasoaktives intestinales Polypeptid (VIP) Somatostatin Gastrisches inhibitorisches Polypeptid (GIP) Motilin „Gastrin releasing peptide" (GRP)/Bombesin Neurotensin Met-Enkephalin Leu-Enkephalin Dynorphin b-Endorphin Thyroliberin (TRH) „Gonadotropin releasing hormone" (GnRH) Pankreatisches Polypeptid (PP)
1980–1990	Neurokinin A Neuroninin B Neuropeptid K „Growth hormone releasing hormone" (GhRH) „Corticotropin releasing hormone" (CRH) „Glucagon-like peptide 1" (GLP-1) Peptid YY Neuropeptid Y „Calcitonin gene-related peptide" (CGRP) Galanin Peptid-Histidin-Isoleucin (PHI) Peptid Histidin-Methionin (PHM) Valosin Neuromedin B Neuromedin N Neuromedin U Pancreastatin Glicentin, Oxyntomodulin Endothelin Vasoaktiver intestinaler Kontraktor Katacalcin PACAP Xenin

Die physiologische Bedeutung der meisten dieser Peptide ist bisher noch weitgehend unbekannt. Diejenigen Peptide, für die sich aus den bislang vorhandenen Daten eine mögliche physiologische Rolle ableiten läßt, seien im folgenden näher beschrieben.

Neurotransmitter und Neuropeptide im ENS

Nichtpeptiderge Neurotransmitter

Azetylcholin (ACh)

Lokalisation und Biosynthese
Azetylcholin ist der Transmitter an allen präganglionären autonomen Nervenendigungen und den meisten postganglionären, parasympathischen Neuronen, sowie an den sympathischen postganglionären Neuronen zu den Schweißdrüsen. ACh wird in Vesikeln in der Nervenendigung gespeichert und aus ihnen freigesetzt. Sein Abbau im synaptischen Spalt erfolgt durch die membranständige Azetylcholinesterase. Das dabei entstehende Cholin wird durch aktiven Transport mit Hilfe eines hochspezifischen Carriersystems wieder in die präsynaptische Nervenendigung aufgenommen. Die Biosynthese von Azetylcholin in myenterischen Neuronen aus Cholin und Koenzym-A durch die Cholin-Azetyl-Transferase ist durch Studien mit radioaktiv markiertem Cholin belegt [60]. Der immunhistochemische Nachweis der Existenz von ACh in enterischen Neuronen der submukösen und myenterischen Ganglien konnte erst kürzlich über die Bestimmung der Cholin-Azetyl-Transferase (CHAT)-Immunoreaktivität geführt werden [13].

Freisetzung
Grundsätzlich werden 2 Kompartimente der ACh-Speicherung unterschieden. Ein Kompartiment, aus dem ACh durch elektrische Reizung und neuroaktive Substanzen freigesetzt werde kann und ein weiteres wesentlich größeres, aus dem ACh spontan freigesetzt wird [48].

Durch die präsynaptische Modulation über exzitatorische muskarinerge Agonisten [37], SP, VIP, GRP/Bombesin, CCK und GABA kann die Azetylcholinfreisetzung stimuliert werden, sie wird durch adrenerge Einflüsse, Purinnucleotide, Serotonin, Opioide, Somatostatin und muskarinerge Agonisten gehemmt. Eine Autoinhibition von ACh über Stimulation präsynaptischer muskarinerger Rezeptoren ließ sich ebenfalls beobachten [36].

Rezeptoren und Effekte
ACh entfaltet seine Wirkungen an 2 verschiedenen Rezeptorklassen. Als Agonisten am muskarinergen Rezeptor wirken Carbachol und Bethanechol, als Antagonisten Atropin und Butylscopolamin. Als Subtypen des muskarinergen Rezeptors sind die Rezeptoren-M1 und -M2 mit den Antagonisten Pirenzepin (M1) und AFDX-116 (M2) bekannt. Die Untersuchungen mit Hexahydrosiladifenolan als selektivem Antagonisten an den muskarinergen M2-Rezeptoren lassen einen weiteren M3-Rezep-

tor vermuten [38]. Neuere molekularbiologische Untersuchungen postulieren die Existenz eines strukturell unterscheidbaren M4- und M5-Rezeptors. Das Vorkommen dieser Rezeptoren im Gastrointestinaltrakt ist bislang nicht nachgewiesen.

Die M1-Rezeptoren scheinen bevorzugt an neuralem Gewebe vorzukommen, die M2-Rezeptoren kommen in unterschiedlicher Verteilung postsynaptisch am Muskel und in der Mukosa vor. Spezifische Antagonisten der M3-, M4- und M5-Rezeptoren sind noch nicht bekannt.

Insgesamt stellt ACh den wesentlichen exzitatorischen Neurotransmitter im Intestinum dar. Nach Gabe von Atropin wird eine weitgehende Paralyse des Darmes mit gleichzeitiger Aufhebung des Transits beobachtet. Trotzdem scheinen sich zumindest in vitro Kompensationsmechanismen auszubilden, die einer Atropin- und Hexamethonium-resistenten Motilität entsprechen und die Existenz anderer Transmittersubstanzen nahelegen.

Serotonin (5-Hydroxytryptamin)

Lokalisation und Biosynthese
Serotoninhaltige Nervenfasern sind hauptsächlich im myenterischen Plexus lokalisiert und fungieren meist als Interneurone mit vorwiegend analer Projektionsrichtung. Für Serotonin existiert ein spezifisches Carriersystem zur Aufnahme in die präsynaptische Nervenendigung, außerdem für die molekularen Formen 5,7-DHT und 6-HT. Der Abbau erfolgt durch die 5-HT-Dekarboxylase und die Monoaminooxidase, die beide in 5-HT-Neuronen zu finden sind [13]. Seine Biosynthese aus dem Vorläufermolekül 5-Hydroxytryptophan und seine Speicherung in myenterischen Neuronen sind nachgewiesen.

Serotonin kommt in weitaus größerer Menge als in myenterischen Neuronen in den enterochromaffinen Zellen der Mukosa vor.

Freisetzung
Serotonin wird spontan und durch vagale Stimulation aus enterischen Neuronen freigesetzt. Die Freisetzung ist durch elektrische Feldstimulation, K^+-Depolarisation und Veratridin induzierbar und TTX-sensitiv [34]. Synaptosomen aus dem ENS scheinen in einem aktiven Prozeß 5-HT aufzunehmen, was die neuronale Herkunft von Serotonin im Intestinum unterstreicht [33].

Rezeptoren und Effekte
Jüngste Studien ergaben, daß Serotonin seinen Effekt an mindestens 4 unterschiedlichen Rezeptoren zu vermitteln scheint, die Rezeptoren 5-HT1, 5-HT2, 5-HT3 und 5-HT4. Der 5-HT1-Rezeptor wird in die Subtypen 5-HT1a und den 5-HT1p, die an enterischen Neuronen lokalisiert sind, sowie die Subtypen 5-HT1b und 5-HT1d unterteilt, die nicht im Gastrointestinaltrakt vorkommen. Ein weiterer 5-HT1c-Rezeptor ist bislang nur im Magen beschrieben. Die physiologische Rolle der 5-HT1-, 5-HT2 und 5-HT4-Rezeptoren ist noch nicht klar definiert. Der 5-HT2-Rezeptor scheint wie der 5-HT3-Rezeptor postsynaptisch an der glatten Muskulatur lokalisiert zu sein, er weist bezüglich des pharmakologischen Verhaltens nach Gabe des Antagonisten Ritanserin eine Ähnlichkeit mit dem 5-HT1c-Rezeptor auf.

Die 5-HT3-Rezeptoren finden sich an postsynaptischen Membranen, an sensorischen Nervenendigungen, am N. vagus, an endokrinen Zellen und im ZNS. Der durch sie vermittelte Effekt im Intestinum ist die Übertragung postsynaptischer exzitatorischer Potentiale an neuro-neuronalen Synapsen im submukösen Plexus [29], die Mediation afferenter Impulse sowie die Beeinflussung der Sekretion [62]. Für die Motilität im Gastrointestinaltrakt scheinen die 5-HT4-Rezeptoren eine wichtige Rolle zu spielen. Durch einen vermutlich präsynaptischen Angriffspunkt an 5-HT4-Rezeptoren scheint die Ausschüttung von ACh oder anderen exzitatorisch wirksamen Transmittern gefördert oder die Freisetzung von inhibitorischen Transmittern moduliert zu werden. Die Mehrzahl der prokinetisch wirksamen Substanzen wie Zacoprid, Renzaprid oder Metoclopramid wirken als Agonisten am 5-HT4-Rezeptor.

Die physiologischen Funktionen von Serotonin lassen sich wie folgt zusammenfassen:

- Transmitter an deszendierenden Interneuronen (Beeinflussung der Kolonmotilität, vermittelt durch 5-HT3-Rezeptor),
- Mediation afferenter Impulse (vermittelt durch 5-HT3-Rezeptor),
- Vermittler von intestinalen Reizen über parakrine und intraluminale Sekretion aus den enterochromaffinen Zellen mit der Folge der lokalen Stimulation sensorischer Nervenfasern und der Fortleitung des peristaltischen Reflexes (via-5-HT3-Rezeptor).

Stickstoffmonoxid (NO)

Stickstoffmonoxid wurde zunächst im Gefäßsystem als ein vom Endothel abhängiger relaxierender Faktor (EDRF) identifiziert [45]. NO entsteht unter enzymatischer Vermittlung (NO-Synthetase) und Verbrauch von NADPH aus der Aminosäure L-Arginin [46]. Spezifische Hemmstoffe der NO-Synthese sind die Aminosäureanaloge L-N-Nitro-Arginin (L-NNA) und L-N-Arginin-Methyl-Ester (L-NAME) [50]. Die Synthese von Stickstoffmonoxid im Gastrointestinaltrakt und seine Freisetzung wurde kürzlich nachgewiesen [11]. Am Gastrointestinaltrakt hat NO als inhibitorischer nicht-cholinerger, nicht-adrenerger-Transmitter eine entscheidende funktionelle Bedeutung [6–9, 11, 18]. Im Gegensatz zu anderen Transmittern vermittelt NO seine Effekte nicht über Rezeptoren, sondern scheint direkt die zytosolische Guanylatzyklase zu aktivieren [63].

Allgemein lassen sich die Funktionen folgendermaßen zusammenfassen:

1. Inhibitorischer Neurotransmitter in Sphinkterregionen,
   - unterer Ösophagussphinkter [18, 22, 64, 68],
   - Pylorus [4],
   - Sphinkter Oddi,
   - Ileozökalklappe [8],
   - Sphinkter ani [49].

2. Vermittlung inhibitorischer Reflexe,
   - adaptative Relaxation,
   - deszendierende Inhibition.

Neuropeptide als mögliche Neurotransmitter

Substanz P und verwandte Neurokinine

Lokalisation und Biosynthese

Das Undekapeptid Substanz P läßt sich im Gastrointestinaltrakt verschiedener Spezies in Nerven und endokrinen Zellen der Schleimhaut nachweisen. Der überwiegende Teil der neuronalen Substanz P befindet sich in den intrinsischen Neuronen, ein kleinerer Prozentsatz in afferenten Fasern. Nervenfasern verlaufen interganglionär, zwischen myenterischem Plexus und zirkulärer Muskulatur und zwischen submukösem Plexus und Mukosa. Die Projektion der Fasern erfolgt in oraler und analer Richtung [13]. Kolokalisation besteht mit einigen anderen Substanzen in intrinsischen Neuronen und afferenten Fasern (s. Tabelle 2). Zwei weitere Peptide mammalen Ursprungs, Neurokinin A und Neurokinin B weisen C-terminal die gleiche Sequenz wie Substanz P auf. Während SP und Neurokinin A am Säugetierdarm nachgewiesen werden konnte, fehlt bislang der Nachweis von Neurokinin B, eine Ausnahme stellt der Rinderdarm dar. Die Kolokalisation von Neurokinin A und Substanz P in Vesikeln von Nervenendigungen und deren Biosynthese aus Beta-Pre-Protachykinin in intrinsischen Neuronen wurde postuliert [17].

Tabelle 2. Neurochemie und Funktion myenterischer Neurone im Meerschweinchen Dünndarm. Mod. nach Costa und Furness [13]

Funktion	[%]	Transmitter/Marker
Sensorische Neurone	30	SP, ± Chat, Calb
Interneurone		
Oralwärts	5	SP, ENK, Chat, Calret
Analwärts	7	VIP, DYN, GRP, NOS
		VIP, Chat, NOS
		5-HT, Chat
		SOM, Chat
Motorneurone ZM		
Exzitatorisch	14	
– kurz		SP, Chat
– lang		SP, ENK, Chat
Inhibitorisch	17	
– kurz		VIP, ENK, NOS, ± DYN
– lang		VIP, DYN, GRP, NOS
Motorneurone LM	25	SP, Chat
		Chat
Sekretomotorneurone	2	VIP, DYN
		SOM, Chat, CCK, CGRP, NPY

Freisetzung
Substanz P läßt sich aus enterischen Nerven durch ACh via nikotinerge Rezeptoren, Bombesin, Neurotensin und CCK-8 freisetzen [31]. Die durch Feldstimulation hervorgerufene Freisetzung ist Ca^{2+}-abhängig und TTX-sensitiv. Opiate und alphaadrenerge Stimuli hemmen die Freisetzung von Substanz P und Neurokinin A [20]. Möglicherweise wirken Somatostatin, GABA und Azetylcholin via muskarinerge Rezeptoren ebenfalls inhibitorisch auf die Freisetzung von Substanz P.

Rezeptoren und Effekte
Es existieren 3 definierte Rezeptor-Subtypen mit unterschiedlichen Affinitäten innerhalb der Neurokinine: Nach der Spezifität werden SP-P (entspricht NK-1) für Substanz P, NK-A (= NK-2) für Neurokinin A und NK-B (= NK-3) für Neurokinin B unterschieden. Neuere Arbeiten weisen die Antagonisten-CP-96345 und -RP 67580 als kompetitiv für den NK-1-Rezeptor, sowie L-679877 und GR-94800 als kompetitiv für den NK-2-Rezeptor aus, selektive Antagonisten für den NK-3-Rezeptor stehen noch aus [43]. Alle 3 Rezeptor-Subtypen lassen sich autoradiographisch an der glatten Muskulatur des Darmes nachweisen, NK-1- und in geringerer Zahl auch NK-3-Rezeptoren finden sich ferner an submukösen und myenterischen Ganglien, an den Gefäßen und im ZNS. NK-2-Rezeptoren scheinen an Neuronen nicht vorzukommen [43]. Außer dem direkten rezeptorvermitteltem Effekt scheint es an myenterischen Neuronen zumindest für NKB einen Reflexweg mit Stimulation der ACh-Freisetzung zu geben [69]. Neuere Studien postulieren weitere Subtypen des NK-1 und NK-2-Rezeptors.

Substanz P scheint ein exzitatorischer Transmitter an neuro-neuronalen Synapsen und an zum Muskel ziehenden Motorneuronen zu sein. Seine hohe Faserdichte in der Mukosa legt eine Rolle in der Wasser- und Elektrolytsekretion nahe [29], der Effekt von SP wird vermutlich im Sinne eines Axon-Reflexes unter Einschluß exzitatorischer Impulse an der glatten Muskulatur und der Gefäßmuskulatur ausgelöst.

Auf der Freisetzung von SP beziehungsweise NKA beruhen nichtcholinerg, nicht adrenerg vermittelte exzitatorische Motilitätsphänomene und Adaptationsmechanismen nach Blockade cholinerger Rezeptoren, wie etwa die atropinresistente Peristaltik.

Opioidpeptide

Lokalisation und Biosynthese
Die Opioidpeptide sind im wesentlichen Abkömmlinge dreier großer Vorläufermoleküle: Prä-Proenkephalin A, Prä-Proenkephalin B und Prä-Proopiomelanocortin. In den Nervenzellen des intrinsischen Nervensystems und in den endokrinen Zellen der antralen Mukosa kommen das Methionin-Enkephalin-Arg6Phe7, das Methionin-Enkephalin, und das Leucin-Enkephalin vor. Die beiden letzteren sind in unterschiedlichen Neuronen und im Verhältnis Met5-/Leu5-Enkephalin von 4:1 repräsentiert. Das Dynorphin-Heptadekapeptid war nur in myenterischen Neuronen nachweisbar. Dynorphinhaltige Fasern projezieren in analer, enkephalinhaltige Fasern in oraler und analer Richtung [13, 14, 28]. Kolokalisation besteht mit einigen

anderen Substanzen im ENS (s. Tabelle 2). Die Metabolisierung und Degradation der Opioide wird durch eine Reihe von Peptidasen bewirkt, darunter ACE, die Endopeptidase und verschiedene Aminopeptidasen [16].

Freisetzung
Am isolierten Ileum des Meerschweinchens wurde während der peristaltischen Welle sowohl eine Hemmung der Freisetzung von Dynorphin und Methionin-Enkephalin, wie auch eine Stimulation der Freisetzung von Dynorphin beobachtet [21]. Durch elektrische Feldstimulation ließ sich Enkephalin-TTX-sensitiv aus enterischen Neuronen freisetzen [41].

Rezeptoren und Effekte
Im Gastrointestinaltrakt lassen sich durch unterschiedliche Sensitivität zu Naloxon 3 Rezeptorsubtypen unterscheiden: m-(My-), d-(Delta-) und k-(Kappa-)Rezeptoren. Der Plexus myentericus des Meerschweinchens enthält überwiegend m- und k-Rezeptoren, Der Plexus submucosus v. a. d-Rezeptoren. Die Affinität endogener Opioide scheint zu d-Rezeptoren größer zu sein als zu m-Rezeptoren, die Affinität des Antagonisten Naloxin ist zu m-Rezeptoren größer als zu d-Rezeptoren [16]. Die Opiatrezeptoren scheinen hauptsächlich an neuronalen Strukturen lokalisiert zu sein, wo sie die Freisetzung anderer Transmitter modulieren.

Eine Transmitterrolle der Opiode im ENS ist bislang nicht bewiesen.

Die rezeptorvermittelten Effekte der Opioide lassen sich wie folgt zusammenfassen:

- Direkte Kontraktion der glatten Muskulatur im Darm [5]. Neuere Studien scheinen aber das Vorkommen von Opiatrezeptoren an der glatten Muskulatur zu widerlegen [3],
- Präsynaptisch direkt oder indirekt vermittelte Hemmung der Freisetzung exzitatorischer Neurotransmitter wie ACh [61, 66] oder VIP [39]. Letztgenannter Effekt zeigt eine deutliche Abhängigkeit von der untersuchten Spezies. Ein hemmender Effekt der Opioidpeptide auf die durch verschiedene andere Neuropeptide hervorgerufene Freisetzung von ACh ist für Caerulein, Neurotensin und Substanz P bekannt [70].

Vasoaktives intestinales Polypeptid (VIP) und PHI

Lokalisation und Biosynthese
Die Aminosäurensequenz des Peptids ist in den Spezies Rind, Schwein, Ratte und Mensch identisch, ein gemeinsames Vorläufermolekül besteht für VIP und PHI. VIP-haltige Neurone sind im Gastrointestinaltrakt weit verbreitet [28, 52, 53]. Die Synthese von VIP im Nervenzellkörper und sein axonaler Transport zur Nervenendigung sind nachgewiesen [25]. Generell herrscht Übereinstimmung darüber, daß das enterische VIP neuronalen Ursprungs ist [52]. VIP-haltige-Nervenfasern verlaufen interganglionär, vom myenterischen Plexus zu Gefäßen und zirkulärer Mus-

kulatur und vom submukösen Plexus zur Mukosa. Die Fasern projezieren hauptsächlich in analer Richtung [13].
Eine Kolokalisation von VIP besteht mit einer Reihe von anderen Peptiden und Transmittern im Gastrointestinaltrakt (s. Tabelle 2).

Freisetzung
Übereinstimmend wird angenommen, daß alles freigesetzte VIP im Intestinum aus neuronalen Quellen stammt. Über die Regulation der VIP-Freisetzung ist wenig bekannt. Am In-vivo-Modell zeigte sich eine VIP-Freisetzung nach Vagusstimulation, die durch Hexamethonium, nicht aber durch Atropin zu blocken war [25]. Am Hundeileum zeigte sich eine kontinuierliche spontane, Ca^{2+}-abhängige, TTX-sensitive Freisetzung von VIP, die nach hochfrequenter Feldstimulation zurückging und durch Hexamethonium zu blocken war [39]. Gleichzeitig wurde eine Hemmung der VIP-Freisetzung durch Opioide beobachtet.

Rezeptoren und Effekte
Über VIP-Rezeptoren im Gastrointestinaltrakt ist wenig bekannt. Studien mit Antiseren bestätigen unter Vorbehalt die für VIP postulierte Rolle im ENS. VIP hat im Gastrointestinaltrakt im wesentlichen 3 Effekte:

1. Es stimuliert die ACh-Freisetzung und ist ein exzitatorischer Transmitter an der neuro-neuronalen Synapse [69].
2. Es wird durch cholinerge Impulse tonisch freigesetzt und wirkt als inhibitorischer Transmitter [39].
3. Es stimuliert die Wasser- und Elektrolytsekretion an Dünn- und Dickdarm und ist ein starker Vasodilatator der intestinalen Blutgefäße [29].

Bombesin/Gastrin-Releasing-Peptide (GRP)

Lokalisation
Im Säuretierorganismus konnte Bombesin bisher nicht entdeckt werden, weshalb für die bombesinähnliche-Immunreaktivität (BLI) die strukturverwandten Peptide Gastrin-„Releasing"-Peptide (GRP), Neuromedin B und Neuromedin C verantwortlich gemacht werden. Alle 3 Peptide haben C-terminal die gleiche Aminosäuresequenz wie Bombesin. In neueren Analysen mit hochauflösenden chromatographischen Verfahren (HPLC) ließen sich die molekularen Formen GRP-10 und GRP-23 nachweisen [51].

Im Gegensatz zu Amphibien und Vögeln ist das im Intestinum gefundene GRP/Bombesin bei Säugern ausschließlich neuronalen Ursprungs. Es findet sich in vor allem in Nervenzellkörpern der myenterischen und submukösen Ganglien. BLI-haltige Nervenfasern verlaufen überwiegend zur zirkulären Muskulatur und nur wenige zur Mukosa [24]. Die Nervenfasern projezieren über größere Distanzen von einem bis mehrere Millimeter in analer Richtung.

Eine Koexistenz ist mit mehreren anderen Peptiden im Gastrointestinaltrakt nachgewiesen (s. Tabelle 2).

Freisetzung

BLI wird am isolierten perfundierten Rattenmagen bei neutralem pH-Wert durch ACh [57] und GABA, bei saurem pH-Wert durch VIP und PHI freigesetzt. Die Freisetzung von BLI nach Stimulation mit GRF erfolgt pH-unabhängig [58].

Rezeptoren und Effekte

Die Evaluierung von Bombesin/GRP-Rezeptoren befindet sich im Versuchsstadium [42, 65].

Spezifische Bindungsstellen für iodiertes Tyr-4-Bombesin finden sich am Hund in hoher Dichte in der Mukosa des Antrums, sowie im myenterischen Plexus von Fundus, Duodenum, Jejunum und Ileum, in geringerer Menge auch in der zirkulären Muskulatur [65]. Derzeit werden ein GRP- und ein Neuromedin B-Rezeptor unterschieden.

Die Stimulation der Gastrin-Freisetzung durch Bombesin am isoliert perfundierten Rattenmagen [23] ließ sich auch an den Spezies Hund und Mensch nachweisen. Bombesin und GRP scheinen auch die Freisetzung von „pankreatic-polypeptide" (PP), Insulin, Glukagon, „gastric inhibitory peptide" (GIP) und Somatostatin zu stimulieren [23]. Die physiologische Bedeutung von GRP für die Regulation der gastrointestinalen Motilität kann derzeit noch nicht beurteilt werden.

Neuropeptid Y (NPY)

Neuropeptid-Y gehört mit seinem Strukturanalogon Peptid YY und dem „Pancreatic-polypeptide" (PP) in eine Peptidfamilie. Das NPY-36 ist im Gastrointestinaltrakt weit verbreitet. Nervenzellkörper finden sich in den myenterischen Ganglien des gesamten Intestinums und in den submukösen Ganglien des Dünndarms. Die Nervenfasern verlaufen zur zirkulären Muskulatur und zur Mukosa, in der Projektion der Fasern gibt es aber deutliche Speziesunterschiede [13, 14]. Extrinsische Neurone mit NPY-haltigen Fasern projezieren überwiegend zu den Gefäßen. Es besteht eine enge Beziehung in der Lokalisation zwischen NPY und Noradrenalin. Über eine gleichzeitige Freisetzung dieser beiden Substanzen durch Tyrmin am isolierten Darm des Kaninchens berichten Cheng et al. [12]. Die neuronale Abkunft des freigesetzten NPY scheint die tyramininduzierte Freisetzung aus isolierten enterischen Synaptosomen zu unterstreichen. Bisher gibt es keine Untersuchungen, die eine Transmitterfunktion der Substanz im ENS belegen [29].

Ebenso unklar ist die physiologische Rolle, wenn auch ein modulierender Effekt an präsynaptischen Membranen diskutiert wird.

Calcitonin-„gene-related peptide" (CGRP)

CGRP-haltige Nervenfasern ließen sich in der Mukosa, der Submukosa und perivaskulär nachweisen.

Das „Calcitonin Gene related peptide" kommt, häufig in Kolokalisation mit Substanz P, in primär afferenten sensorischen Nerven vor. Capsaicin, der Inhaltsstoff des roten Pfeffers, führt zu einer Freisetzung von CGRP aus afferenten Neuronen

[40], ein Ca^{2+}-abhängiger Freisetzungsmechanismus scheint an enterischen Neuronen zu existieren.

CGRP gilt als Mediator in afferenten extrinsischen Neuronen und spielt möglicherweise eine Rolle bei der Vermittlung von Axonreflexen.

Neuropeptide mit möglicher Doppelrolle Hormon und Transmitter

Cholezystokinin (CCK)

Lokalisation und Freisetzung
CCK ist sowohl ein gastrointestinales Hormon, als auch unter Berücksichtigung des Vorkommens in intrinsischen Neuronen des ENS ein potentieller Neurotransmitter. Die häufigste vorkommende molekulare Form im ENS ist das CCK-Oktapeptid. Die CCK-haltigen Nervenfasern projezieren in analer Richtung, verbinden die beiden Ganglienkomplexe und versorgen die Mukosa. Es gibt Hinweise für eine Kolokalisation von CCK mit anderen Peptiden im ENS (s. Tabelle 2).

Die verschiedenen molekularen Formen von CCK leiten sich vom C-terminalen Ende eines 115 Aminosäuren umfassenden klonierten Vorläufermoleküls ab.

Die peristaltische Welle führt am isoliert perfundierten Dünndarm des Meerschweinchens zu einer CCK-Freisetzung, einer Erhöhung des intraluminalen Druckes folgte ein Anstieg von CCK im venösen Effluat [21]. Der neuronale Ursprung des freigesetzten CCK war jedoch bislang nicht eindeutig belegbar.

Rezeptoren und Effekte
CCK vermittelt seine Effekte über zwei verschiedene Rezeptoren, die als CCK-A und CCK-B-Rezeptor bezeichnet werden. Während eine strukturelle Verwandtschaft des CCK-B-Rezeptors mit dem Gastrinrezeptor diskutiert wird, ist der CCK-A-Rezeptor kürzlich erfolgreich kloniert worden. Für beide Rezeptoren existieren kompetitive Rezeptorantagonisten.

Neben seiner direkten Stimulation der glatten Muskulatur [5] scheint CCK auch cholinerge Neuronen zu aktivieren. Seine Funktion als exzitatorischer Transmitter an einer Subpopulation von intestinalen Interneuronen und cholinergen Neuronen zum Muskel wird diskutiert [70].

Somatostatin

Lokalisation und Biosynthese
Somatostatinähnliche Immunoreaktivität wurde in endokrinen D-Zellen des Gastrointestinaltrakts und in Neuronen des extrinsischen und intrinsischen Nervensystems verschiedener Spezies, darunter auch des Menschen [15, 28, 47, 53] nachgewiesen. Somatostatinhaltige Neuronen sind vorwiegend im Plexus submucosus und deutlich seltener im Plexus myentericus lokalisiert. Nervenfasern verlaufen interganglionär, versorgen die Mukosa und projezieren in analer Richtung [13, 15].

Kolokalisation besteht mit einer Reihe von Substanzen im enterischen Nervensystem (s. Tabelle 2).

Aus dem Pre-Prosomatostatin entstehen durch enzymatische Spaltung die mammalen molekularen Formen Somatostatin-14 und Somatostain-28. Im oberen Gastrointestinaltrakt, im Antrum, Pylrous und Duodenum vom Menschen [47] überwiegt das Somatostatin-14, in den distalen Abschnitten des Somatostatin-28 [24].

Freisetzung
In vivo wird die Somatostatinfreisetzung durch protein- und fettreiche Mahlzeiten und durch Ansäuerung des proximalen Duodenums gesteigert [47, 55]. Am perfundierten Magen wird Somatostatin durch VIP, PHI, Bombesin, GRP und beta-adrenerge Substanzen freigesetzt. An anderen Präparationen ließ sich Somatostatin ferner durch CCK-8, Gastrin und Adrenalin freisetzen [59]. Die Somatinfreisetzung wird durch Azetylcholin, Met-Enkephalin, Serotonin und Substanz P gehemmt [58].

Rezeptoren und Effekte
Der Somatostatinrezeptor wurde kürzlich geklont. Somatostatin gilt als potenter Inhibitor der Neurotransmitterfreisetzung und Hemmstoff der endokrinen Zellen im Intestinum. Somatostatin ist in der Lage, die Freisetzung anderer Transmitter, wie etwa VIP, zu regulieren. Lokal appliziertes Somatostatin löst eine MMC-ähnliche Aktivitätsfront aus, was unter Vorbehalt als Ausdruck des Wegfalls inhibitorischer Transmitter interpretiert werden kann.

Motilin

Im Gastrointestinaltrakt findet sich Motilin ausschließlich in den endokrinen M-Zellen, vorwiegend im Duodenum und proximalen Jejunum.

Es gibt Anhaltspunkte für eine carbacholinduzierte Motilinfreisetzung am Hundeduodenum [26].

Der Nachweis einer neuronalen Freisetzung konnte noch nicht geführt werden. Motilinrezeptoren lassen sich mit großer Varianz zwischen verschiedenen Spezies im Antrum und Fundus, sowie in der glatten Muskulatur des Intestinums finden. Motilin spielt eine bedeutende Rolle in der Propagation des MMC nach initialer Freisetzung durch Vagusstimulation und Azetylcholin im Sinne eines positiven „Feedback"-Mechanismus.

Denkbar sind Effektorfunktionen durch Freisetzung von ACh, direkt exzitatorische Wirkung an der glatten Muskulatur, weitere Triggerung der Motilinfreisetzung oder durch Freisetzung endogener Opioide, die wiederum die tonische Inhibition von VIP aufheben.

Neurotensin

Neurotensin ist vornehmlich in den intestinalen endokrinen N-Zellen lokalisiert, daneben finden sich neurotensin-immunoreaktive Nervenfasern in den submukösen Plexus des intrinsischen Nervensystems mit Bevorzugung des Magens und Duodenums. Es existieren mehrere molekulare Formen, die wichtigsten sind das Neurotensin 1–8, 1–11 und 1–13. Die Freisetzung von Neurotensin scheint durch Azetylcholin, beta-adrenerge Stimuli und Bombesin bewirkt zu werden. Die Freisetzungsversuche wurden an isolierten endokrinen Zellen durchgeführt und weisen eine starke Varianz zwischen den Spezies auf. Die Freisetzungsmechanismen an neuronalen Strukturen wurden noch nicht geklärt. Es lassen sich Degradationsmechanismen in Abhängigkeit von ACE und Endopeptidase 24.11 nachweisen.

Neurotensinrezeptoren existieren an der glatten Muskulatur des Intestinums wie auch an enterischen Neuronen des submukösen Plexus, am myenterischen Plexus finden sich zumindest beim Hund keine Bindungsstellen.

Eine Beteiligung von Neurotensin an der Hemmung der Magenentleerung und des intestinalen Transits wird diskutiert.

Differenzierung der einzelnen Neurone

Morphologische Klassifikation

Maßgeblich für die morphologische Klassifikation enterischer Neurone ist das Konzept von Dogiel [19] auf der Basis von Silberimprägnation und Methylenblaustudien. Es beschreibt 3 Typen von Neuronen, die sich in der Anzahl der Dendriten, der Ausdehnung und dem Verzweigungsmodus unterscheiden. Dogiel-Typ-I-Zellen sind charakterisiert durch zahlreiche kurze Dendriten und einen einzigen langen Axon. Dogiel-Typ-II-Zellen haben einen kurzen Axon, weniger und längere Dendriten. Dogiel-Typ-III-Zellen weisen einen langen Axon und Dendriten mittlerer Länge auf.

Chemische Kodierung und Projektionsstudien

Spezifische histochemische Techniken sind entwickelt worden, um die verschiedenen Neuronenpopulationen auf der Basis ihres Transmittergehalts zu identifizieren. Die rasche Entwicklung von Antikörpern gegen in die Synthese von Transmittern involvierte Enzyme, sowie gegen die Transmittermoleküle selbst, ermöglichte eine relativ genaue Charakterisierung intrinsischer Neurone durch immunzytochemische und radioimmunologische Verfahren.

Eine entscheidende Entdeckung war die Kolokalisation von verschiedenen Peptiden in einem Neuron [13] oder einem Versikel [1, 2]. Durch das Verfahren der chemischen Kodierung, das nach Vorinkubation mit einer Tracersubstanz die Nachinkubation mit anderen Antikörpern gestattet, konnten parallele Verteilungsmuster verschiedener peptidhaltiger Neurone ermittelt werden [13, 24, 28]. Die Verteilung der peptidergen Neurone zeigt deutliche Variationen in Abhängigkeit von der untersuchten Region im ENS und der untersuchten Spezies [35]. Eine Übersicht über die Kolokalisation von Peptiden im Gastrointestinaltrakt verschiedener Spezies gibt die Tabelle 2.

Am submukösen Plexus des Meerschweinchens lassen sich im wesentlichen 4 Neuronentypen unterscheiden.
1. VIP-haltige Neurone, die auch Galanin, Neuromedin-U und Dynorphin enthalten und wohl sekretomotorische oder vasodilatatorische Neurone sind.
2. NPY-haltige Neurone, die in der Regel Azetylcholin, seltener auch CCK, Somatostatin, CGRP, Dynorphin, Galanin und Neuromedin-U enthalten und sekretomotorische Neurone sind.
3. Substanz P-haltige Neurone, die z. T. Azetylcholin enthalten und afferenten Neuronen entsprechen dürften.
4. Calretinin-haltige Neurone, die Azetylcholin enthalten und wohl vasodilatatorische Neurone sind.

Am myenterischen Plexus läßt sich gegenwärtig kein so eindeutiger neurochemischer Kode definieren. Markerpeptide für die funktionelle Charakterisierung fehlen, Rückschlüsse lassen sich allenfalls anhand einiger Konstanten ziehen. Problematisch ist die Tatsache, daß die chemische Kodierung von Neuronen abhängig von der Lokalisation im Gastrointestinaltrakt wechselt, andererseits bestehen erhebliche Variationen innerhalb verschiedener Spezies, so daß sich die Daten auch nicht ohne weiteres auf den Menschen übertragen lassen. Eine Schlüsselfunktion zum Verständnis der neuronalen Verschaltung haben dabei die Projektionsstudien, die die axonale Degeneration nach Nervendurchtrennung Untersuchung und daraus Rückschlüsse auf die Richtung der Erregungsausbreitung ableiten.

Beispielsweise projezieren SP/ENK-Neurone oralwärts, bevor sie in die zirkuläre Muskulatur ziehen, während die nur SP-haltigen Neurone direkt vom Ursprungsort in die Muskulatur eintreten. Gleich letzteren verhalten sich auch manche rein cholinerge Neurone. Somit scheinen SP- und Chat-haltige Neurone exzitatorische Motorneurone zur zirkulären Muskulatur zu sein.

VIP/ENK-haltige Neurone projezieren vom Ursprungsort vor Eintritt in die Muskulatur über eine kurze Strecke (< 1 mm) nach distal, nur VIP enthaltende Neurone ziehen dagegen mehrere Millimeter nach distal. VIP scheint nur in inhibitorischen Motorneuronen vorhanden und in der Regel mit Stickstoffmonoxid kolokalisiert zu sein. Substanz P findet sich konstant in exzitatorischen Motorneuronen zum Muskel und in efferenten Neuronen.

Ein hypothetisches Modell würde somit nach oral projezierende Chat/SP/ENK-Neurone als exzitatorische Motorneurone darstellen, während die Chat/SP und Chat-Neurone als lokal exzitatorische Motorneurone anzusehen sind. Die VIP/NO/ENK-Neurone könnten die lokalen inhibitorischen Motorneurone, die VIP/NO-Neurone die langen inhibitorischen Motorneurone verkörpern.

Neurotransmitter von elektrophysiologischen Phänomenen

Die Vorgänge an den neuro-neuronalen Synapsen von enterischen Neuronen lassen sich mit Hilfe der intrazellulären Ableitung nach Stimulation präsynaptischer Elemente gut erfassen. Man unterscheidet die schnellen und langsamen exzitatorischen postsynaptischen Potentiale (EPSP), die schnellen und langsamen inhibitorischen postsynaptischen Potentiale (IPSP) und die präsynaptische Hemmung.

Das schnelle EPSP findet sich immer an S/Typ-1-Neuronen, aber selten auch an AH/Typ-2-Neuronen, an denen es mit einer kleineren Amplitude und einer größeren Varianz der elektrischen Zellantwort auftritt, was zur Annahme einer sporadischen intraganglionären Freisetzung von neuromodulatorischen Substanzen geführt hat. Als Neurotransmitter für alle schnellen EPSP gilt Azetylcholin [44].

Langsame EPSP lassen sich an AH/Typ-2-Neuronen des myenterischen Plexus und an S/Typ-1-Neuronen des submukösen Plexus ableiten und zeigen in ihrer Ausprägung eine deutliche Varianz. Dies wird als Ausdruck der Beteiligung verschiedener Neurotransmitter, Rezeptoren und Übertragungsmechanismen gewertet. Als Neurotransmitter für die langsamen EPSP am myenterischen Plexus gelten Serotonin und Substanz P [10]. Etliche andere Substanzen scheinen an enterischen Neuronen lediglich ein langsames EPSP zu imitieren, ohne letztendlich als Neurotransmitter für langsame EPSP diskutiert zu werden. Darunter zählen Histamin, ACh (über muskarinerge Rezeptoren), Neurotensin, CCK, VIP, GRP, Bombesin, CGRP, CRF, PACAP, Somatostatin, Motilin und Caerulein [67]. Langsame EPSPs stellen einen Mechanismus für eine längerdauernde Aktivierung oder Inhibierung von anderen Neuronen oder von Effektorfunktionen dar. Das kann physiologisch die Auflösung von längerdauernden Kontraktionen oder Relaxationen bedeuten. Ferner können diese langsamen EPSPs eine Art Schaltfunktion am jeweiligen Neuron ausüben und so über Vermittlung oder Weiterleitung von Informationen im Sinne eines Relais entscheiden.

Langsame IPSP lassen sich nach repetitiver Stimulation an S/Typ-1- und AH/Typ-2-Neuronen ableiten. Opioide, Somatostatin, 5-HT, Neurotensin, Galanin und CCK können langsame IPSP imitieren. Bislang gibt es im ENS keinen Nachweis für eine Transmitterrolle dieser Substanzen bezüglich des langsamen IPSP [67]. Das Prinzip der präsynaptischen Hemmung, der Unterdrückung der Neurotransmitterfreisetzung aus axonalen Nervenendigungen beinhaltet mehrere Modalitäten. Möglich ist eine axoaxonale Übertragung, eine Autoinhibition durch den Transmitter selbst oder die Wirkung parakrin oder endokrin freigesetzter Substanzen am präsynaptischen Rezeptor. Potentielle präsynaptische Inhibitoren sind Noradrenalin (α_2), Dopamin, Histamin, 5-HT, GABA, Opioide, Azetylcholin, Galanin, Neuropeptid Y.

Integratives Konzept des ENS

Man unterscheidet 3 funktionelle Typen von enterischen Neuronen: Motorneurone, sensorische Neurone und Interneurone.

Die motorischen Neurone zur Muskulatur, zu den Drüsenzellen und Gefäßen lassen in exzitatorische und inhibitorische Neurone unterteilen. Fast alle Neurone, die zur Muskulatur ziehen, sind elektrophysiologisch „S-Neurone", die sich durch ein schnelles EPSP auszeichnen, morphologisch entsprechen sie den Dogiel-Typ-1-Neuronen. Die sensorischen Neurone scheinen elektrophysiologisch AH-Neurone zu sein. Sie sind gekennzeichnet durch eine langdauernde Nachhyperpolarisation, elektronenoptisch lassen sich diesen die Dogiel-Typ-II-Neurone zuordnen.

Die Auslösung einer peristaltischen Welle erfordert das Ablaufen eines aszendierenden exzitatorischen und eines deszendierenden inhibitorischen Reflexes. Beide Reflexe werden durch ein afferentes Neuron initiiert. Die Transmittersubstanz der afferenten Impulse dürfte Substanz P sein [32], die nach dem Prinzip des Axonreflexes nachgeschaltet inhibitorische und exzitatorische Effekte induzieren kann.

Der exzitatorische Reflex setzt sich fort in oral projizierenden cholinergen Interneuronen (chemischer Code: Chat/SP/Calretinin), die schließlich die exzitatorischen Motorneurone zur zirkulären Muskulatur aktivieren. Als Transmitter für die exzitatorischen Impulse gilt Azetylcholin und eine nichtcholinerge nichtadrenerge Substanz, möglicherweise Substanz P.

Der deszendierende inhibitorische Reflex wird via afferente Fasern über anal projizierende Interneurone mit einem cholinergen und einem unbekannten nichtcholinergen, nicht-adrenergen Übertragungsmechanismus vermittelt. Nach der chemischen Kodierung scheint es 4 verschiedene deszendierende Interneurone zu geben, die entweder Somatostatin, 5-HT, VIP oder VIP/Chat enthalten.

Für den inhibitorischen Effekt, der über inhibitorische Motorneurone an der zirkulären Muskulatur ausgelöst wird, scheint Stickstoffmonoxid und eine nichtcholinerge, nicht-adrenerge Substanz, möglicherweise VIP [30] oder ein apaminsensitiver Mechanismus (z. B. ATP) verantwortlich zu sein. Für die sekretomotorischen Neurone zur Mukosa kommen als Transmitter neben Azetylcholin auch mehrere Neuropeptide in Frage. Den nicht-cholinergen Effekt vermitteln in erster Linie VIP-haltige Neurone, eine untergeordnete Rolle spielen Substanz P-haltige Neurone. Beide Neuropeptide stimulieren die Elektrolyt- und Wasser-Sekretion aus dem Dünndarm.

Zusammenfassung und Ausblick

Die durch die exoplosionsartige Entwicklung der Immunhistochemie und der Radioimmunoassays sprunghaft angewachsene Zahl von im intrinsischen Nervensystem des Gastrointestinaltrakts lokalisierten Neuropeptiden, impliziert die Frage nach der physiologischen Rolle dieser Peptide. Allein, um die Funktion als Neurotransmitter zu beweisen, fehlen für die Mehrheit dieser Peptide Untersuchungen, die ihre neuronale Freisetzung oder ihre am postsynaptischen Rezeptor vermittelten Effekte beleuchten. Es fehlen adäquate Studienmodelle und kompetitive Antagonisten für die meisten Peptide.

Die komplexen lokalen und systemischen Interaktionen der Peptide lassen sich nur in der Zusammenschau aller Studienansätze interpretieren. Erst dann wird sich die Transmitterrolle und die physiologische Funktion des einen oder anderen Peptids im Gastrointestinaltrakt mit letzter Sicherheit beweisen lassen.

Literatur

 1. Agoston DV, Ballmann M, Conlon JM et al. (1985) Isolation of neuropeptide containing vesicles from the guinea-pig ileum. J Neurochem 45: 398–406
 2. Agoston DV, Conlon JM, Whittacker VP (1988) Selective depletion of acetylcholine and vasoactive intestinal polypeptide of the guinea pig myenteric plexus by differential mobilization of distinct transmitter pools. Exp Brain Res 72: 535–542
 3. Allescher HD, Ahmad S, Kostka P et al. (1989) Distribution of opioid receptors in canine small intestine: implications for function. Am J Physiol 256: G966–G974
 4. Allescher HD, Tougas G, Vergara et al. (1992) Nitric Oxide as a putative non-adrenergic non-cholinergic inhibitory transmitter in the canine pylorus in vivo. Am J Physiol 262: G695–G702
 5. Bitar KN, Makhlouf GM (1982) Receptors on smooth muscle cells. Characterization by contraction and specific antagonists. Am J Physiol 242: G400–G407
 6. Boeckxstaens GE, Pelckmans PA, Bult H et al. (1990) Non-adrenergic non-cholinergic relaxation mediated by nitric oxide in the canine ileocolonic junction. European J Pharmacol 190: 239–246
 7. Boeckxstaens GE, Pelckmans PA, Bult H et al. (1991) Evidence for nitric oxide as mediator of non-adrenergic, non-cholinergic relaxations induced by ATP and GABA in the canine gut. Br J Pharmacol 102: 434–438
 8. Boeckxstaens GE, Pelckmans PA, Ruytjens IF et al. (1991) Bioassay of nitric oxide released upon stimulation of non-adrenergic non-cholinergic nerves in the canine ileocolonic junction. Br J Pharmacol 103: 1085–1091
 9. Boeckxstaens GE, Pelckmans PA, Herman AG, Van Maercke YM (1993) Involvement of nitric oxide in the inhibitory innervation of the human isolated colon. Gastroenterology 104: 690–697
10. Bornstein JC, Costa M, Furness JB, Lees GM (1984) Electrophysiology and enkephalin immunoreactivity of identified myenteric plexus neurons of guinea pig small intestine. J Physiol 351: 313
11. Bult H, Boeckxstaens GE, Pelckmans PA et al. (1990) Nitric oxide as an inhibitory non-adrenergic non-cholinergic neurotransmitter. Nature 345: 346–347
12. Cheng JT, Shen CL (1986) Tyramine induced release of neuropeptide Y in isolated rabbit intestine. European J Pharmacol 123: 303
13. Costa M, Furness JB, Llewellyn-Smith (1987) Histochemistry of the enteric nervous system; in Johnson LR (ed): Physiology of the gastrointestinal tract. Raven Press, New York, pp 1–40
14. Daniel EE, Costa M, Furness JB, Keast JR (1985) Peptide neurons in canine small intestine. J Comp Neurol 237: 227–238
15. Daniel EE, Furness JB, Costa M, Belbeck L (1987) The projections of chemically identified nerve fibres in canine ileum. Cell Tis Res 247: 377
16. Daniel EE, Collins SM, Fox JET, Huizinga J (1989) Pharmacology of neuroendocrine peptides. In: Schultz SG (ed) Handbook of Physiology. Section VI: Part I Motility and Circulation. Am. Physiological Society, Maryland, pp 759–816
17. Deacon CF, Agoston DV, Nau R, Conlon JM (1987) Conversation of neuropeptide K to neurokinin A and vesicular colocalization of neurokinin A and substance P in neurons of the guinea pig small intestine. J Neurochem 48: 141–146
18. De Man JG, Pelckmans PA, Boeckxstaens GE et al. (1991) The role of nitric oxide in inhibitory non-adrenergic non-cholinergic neurotransmission in the canine lower oesophageal sphincter. Br J Pharmacol 103: 1092–1096
19. Dogiel AS (1899) Über den Bau der Ganglien in den Flechten des Darms und der Gallenblase des Menschen und der Säugetiere. Arch Anat Physiol Anat 130–158
20. Donnerer J, Holzer P, Lembeck F (1984) Release of dynorphin, somatostatin and substance P from the vascularly perfused small intestine of the guinea-pig during peristalsis. Br J Pharmacol 83: 919–925

21. Donnerer J, Meyer DK, Holzer P, Lembeck F (1985) Release of cholecystokinin-immunoreactivity into the vascular bed of the guinea pig small intestine during peristalsis. Naunyn Schmiedberg's Arch Pharmacol 328: 324–328
22. Du C, Murray J, Conklin JL (1991) Nanc nerve mediated inhibitory junction potentials in the circular smooth muscle of oppossum lower esophageal sphincter. Gastroenterology 100 (Abstract): A438
23. Duval JW, Saffouri B, Weir GC et al. (1981) Stimulation of gastrin and somatostatin secretion from isolated rat stomach by bombesin. Am J Physiol 241: 242–247
24. Ekblad E, Hakanson R, Sundler S (1991) Microanatomy and chemical coding of peptide containing neurons in the digestive tract. In Daniel EE (ed) Neuropeptide function in the gastrointestinal tract. CRC Press, Boca Raton, pp 139–179
25. Fahrenkrug J, Galbo H, Holst JJ (1978) Influence of the autonomic nervous system on the release of VIP from the porcine gastrointestinal tract. J Physiol (Lond) 280: 405–422
26. Fox JET, Daniel EE, Jury J et al. (1983) Cholinergic control mechanisms for immunoreactive motilin release and motility in the canine duodenum. Can J Physiol Pharmacol 61: 1042–1049
27. Furness JB, Costa M (1982) Identification of gastrointestinal neurotransmitter. In: Bertaccini G (ed) Mediators and drugs in gastrointestinal motility 1. Morphological basis and neurophysiological control. Springer, Berlin Heidelberg New York, p 384
28. Furness JB, Costa M (1987) The enteric nervous system. Churchill Livingstone, Edinburgh London
29. Furness JB, Costa M (1989) Identification of transmitters of functionally defined enteric neurons. In: Schultz SG (ed). Handbook of physiology, section VI. The gastrointestinal system. Maryland, Am Physiological Society, pp 387–402
30. Grider JR, Makhlouf GM (1986) Colonic peristaltic reflex: identification or vasoactive intestinal peptide as mediator of the descending relaxation. Am J Physiol 251: G40–G45
31. Holzer P (1984) Characterization of the stimulus-induced release of immunoreactive substance P from the myenteric plexus of the guinea-pig small intestine. Brain Res 297: 127–136
32. Holzer P (1988) Local effector functions of capsaicin-sensitive sensory nerve endings: involvement of tachykinins, calcitonin-gene-related peptide and other neuropeptides. Neurosci 24: 739–768
33. Jonakait MG, Gintzler AR, Gershon MD (1979) Isolation of axonal varicosities (autonomic synaptosomes) from the enteric nervous system. J Neurochem 32: 1387–1400
34. Jonakait MG, Tamir H, Gintzler AR, Gershon MD (1979) Release of 3H-serotonin and its binding protein from enteric neurons. Brain Res 174: 55–69
35. Keast JR, Furness JB, Costa M (1985) Distribution of certain peptide-containing nerve fibers and endocrine cells in the gastrointestinal mucosa in five mammalian species. J Comp Neurol 236: 403–422
36. Kilbinger H (1984) Facilitation and inhibition by muscarinic agonists of acetylcholine release from guinea-pig myenteric plexus. Trends Pharmacol Sci 5 (Suppl): 49–52
37. Kilbinger H (1985) Subtypes of muscarinic receptors modulating acetylcholine release from myenteric nerves. In: Lux G, Daniel EE (eds) Muscarinic receptor subtypes in the GI-Tract. Springer, Berlin, pp 37–42
38. Lambrecht G, Mutschler E (1985) Selective inhibition of muscarinic receptors in intestinal smooth muscle. In: Lux G, Daniel EE (eds) Muscarinic receptor subtypes in the GI-Tract. Springer, Berlin, pp 20–27
39. Manaka H, Manaka Y, Kostolanska F et al. (1989) Release of VIP and substance P from isolated perfused canine ileum. Am J Physiol 257: G182–G190
40. Mayer EA, Koebel CBM, Snape WJ et al. (1990) Substance P and CGRP mediate motor response of rabbit colon to capsaicin. Am J Physiol 259: G889–G897
41. McKnight AT, Sosa RP, Hughes J, Kosterlitz HW (1978) Biosynthesis and release of enkephalins. In: Van Ree JM, Terenius L (eds) Characteristics and function of opioids. Amsterdam, Elsevier, pp 259–269
42. Moody TW, Kris RM, Fiskum G et al. (1989) Characterization of receptors for bombesin/gastrin releasing peptide in human and murine cells. In: Conn PM Methods in Enzymology. Vol. 168 Academic Press, London New York, pp 481–493

43. Mussap CJ, Geraghty DP, Burcher E (1993) Tachykinin receptors: A radioligand binding perspective. J Neurochem 60: 1987–2009
44. Nishi S, North RA (1973) Intracellular recording from the myenteric plexus of the guinea pig ileum. J Physiol (Lond) 231: 471–491
45. Palmer RMJ, Ferrige AG, Moncada S (1987) Nitric oxide release accounts for the biological activity of endothelium derived relaxing factor. Nature 327: 524–526
46. Palmer RMJ, Ashton DS, Moncada S (1988) Vascular endothelial cells synthetize nitric oxide from L-arginine. Nature 33: 664–666
47. Penman E, Wass JAH, Butler MG (1983) Distribution and characterization of immunoreactive somatostatin in human gastrointestinal tract. Regul Pept 7: 53–65
48. Potter LT (1970) Synthesis, storage and release of 14C-acetylcholine in isolated rat diaphragm muscle. J Physiol (Lond) 206: 145–166
49. Rattan S, Chakder S (1992) Role of nitric oxide as a mediator of internal sphincter relaxation. Am J Physiol 262: G107–G112
50. Rees DD, Palmer RMJ, Hodson HF, Moncada S (1989) A specific inhibitor of nitric oxide formation from L-arginine attenuates endothelium-dependend relaxation. Br J Pharmacol 96: 418–424
51. Reeve JR, Walsh JH (1989) Characterizing molecular heterogenity of gastrin-releasing peptide and related peptides; in methods in Enzymology. Academic Press, London New York, pp 660–677
52. Said SL (1984) Vasoactive intestinal polypeptide: current status. Peptides 5: 143–150
53. Schultzberg M, Hökfelt M, Nilsson G et al. (1980) Distribution of peptide and catecholamine-containing neurons in the gastrointestinal tract of rat and guinea pig: immunohistochemical studies with antisera to substance P; vasoactive intestinal peptide, enkephalins, somatostatin, gastrin, cholecystokinin, neurotensin and dopamine b-hydroxylase. Neurosci 5: 689–744
54. Schultzberg M (1983) Bombesin-like immunoreactivity in sympathetic ganglia. Neurosci 8: 363–374
55. Schusdziarra V, Harris V, Conlon JM et al. (1978) Pancreatic and gastric somatostatin release in response to intragastric and intraduodenal nutrients and HCL in the dog. J Clin Invest 62: 509–518
56. Schusdziarra V, Roullier D, Harris V, Unger RH (1978) Release of gastric somatostatin like immunoreactivity during acidification of the duodenal bulb. Gastroenterology 76: 950–953
57. Schusdziarra V, Bender H, Pfeiffer EF (1983) Release of bombesin like immunoreactivity from the isolated perfused rat stomach. Regul Pept 7: 21–29
58. Schusdziarra V, Schmid R, Bender H et al. (1986) Effekt of vasoactive intestinal polypeptide, peptide histidine isoleucine and growth hormone releasing factor 40 on bombesin-like immunoreactivity, somatostatin and gastrin release from the perfused rat stomach. Peptides 7: 127–133
59. Soll A, Yamada T, Park J, Thomas L (1984) Release of somatostatin-like immunoreactivity from canine fundic mucosal cells in primary culture. Am J Physiol 247: G558–G566
60. Szerb JC (1976) Storage and release of labelled acetylcholine in the myenteric plexus of the guinea pig ileum. Can J Physiol Pharmacol 54: 12–22
61. Szerb JC (1982) Correlation between acetylcholine release and neuronal activity in the guinea-pig ileum myenteric plexus. Effect of morphine. Neurosci 7: 327–340
62. Talley NJ (1992) Review article: 5-Hydroxytryptamine agonists and antagonists in the modulation of gastrointestinal motility and sensation: clinical implications. Aliment Pharmacol Ther 6: 273–289
63. Torphy TJ, Fine CF, Burman M et al. (1986) Lower esophageal sphincter relaxation is associated with increased cyclic nucleotide content. Am J Physiol 251: G786–G793
64. Tottrup A, Knudsen M, Gregersen H (1991) The obligatory role of nitric oxide synthesis for lower esophageal sphincter relaxation. Gastroenterology 100 (Abstract): A501
65. Vigna SR, Mantyh CR, Giraud AS et al. (1987) Localisation of specific binding site for bombesin in the canine gastrointestinal tract. Gastroenterology 93: 1287–1295

66. Vizi ES, Ono K, Adam-Vizi V et al. (1984) Presynaptic inhibitory effect of met-enkephalin on [14C] acetylcholine release from the myenteric plexus and its interaction with muscarinic negative feedback inhibition. J Pharmacol Exp Ther 230: 493–499
67. Wood JD (1989) Electrical and synaptic behaviour of enteric neurons; in Schultz GS (ed): Handbook of Physiology, Section VI. Part I Motility and circulation. Am Physiological Society, Maryland, pp 465–517
68. Yamato S, Goyal RK (1991) Evidence for nitric oxide as an inhibitory neurotransmitter in the lower esophageal sphincter. Gastroenterology 100 (Abstract): A510.
69. Yau WM (1985) Presynaptic site of action of substance P and vasoactive intestinal polypeptide on myenteric neurons. Brain Res 330: 382–385
70. Yau WM (1989) Neurotransmitter release in the enteric nervous system. In: Schultz SG (ed) Handbook of Physiology, section VI: Part I Motility and circulation. Am Physiological Society, Maryland, pp 403–433

Rolle des enterischen Nervensystems

P. Layer, C. Kölbel

Regulationsebenen der gastrointestinalen Motilität

Glatte Muskulatur

In der Muskulatur des Dünndarms treten regelmäßige myogene Depolarisationen, die sog. ,,slow waves" auf, im oberen Dünndarm mit einer Frequenz von etwa 11–12/min, im unteren Dünndarm mit ca. 8–9/min. Die Ausbreitungsgeschwindigkeit und Grundfrequenz dieser ,,slow waves" bestimmen die an jedem individuellen Darmabschnitt maximal mögliche Kontraktionsfrequenz sowie die Propagationsgeschwindigkeit der Kontraktionswellen; sie sind aber für sich allein nicht in der Lage, eine motorische Antwort zu induzieren [12, 13, 18]. Hierzu ist das zusätzliche Auftreten von salvenförmigen Aktionspotentialen (Spikes) notwendig, die sich auf die ,,slow waves" aufpfropfen. Die Frequenz und Dauer der Spike-Entladungen determinieren die Kraft und Dauer der Kontraktionen; sie sind somit für die eigentliche motorische Aktivität jedes Dünndarmabschnitts verantwortlich.

Entscheidend für die Regulation der kontraktilen Aktivität des Darms ist daher die Koppelung der Spikeaktivität an den myogenen elektrischen Grundrhythmus. Die Regulation dieser Koppelung erfolgt durch Interaktion hormonaler und nervaler Mechanismen, die die Bereitschaft und Fähigkeit der glatten Muskulatur, die ,,slow wave"-Depolarisation mit zusätzlichen Aktionspotentialen zu beantworten, stimulatorisch oder inhibitorisch modulieren. Ein wesentlicher regulatorischer Mechanismus ist hierbei die Aktivität inhibitorischer nervaler Potentiale, deren Input verhindert, daß die ,,slow waves" die Schwelle für die Bildung von Spikeaktivität und damit Kontraktionen erreichen. Blockade der neuralen Hemmung (z. B. durch arterielle Infusion von Tetrodotoxin) bewirkt, daß jede ,,slow wave"-Aktionspotentiale und somit Kontraktionen induziert [1, 11, 16].

Die wichtigste Komponente in diesem komplexen Regulationssystem ist die Aktivität des enterischen Nervensystems.

Neuronale Ebene

Intrinsische Ebene

Die verschiedenen differenzierten motorischen Funktionen des Gastrointestinaltrakts können durch die oben beschriebene myogene Grundregulation („slow waves") alleine nicht geleistet werden. Die komplexe motorische Aktivität des Darms wird erst durch die neuronale Kontrolle des enterischen Nervensystems ermöglicht, das schließlich die oben genannte Spikeaktivität stimulatorisch oder inhibitorisch moduliert. Zum enterischen Nervensystem gehören alle neuronalen Elemente innerhalb des Gastrointestinaltrakts vom Ösophagus bis zum inneren Analsphinkter sowie Nerven und Neuronen der Gallenblase, der extrahepatischen Gallenwege und des Pankreas. Es setzt sich aus mehreren Plexus in den einzelnen Darmschichten zusammen, wobei seine Neuronen hauptsächlich in den Ganglien des Plexus myentericus (Auerbach), Plexus submucosus externus und Plexus submucosus internus (Meissner) zusammengefaßt und strukturell und funktionell miteinander gekoppelt sind [6]. Die Zahl seiner Neurone (etwa 5 Milliarden peptiderge, cholinerge und aminerge Neuronen) entspricht etwa der des Rückenmarks.

Damit ist die hergebrachte Vorstellung, derzufolge die verschiedenen Funktionen des Verdauungstrakts allein durch zentrale sympathische und parasympathische Zentren reguliert werden, verlassen worden. Das enterische Nervensystem wird vielmehr als ein in weiten Teilen unabhängig funktionierendes (autonomes) Nervensystem verstanden, das die vielfältigen Funktionen des Gastrointestinaltrakts integrativ reguliert.

Extrinsische Ebene

Obwohl das enterische Nervensystem zahlreiche regulatorische Leistungen weitgehend unabhängig erbringen kann, werden eine Reihe motorischer Muster des normalen Verdauungstraktes des Menschen durch extrinsische Nerven moduliert.

Als wesentlicher Regulator dient hierbei die Aktivität des parasympathischen Nervensystems, vorwiegend über den N. vagus, aber auch über die Nn. sacrales. 1500 bis 4000 efferenten Fasern des N. vagus stehen 40000–50000 afferente Fasern gegenüber [8]. Inhibitorische Effekte können auch über sympathische Nervenfasern an das ENS vermittelt werden. Afferente Fasern (viszerosensible Fasern) schließen sich den sympathischen Nn. splanchnici an.

Übergeordnet spielen auch zentralnervöse *kortikale* Mechanismen eine regulatorische Rolle, insbesondere über die Aktivität der Sinnesorgane. So können visuelle, Geruchs- und Geschmackseindrücke sowie Vorstellungen die gastrointestinale Motilität alterieren, die prinzipiell über die sog. sympathischen und parasympathischen Nerven sowie über Hormone (Abschn. „Regulatorische Rolle des enterischen Nervensystems ENS") an das ENS vermittelt werden.

Systemische Einflüsse

Sämtliche der o. g. Regulationsebenen können zusätzlich durch zirkulierende Peptidhormone (z. B. Motilin, Cholecystokinin, etc.) moduliert werden. Die wichtigsten motilitätswirksamen Hormone und ihre Funktion bei der Kontrolle der Motilität werden an anderer Stelle abgehandelt (Beitrag, Allescher).

Regulatorische Rolle des enterischen Nervensystems (ENS)

Strukturelle und funktionelle Aspekte

Während die Funktion des submukösen Meissner-Plexus zumindest zum Teil in der Regulation resorptiver und sekretorischer Vorgänge sowie der Muscularis mucosae dient, reguliert der zwischen der zirkulären und longitudinalen Muskelschicht gelegene myenterische Plexus (Auerbach) die Motilität der Darmwand. Dabei werden definierte luminale Reize integriert und über programmierte Reflexantworten in die adäquate motorische Antwort des betreffenden Darmabschnitts umgesetzt; gleichzeitig werden auch hormonale, extrinsisch-nervale sowie kortikale Reize mit verarbeitet. Diese Leistung wird durch eine komplexe, zahlreiche exzitatorische und inhibitorische Rückkopplungselemente enthaltende Verschaltung ermöglicht.

So kommt es beispielsweise bei der peristaltischen Kontraktion zu einer sukzessiv propagierten Kontraktion der Ringmuskulatur bei gleichzeitiger Erschlaffung der benachbarten Längsmuskulatur, während die aboral davon gelegenen Darmanteile eine Relaxation der Ringmuskulatur mit einer Kontraktion der Längsmuskulatur aufweisen. Dies ermöglicht die aborale Passage des Lumeninhalts (Abb. 1).

An diesen Abläufen ist eine beträchtliche Anzahl an Neurotransmittern beteiligt, die an anderer Stelle abgehandelt werden (Beitrag Allescher).

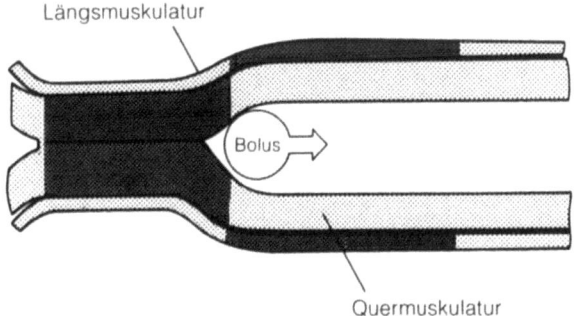

Abb. 1. Koordiniertes Zusammenspiel von Kontraktion und Erschlaffung der Darmwandmuskulatur bewirkt Peristaltik und Chymustransit (■ kontraktiert, ▨ erschlafft)

Regulation der normalen Motalitätsmuster durch das ENS

Beim gesunden Menschen besteht im Regelfall jeweils eins von zwei grundlegenden motorischen Mustern der gastrointestinalen Motilität: Im Nüchternzustand, d. h. in Abwesenheit intraluminaler Stimuli, besteht ein periodisches Aktivitätsverhalten, die sog. zyklische interdigestive Motilität. In Gegenwart nutritiver Stimuli, physiologischerweise also nach Ingestion einer Mahlzeit, wird eine kontinuierliche motorische Aktivität im Dünndarm induziert, die sog. digestive Motilität.

Digestive Motilität (Fed pattern)

Nach Einnahme einer Mahlzeit findet sich eine gleichförmige, während der gesamten postprandialen Periode anhaltende Folge unregelmäßig frequenter und starker Kontraktionen. Charakteristisch für die digestive Motilität ist das gleichzeitige Bestehen propagierter (peristaltischer) Kontraktionen sowie segmentierende (d. h. gleichzeitig an verschiedenen Darmabschnitten auftretende) Kontraktionen. Diese Mischung aus Segmentation und Peristaltik bewirkt eine optimale Verteilung des Lumeninhalts über die resorbierende Mukosa sowie einen allmählichen aboralen Transit.

Die Induktion und Aufrechterhaltung dieses digestiven Motalitätsmusters erfolgt durch hormonale und extrinsisch-vagale Mechanismen (in Antwort auf luminale nutritive Reize). Das enterische Nervensystem alleine kann diese motorische Aktivität nicht regulieren [21].

Interdigestive Motilität

Die Nüchternmotilität ist durch ein periodisches Grundmuster gekennzeichnet. Sequentiell folgen aufeinander Phasen der motorischen Inaktivität (Phase I), der unregelmäßig segmentierenden Aktivität (Phase II) und eine kurze Phase regelmäßiger, peristaltischer Aktivität (Phase III). Die Gesamtlänge eines kompletten Zyklus liegt beim Menschen zwischen 90 und 120 Minuten, wobei allerdings eine große individuelle Schwankungsbreite besteht [5]. Von großer Bedeutung ist, daß die zyklische Motilität von periodischen Änderungen der sekretorischen Aktivität der Verdauungsdrüsen begleitet wird [4, 10, 20]. Die zyklische Nüchternmotilität ist eine autonome Leistung des enterischen Nervensystems; allerdings werden einzelne Phasen des Zyklus durch extrinsisch-nervale Einflüsse, insbesondere durch vagalcholinerge sowie wahrscheinlich durch zirkulierende Peptidhormone (z. B. Motilin) moduliert [10, 14]; darüber hinaus gibt es Hinweise, daß auch die Koppelung der interdigestiven Motilität des Magens an die des Dünndarms von einer intakten extrinsischen Innervation abhängig ist.

Die zyklische Nüchternmotilität kann durch ihre Koppelung an die verstärkte Sekretion der Verdauungsdrüsen die Entleerung des Magens und des Dünndarms von Fremdkörpern und unverdaulichen Nahrungsschlacken bewirken, indem diese aufgeschwemmt und durch die kräftige propulsive motorische Aktivität nach aboral bis ins Kolon transportiert werden [2]. Diese mechanische Komponente der Reinigung wird durch die enzymatische Aktivität der Verdauungssekrete weiter gefördert. Im Dünndarm stellt die motorisch-sekretorische Nüchternaktivität einen der wesentlichen Faktoren dar, die einer bakteriellen Besiedelung des Lumens entgegenwirken; entsprechend werden solche Fehlbesiedelungen bei Störungen der zyklischen Nüchternaktivität gehäuft beobachtet [19].

Funktionsstörungen des ENS am Beispiel der intestinalen Pseudoobstruktion

Zahlreiche Ursachen können zu einer Funktionsstörung des enterischen Nervensystems mit resultierender Beeinträchtigung der normalen Dünndarmmotilität führen; um ein besonders ausgeprägtes Beispiel handelt es sich bei der intestinalen Pseudoobstruktion [7].

Folge der enterischen Regulationsstörung ist ein Verlust der normalen Motilitätsmuster, d. h. geordneter peristaltischer oder segmentierender Kontraktionen oder des migrierenden motorischen Komplexes im Nüchternzustand. Als Konsequenzen ergeben sich Transitstörungen bis hin zum Vollbild der Pseudoobstruktion. Dieses Krankheitsbild ist klinisch definiert durch chronische Symptome der intestinalen Passagebehinderung mit dem intermittierenden klinischen Bild eines akuten mechanischen Ileus, ohne daß eine mechanische Obstruktion vorliegt. Das Syndrom kann sekundär auf dem Boden unterschiedlicher Störungen entstehen; eine der häufigsten Pathomechanismen bei der sog. idiopathischen Pseudoobstruktion ist eine Funktionsstörung des enterischen Nervensystems.

Klinisch im Vordergrund stehen Übelkeit und Erbrechen sowie Abdominalschmerzen und Distension. Darüber hinaus haben die meisten Patienten Stuhlunregelmäßigkeiten mit Durchfall mit oder ohne paradoxe Diarrhöen. Typischerweise besteht eine verzögerte Dünndarmphase sowie gleichzeitig Zeichen einer bakteriellen Fehlbesiedlung des Dünndarms.

In vielen Fällen finden sich im transmuralen Dünndarmbiopsat charakteristische Veränderungen, die auf die Pathomechanismen auf der Ebene des ENS hinweisen. Gelegentlich finden sich Degenerationen der enterischen Plexus. In Silberfärbungen lassen sich dann auch weniger augenfällige Alterationen nachweisen: Die Neurone des enterischen Nervensystems sind teilweise rarifiziert und verdickt; teilweise weisen sie ein abnormes Anfärbungsmuster auf. Es finden sich perinukleäre Ringe ungefärbten Zytoplasmas sowie teilweise axonale Unregelmäßigkeiten. Darüber hinaus bestehen mitunter Proliferationen der Schwann-Zellen. Ungewiß ist allerdings, ob es sich hierbei um ursächliche oder reaktive Veränderungen handelt [9, 15].

Klinisch läßt sich die intestinale Pseudoobstruktion im akuten Anfall nicht von einer mechanischen Obstruktion unterscheiden. Die Diagnose kann im Intervall aber recht zuverlässig durch die charakteristischen Veränderungen einer manometrischen Dünndarmmotilitätsuntersuchung gestellt werden. Hierbei läßt sich das Krankheitsbild nicht nur von der lavierten mechanischen Obstruktion abgrenzen, sondern es ist möglich, auch Hinweise auf den Pathomechanismus zu finden: Liegt ursächlich eine primäre Schädigung der glatten Muskulatur vor, wie sie bei viszeralen Neuropathien oder in Spätstadien der Sklerodermie oder der Amyloidose vorkommen, finden sich manometrisch schwache oder völlig fehlende Kontraktionen, wobei die Koordination noch teilweise erhalten sein kann (myogene Form der intestinalen Pseudoobstruktion).

Bei der häufigeren neurogenen Form der intestinalen Pseudoobstruktion, die eine normale Muskulatur, aber eine krankhafte Regulation auf dem Boden der Störung des enterischen Nervensystems aufweist, finden sich kräftige Kontraktionen, die allerdings ein gestörtes Muster aufweisen. So lassen sich unkoordinierte Kontraktionssalven, eine pathologische Propagation des migrierenden motorischen Komplexes mit simultanem Auftreten in mehreren Darmabschnitten oder retrograder Ausbreitung nachweisen. Ein solches Bild findet sich typischerweise bei noch intakter glatter Muskulatur, also normaler Kontraktionskraft, aber gestörter enterischer Innervation, z. B. auf dem Boden viszeraler Neuropathien, Diabetes mellitus, in den Frühstadien der Sklerodermie oder der Amyloidose [3, 17, 20].

Zusammenfassung

Das enterische Nervensystem spielt eine zentrale Rolle bei der Regulation der intestinalen Motilität. Es reguliert teilweise eigenständig, teilweise unter modulatorischem Einfluß der extrinsischen Innervation des Darmes sowie der Einwirkung von gastrointestinalen Hormonen die komplexen physiologischen Motilitätsmuster sowohl postprandial als auch im Nüchternzustand. Erkrankungen oder Funktionsstörungen des enterischen Nervensystems bewirken ein pathologisches Motilitätsverhalten mit teilweise gravierenden klinischen Auswirkungen bis hin zum Vollbild der intestinalen Pseudoobstruktion.

Literatur

1. Benham CD, Bolton DR, Lang RJ (1985) Acetylcholine activates an inward current in single mammalian smooth muscle cells. Nature 316: 345
2. Code CF, Schlegel JF (1973) The gastrointestinal housekeeper, motor correlates of the interdigestive myoelectric complex of the dog. In: Daniel EE (ed) Proc 4th Int Symp on Gastroenterology motility. Mitchell Press, Vancouver, pp 631–634
3. Colemont LJ, Camilleri M (1989) Chronic intestinal pseudo-obstruction: diagnosis and treatment. Mayo Clin Proc 64: 60–70
4. DiMagno EP, Hendricks JC, Go VLW, Dozois RR (1979) Relationship aming canine fasting pancreatic and biliary secretions, pancreatic duct pressure, and duodenal phase II motor activty – Boldyreff revistied. Dig Dis Sci 24: 689–693
5. Fleckenstein P (1978) Migrating electrical spike activity in the fasting human small intestine. Am J Dis 23: 769
6. Furness JB, Bornstein JC, Murphy R, Pompolo S (1992) Roles of peptides in transmission in the enteric nervous system. TINS 15: 66–71
7. Greydanus MP, Camilleri M (1989) Abnormal postcibal antral and small bowel motility due to neuropathy or myopathy in systemic sclerosis. Gastroenterology 96: 110–115
8. Hoffmann HH, Schnitzlein NN (1969) The number of vagus nerves in man. Anat Rec 139: 429–43500000
9. Krishnamurthy S, Schuffler MD (1987) Pathology of neuromuscular disorders of the small intestine and colon. Gastroeneterology 93: 610–639

10. Layer P, Chan ATH, Go VLW, DiMagno EP (1988) Human pancreatic secretion during phase II antral motility of the interdigestive cycle. Am J Physiol 254: G249–G253
11. Mitra R, Morad M (1985) Ca^{2+} and Ca^{2+}-activated K^+ currents in mammalian gastric smooth muscle cells. Science 229: 269
12. Publicover NG, Sanders KM (1985) Myogenic regulation of propagation in gastric smooth muscle. Am J Physiol 248: G512
13. Sarna SK, Daniel EE, Klingma YJ (1971) Stimulation of slow-wave electrical activity of small intestine. Am J Physiol 221: 166
14. Sarna SK (1985) Cyclic motor activity; migrating motor complex. Gastroenterology 89: 894
15. Schuffler MD (1981) Neuromuscular disorders and intestinal pseudoobstruction. In: Gitnick G et al. (eds) Principles and practice of gastroenterology and hepatology. pp 317–332
16. sims SM, Singer JJ, Walsh JV (1985) Cholinergic agonists suppress a protassium current in freshly dissociated smooth muscle cells of the toad. J Physiol (Lond) 367: 503
17. Stanghellini V, Camilleri M, Malagelada JR (1987) Chronic idiopathic pseudoobstruction: clinical and intestinal manometric findings. Gut 28: 5–12
18. Tomita T (1981) Electrical activity (spikes and slow waves) in gastrointestinal smooth muscles. In: Bülbring E, Brading A, Jones AW, Tomita T (eds). Smooth muscle: An assessment of current knowledge. Austin, Univ Texas Press, pp 127–156
19. Vantrappen G, Janssens J, Hellemans J, Ghoos Y (1977) The interdigestive motor complex of normal subjects and patients with bacterial overgrowth of the small intestine. J Clin Invest 59: 1158–1166
20. Vantrappen G, Peeters TL, Janssens J (1979) The secretory component of the interdigestive migrating motor complex in man. Scand J Gastroent 14: 663–667
21. Weisbrodt NW (1987) Motility of the small intestine. In: Johnson LR (ed) Physiology of the gastrointestinal tract. Raven Press, New York pp 631–664

Motilität und Sekretion

M. Katschinski

Einleitung

Zwischen den motorischen und sekretorischen Funktionen des Gastrointestinaltraktes bestehen enge Wechselwirkungen. Es liegt nahe, daß Störungen dieser Interaktion bei Erkrankungen des Verdauungstrakts pathogenetisch wirksam sind.

Im interdigestiven (nüchternen) Zustand, bei zephaler und cholinerger Stimulation sind antroduodenale Motilität und gastropankreatische Sekretion gekoppelt. Dieses Muster wird durch neurale und hormonale Faktoren reguliert. Nahrungszufuhr unterbricht das zyklische interdigestive Muster, Motilität und Sekretion werden divergent stimuliert. Erste Daten zur Interaktion von Motilität und Sekretion bei Erkrankungen des Gastrointestinaltrakts beziehen sich vor allem auf die chronische Pankreatitis und das Ulkus duodeni.

Wegen Speziesunterschieden in der Regulation von Motilität und Sekretion dürfen am Tiermodell gewonnene Ergebnisse nicht automatisch auf den Menschen übertragen werden. Diese Übersicht bezieht sich ausschließlich auf Physiologie und Pathophysiologie des Menschen.

Interdigestive Phase

Im interdigestiven Zustand sind Motilität und Sekretion gekoppelt und zyklisch organisiert: In jedem Zyklus folgen eine Ruhephase (Phase I), eine Phase mittlerer Aktivität (Phase II) und eine Phase hoher Aktivität (Phase III) von Motilität und Sekretion aufeinander [1]. Die interdigestive Phase besteht aus einer Abfolge solcher Zyklen. Die Länge der Zyklen zeigt eine beachtliche interindividuelle Variabilität: Sie beträgt im Mittel 120 min. Die Pankreassekretion erreicht ihren Gipfel in der späten Phase II, Magensäure- und Bikarbonatsekretion sind maximal während der Phase III. Die physiologische Bedeutung der motorischen und sekretorischen Peaks vor und während der Phase III ist, unverdauliche Inhaltsstoffe im Gastrointestinaltrakt nach distal zu befördern.

Die Phase II ist die längste interdigestive Phase. Innerhalb dieser Phase schwanken Magensäure-, Bikarbonat- und Pankreasenzymsekretion parallel zur Kontraktionstätigkeit in Antrum und Duodenum [2, 3]. Es existiert also auch in der Phase II eine Kopplung von Motilität und Sekretion.

Wie werden interdigestive Motilität und Sekretion reguliert? Motilin ist an der Induktion der Phase III beteiligt: Die Plasmaspiegel von Motilin schwanken zyklisch mit einem Minimum in der Phase I und maximalen Werten in der späten Phase II. Die intravenöse Infusion von Motilin löst eine vorzeitige Phase III aus [4]. Die Bedeutung von Motilin in Relation zum cholinergen neuralen Input ist ungeklärt. Die gekoppelten Fluktuationen von Motilität und Sekretion in der Phase II sind nicht mit gleichgerichtet schwankenden Plasmaspiegeln von Motilin assoziiert [2], so daß Motilin hier offensichtlich nicht regulatorisch wirkt. Erst wenn spezifische Motilinrezeptorantagonisten verfügbar sind, wird die regulatorische Bedeutung von Motilin wirklich geklärt werden können.

Der cholinerge neurale „Input" ist der entscheidende Regulator der interdigestiven Motilität und Sekretion. Diese These wird zunächst dadurch gestützt, daß die Plasmaspiegel des Pankreatischen Polypeptids (PP), eines humoralen Markers des cholinergen Tonus, den zyklischen Schwankungen von Motilität und Sekretion unterworfen sind: Die Plasmaspiegel sind minimal in Phase I und gipfeln in Phase III [3]. Auch innerhalb der Phase II besteht eine Korrelation zwischen Aktivität von Motilität und Sekretion einerseits und Höhe der PP-Spiegel andererseits [2, 3]. Noch bedeutsamer ist, daß der muskarinerge Antagonist Atropin das zyklische interdigestive Muster aufhebt, Motilität und Sekretion entkoppelt und Phasen III unterdrückt [5–7].

Neben diesem dominanten Regulator modulieren der α-adrenerge Tonus und das endogene CCK interdigestive Motilität und Sekretion. Ein α-Rezeptor-Antagonist [8] und ein CCK-Rezeptor-Antagonist [5] durchbrechen nicht das zyklische interdigestive Muster. Jedoch steigert der α-Rezeptor-Antagonist die interdigestive Pnkreasekretion (Abb. 1), das sympathische Nervensystem wirkt also über α-Rezeptoren als hemmender Modulator der interdigestiven Enzymsekretion [8]. CCK-Rezeptor-Blockade verlängert die Phase I und verkürzt die Phase II, die interdigestive Pankreassekretion wird gehemmt (Abb. 2) [9, 10]. Das endogene CCK wirkt als Neuromodulator oder hormonal über seine basal zirkulierenden Spiegel auf die Länge der Phasen I und II und stimuliert die interdigestive Enzymsekretion.

Zephale Stimulation

Eine Scheinfütterung über 15 min mit Riechen, Sehen und Schmecken eines Testmahls rief eine 30 min andauernde, parallele Stimulation von antroduodenaler Motilität und gastropankreatischer Sekretion hervor (Abb. 3) [11]. Dabei wurden die PP-Ausschüttung und geringer die Gastrinfreisetzung stimuliert, nicht jedoch CCK und Sekretin freigesetzt (Abb. 4). Phasen III wurden durch die Scheinfütterung unterdrückt (Abb. 5). Der cholinerge neurale Input ist der dominante Regulator der zerephalen Phase der antroduodenalen Motilität und gastropankreatischen Sekretion: Der Muskarinrezeptorantagonist Atropin hemmt die zephale Stimulation von Motilität und Sekretion sowie die PP-Freisetzung komplet (Abb. 6 und 7). Obwohl es nicht meßbar in die Zirkulation freigesetzt wurde, war CCK am ehesten als Neuromodulator an der gastrointestinalen Antwort auf die Scheinfütterung beteiligt: Der CCK-Rezeptorantagonist Loxiglumid hemmte die antrale Motilität

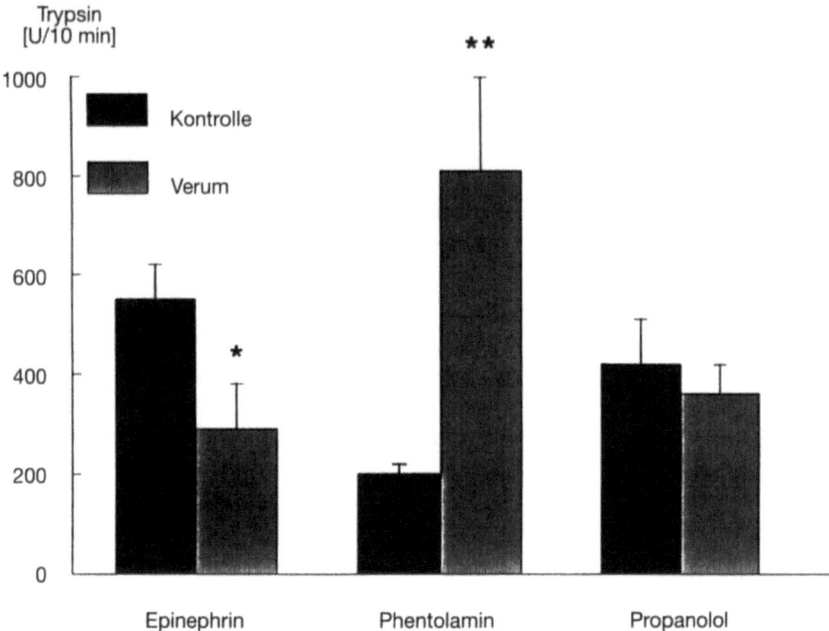

Abb. 1. Adrenerge Modulation der interdigestiven Pankreassekretion. die *linke Säule* jedes Paares gibt die Trypsinsekretion ohne Gabe des adrenergen Agonisten oder Antagonisten an, die *rechte Säule* jedes Paares zeigt die Trypsinsekretion unter Epinephrin, Phentolamin oder Propanolol. Mittelwert ± SEM. *p < 0,05, **p < 0,01 vs. Kontrolle. (Nach [8])

(Abb. 6 und 7) und die PP-Freisetzung (Abb. 4), er hob die Unterdrückung der Phasen III auf (Abb. 5).

Cholinerge Stimulation

Ansteigende Dosen des cholinergen Agonisten Bethanechol führten zu einer gekoppelten Stimulation von antroduodenaler Motilität und gastropankreatischer Sekretion [6, 7]. Dabei blieb das zyklische interdigestive Muster erhalten. Ebenso wurde die PP-Freisetzung stimuliert. Eine niedrige Dosis von Atropin mit minimalen systemischen Nebenwirkungen blockierte die cholinerge Stimulation über die ganze Breite der Dosis-Wirkungsbeziehung. Der CCK-Rezeptorantagonist Loxiglumid interferierte nicht mit der cholinergen Stimulation der antroduodenalen Motilität und Pankreassekretion. Er hemmte jedoch die PP-Freisetzung [6]. Das endogene CCK interagiert also mit dem cholinergen Agonisten an der pankreatischen PP-Zelle.

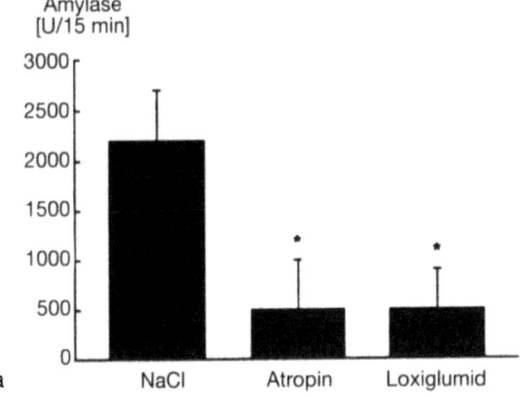
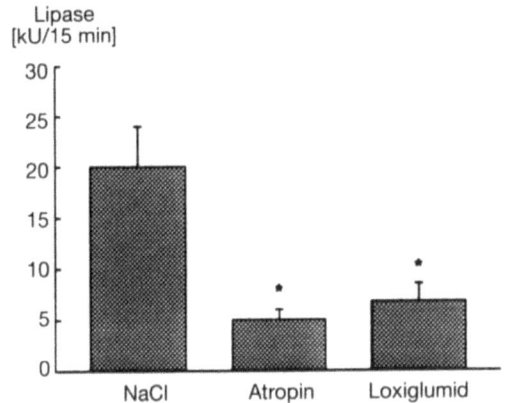
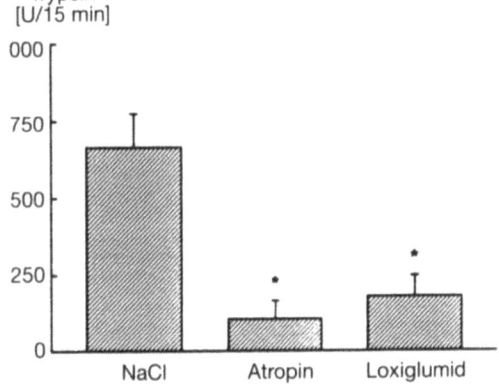

Abb. 2 a–c. Cholinerge und CCK-vermittelte Regulation der interdigestiven Pankreassekretion. Mittelwert ± SEM. *p < 0,05 vs. NaCl. Der Muskarinrezeptorantagonist Atropin und der CCK-Rezeptorantagonist Loxglumid hemmen die interdigestive Sekreuion von Amylase (**a**), Lipase (**b**) und Trypsin (**c**) gleich stark. (Nach [10])

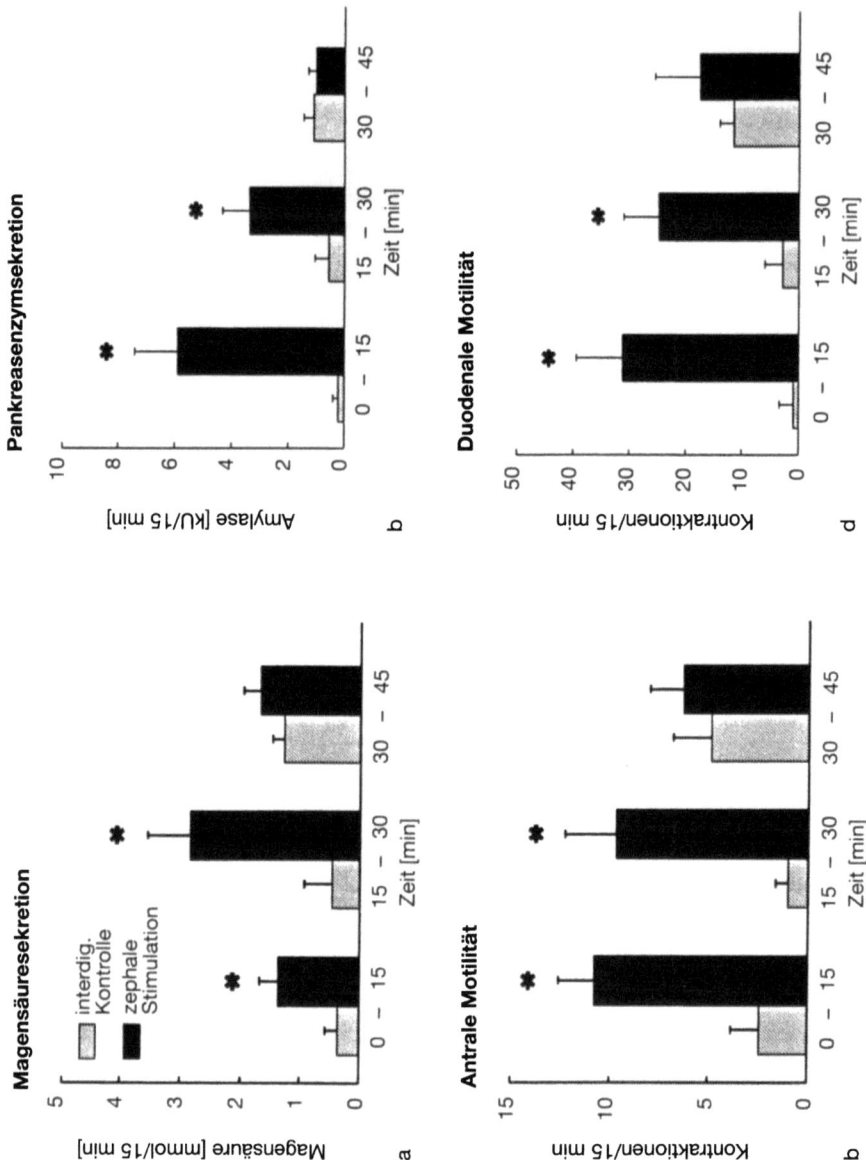

Abb. 3 a–d. Zephale Stimulation der gastropankreatischen Sekretion (**a, b**) und antroduodenalen Motilität (**c, d**). Die *linken Säulen* jedes Paares geben die interdigestive Sekretion bzw. Motilität ohne Scheinfütterung an, die *rechten Säulen* zeigen Sekretion bzw. Motilität nach Scheinfütterung über 15 min. Die Scheinfütterung (0–15 min) erfolgte 45 min nach dem Ende einer Phase III. Mittelwert ± SEM. *p < 0,05 vs. interdigestive Kontrolle. (Nach [11])

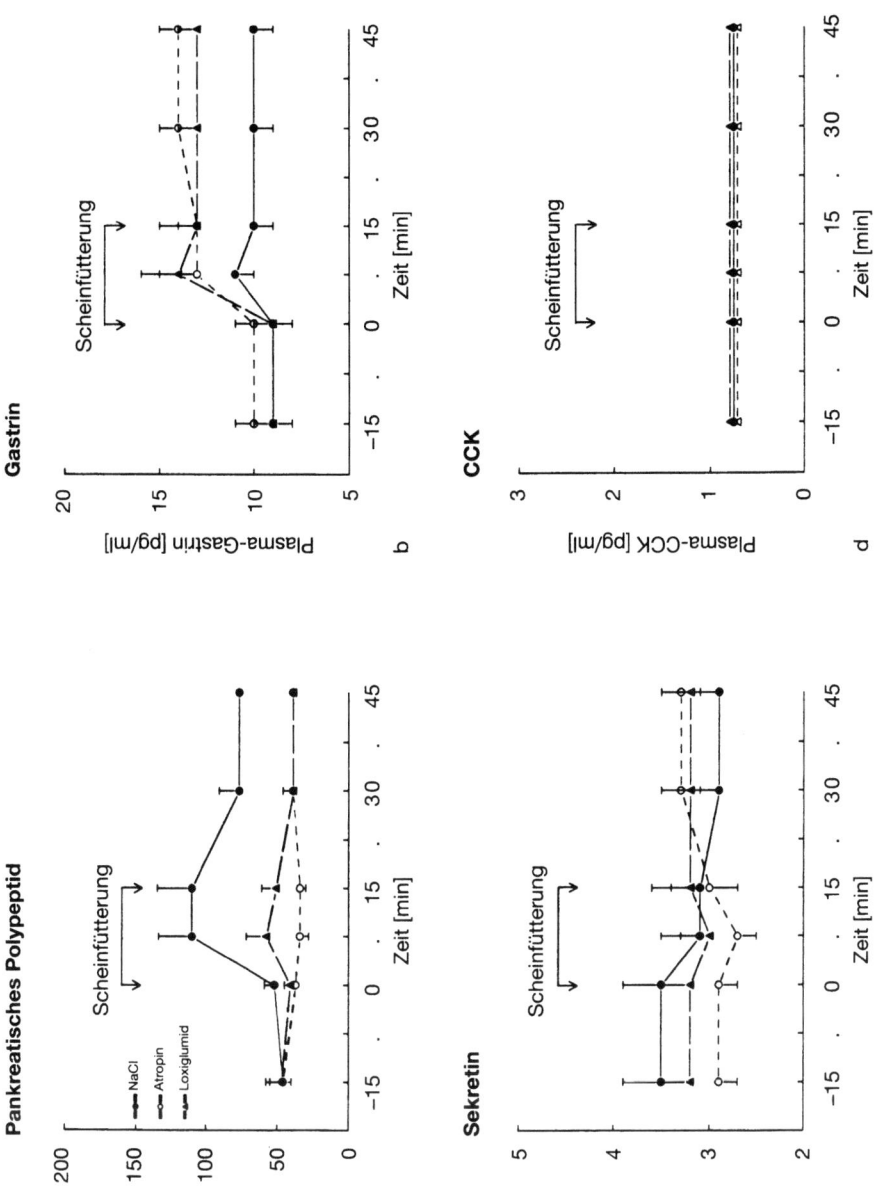

Abb. 4 a–d. Zephale Phase der Freisetzung regulatorischer Peptide. Die Scheinfütterung setzt signifikant PP und gering Gastrin frei. Atropin beseitigt die zephale Stimulation der PP-Freisetzung und stimuliert die Gastrinausschüttung. Der CCK-Rezeptorantagonist Loxiglumid hemmt die PP-Freisetzung und stimuliert die Gastrinausschüttung. Mittelwert ± SEM. (Nach [11])

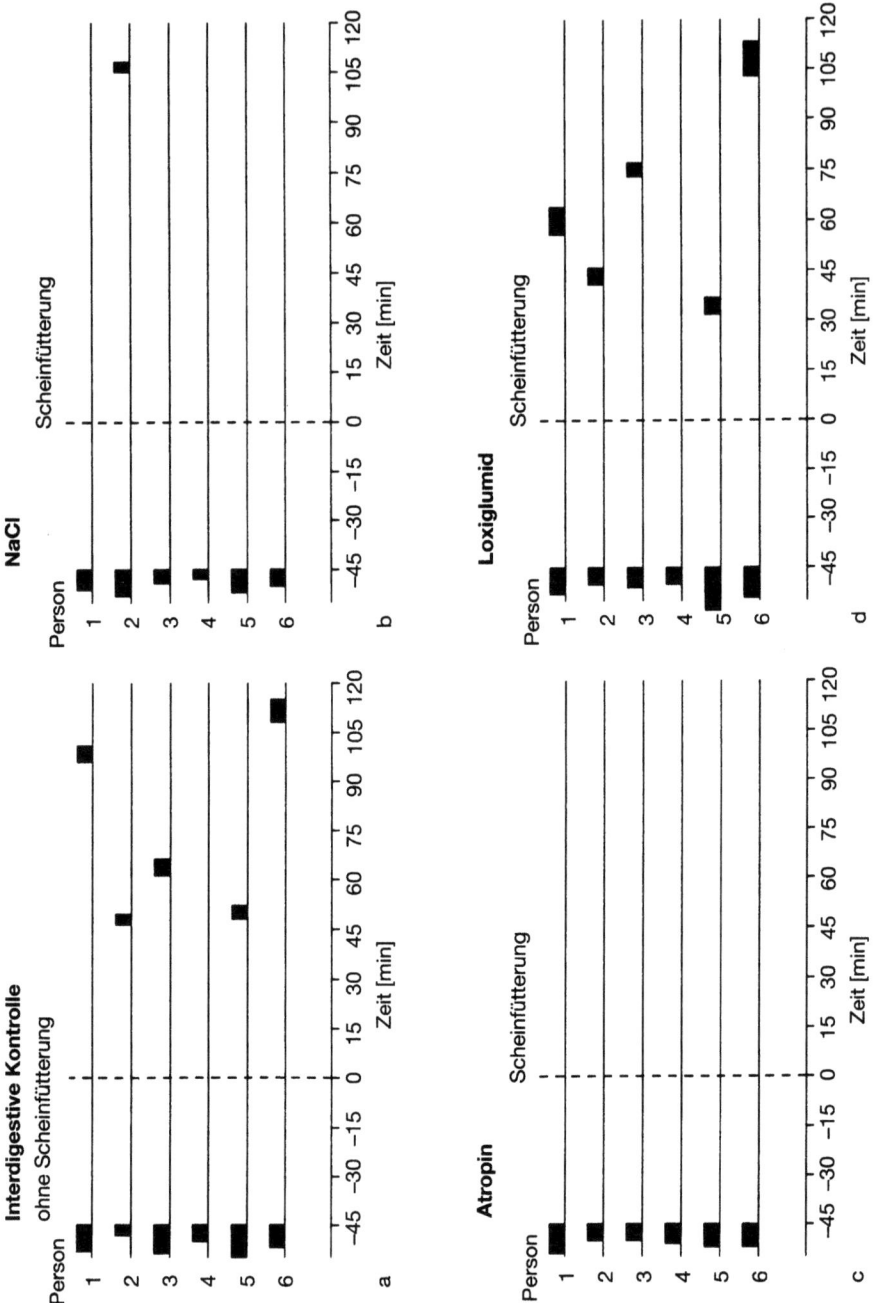

Abb. 5 a–d. Die zephale Stimulation unterdrückt das Auftreten von Phasen III. Nach Scheinfütterung ist die Zeit bis zum Wiederauftreten der nächsten Phase III deutlich verzögert gegenüber dem interdigestiven Zyklus ohne Scheinfütterung (**b**). Atropin beseitigt das Auftreten von Phasen III.- (**c**). Der CCK-Rezeptorantagonist Loxiglumid hebt die Suppression der Phase III nach Scheinfütterung auf (**d**). (Nach [11])

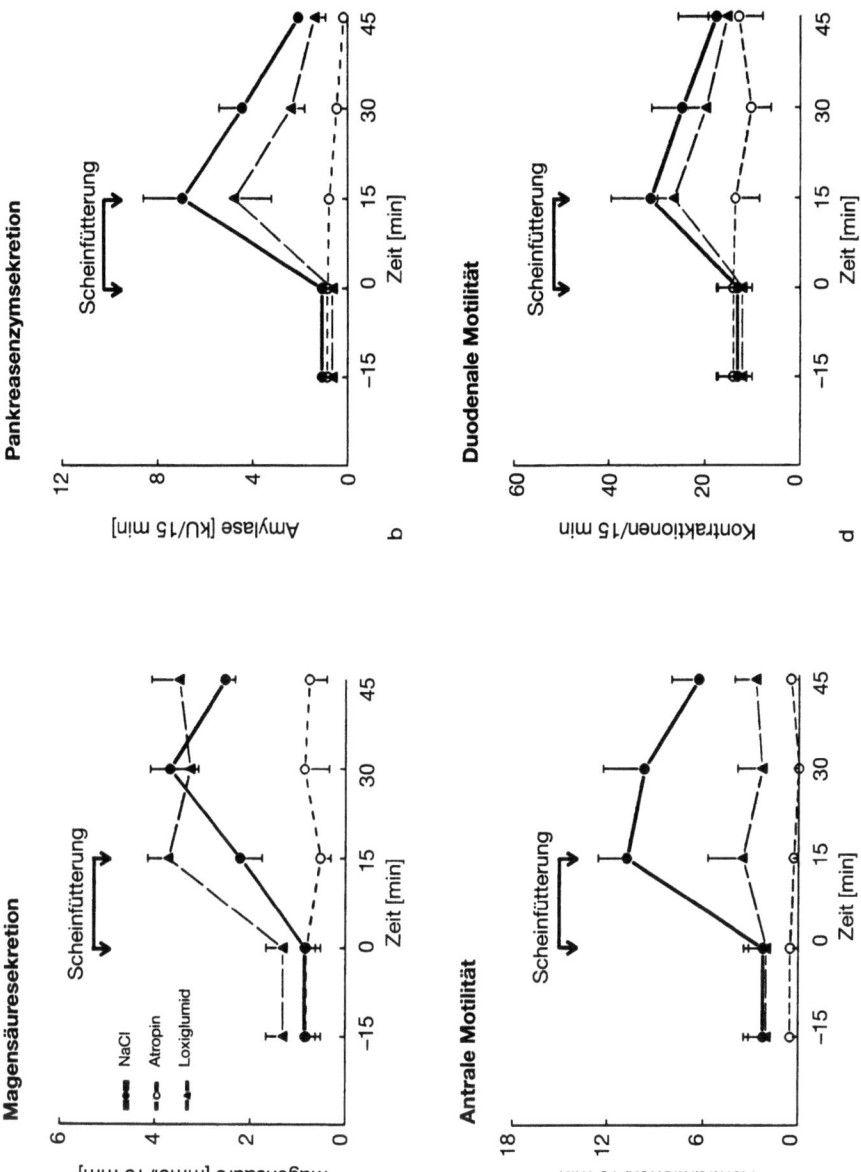

Abb. 6 a–d. Regulation des zephal stimulierten Musters gastropankreatischer Sekretion (**a, b**) und antroduodenaler Motilität (**c, d**). Mittelwert ± SEM. Atropin beseitigt die zephale Stimulation von Motilität und Sekretion komplett. Loxiglumid hemmt die zephale Stimulation der Antrummotilität. (Nach [11])

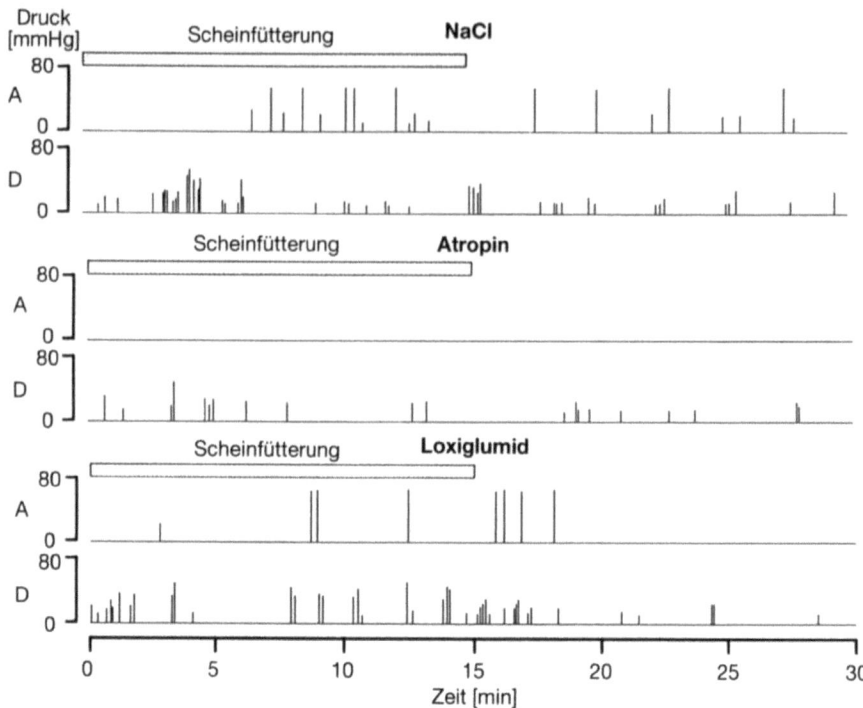

Abb. 7. Zeit-Amplituden-Plot der zephal stimulierten antroduodenalen Motilität eines Probanden. Jeder *Strich* gibt Zeitpunkt und Amplitude der jeweiligen Kontraktion an. 15 min während und 15 min nach Scheinfütterung sind dargestellt. Atropin hemmt im Antrum (*A*) komplett und im Duodenum (*D*) deutlich. Loxiglumid hemmt im Antrum, dagegen nicht im Duodenum. (Nach [11])

Intestinale Phase

Eine Mahlzeit unterbricht das interdigestive Muster. In der intestinalen, der bedeutsamsten postprandialen Phase, reagieren Rezeptoren der duodenalen Mukosa auf pH-Wert, Osmolalität und Lipidzusammensetzung der Ingesta. Die intestinale Perfusion einer fettreichen, flüssigen Testmahlzeit, die die physiologische Magenentleerung imitiert, stimuliert deutlich die Pankreassekretion [10]. Dagegen wird die Kontraktionstätigkeit im Antrum und initial auch im Duodenum gehemmt, nur die isolierten pylorischen Kontraktionen werden konstant stimuliert [12, 13]. In der intestinalen Phase werden also Motilität und Pankreassekretion nicht gekoppelt stimuliert.

Motilität und Sekretion bei gastrointestialen Erkrankungen

Zu Kopplung und Interaktion pathologisch veränderter motorischer und sekretorischer Funktionen liegen weitaus weniger Daten aus. In dieser Übersicht werden erste Befunde zur chronischen Pankreatitis und zum Ulcus duodeni diskutiert.

In einer Studie an 14 Patienten mit chronischer alkoholtoxischer Pankreatitis war die Dauer des interdigestiven Gesamtzyklus im Antrum gegenüber gesunden Kontrollen verlängert; dieses Phänomen beruhte auf einer verlängerten Phase II, während die Dauer der Phase I verkürzt war [14]. Das zyklische interdigestive motorische Muster blieb aber erhalten. Somit scheint das Pankreas kein wesentlicher Regulator dieses Musters zu sein. Jedoch waren 50 % der motorischen Phasen III nicht mit sekretorischen Peaks assoziiert, dies deutet auf eine gestörte Koordination von interdigestiver Motilität und Sekretion bei der chronischen Pankreatitis hin [15].

Patienten mit floridem Ulcus duodeni und gesteigerter Säuresekretion zeigten gegenüber Gesunden einen längeren interdigestiven Zyklus und eine kürzere Phase III [16]. Duodenale Perfusion von $NaHCO_3$ und H_2-Rezeptorantagonisten beseitigten das veränderte interdigestive Motilitätsmuster bei den Ulkuspatienten [16, 17]. Die gastrale Säuresekretion beeinflußt also das zyklische interdigestive Muster. Die geringere Frequenz und kürzere Dauer von Phasen III reduzierte den Säuretransport aus dem gastroduodenalen Segment nach distal und könnte zu Ulzera prädisponieren.

Gastrointestinale Motilität und Sekretion werden durch ein komplexes Zusammenspiel mukosaler, humoraler, neuraler und myogener Faktoren reguliert, zusätzlich interagieren sie miteinander. Es ist einleuchtend, daß Störungen dieser Interaktionen zu klinisch manifesten Symptomen führen. Die relative Bedeutung individueller Defekte in diesem Gefüge ist jedoch noch nicht definiert.

Zusammenfassung

Die motorischen und sekretorischen Funktionen des Gastrointestinaltrakts sind eng miteinander verknüpft. In dieser Übersicht werden Kopplung und Interaktionen antroduodenaler Motilität und gastropankreatischer Sekretion beim Menschen diskutiert.

Im nüchternen (interdigestiven) Zustand sind Motilität und Sekretion gekoppelt und zyklisch organisiert. In jedem Zyklus folgen eine Ruhephase (Phase I), eine Phase mittlerer Aktivität (Phase II) und eine Phase hoher Aktivität (Phase III) von Motilität und Sekretion aufeinander. Auch innerhalb der Phase II, der längsten Phase, fluktuiert die gastropankreatische Sekretion parallel zur Kontraktionstätigkeit in Antrum und Duodenum. Der cholinerge neurale „Input" ist der übergeordnete Regulator des interdigestiven Musters gekoppelter Motilität und Sekretion. Darüber hinaus modulieren das sympathische Nervensystem (über α-Rezeptoren) und CCK die interdigestive Motilität und Sekretion.

Zephale Reize führen zu einer gekoppelten Stimulation von gastropankreatischer Sekretion und antroduodenaler Motilität. Dabei wird das Auftreten von Phasen III supprimiert. Der cholinerge „Input" ist der entscheidende Regulator, CCK wirkt modulierend, insbesondere bei der Unterdrückung der Phase III.

Nahrungszufuhr unterbricht das interdigestive Muster. In der intestinalen Phase werden Motilität und Sekretion nicht gekoppelt stimuliert; Pankreassekretion, pylorische und duodenale Motilität werden gesteigert, die Antrummotilität gehemmt.

Erste Befunde zur Interaktion von Motilität und Sekretion bei Erkrankungen zeigen, daß das zyklische interdigestive Muster bei der chronischen Pankreatitis erhalten bleibt, aber die Koordination von Motilität und Sekretion beeinträchtigt ist. Patienten mit Ulcus duodeni und Säurehypersekretion haben weniger und kürzere Phasen III.

Literatur

1. Vantrappen GR, Peeters TL, Janssens J (1979) The secretory component of the interdigestive migrating motor complex in man. Scand J Gastroenterol 14: 663–667
2. Layer P, Chan ATH, Go VLW, DiMagno EP (1988) Human pancreatic secretion during phase II antral motility of the interdigestive cycle. Am J Physiol 254: G249–G253
3. Katschinski M, Schirra J, Dahmen G et al. (1992) Coupling of interdigestive gastropancreatic secretion and antroduodenal motility in man: vagal-cholinergic vs hormonal regulation. Digestion 53: 95–96 (Abstract)
4. Vantrappen G, Janssens J, Peeters TL et al (1979) Motilin and the interdigestive migrating motor complex in man. Dig Dis Sci 24: 497–500
5. Katschinski M, Langbein S, Dahmen G et al. (1992) Die Regulation der interdigestiven antroduodenalen Motilität des Menschen durch das cholinerge Nervensystem und Cholecystokinin. Z Gastroenterol 30: 638 (Abstract)
6. Katschinski M, Steinicke C, Dahmen G et al. (1991) Cholinergic stimulation of upper gastrointestinal secretion and motility in man: effects of muscarinic and CCK receptor blockade. Gastroenterology 100: A278 (Abstract)
7. Layer P, Chan ATH, Go VLW et al. (1987) Is motilin or cholinergic tone required for cyclic interdigestive pancreatic secretion in humans? Gastroenterology 92: 1495 (Abstract)
8. Layer PH, Chan ATH, Go VLW et al. (1992) Adrenergic modulation of interdigestive pancreatic secretion in humans. Gastroenterology 103: 990–993
9. Adler G, Reinshagen M, Koop I et al. (1989) Differential effects of atropine and a cholecystokinin receptor antagonist on pancreatic secretion. Gastroenterology 96: 1158–1164
10. Adler G, Beglinger C, Braun U et al. (1991) Interaction of the cholinergic system and cholecystokinin in the regulation of endogenous and exogenous stimulation of pancreatic secretion in humans. Gastroenterology 100: 537–543
11. Katschinski M, Dahmen G, Reinshagen M et al. (1992) Cephalic stimulation of gastrointestinal secretory and motor responses in humans. Gastroenterology 103: 383–391
12. Katschinsky M (1993) Die intestinale Phase der antro-pyloro-duodenalen Motilität des Menschen wird durch das cholinerge Nervensystem und CCK reguliert. Wissenschaftstreffen des Arbeitskreises Gastrointestinale Motilität
13. Edelbroek M, Horowitz M, Fraser R et al. (1992) Adaptive changes in the pyloric motor response to intraduodenal dextrose in normal subjects. Gastroenterology 103: 1754–1761
14. Pieramico O, Lorch R, Friess H et al. (1990) Beeinflußt die Erkrankung des Pankreas die gastrointestinale Motilität? Z Gastroenterol 28: 514 (Abstract)
15. Pieramico O. Dominguez-Munoz JE, Büchler M et al. (1992) Are interdigestive intestinal motility, pancreatic secretion and pancreatic polypeptide (PP) release coordinated events in chronic pancreatitis (CP)? Digestion 52: 113 (Abstract)
16. Bortolotti M, Pinotti R, Sarti P, Barabara L (1989) Interdigestive gastroduodenal motility in patients with active and inactive ulcer disease. Digestion 44: 95–100
17. Bortolotti M (1989) Interdigestive gastroduodenal motility in duodenal ulcer: role of gastric acid hypersecretion. Am J Gastroenterol 84: 17–21

Wechselwirkungen von Motilität und Bakterien im Magen-Darm-Trakt

H. Ruppin

Obstipation und Diarrhö sind extreme Funktionszustände des Gastrointestinaltraktes, bei denen die Motilität des Darmes eine wesentliche pathogenetische Rolle spielt. Infektionskrankheiten des Dünn- und Dickdarmes sind die häufigsten Ursachen akuter Durchfälle [1], [14]. Die auslösenden meist bakteriellen Erreger rufen eine Reihe verschiedener Funktionsstörungen hervor:

- Stimulation der Sekretion und/oder Hemmung der Absorption von Elektrolyten und Wasser durch die Darmschleimhaut: dies ist der bekannteste pathogenetische Vorgang [8].
- Steigerung der propulsiven Motilität oder Reduktion retardierender stationärer Motilität von Dünn- und Dickdarm mit konsekutiver Verkürzung der intestinalen Transitzeit; diese pathophysiologischen Alterationen werden erst seit wenigen Jahren systematisch untersucht [19]. Das verwundert insofern, als ,,Motilitätshemmer", wie z. B. Loperamid, seit Jahrzehnten mit Erfolg gegen Durchfälle infektiöser und anderer Ursachen eingesetzt werden [30].
- Änderungen in Menge und Zusammensetzung der physiologischen Darmflora. Hierüber gibt es nur spärliche Angaben in der Literatur [26]. Dennoch ist die Mitwirkung der nosokomialen Bakterien bei der Entstehung oder Verhinderung von Durchfällen sehr wahrscheinlich. Dafür sprechen vor allem die häufig zu beobachtenden Antibiotika-assoziierten-Diarrhöen [20].

Dieser Beitrag beschäftigt sich mit den wechselseitigen Beziehungen zwischen bakteriellen Durchfallerregern und normaler Darmflora einerseits und der gastrointestinalen Motilität andererseits. Zum besseren Verständnis der Zusammenhänge von Motilität und intestinalem Transit beginnt er mit einem kurzen Exkurs in die Physiologie der gastrointestinalen Motilität am Beispiel des Dünndarmes, bei dem die meisten diesbezüglichen Untersuchungen gemacht worden sind.

Normale Motilität

Beim Dünndarm werden zwei grundsätzlich unterschiedliche Motilitätsmuster, nämlich das digestive und das interdigestive beobachtet. Nach der Nahrungsaufnahme tritt eine offensichtlich irreguläre Sequenz von unterschiedlich starken Kontraktionen auf. Dieses Muster bleibt während der gesamten Dauer des digestiven

Vorganges bestehen. Dauer und Kontraktionsfrequenz hängen von der Zusammensetzung der Mahlzeit ab: Fett verursacht weniger Motilität, dafür aber eine längere Dauer der digestiven Periode, als Kohlenhydrate [39].

Etwa 20 % der postprandialen Kontraktionen bewegen sich über zwei oder mehr Zentimeter distalwärts, die übrigen 80 % bleiben stationär [33]. Wenn die wandernden Kontraktionen das Lumen verschließen, wirken sie propulsiv. Nur partiell okkludierende Kontraktionen dagegen erzeugen bei ihrem Voranschreiten einen turbulenten „Jet"-Fluß durch das verengte Lumen und dienen so, wie stationäre Kontraktionen, der Durchmischung von Darminhalt [29]. Vier bis 6 Stunden nach der Mahlzeit verschwindet mit der Nahrung auch das digestive Motilitätsmuster und wird durch den wandernden Motorkomplex („migrating motor complex" *MMC*) ersetzt (Abb. 1). Jeder MMC besteht aus 3 Phasen. Phase I ist die Periode völliger motorischer Ruhe. In der Phase II treten irreguläre Kontraktionen auf, die mit zunehmender Dauer der Phase stärker und häufiger werden. Diese Periode ähnelt der postprandialen Motilität. Bei genauer Analyse, wie durch Sarna et al. geschehen [33], unterscheiden sich aber beide in Bezug auf Frequenz, Stärke und Dauer der Kontraktionen (Tabelle 1). Die Phase III besteht aus einem etwa 30 cm langen Band regelmäßiger Ringkontraktionen von maximaler Frequenz, die Aktivitätsfront. Sie beginnt im Magen, Duodenum oder Jejunum und schreitet langsam distalwärts, manchmal bis zum Zökum voran. Im proximalen Jejunum bewegt sich die Phase III mit 6 bis 8 cm/min schneller als im trägen Ileum (1–2 cm/min). Die

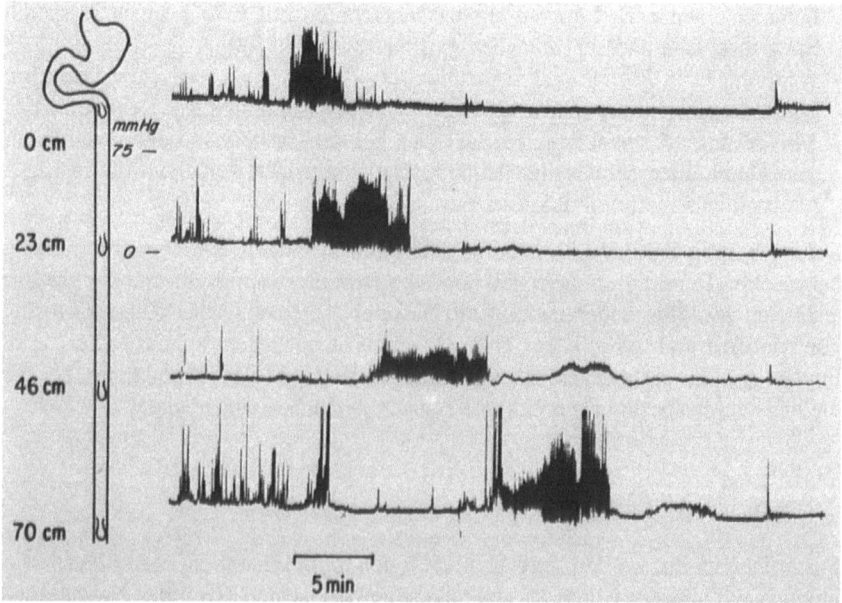

Abb. 1. Wandernder Motor-Komplex (*MMC*) bei gesundem Proband im Jejunum. Ableitung des intraluminalen Druckes an 4 Stellen mittels perfundierter Katheter. *Links* Phase II, *Mitte* Phase III (Aktivitätsfront), *rechts* Phase I.

Kontraktionsfrequenz und -stärke sowie die relative Zahl propulsiver Kontraktionen und ihre Ausbreitungsdistanz sind größer, ihre Ausbreitungsgeschwindigkeit aber geringer [33] als in der Phase II (Tabelle 1). Der gesamte Zyklus des MMC dauert 1 bis 3 Stunden, die intra- und vor allem interindividuellen Variationen sind aber sehr groß [17].

Postprandial und in der Phase II treten einzelne besonders prominente, sehr rasch und über große Distanz voranschreitende Bewegungen („individual migrating contractions" *IMC*) auf. Sie werden häufiger postprandial registriert [33] (Abb. 2, Tabelle 1). An weiteren motorischen Besonderheiten sind in der Phase II gelegentlich Kontraktionsgruppen („migrating clustered contractions" *MMC*) zu regi-

Tabelle 1. Eigenschaften jejunaler Kontraktionen in den Phasen II und III des MMC und postprandial (*nm* nicht mitgeteilt). (Nach [8])

	Amplitude [mm Hg]	Dauer [s]	Frequenz [n/min]	Wandernde Kontraktion [%]	Wanderungs- geschwindigkeit [cm/s]	Wanderungs- Distanz [cm]
Phase II	16,6[a]	5,0[b]	3,4[c]	18[c]	1,20	2,6
Phase III	19,8	4,8	11,0[c]	46[c]	0,97[d]	5,2[e]
Postprandial	19,9	3,6[b]	5,5[c]	21[c]	n. m.	2,9

Übersichtshalber nur Mittelwerte angegeben.
[a] $p < 0,05$ Phase II vs. Phase III und postprandial. [b] $p < 0,05$ postprandial vs. Phase III. [c] $p < 0,05$ Phase II vs. Phase III und postprandial, Phase III vs. postprandial; [d] $p < 0,05$ Phase III vs. Phase II. [e] $p < 0,05$ Phase III vs. Phase II und postprandial.

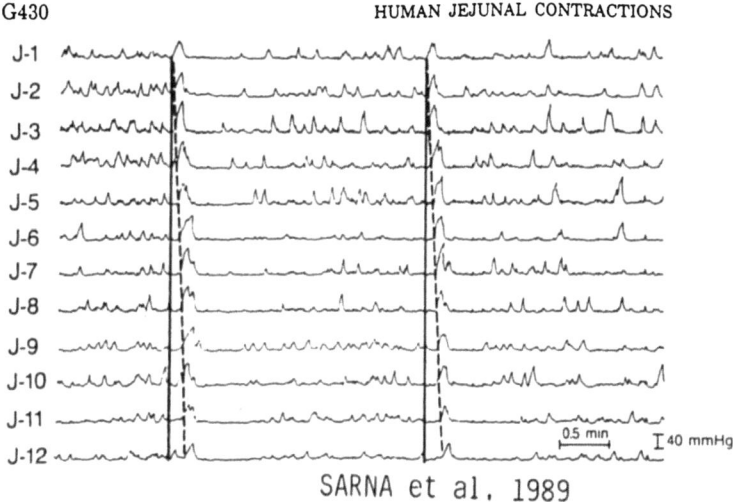

Abb. 2. Postprandiale Motilität bei gesundem Proband im oberen Jejunum. J1–J12 = Intraluminale Druckableitung in 2cm-Abständen. Zwei „individual migrating contractions" (*IMC*) wandern ohne Unterbrechung über das gesamte Meßsegment. (Aus [8])

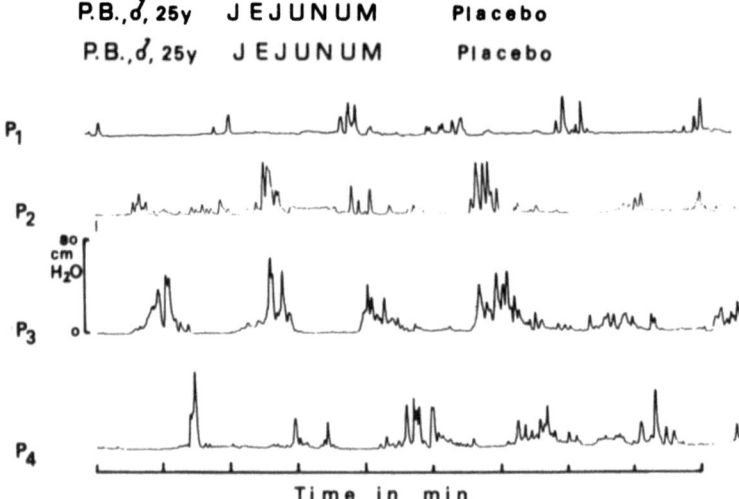

Abb. 3. Interdigestive Motilität in der Phase II des MMC bei gesundem Proband im Jejunum. P_1–P_4 = intraluminale Druckmeßstellen wie in Abb. 1. Mindestens 3 „migrating clustered contractions" (*MCC*) nahezu in Abständen von 1 min auftretend, je etwa 1 min dauernd und über 70 cm des Darmes wandernd

strieren. Sie dauern etwa 1 min und können sich auch im Minutenrhythmus wiederholen (Abb. 3). MCC bewegen sich sehr schnell über weite Strecken darmabwärts. Sie treten besonders häufig bei Patienten mit irritablem Darm und beim mechanischen Ileus auf [18, 32]. Wandernde Riesenkontraktionen („giant migrating contractions" *GMC*) werden nur selten beobachtet. Sie sind von bemerkenswert langer Dauer und Stärke und vorwiegend im distalen Dünndarm und im Kolon zu finden [17, 29]. GMC wandern mit hoher Geschwindigkeit (60 cm/min) in kaudaler Richtung. Bei Personen mit irritablem Darm verursachen sie spastische Schmerzen [18]. Sie sind als propulsive Kräfte viel stärker als alle anderen motorischen Phänomene. Im Kolon entsprechen sie den Massenbewegungen, die der Defäkation vorausgehen [32].

Zusammengefaßt kommen im Dünndarm sowohl nüchtern wie auch nach einer Mahlzeit propulsive und stationäre Kontraktionen vor. Im nüchternen Zustand scheint die Phase III die stärkste treibende Kraft zu sein. Sie ist gründlich und träge verglichen mit den schnellen aber seltenen IMC und MMCs der Phase II. Postprandial überwiegen stationäre Bewegungen, die den Darminhalt mischen und eine zu rasche Passage verhindern. Trotzdem besitzt die digestive Motorik mehr propulsive Eigenschaften als die Phase II des MMC.

Motilität und Darmflora

Die Mikroflora des Darmes besteht vermutlich aus 400 bis 500 verschiedenen Keimspezies [12]. Das Jejunum mit seiner ausgeprägten Beweglichkeit und kurzen

Transitzeit enthält viel kleinere Keimkonzentrationen mit 10^2-10^4 Mikroben pro g Darminhalt, als das träge Ileum (10^6-10^8) [9]. Im vorwiegend stehenden Koloninhalt erreicht die Keimdichte ein Maximum von $10^{10}-10^{14}$ [9]. Während der Magen infolge seines sauren Milieus nur wenige, säuretolerante Bakterien beherbergt, muß der Dünndarm das ortsständige Florawachstum durch reinigende Motorik regulieren. Das wird belegt durch krankhafte Zustände chronischer mechanischer oder funktioneller Stase des Dünndarminhaltes, bei denen regelmäßig eine bakterielle Überwucherung des Darmlumens entsteht [38]. Auch experimentell wurde der Zusammenhang zwischen der Geschwindigkeit des intestinalen Transits und der Keimzahl im Dünndarm nachvollzogen [34, 37]. Die propulsive Darmmotorik trägt also dazu bei, das mikrobielle Milieu im Darm stabil zu halten.

Andererseits ist mindestens seit den Untersuchungen von Abrams und Bishop an gnotobiotischen Labortieren bekannt, daß die Darmflora Einfluß auf die Motilität des Gastrointestinaltrakts ausübt [1]. sie zeigten, daß bei keimfreien Mäusen verglichen mit normalen Kontrolltieren Magenentleerung, Dünn- und Dickdarmtransit signifikant verzögert ablaufen. Andere Untersucher haben dasselbe Phänomen bei Ratten [10] und Hunden [11] beobachtet. Obwohl die Ursache für diesen beschleunigenden Effekt nicht bekannt ist, wird vermutet, daß sie etwas mit der Dilatation des Zökums zu tun habe [2]: keimfreie Tiere besitzen regelmäßig ein sehr großes und schlaffes Zökum, das sich nach Besiedlung des Darmes mit üblicher ortsständiger Bakterienflora wieder verkleinert. Ähnlich wie durch Besiedlung des Darmes mit der normalen Flora wird auch durch die Resektion des Zökums die vorher verlängerte Transitzeit bei keimfreien Tieren vermindert.

Mediatoren dieses Transiteffektes nosokomialer Bakterien könnten die von letzteren selbst produzierten kurzkettigen Fettsäuren (SCFA) sein [28]. Hauptvertreter dieser Gruppe von Säuren im Darminhalt sind Essigsäure (C_2), Propionsäure (C_3) und Buttersäure (C_4). Die Instillation dieser Säuren ins Ileum bewirkt propulsive Motorik in diesem Darmabschnitt beim Menschen [16] wie auch beim Hund [15]. Die intragastrale Instillation von 100 ml 3 % Essigsäure bewirkt im Dünndarm des Hundes „giant migrating contractions" [32]. Richardson et al. konnten zeigen, daß SCFA in physiologischen Konzentrationen bei intrailealer Instillation die Magen-Zökum-Transitzeit der Ratte direkt proportional zur Konzentration der Säure und umgekehrt proportional zu ihrer Kettenlänge verkürzt [28] (Abb. 4).

Diarrhöogene Bakterien und Motilität

Bakteriell induzierte Durchfälle können entweder bei intakter Darmschleimhaut auftreten oder mit einer mehr oder weniger ausgeprägten Schädigung der Mukosa einhergehen. Im ersteren Falle lösen enterotoxigene Bakterien, z. B. Vibrio cholerae oder enterotoxigene Escherichia coli mittels ihrer Enterotoxine eine wäßrige Sekretion im Darmepithel aus; im letzteren Fall dringen enteropathogene Erreger in die Schleimhaut ein und/oder produzieren nekrotisierende, zytolytische Toxine, z. B. Salmonella typhi, Shigella dysenteriae oder Camphylobacter jejuni.

John Mathias und Mitarbeiter haben erstmals am isolierten Kaninchenileum *in vivo* demonstriert, daß Bakterien und Toxine auch motorische Phänomene hervor-

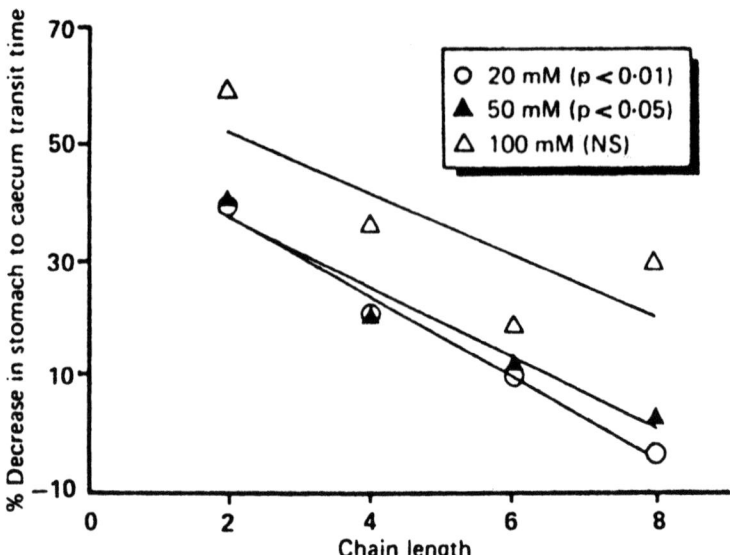

Abb. 4. Experimentelle Reduktion der Magen-Zökum-Transitzeit bei der Ratte mit Infusion kurzkettiger Fettsäuren (*SCFA*) im Ileum. Die Transitzeit sinkt mit steigender Konzentration (20–100 mmol) und steigt mit abnehmender Kettenlänge (C_8–C_2) der SCFA. (Aus [22])

rufen [21]. Vibrio cholerae, lysierte Vibrionen und gereinigtes Choleratoxin (CT) bewirkten gleichermaßen rasch distalwärts fortgeleitete Aktionspotentialkomplexe, die sog. „migrating action potential complexes" (MAPC) (Abb. 5). Diesen MAPCs entsprechen beim Menschen wohl die propulsiven Ringkontraktionen, die als IMC, MCC oder GMC bezeichnet werden (s. Kapitel; Normale Motilität). Mathias et al. wiesen in späteren Untersuchungen nach, daß MAPCs auch durch enterotoxigene E. coli und durch deren zellfreies Kulturfiltrat [5] sowie durch ein kloniertes CT-ähnliches Toxin von S. typhimurium [27] verursacht werden. Alle diese Bakterien und Toxine induzieren in den isolierten Darmschlingen gleichzeitig eine profuse Sekretion von Flüssigkeit. Die MAPCs entleeren das Sekret anschließend aus der Darmschlinge. Identische MAPCs lassen sich auch durch Rizinolsäure und Rizinusöl induzieren [22]. Den MAPCs vergleichbare motorische Phänomene wurden von Achinson et al. [3] mittels myoelektrischer Technik am Dünndarm des Hundes in vivo abgeleitet, wenn die Tiere mit Rizinölsäure oder Rizinusöl behandelt worden waren. Parallel zum Auftreten solcher MAPCs wird das zyklische interdigestive Motilitätsmuster des Dünndarmes (MMC) für Stunden unterbrochen [3]. Nicht nur diarrhöogene Bakterien, ihre Toxine und Laxantien vermögen, die intestinale Motilität bei verschiedenen Tierspezies in der beschriebenen, charakteristischen Weise zu beeinflussen. Dasselbe ist auch mit Mastzelldegranulatoren bei der Ratte [7] oder mit Trichinella spiralis beim Meerschweinchen [4] möglich. MAPCs sind aber nicht untrennbar an die Stimulation von wäßriger Sekretion ins Darmlumen gekoppelt, obwohl beide im Kanincheniluem-Modell immer parallel auftreten, wenn

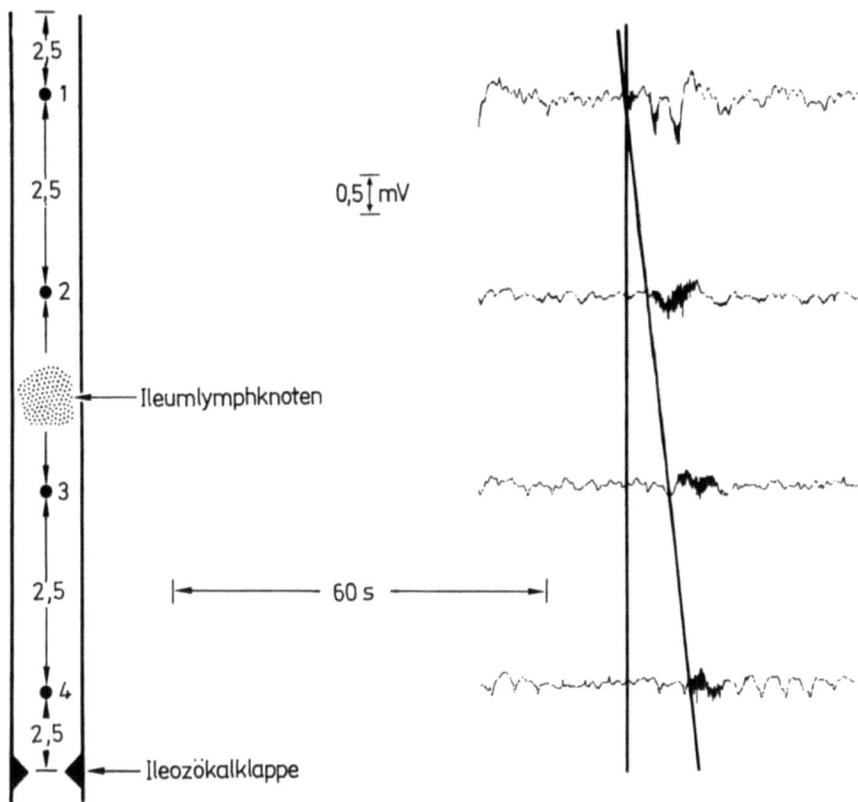

Abb. 5. „Migrating action potential complex" (*MAPC*) im isolierten Ileum beim Kaninchen in vivo. Myoelektrische Ableitung mit 4 serosalen Elektroden nach Injektion von V. cholerae. (Nach [26])

Choleravibrionen, enterotoxigene *E. coli* oder deren Enterotoxine verabreicht werden.

Choleragenoid ist die B-Untereinheit von Choleratoxin. Dieses Teilmolekül hat keine sekretorische Wirkung. Beim Kaninchenileum in vivo bewirkt Choleragenoid ebenso wie das komplette CT zahlreiche MAPCs [35]. Weitere Untersuchungen lassen vermuten, daß MAPCs unter Vermittlung durch Prostaglandine hervorgerufen werden, die ihrerseits über einen neuralen Mechanismus wirken [25].

Während nichtinvasive, *enterotoxigene* Bakterien MAPCs bewirken, die das wäßrige Sekret aus dem Darmlumen entfernen, bewirken invasive, *enteropathogene* Bakterien ein grundsätzlich anderes Motilitätsmuster, die „repetitive bursts of action potentials" (RBAP) (Abb. 6). Diese oft an mehreren Stellen gleichzeitig auftretenden, zumeist stationären Ringkontraktionen wurden erstmals nach Instillation von invasiven *E. coli* [6] und derem hitzestabilen Enterotoxin [24] in die terminale Ileumschlinge beim Kaninchen beobachtet. Gleichzeitig traten in weit geringerem Maße auch MAPCs auf. Die Sekretion von Flüssigkeit ins Darmlumen betrug nur einen Bruchteil der mit enterotoxigenen Bakterien erzeugten Menge. Nur fortgeleitete MAPCs oder RBAPs bewirkten den Austritt der Flüssigkeit aus dem Segment

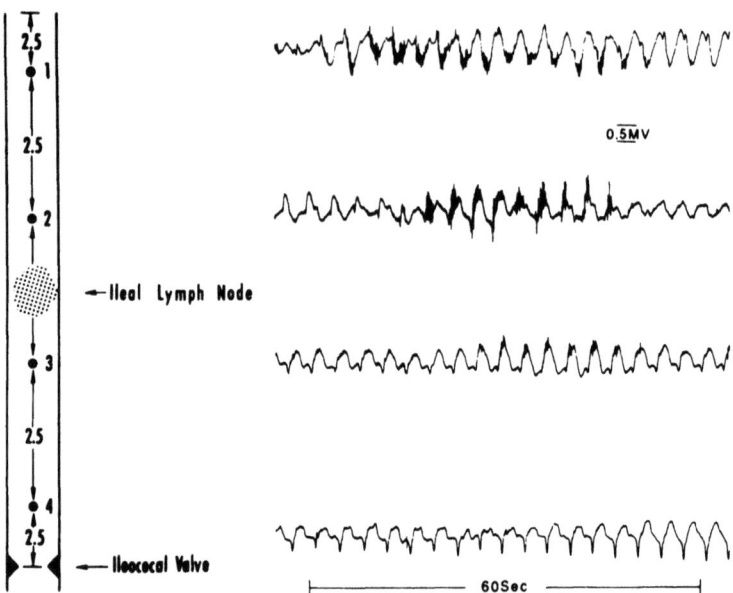

Abb. 6. „Repetitive bursts of action potentials" (*RBAP*) im isolierten Ileum beim Kaninchen in vivo. Myoelektrische Ableitung mit 4 serosalen Elektroden nach Injektion von enteroinvasiven E. coli. (Aus [26])

[6]. Überwiegend stationäre RBAPs wurden auch mit *shigella dysenteriae* 3818-T (invasiv) oder 3818-0 (nichtinvasiv) sowie Shiga Toxin registriert [23]. *Clostridium difficile* und dessen Kulturfiltrat, aber nicht das gereinigte Enterotoxin oder Zytotoxin des Keimes [13] und *Campylobacter jejuni* und dessen Kulturfiltrat [36] rufen im Kaninchenileum-Modell RBAPs und nur in geringem Maße MAPCs hervor. Welche Substanz der Kulturfiltrate nun die RBAPs verursacht, ist bisher nicht bekannt [13]. Die Autoren vermuten, daß RBAPs einen -Virulenzmechanismus für enteropathogene Bakterien darstellen, mit dessen Hilfe sie wirkungsvoller an die Schleimhautoberfläche koppeln und in die Schleimhaut eindringen könnten [25].

Zusammenfassung

Die Geheimnisse um die Rolle der Motilität des Magen-Darmkanals bei der Entstehung von Durchfällen und für die Behausung der nosokomialen Bakterienflora im Darm beginnen sich zu lichten. Flüssiger Darminhalt ist zwar eine Grundvoraussetzung für die Entstehung von Durchfall, aber erst propulsive Motilität von Dünn- und Dickdarm führt schließlich zur Entleerung dieser Flüssigkeit aus dem Gastrointestinaltrakt. Stationäre Kontraktionen hingegen verhindern oder verzögern den Transit und tragen zur Durchmischung von Darminhalt bei. Sie werden aber vermutlich auch von invasiven Bakterien als Virulenzmechanismus benutzt, der es ihnen erlaubt, effizienter in die Darmwand einzudringen.

Die Vorwärtsbewegung der Ingesta und des Nüchternsekrets reguliert die Dichte der bakteriellen Besiedlung einzelner Darmabschnitte. Andererseits besitzt die physiologische Darmflora die Fähigkeit, wohl in form eines selbstlimitierenden „Feedback"-Mechanismus, die Geschwindigkeit des intestinalen Transits zu beeinflussen. Mediatoren dieser bakteriellen Eigenschaft scheinen mikrobielle Stoffwechselprodukte zu sein, die propulsive Motorik induzieren. Zu diesen gehören die wichtigsten kurzkettigen Fettsäuren C_2 bis C_4.

Literatur

1. Abrams GD, Bishop JE (1967) Effect of the normal microbial flora on gastrointestinal motility. Proc Soc Exp Biol Med 126: 301–304
2. Abrams GD (1983) Impact of the intestinal microflora on intestinal structure and function. In: Hentges AS (ed) Human intestinal microflora in health and disease. Academic Press, London, pp 291–310
3. Achinson WD, Stewart JJ, Bass P (1978) A unique distribution of laxative-induced spike potentials from the small intestine of the dog. Dig Dis 23: 513–520
4. Alizadeh H, Castro GA, Weems WA (1987) Intrinsic jejunal propulsion in the guinea pig during parasitism with *trichinella spiralis*. Gastroenterology 93: 784–790
5. Burns TW, Mathias JR, Carlson GM et al. (1978) Effect of toxigenic *escherichia coli* on myoelectic activity of small intestine. Am J Physiol 235: E311–E315
6. Burns TW, Mathias JR, Martin JL et al. (1980) Alteration of myoelectric activity of small intestine by invasive *Escherichia coli*. Am J Physiol 238: G57–G62
7. Fargeas MJ, Theodorou V, Fioramonti J et al. (1992) Relationship between mast cell degranulation and jejunal myoelectric alterations in intestinal anaphylaxis in rats. Gastroenterology 102: 157–162
8. Field M (1974) Intestinal secretion. Gastroenterology 66: 1063–1084
9. Gorbach SL, Plautt AG, Nahas L et al. (1967) Studies of intestinal microflora. II. Microorganisms of the small intestine and their relations to oral and fecal flora. Gastroenterology 53: 856–867
10. Gustafsson BE, Norman A (1969) Influence of the diet on the turnover of bile acids in germ-free and conventional rats. Br J Nutr 13: 429–442
11. Henegan JB, Mittelbronn MY (1981) Vitamin B_{12} absorption in cecectomized gnotobiotic rat. In: Gati T, Szollar LG, Ungary GY (eds) Proceedings of the 28th Internat Congress of physilogical Sciences, Budapest 1980. Advances in Physiological Sciences, Nutrition, Digestion, Metabolism 12; 453–457
12. Hoverstad T (1989) The normal microflora and short-chain fatty acids. In: Grubb R, Midtvedt T, Norin E (eds) The regulatory and protective role of the normal microflora. Stockholm Press, New York, pp 89–108
13. Justus PG, Martin JL, Goldberg DA et al. (1982) Myoelectric effects of *Clostridium difficile*: Motility-altering factors distinct from its cytotoxin and enterotoxin in rabbits. Gastroenterology 83: 836–843
14. Kachel G, Ruppin H (1982) Akute Diarrhö: Diagnostik und Therapie. Dtsch Apotheker Z 122: 1604–9
15. Kamath PS, Hoepfner MT, Phillips SF (1987) Short chain fatty acids stimulate motility of the canine ileum. Am J Physiol 253: G427–G433
16. Kamath PS, Phillips SF, Zinsmeister AR (1988) Short chain fatty acids stimulate ileal motility in humans. Gastroenterology 95: 1496–1502
17. Kellow JE, Borody TJ, Phillips SF et al. (1986) Human interdigestive motility: variations in pattern from esophagus to colon. Gastroenterology 91: 386–395
18. Kellow JE, Phillips SF (1987) Altered small bowel motility in irritable bowel syndrome is correlated with symptoms. Gastroenterology 91: 1885–1893

19. Layer P, Kölbel CB (1991) Diagnostik bei Motilitätsstörungen des Magens und Dünndarms. Dtsch Med Wochenschr 116: 261–263
20. Loeschke K (1980) Antibiotika-assoziierte Diarrhö und Enterocolitis. Klin Wochenschr 58: 337–345
21. Mathias JR, Carlson GM, DiMarino AJ et al. (1976) Intestinal myoelectric activity in response to live *vibrio cholerae* and cholera enterotoxin. J Clin Invest 58: 91–96
22. Mathias JR, Martin JL, Burns TW et al. (1978) Ricinoleic acid effect on the electrical activity of the small intestine in rabbits. J Clin Invest 61: 640–644
23. Mathias JR, Carlson GM, Martin JL et al. (1980) *Shigella dysenteriae* I enterotoxin: proposed role in pathogenesis of shigellosis. Am J Physiol 239: G382–G386
24. Mathias JR, Nogueira J, Martin JL et al. (1982) *Escherichia coli* heat-stable toxin: its effect on motility of the small intestine. Am J Physiol 242: G360–G363
25. Mathias JR, Sninsky CA (1984) Motor effects of enterotoxins and laxatives. In: Skadhauge E, Heintze K (eds) Intestinal absorption and secretion. MTP Press Ltd, Lancaster, pp 161–169
26. Midtvedt T (1989) The normal microflora, intestinal motility and influence of antibiotics. An overview. In: Grubb R, Midtvedt T, Norin E (eds) The regulatory and protective role of the normal microflora. Stockholm Press, New York, pp 147–167
27. Reeves-Darby VG, Turner JA, Prasad R et al. (1992) Myoelectric activity of cloned cholera toxin-like enterotoxin from *Salmonella typhimurium* in rabbit ileum in vivo.
28. Richardson A, Delbridge AT, Brown NJ et al. (1991) Short chain fatty acids in the terminal ileum accelerate stomach to caecum transit time in the rat. Gut 32: 266–269
29. Ruppin H (1985) Current aspects of intestinal motility and transport. Klin Wochenschr 63: 679–688
30. Ruppin H (1987) Review: Loperamide – a potent antidiarrhoeal drug with actions along the alimentary tract. Aliment Pharmacol Therap 1: 179–190
31. Sarna SK (1984) ECA independent „giant migrating contractions" of small intestine. Gastroenterology 86: 1232
32. Sarna SK (1988) Motor correlates of functional gastrointestinal symptoms. Viewpoints on digestive diseases 20: 1–4
33. Sarna SK, Soergel KH, Harig JM et al. (1989) Spatial and temporal patterns of human jejunal contractions. Am J Physiol 257: G423–G432
34. Scott LD, Cahall DL (1982) Influence of the interdigestive myoelectric complex on enteric flora in the rat. Gastroenterology 82: 737–745
35. Sinar DR, Charles LG, Burns TW (1982) Migrating action-potential complex activity in absence of fluid production is produced by B subunit of cholera enterotoxin. Am J Physiol 242: G47–G51
36. Sninsky CA, Ramphal R, Gaskins DJ et al. (1985) Alterations of myoelectric activity associated with *Campylobacter jejuni* and its cell-free filtrate in the small intestine of rabbits. Gastroenterology 89: 337–344
37. Summers RW, Kent TH (1970) Effects of altered propulsion on rat small intestinal flora. Gastroenterology 59: 740–744
38. Tabaqchali S (1970) the pathophysiological role of small intestinal bacterial flora. Scand J Gastroent (Suppl) 6: 139–163
39. Weisbrodt NW (1981) Motility of the small intestine. In: Johnson jr et al. (eds) Physiology of the gastrointestinal tract, vol. 1 Raven Press, New York, pp 411–443

Perzeption bei gastrointestinalen Funktionsstörungen

P. Enck, T. Frieling

Perzeption bei Funktionsstörungen

Daß die wichtigsten intestinalen Motilitätsstörungen – der nichtkardiale Thoraxschmerz, der Reizmagen (funktionelle Dyspepsie) und der Reizdarm (irritables Darmsyndrom) – mit gestörter Wahrnehmung von intestinalen Sensationen vergesellschaftet sind, ergibt sich zunächst aus den Krankheitsdefinitionen selbst: In allen 3 Fällen sind Schmerzen essentieller Bestandteil der klinischen Symptomatik. Nach internationalen Konsenskonferenzen zu den funktionellen gastrointestinalen Erkrankungen müssen die nachfolgend zitierten Kriterien für die Diagnose erfüllt sein [16].

Nichtkardialer Thoraxschmerz: Retrosternale Schmerzen mit oder ohne Dysphalgie seit mindestens 3 Monaten *und* kein Hinweis auf eine Ösophagitis, oder auf kardiale oder andere Erkrankungen zur Erklärung der Symptome.

Nichtulzeröse (funktionelle) Dyspepsie: Chronische oder wiederkehrende abdominelle Schmerzen oder Beschwerden („discomfort") seit mindestens 3 Monaten, ohne daß es radiologische oder endoskopische Hinweise auf eine andere Erkrankung (peptische oder neoplastische Erkrankung des Magens, Duodenums, Ösophagus, Pankreas oder des biliären Systems) zur Erklärung der Symptome gibt.

Syndrom des irritablen Darms: Chronische oder wiederkehrende abdominelle Schmerzen oder Beschwerden („discomfort") für mindestens 3 Monate, die mit Stuhlgang nachlassen oder mit einer Änderung der Stuhlkonsistenz oder -frequenz assoziiert sind, und mindestens 3 der folgenden Symptome bei mehr als 25 % der Stuhlgänge: veränderte Stuhlfrequenz, veränderte Stuhlkonsistenz, veränderte Stuhlpassage, vermehrter Schleimabgang, Blähungen.

In allen Fällen ist also die Wahrnehmung von Schmerzen die wichtigste Voraussetzung für das Vorliegen der Erkrankung. Über die Ursache der Schmerzen ist damit noch keinerlei Aussage getroffen.

Gestörte Perzeption bei Funktionsstörungen

Eine intestinale Hypersensibilität konnte in den vergangenen Jahren für alle 3 oben genannten Funktionsstörungen experimentell nachgewiesen werden. Nach Deh-

nung des entsprechenden Darmabschnittes (Ösophagus, Magen, Rektosigmoid) mit
Hilfe eines Ballons berichten Patienten mit diesen Störungsbildern bei geringeren
Dehnungsvolumina Schmerzen als gesunde Probanden, bzw. bei gleich großen
Dehnungsvolumina sind die Bewertungen der Empfindungen mehr im Bereich
Schmerz als bei Kontrollpersonen ohne intestinale Beschwerden (Abb. 1).

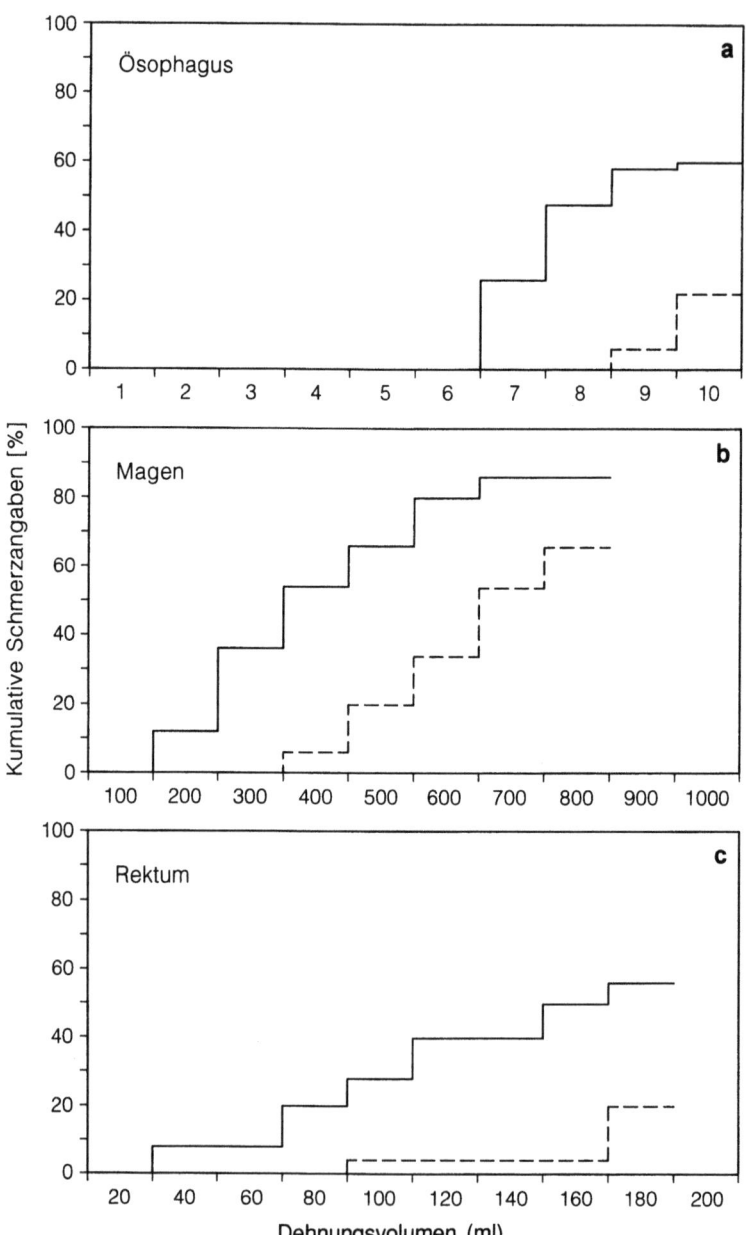

Dabei handelt es sich, wie ebenfalls gezeigt werden konnte, keineswegs um eine generelle Hypersensibilität gegenüber Schmerzreizen, da bei nichtintestinalen Stimuli sogar eine Hypoalgesie festgestellt werden konnte [14].

Was ist eine Perzeptionsstörung?

Schmerz kann entstehen, wenn – bei normaler Empfindlichkeit des Organs – ein Reiz (z. B. Säure oder Dehnung der Darmwand) besonders intensiv auf das Organ einwirkt, oder wenn eine Stimulus normaler, physiologischer Intensität auf ein hypersensibles Organsystem trifft. Nur in letzterem Fall spricht man von einer Perzeptionsstörung (Abb. 2), während der erste Fall unter die Kategorie *säurebedingt* oder *Motilitätsstörung* fallen würde.

Im Falle einer primären Perzeptionsstörung ist damit noch keine Aussage getroffen über den Ort, an dem diese Hypersensiblität lokalisiert ist. Da *Schmerz* als Symptom immer sowohl eine noziceptive, somatische Komponente wie eine psychische, emotionale und kognitive Komponente enthält, ist grundsätzlich möglich, daß diese Hypersensibilität auf lokaler Ebene im Organ selbst, im Zentralnervensystem (ZNS) oder im Reizleitungssystem zwischen Darm und Gehirn ausgebildet ist (Abb. 3) [47].

Eine Unterscheidung zwischen diesen Möglichkeiten ist diagnostisch wichtig, jedoch methodisch (s. nächstes Kapitel) nur schwer durchführbar [22].

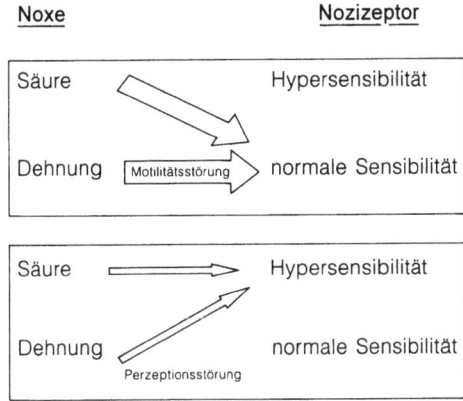

Abb. 2. Schematisches Modell zur Unterscheidung von Perzeptions- und Motilitätsstörungen: Eine Perzeptionsstörung liegt vor, wenn bei normaler (physiologischer) Intensität der Noxe (Säure, Dehnung) diese besonders intensiv wahrgenommen wird (= Hypersensibilität)

◄

Abb. 1 a–c. Hypersensiblität im Ösophagus (**a**), Magen (**b**) und Rektosigmoid (**c**) bei Patienten mit nichtkardialem Thoraxschmerz, nichtulzeröser Dyspepsie und Reizdarmsyndrom (jeweils *durchgezogene Linie*) im Vergleich zu gesunden Kontrollprobanden (*gestrichelte Linie*) in 3 verschiedenen Studien (**a** aus [60]; **b** aus [41]; **c** aus [73])

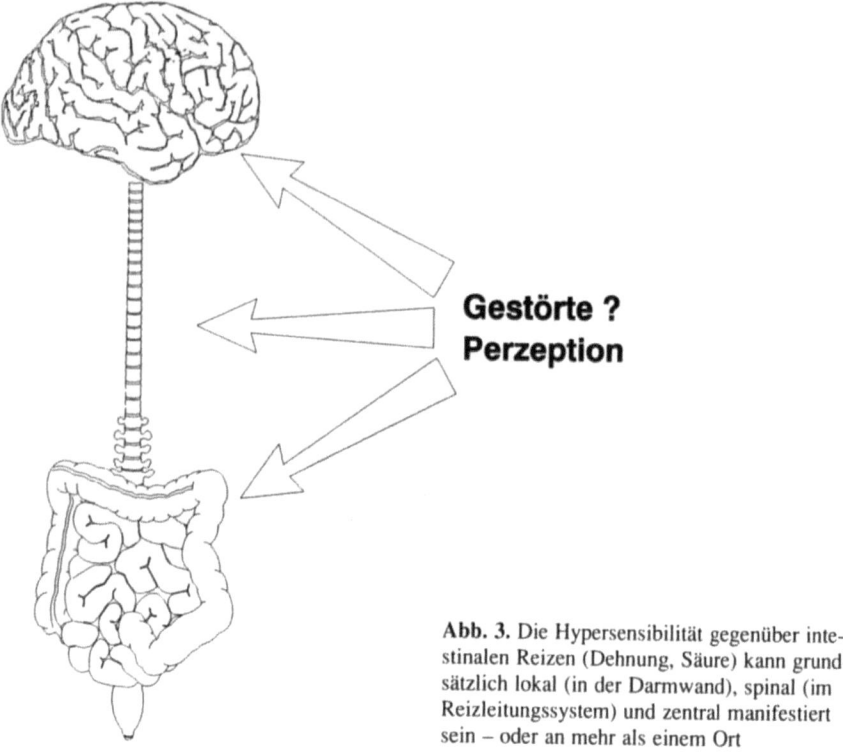

Abb. 3. Die Hypersensibilität gegenüber intestinalen Reizen (Dehnung, Säure) kann grundsätzlich lokal (in der Darmwand), spinal (im Reizleitungssystem) und zentral manifestiert sein – oder an mehr als einem Ort

Wie kann man eine Perzeptionsstörung objektivieren?

Entsprechend der o. a. Unterscheidung zwischen lokalen, spinalen und zentralen Ursachen gestörter Perzeption werden zur Objektivierung einer Perzeptionsstörung Methoden benötigt, die auf diesen 3 Ebenen angesiedelt sind: Untersuchung lokaler Verhältnisse, z. B. lokale Reflexe, die Elastizität der Darmwand, Stimulus-Spezifität der Rezeptoren etc.; Untersuchung der – spinalen, vagalen – Reizleitung vom Organ zum ZNS, und Untersuchung der – kognitiven emotionalen – Reizverarbeitung im ZNS. Für diese Aufgabe sind die bislang benutzten Meßmethoden der gastrointestinalen Motilitätsforschung unzureichend. Neben der bereits oben angeführten Untersuchung der subjektiven Wahrnehmung einer Ballohndehnung in unterschiedlichen Darmabschnitten sind in den vergangenen Jahren vor allem die *Barostat-Technik* zur Untersuchung lokaler Darmwandbedingungen und lokaler, durch das enterische Nervensystem gesteuerter Reflexe [4] (Abb. 4) sowie die Technik der Ableitung zentraler, *evozierter Potentiale* nach viszeraler Stimulation [26, 27] (Abb. 5) bekannt geworden.

Untersuchungsergebnisse mit Hilfe dieser Techniken bei Gesunden und bei Patienten mit gastrointestinalen Funktionsstörungen wurden in den letzten Jahren von einigen Forschungsgruppen vorgelegt [22]. Sie sollen weiter unten diskutiert werden.

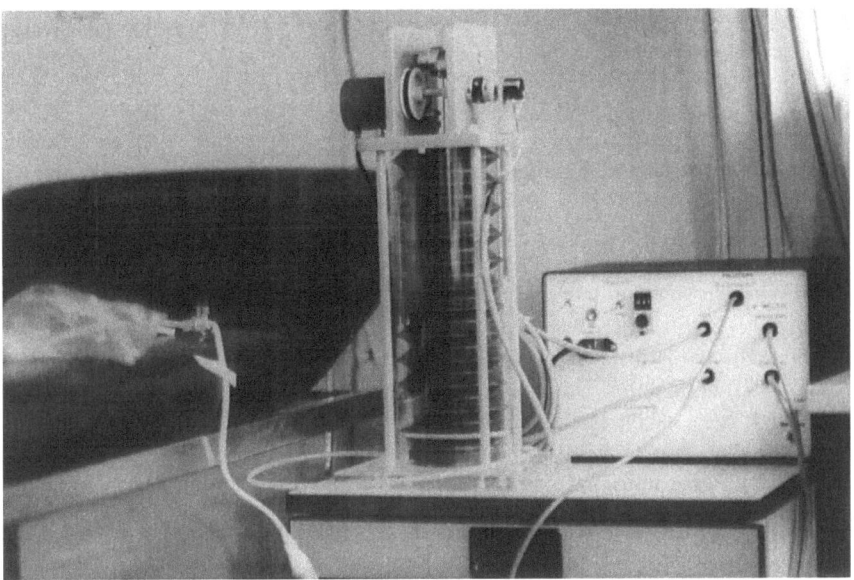

Abb. 4. Abbildung eines – computerkontrollierten – Barostaten (Prototyp, entwickelt von W. E. Whitehead & M. D. Crowell, Baltimore, USA), bestehend aus einer Pumpe (Zylinder) plus Kontrolleinheit und einem nichtelastischen Ballon mit etwa 1000 ml Volumen. Mit der Barostat-Technik lassen sich 1) isobare Volumenverschiebungen, 2) Druckschwankungen unter Konstanz des Volumens und 3) Druck- oder volumengesteuerte Dehnungen in intestinalen Hohlorganen durchführen

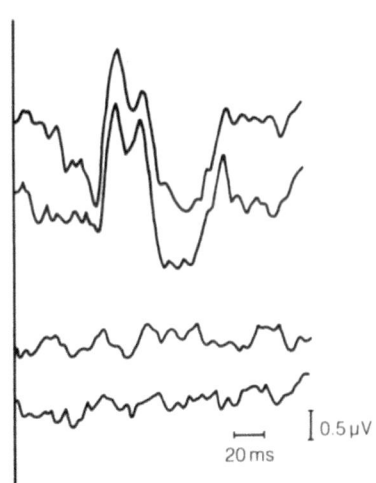

Abb. 5. Zerebrales evoziertes Potential nach elektrischer Stimulation der Speiseröhre nach [27]. Dargestellt sind 2 reproduzierbare Potentiale (oben) und 2 Kontrolldurchgänge (*unten*)

Wie kann man – gestörte – Wahrnehmung verändern?

Gleichzeitig bedürfen Untersuchungen der viszeralen Perzeption mit Hilfe dieser neuen Techniken andere experimentelle wie auch klinische Interventionsstrategien, da konventionelle pharmakologische Modelle der Beeinflussung der Wahrnehmung – z. B. zentral wirkende Anästhetika und Sedativa – unspezifische hinsichtlich der Qualität der Perzeption sind, also sowohl Schmerzen als auch andere Sensationen unterdrücken und daher nicht angewandt werden können. Solche spezifischeren analgetischen Interventionen sind beispielsweise die Akupunktur, die transkutane elektrische Nervenstimulation (TENS), lokal wirkende Analgetika und psychotherapeutische Maßnahmen wie Hypnose und Entspannung. Für diese Maßnahmen liegen auch bereits erste Ergebnisse aus Untersuchungen bei Probanden und Patienten mit funktionellen Darmstörungen vor, die weiter unten diskutiert werden. Darüber hinaus haben jedoch auch einige bereits zugelassene Medikamente mit prokinetischen bzw. antiemetischen Eigenschaften Wirkungen auf die Perzeption intestinaler Reize und sind damit potentielle Kandidaten pharmakologischer Behandlungen von Perzeptionsstörungen (Tabelle 1).

Nichtkardialer Thoraxschmerz, Reizmagen, Reizdarm

Wenngleich die bislang vorliegenden klinischen Untersuchungen unter Zuhilfenahme der oben angeführten Untersuchungstechniken und Interventionsstrategien noch keine endgültige Einschätzung zulassen, so ergeben sich doch erste Hinweise auf die Quellen der Perzeptionsstörungen [47]. Dies muß jedoch für die einzelnen Krankheitsbilder getrennt betrachtet werden, da Innervation und zentralnervöse Repräsentation für die einzelnen intestinalen Abschnitte erheblich variieren.

Nichtkardialer Thoraxschmerz

Die bereits oben (Abb. 3) dargestellte Hypersensibilität dieser Patienten im Vergleich zu Kontrollprobanden [29, 60] kann nicht auf eine gestörte lokale motori-

Tabelle 1. Möglichkeiten der Beeinflussung gestörter Perzeption

Ort	Technik
Lokal	Lokalanästhetika
	Loperamid/Opioide
Spinal/vagal	Akupunktur/TENS
	Ondasetron/Granisetron (?)
Zentral	Sedativa, Anästhetika
	Hypnose/Psychotherapie

sche Reflexantwort gegenüber Ballondehnung zurückgeführt werden, da diese zwischen Patienten und Gesunden nicht unterschiedlich ist [30]. Es ist noch nicht abschließend geklärt, was eine „physiologische Stimulation" in der Speiseröhre ist, elektrische oder mechanische Reize [75], und ob bei Patienten mit Thoraxschmerz eine veränderte Wandspannung als Ursache der Schmerzen in Frage kommt [29].

Untersuchungen der zerebralen evozierten Potentiale nach mechanischer Stimulation der Speiseröhre deuten darauf hin, daß die Reizleitung zum ZNS unverändert ist [64], und daß die Applikation eines topisch wirkenden Lokalanästhetikums diese evozierten Potentiale nicht verändert [40]. Diese Studien berücksichtigen jedoch nicht hinreichend, daß Schmerzreize wahrscheinlich nicht über Vagusfasern, sondern über aufsteigende sympathische Bahnen zum ZNS vermittelt werden [12], während die evozierten Potentiale nichtschmerzhafte Reize nach elektrischer Stimulation [26, 27] mit denen nach direkter vagaler Stimulation [72] identisch sind; sie werden vermutlich über langsam leitende A-delta-Fasern vermittelt. Dies trifft mit Sicherheit auch für die mechanisch evozierten Potentiale zu, die jedoch insgesamt, vermutlich aufgrund technischer Bedingungen, eine längere Latenz aufweisen [11, 63]. Wegen dieser angenommenen **Divergenz** der Signalwege weisen elektrische evozierte Potentiale keinen Latenzunterschied auf, wenn sie an der Perzeptionsschwelle oder an der Schmerzschwelle gleichzeitiger ösophagealer Ballondehnung durchgeführt werden [65]. Diese Divergenz wird es notwendig machen, in Zukunft die evozierten Potentiale aus der Speiseröhre auch über den entsprechenden zervikalen Segmenten der Wirbelsäule abzuleiten. Weitere Untersuchungen werden zeigen müssen, welche Rolle diese Divergenz der afferenten Bahnen bei den Patienten mit nichtkardialem Thoraxschmerz spielt.

Topische Applikation eines Lokalanästhetikums (Lidocain) konnten in einer Studie [40] die Perzeption von mechanischen Reizen aus dem Ösophagus bei gesunden Probanden verringern, aber nicht aufheben. Ob dabei auch eine Anhebung der Schmerzwellen erfolgte, wird nicht berichtet, es ist aber wegen der geringen Lipophilie unwahrscheinlich, daß damit die in tieferen Wandstrukturen vermuteten Dehnungsrezeptoren erreicht worden sind. Bezüglich der Wirkung von Akupunktur bzw. TENS liegen bislang nur Berichte über Motilitätsänderungen in der Speiseröhre bei Gesunden und bei Patienten mit Achalasie und Sklerodermie [32, 48] vor, nicht hingegen über Wirkungen auf die ösophageal Perzeption. Die medikamentöse Beeinflussung der Schmerzen bei Patienten mit nichtkardialem Thoraxschmerz erfolgt bislang vor allem mit Hilfe spasmolytischer Substanzen (z. B. Trospiumchlorid [30]) oder mittels Kalziumantagonisten unter der Vorstellung, daß eine verminderte Motorik auch eine schmerzlindernde Wirkung hat.

In zumindest einer Studie konnte die klinische Relevanz der Technik der Ableitung evozierter Potentiale nach Ösophagusstimulation an einer weiteren Patientengruppe demonstriert werden. Patienten mit diabetischer Gastroparese und autonomer Neuropathie [58] zeigten eine inverse Beziehung zwischen Symptomschwere und Schwere der Neuropathie: Je ausgeprägter die Störung der Reizleitung zum ZNS war, desto geringere gastroparetische Symptome berichteten die Patienten, ein dem „stummen Infarkt" vergleichbares Phänomen im Rahmen einer offensichtlichen viszeralen, afferenten Neuropathie.

Nichtulzeröse Dyspepsie

Auch für die funktionelle Dyspepsie konnte die Hypothese der viszeralen Hypersensibilität bei gleichzeitiger normaler lokaler motorischer Reflexreaktion [49] von unabhängigen Forschungsgruppen bestätigt werden [8, 41]. Grundsätzlich wiesen Azpiroz et al. [4] nach, daß die Perzeption von Dehnungsreizen und die lokalen Reflexe unterschiedlichen Kontrollmechanismen unterliegen. Eine Hypersensibilität des Magens bei der nichtulzerösen Dyspepsie scheint nicht nur gegenüber Dehnungsreizen, sondern auch gegenüber Säure zu bestehen [51], wenngleich dies nicht unumstritten ist [5, 31].

Diese mittels Barostattechnik erhobenen Ergebnisse lassen den Schluß zu, daß für die Schmerzsymptome der Patienten mit nichtulzeröser Dyspepsie Mechanismen verantwortlich gemacht werden müssen, die in vor allem der Darmwand zu vermuten sind: Wie bei mechanischen Reizen so finden sich auch bei elektrischen Reizen im Duodenum ähnliche Perzeptionskurven [3], und Dehnung unterschiedlicher Abschnitte des Dünndarms lösen ähnliche Wahrnehmungsvorgänge aus [4].

Bei gleichzeitiger Dehnung verschiedener intestinaler Abschnitte kommt es zu einer Symptomverstärkung. Demgegenüber nimmt die viszerale Wahrnehmung ab, wenn gleichzeitig viszerale und periphere, somatosensible Bahnen erregt werden [2], ebenso wie umgekehrt die kutanen Schmerzschwelle für einen Hitzeschmerz bei viszeraler Belastung (Magendehnung) zumindest bei Darmgesunden erhöht wird [52–55]. Diese **Konvergenz** der Sensationen auf höherer, wahrscheinlich spinaler Ebene unterstreicht die Hypothese einer lokalen, darmspezifischen Sensibilität bei diesen Patienten. Für Patienten mit funktioneller Dyspepsie konnte darüber hinaus jedoch gezeigt werden, daß auch andere, nichtintestinale Schmerzsyndrome häufig vorkommen [36] und daß Patienten mit einem schlechten Krankheitsverlauf auch bei im Labor erzeugten, experimentellem nichtviszeralen (ischämischen) Schmerz eine erhöhte Sensibilität zeigen [62]. Es bleibt bislang offen, ob diese Hypersensibilität gegenüber Schmerzreizen allgemein eine Folge vermehrter – intestinaler – Schmerzerfahrung darstellt oder ob es sich um eine Hyperreagibilität auf externale Reize generell handelt. Für die letztere Hypothese spricht, daß auch andere externale Reize wie z. B. Laborstreß [10] bei einem Teil dieser Patienten zu pathologischen Reaktionen führt [20, 34, 56].

Die Therapie der funktionellen Dyspepsie umfaßt bislang vor allem säurehemmende oder die Motilität steigernde, prokinetische Substanzen [15], wobei in beiden Fällen eine Effizienz auch hinsichtlich der abdominellen Schmerzen nachgewiesen werden konnte [18]. Eine spezifische analgetische Therapie ist bislang nicht unternommen worden. Versuche mit Akupunktur haben jedoch gezeigt, daß diese in der Lage ist, nicht nur die Säuresekretion zu hemmen [46, 71], sondern auch die Gastroskopie zu erleichtern [9]. Auch der Hypnose kommt vermutlich eine analgetische Wirkung zu, aber auch hier liegen bislang nur kontrollierte Untersuchungen zur Wirkung auf die Säuresekretion vor [67]. Kontrollierte Studien zur Wirksamkeit anderer psychotherapeutischer Interventionen sind, anders als beim Reizdarmsyndrom (s. unten), bislang nicht berichtet worden.

Reizdarmsyndrom

Die Hypothese einer Hypersensibilität beim Reizdarmsyndrom ist – nach einem initialen Bericht von Ritchie et al. [61] – von anderen Forschungsgruppen berichtet worden [14, 17, 74]. Diese Überempfindlichkeit ist darmspezifisch, da hinsichtlich anderer, experimentelle Laborschmerzen keine Hypersensibilität berichtet wurde, sondern im Gegenteil eine im Vergleich zu Kontrollprobanden eher erhöhte Schmerzschwelle [14]. All diese Untersuchungen wurden jedoch noch mit einfachen Dehnungsballons und nicht mittels Barostattechnik durchgeführt, so daß bislang keine Angaben darüber vorliegen, ob bei diesen Patienten auf eine veränderte rektale Wandelastizität („Compliance") vorliegt, die als Ursache der Schmerzen in Frage kommt. Es ist jedoch davon auszugehen, daß Patienten mit Diarrhö als vorherrschendem Symptom gegenüber den Patienten mit Obstipation eine verminderte rektale „Compliance" aufweisen [73]. In einer kürzlich vorgelegten Studie [3] konnte jedoch mittels Barostattechnik gezeigt werden, daß diese Hypersensibilität auf lokaler Rezeptorebene angesiedelt ist, daß aber suprareceptive Strukturen darin ebenfalls involviert sind.

Viszerale, rektal evozierte Potentiale wurden bislang erst bei Gesunden mittels elektrischer [26] oder mechanischer Stimulation [13, 43, 44, 50], in präliminären Forschungsberichten bei pädiatrischen Patienten mit Obstipation [44] und bei ersten erwachsenen Patienten mit Inkontinenz [66] untersucht, so daß die Bedeutung dieser Technik für die rektale Schmerzleitung bislang unklar ist. Für die analen somatosensiblen Bahnen, die für die Kontinenzkontrolle von Bedeutung sind [7], ist demgegenüber die Technik der Ableitung evozierter Potentiale heute weitgehend etabliert [21].

Es konnte darüber hinaus gezeigt werden, daß die Wahrnehmungsschwellen rektaler Dehnung unter Belastung (Streß) in Abhängigkeit von der Art der Belastung oder Erregung verändert sind [23, 35] und nach einer Mahlzeit ansteigen [24, 54], wobei dieser Effekt vor allem auf den kalorischen Gehalt der Nahrung und nicht allein auf das Volumen der Magendehnung zurückzuführen ist [56]. Eine rektale Vordehnung hat demgegenüber keinen Einfluß auf die Schwellen zur Wahrnehmung rektaler Dehnung [55].

Entsprechend der längeren Tradition der Beschäftigung mit rektalen Schmerzen – und möglicherweise auch der sozioökonomischen Bedeutung des Reizdarmsyndroms – beschränken sich die therapeutischen Strategien nicht auf die medikamentöse Behandlung vermuteter Motilitätsstörungen [37], sondern umfassen auch auf die Hypersensibilität zielende analgetische Interventionen [18]. So konnte gezeigt werden, daß mittels Psychotherapie eine Symptombesserung möglich ist, die über die der konventionellen medizinischen Behandlung hinausgeht [33, 69], und daß sich speziell die Hypersensibilität des Rektums bei diesen Patienten auch mittels Hypnose reduzieren läßt. Dieser Effekt war über die Hypnosesitzung hinaus nachweisbar.

Akupunktur hat eine auf die Wahrnehmung speziell von Schmerzreizen im Rektum wirkende analgetische Funktion bei gesunden Probanden – untersucht mittels Barostattechnik – [25] und wurde therapeutisch bereits zur Reduktion des Gebrauchs von Sedativa bei der Koloskopie verwandt [42]. Einige eher schlecht kontrollierte Studien zur Anwendung von Akupunktur und TENS bei Reizdarmpatienten [39], chronischer Pankreatitis [6] und Beckenbodenschmerzen [59] lassen zumindest in einigen Fällen positive Effekte erwarten. Auch der Einsatz eines Lokalanästhetikums (Lidocain) veränderte die rektalen Schwellen für Stuhldrang und Schmerz bei Gesunden (Abb. 6) [19] und läßt an zukünftige therapeutische Applikationen denken. Schließlich haben auch einige bereits zugelassene Medikamente mit prokinetischer Wirkung eine Veränderung der rektalen Sensibilität zur Folge: Synthetische Opiate (Loperamid) heben die Schwelle zur Wahrnehmung rektaler Dehnung besonders in den analnahen Bereichen (Abb. 7) und tragen vermutlich so zur besseren Kontinenz bei. Die Gruppen der neuen serotoninergen

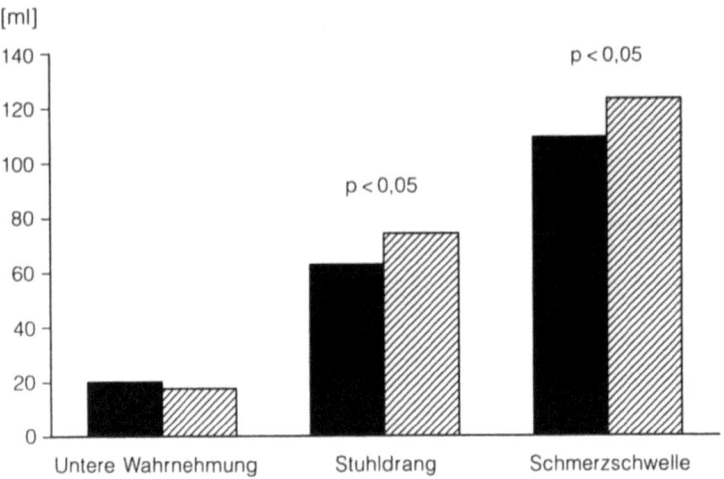

Abb. 6. Wirkung von Lidocain auf die Schwellen zur Wahrnehmung, zur Auslösung von Stuhldrang und an der Schmerzschwelle für Ballondilatation im Rektum [19] (schwarz = Plazebo, schraffiert = Lidocain)

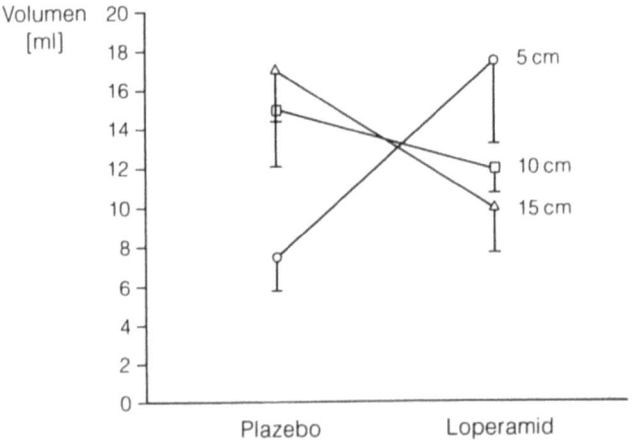

Abb. 7. Wirkung von Loperamid auf die Wahrnehmung rektaler Dehnung bei gesunden Probanden: In analnahen Regionen hebt Loperamid die Wahrnehmungsschwelle an [52]

Antiemetika (Ondansetron, Granisetron) heben ebenfalls die intestinalen – rektalen – Perzeptionschwellen an [70] und sind potentielle Therapeutika beim Reizdarmsyndrom [68].

Zusammenfassung

Bei gastrointestinalen Funktionsstörungen, insbesondere beim nichtkardialen Thoraxschmerz, bei der funktionellen Dyspepsie und beim Reizdarmsyndrom finden sich verstärkt Hinweise, daß eine gestörte Perzeption intestinaler Vorgänge an der Pathogenese beteiligt ist. Neuere Untersuchungstechniken wie intestinale Ballondehnung mittels Barostat oder die Ableitung evozierter Potentiale nach intestinaler Stimulation lassen erste Rückschlüsse darauf zu, ob diese Hypersensibilität auf lokaler Darmwandebene, in afferenten neuronalen Verbindungen zum ZNS oder im ZNS selbst zu suchen ist. Dementsprechend lassen sich Perzeptionsvorgänge mit analgetischen Intervention (Lokalanästhesie, Akupunktur/TENS, Hypnose, Medikamente) unterbinden, so daß auch für diese Störungen potentielle Kandidaten für Therapiemaßnahmen zur Verfügung stehen.

Literatur

1. Accarino AM, Azpiroz F, Malagelada JR (1992) Symptomatic responses to stimulation of sensory pathays in the jejunum. Am J Physiol 263: G673–677
2. Accarino AM, Azpiroz F, Malagelada JR (1992) Receptor vs. suprareceptor level of gut sensory function in the irritable bowel syndrome. Gastroeneterology 102: A413 (Abstract)
3. Accarino AM, Azpiroz J, Malagelada JR (1992) Gut sensitivity testing: Factors that determine the response to transmucosal electrical nerve stimulation. Gastroeneterology 102: A413 (Abstract)
4. Azpiroz F, Malagelada JR (1990) Isobaric intestinal distension in humans: sensorial relay and reflex gastric relaxation. Am J Physiol 258: G202–207
5. Bates S, Sjöen PO, Fellenius J, Nyren O (1989) Blocked and nonblocked acid secretion and reported pain in ulcer, nonulcer dyspepsia, and normal subjects. Gastroenterology 97: 376–383
6. Ballegaard S, Christophersen SJ, Dawids SG et al. (1985) Acupuncture and transcutaneous electric nerve stimulation in the treatment of pain associated with chronic pancreatitis. Scand J Gastroenterol 20: 1249–1254
7. Bielefeldt K, Enck P, Erckenbrecht JF (1990) Sensory and motor function in the maintenance of anal continence. Dis Colon Rectum 33: 674–678
8. Bradette M, Pare P, Douville P, Morin A (1991) Visveral perception in health and functional dyspepsia. Dig Dis Sci 36: 52–58
9. Cahn AM, Carayon P, Hill C, Flamant R (1978) Acupuncture in gastroscopy. Lancet I: 182–183
10. Camilleri M, Malagelada JR, Kao PC, Zinsmeister AR (1986) Gatric and autonomic responses to stress in functional dyspepsia. Dig Dis Sci 31: 1169–1177
11. Castell DO, Wood JD, Frieling T et al. (1990) Cerebral electrical potentials evoked by balloon distention of the human esophagus. Gastroenterology 98: 662–666
12. Cevero F, Jänig W (1992) Visceral nociceptors: A new world order? TINS 15: 374–378
13. Collet L, Meunier P, Duclaux R et al. (1988) Cerebral evoked potentials after endorectal mechanical stimulation in humans. Am J Physiol 254: G577

14. Cook IJ, Eeden AV, Collins SM (1987) Patients with irritable bowel syndrome have greater pain tolerance than normal subjects. Gastroenterology 93: 727–733
15. Dobrilla G, Comberlato M, Stelle A, Vallaperta P (1989) Drug treatment of dunctional dyspepsia. Am meta analysis of randomized controlled clinical trials. J Clin Gastroenterol 11: 169–177
16. Drossman DA, Thonmpson WG, Talley NJ et al. (1990) Identification of subgroups of functional gastrontestinal disorders. Gastroenterol Int 3: 159172
17. Enck P, Whitehead WE, Schuster MM, Wienbeck M (1989) Klinische Symptomatik, Psychopathologie und Darmmotilität bei Patienten mit „irritablem Darm". Z Gastroenterol 27: 357–361
18. Enck P, Lübke HJ (1990) Medikamente, Diät und Psychotherapie bei funktionellen Störungen des Magen-Darm-Traktes. Verdauungskrankheiten 8: 217–222
19. Enck P, Musial F, Wallstein U et al. (1990) Perception of rectal distension: Influence of stimulus location and local and systemic anesthesia. Gastroenterology 98: A348 (Abstract)
20. Enck P, Holtmann G (1992) Stress and gastrointestinal motility in animals – A review of the literature. J Gastrointestinal Motility 4: 83–90
21. Enck P, Herdmann J, Börgermann K et al. (1992) Up and down the spinal cord: Afferent and efferent innervation of the external anal sphincter in humans. J Gastrointest Mot 4: 271–277
22. Enck P, Frieling T (1993) Human gut-brain interactions. J Gastrointestinal Motility 5:77–87
23. Erckenbrecht JF, Hoerem C, Skoda G, Enck P (1988) Differential effects of mental and physical stress on perception of gastrointestinal distension. Hepato-Gastroenterology 35: 179f (Abstract)
24. Erckenbrecht JF, Lefhalm C, Wallstein U, Enck P (1989) The gastroocolonic response to eating is not only a motor but also a sensory event. Gastroenterology 96: A141 (Abstract)
25. Flesch S, Schumacher B, Enck P et al. (im Druck) Acupuncture for visceral pain? Gastroenterology (Abstract)
36. Frieling T, Enck P, Wienbeck M (1989) Cerebral responses evoked by electrical stimulation of rectosigmoid in normal subjects. Dig Dis Sci 34: 202–205
27. Frieling T, Enck P, Wienbeck M (1989) Cerebral responses evoked by electrical stimulation of the esophagus in normal subjects. Gastroenterology 97: 475–478
28. Frieling T, Enck P (1990) Viszerale Afferenzen im Verdauungstrakt. Verdauungskrankheiten 8: 193–196
29. Frieling T, Zacchi P, Kuhlbusch R et al. (1992) Elektrische und mechanische Stimulation der Speiseröhre bei Gesunden und Patienten mit nicht-kardialem Thoraxschmerz. Kontinenz 1: 44 (Abstract)
30. Frieling T, Enck P, Dohmann R et al. (1993) The effects of trospiumchloride on esophageal motility. Aliment Pharmacol Therapeut 7: 75–80
31. George AA, Tsuchiyose M, Dooley CP (1991) Sensitivity of the gastric mucosa to acid and duodenal content in patients with nonulcer dyspepsia. Gastroenterology 101: 3–6
32. Guelrud M, Rossiter A, Soundey PF, Sulbaran M (1991) Transcutaneous electrical nerve stimulation decreases lower esophageal sphincter pressure in patients with achalasia. Dig Dis Sci 36: 1029–1033
33. Guthrie E, Creed F, Dawson DD, Tomenson B (1991) A controlled trial of psychological treatment for the irritable bowel syndrome. Gastroenterology 100: 450–457
34. Holtmann G, Enck P (1991) Stress and gastrointestinal motility in humans – A review of the literature. J Gastrointestinal Motility 3: 245–254
35. Iovino P, Azpiroz F, Domingo E, Malagelada JR (1992) The sympathetic nervous system-regulates sensory and reflex responses to gut stimuli in humans, Gastroenterology 102: A461 (Abstract)
36. Jorgensen LS, Fossgreen J (1990) Back pain and spinal pathology in patients with functional upper abdominal pain. Scand J Gastroenterol 25: 1235–1241
37. Klein KB (1988) Controlled treatment trials in the irritable bowel syndrome: A critique. Gastroenterology 95: 232–241

38. Kuhlbusch R, Zacchi P, Gantke B et al. (im Druck) Noncardiac chest pain: is the intrinsic innervation of esophageal motility different? J Gastrointestinal Motility (Abstract)
39. Kunze M, Seidel HJ, Stübe G (1990) Vergleichende Untersuchung zur Effektivität der kleinen Psychotherapie, der Akupunktur und der Papaverintherapie bei Patienten mit Colon irritabile. Z Gesamte Inn Med 45: 625–627
40. Lam HGT, Fone D, Akkermans KMA et al. (1991) Effects of local anesthesia of the esophagus on perception of balloon distention and cerebral evoked potentials. J Gastrointestinal Motility 3: 188 (Abstract)
41. Lémann M, Dederding JP, Flourie B et al. (1991) Abnormal perception of vosceral pain in response to gastric distension in chronic idiopathic dyspepsia. The irritable stmach syndrome. Dig Dis Sci 36: 1249–1254
42. Li CK, Nauck M, Löser C et al. (1991) Akupunktur zur Schmerzlinderung bei Koloskopie. Dtsch Med Wochenschr 115: 367–370
43. Loening-Baucke V, Read NW, Yamaha T (1990) Cerebral evoked potentials after rectal stimulation. Electroenceph Clin Neurophysiol 80: 490–495
44. Leoning-Baucke V, Read NW, Yamaha T (1992) Further evaluation of the afferent neural pathways from the rectum. Am J Physiol 262: G927–933
45. Loening-Baucke V, Peters T, Yamaha T (1992) Cerebral potentials and visveral perceptions evoked by rectal stimulation in children with chronic constipation and encopresis. Gastroenterology 102: A476 (Abstract)
46. Lux G, Hagel J, Bäcker P et al. (in Vorbereitung) Acupuncture inhibits vagal acid secretion stimulated by sham feeding in healthy subjects. Gut
47. Mayer E, Raybould HE (1990) Role of visceral afferent mechanisms in functional bowel disorders. Gastroenterology 99: 1688–1704
48. Mearin F, Zacchi P, Armengol JR et al. (1990) Effect of transcutaneous nerve stimulation on esophageal motility in patients with achalasia and scleroderma. Scand J Gastroenterol 25: 1018–1023
49. Mearin F, Mercedes C, Azpiroz F, Malagelada JR (1991) The origin of symptoms on the gut-brain axis in functional dyspepsia. Gastroenterology 101: 999–1006
50. Meunier P, Collet L, Duclaux R, Chery-Croze S (1987) Endorectal cerebral evoked potentials in humans. Intern J Neuroscience 37: 793–796
51. Misra SP, Broor SL (1990) Is gastric acid responsible for the pain in patients with essential dyspepsia? J Clin Gastroenterol 12: 624–627
52. Musial F, Enck P, Kalveram KT, Erckenbrecht JF (1992) Effects of loperamide on anorectal function in healthy male subjects. J Clin Gastroenterol 15: 321–324
53. Musial F, Freiss M, Enck P et al. (1992) Eating induced increase in peripheral heat-pain threshold. J Gastrointest Motility 4: 234 (Abstract)
54. Musial F, Crowell MD, Kalveram KT, Enck P (1992) Eating alters rectal perception but rectal distension does not. J Gastrointest Motility 4: 234 (Abstract)
55. Musial F, Enck P (im Druck) Stress and gastrointestinal motility. In: Kumar D, Wingate DL (eds) An illustrated guide to gastrointestinal motility. Churchill Livingstone, Edinburgh
56. Musial F, Enck P, Crowell MD et al. (1993) The postprandial increase in cutaneous heat pain threshold is mediated by the caloric load of the meal. Gastroenterology 104: A556 (Abstract)
57. Prior A, Colgan SM, Whorwell PJ (1990) Changes in rectal sensitivity after hypnotherapy in patients with irritable bowel syndrome. Gut 31: 896–898
58. Rathmann W, Enck P, Frieling T, Gries FA (1991) Visceral afferent neuropathy in diabetic gastroparesis. Diabetes Care 14: 1086–1089
59. Rapkin AJ, Kames LD (1987) The pain management approach to chronic pelvic pain. J Reproduc Med 32: 323–327
60. Richter JE, Barish CF, Castell DO (1986) Abnormal sensorty perception in patients with esophageal chest pain. Gastroenterology 91: 845–852
61. Ritchie J (1983) Pain from distension of the pelvic colon by inflating a balloon in the irritable bowel syndrome. Gut 14: 125–132

62. Sloth H, Jorgenson LS (1989) predictors of the course of chronic non-organic upper abdominal pain. Scand J Gastroenterol 24: 440–444
63. Smout A, DeVore MS, Castell DO (1990) Cerebral potentials evoked by esophageal distension in humans. Am J Physiol 259: G955–959
64. Smout A, DeVore MS, Dalton CB, Castell DO (1992) Cerebral potentials evoked by oesophageal distensions in patients with non-cardiac chest pain. Gut 33: 298–302
65. Söllenböhmer C, Kuhlbusch R, Enck P et al. (1993) Zerebrale evozierte Potentiale: elektrische Stimulation des Ösophagus an der Perzeptions- und Schmerzschwelle. Z Gastroenterologie 5: 220 (Abstract)
66. Speakman CTM, Kamm MA, Swash M (1993) Rectal sensory evoked potentials: an assessment of their clinical value. Int J Colorect Dis 8: 23–28
67. Stacher G, Berner P, Naske R et al. (1975) Effect of hypnotic suggestion of relaxation on basal and betazole-stimulated gastric acid secretion. Gastroenterology 68: 656–661
68. Steadman CJ, Taley NJ, Philipps SF, Zinsmeister AR (1992) Selective 5-Hydroxytryptamine type 3 receptor antagonism with Ondansetron as treatment for diarrhea-predominant irritable bowel syndrome. Mayo Clin Proc 67: 732–738
69. Svedlund J, Sjödin I, Ottoson JO, Doteval G 81983) Controlled trial of psychotherapy in irritable bowel syndrome. Lancet I: 589–592
70. Talley NJ (1992) 5-Hydroxytryptamine agonists and antagonists in the modulation of gastrointestinal motility and sensation: clinical implications. Aliment Pharmacol Ther 6: 273–289
71. Tougas G, Yuan JY, Radamaker JW et al. (1992) Effect of acupuncture on gastric acid secretion in healthy male volunteers. Dig Dis Sci 37: 1576–1582
72. Tougas G, Hoduba P, Fitzpatrick D et al. (in press) Cerebral evoked potential responses following direct vagal and esophageal electrical stimulation in humans. Gastroenterology
73. Whitehead WE, Engel BT, Schuster MM (1980) Irritable bowel syndrome: Physiological and psychological differences between diarrhea predominant and constipation-predominant patients. Dig Dis Sci 25: 404–413
74. Whitehead WE, Holtkoetter B, Enck P et al. (1990) Tolerance for rectosigmoid distention in irritable bowel syndrome. Gastroenterology 98: 1187–1192
75. Zacchi P, Frieling T, Kuhlbusch et al. (1992) What is more physiological: Electrical or mechanical of the human esophagus? Gastroenterology 102: A538 (Abstract)

Nichtkardialer Thoraxschmerz – eine Erkrankung der Speiseröhre?

G. Lux, K.-H. Orth, T. Bozkurt

Die Symptomatik gastrointestinaler Funktionsstörungen bezieht sich auf einzelne Abschnitte des Gastrointestinaltraktes oder auf die Gallenwege. Achalasie, Ösophagusspasmus, gastroösophageale Refluxkrankheit und der nichtkardiale Thoraxschmerz betreffen im wesentlichen die Speiseröhre, die funktionelle Dyspepsie, den Magen, die Sphinkter-Oddi-Dysfunktion, die Gallenwege und das irritable Darmsyndrom mit Obstipation, funktioneller Diarrhö, Meteorismus und abdominellen Schmerzen des Kolon.

Nicht immer sind diese Syndrome gegeneinander abgrenzbar. Der „irritable Darm" weist gemeinsame Aspekte mit der funktionellen Dyspepsie auf, die intermittierend auftretenden nichtkardialen Thoraxschmerzen lassen sich nicht immer von der gastroösophagealen Refluxkrankheit trennen. Patienten mit funktionellen gastrointestinalen Störungen stellen keine homogene Gruppe dar; sie zeichnen sich nach Drossmann [20] durch eine Reihe weiterer Besonderheiten aus, die im folgenden erläutert werden. Wird ein bestimmtes Phänomen bei bestimmten Erkrankungen häufiger nachgewiesen als bei Gesunden, muß dieses nicht gleichzeitig die Ursache der Erkrankung darstellen. So zeigte Clouse [13], daß Patienten mit retrosternalen Schmerzen und Ösophagusspasmen erfolgreich mit einem Antidepressivum (Trazodon) therapiert werden konnten, ohne daß hierdurch die manometrischen Auffälligkeiten beseitigt wurden. Insbesondere bei Motilitätsphänomenen läßt sich zunächst nicht entscheiden, ob es sich um die Ursache oder lediglich um einen Indikator von Funktionsstörungen handelt. Bei funktionellen gastrointestinalen Beschwerden müssen weiterhin hohe Plazeboheilungsraten von 40–60 %, eine lange Anamnese, die den Patienten ein bestimmtes Verhalten seiner Erkrankung gegenüber *erlernen* läßt („sick role" nach Whitehead [68]) sowie zusätzliche Faktoren wie Familie, Streß oder soziale Verhältnisse berücksichtigt werden.

Intermittierende Thoraxschmerzen

Intermittierende Thoraxschmerzen lassen in erster Linie an eine kardiale Erkrankung denken. Obwohl pulmonale, pleurale, intraabdominelle, aber auch vertebragene und psychogene Ursachen infrage kommen, gilt der Ösophagus als zweithäufigste Ursache von intermittierenden Thoraxschmerzen. Dies verwundert nicht, da Herz und Speiseröhre eine ähnliche sensible Innervation aufweisen.

In den Vereinigten Staaten werden jährlich 500 000–600 000 Koronarangiographien durchgeführt [31, 34]. Für Deutschland ergeben sich analog 180 000 Koronarangiographien pro Jahr. Von allen mit Verdacht auf eine koronare Herzkrankheit durchgeführten Koronarangiographien zeigen nach Kemp [30] 30 % unauffällige Gefäßverhältnisse. Würde man bei etwa 50 % dieser Patienten eine Ösophagusfunktionsstörung annehmen, wären davon in den Vereinigten Staaten 90 000 Patienten pro Jahr und in Deutschland 25 000 Patienten betroffen [17, 19, 32].

Aus der negativen Definition „nichtkardialer" Thoraxschmerz läßt sich bereits ableiten, daß derzeit anginapectorisartige Beschwerden bei normaler Koronarangiographie nicht nur auf den Ösophagus bezogen werden können. Nach Ausschluß organischer Veränderungen an den Herzkranzgefäßen bleiben als weitere kardiale Ursachen intermittierender Thoraxschmerzen die Prinzmetal-Angina [47], die mikrovaskuläre Angina (Syndrom X) [11, 53, 66] oder eine erhöhte Perzeption gegenüber kardialen Schmerzen [10, 59].

Es ist bekannt, daß ösophageale Schmerzen anginapectorisartige Symptome imitieren können [7, 25, 26, 35].

Als ösophageale Ursachen intermittierender Thoraxschmerzen werden die gastroösophageale Refluxkrankheit [45, 64], Motilitätsstörungen wie diffuser Ösophagusspasmus [15, 39, 55] oder der sog. *Nußknackerösophagus* [3] sowie der hypersensitive Ösophagus [67] genannt. Besonders die erniedrigte ösophageale Schmerzschwelle wird zunehmend als (Teil)-Ursache von Ösophagusschmerzen diskutiert [48]. Durchblutungsstörungen der Speiseröhre [39] oder eine Vermittlung über temperatursensitive Rezeptoren [46] spielen wahrscheinlich nur eine untergeordnete Rolle bei thorakalen Schmerzattacken.

Eine Differenzierung kardialer und ösophagealer Thoraxschmerzen erscheint auch deshalb problematisch, da es Interaktionen zwischen beiden Organen gibt: Säureperfusion der Speiseröhre kann zu einer Senkung der Schmerzschwelle im Belastungs-EKG führen und die elektrokardiographischen Zeichen einer Myokardischämie bei Patienten mit koronarer Herzkrankheit auslösen [40].

Intermittierender Thoraxschmerz – Anamnese und kardiologische Diagnostik

Eine Reihe von Faktoren wie familiäre Belastung mit kardialen Erkrankungen oder Risikofaktoren sprechen für das Vorliegen von kardialen Thoraxschmerzen. Die kardiologische Diagnostik wird neben dem Ruhe-, Belastungs- und Langzeit-EKG mit ST-Streckenanalyse, das Echokardiogramm, evtl. eine Myokardszintigraphie und schließlich die Koronarangiographie beinhalten. Die Anamnese erlaubt nach gängiger Sicht nur bedingt eine Differenzierung zwischen kardialen und nichtkardialen Ursachen. Bei Patienten mit nichtkardialen Thoraxschmerzen handelt es sich häufiger um Frauen, eine Belastungsabhängigkeit der Beschwerden läßt sich in der Regel nicht nachweisen. Die Schmerzen erstrecken sich meist über Stunden, die typische Ausstrahlung in den linken Arm fehlt, die Schmerzen finden sich nicht selten in zeitlicher Relation zur Nahrungsaufnahme oder sie treten nachts auf. In einer eigenen Untersuchung hat sich allerdings gezeigt, daß Patienten mit intermittierenden Thoraxschmerzen und koronarer Herzkrankheit eine signifikant kürzere Anamnese aufwiesen, d. h., daß sie meist innerhalb von Wochen einer gezielten kardiologischen Diagnostik zugeführt wurden. Unspezifische Symptome wie Atemnot oder Kreislaufreaktionen fanden sich bei Patienten mit koronarer Herzkrankheit ebenfalls signifikant häufiger, die Nitratwirkung war bei kardialen Thoraxschmerzen signifikant schneller zu beobachten [37].

Lassen sich kardiale Thoraxschmerzen anhand der kardiologischen Diagnostik weitgehend ausschließen, so sind Funktionsuntersuchungen der Speiseröhre mit unterschiedlicher Spezifität und Sensitivität in der Lage, den Ösophagus als Quelle der thorakalen Schmerzen zu identifizieren.

Ösophagusfunktionsuntersuchungen

Ösophagusmanometrie

Nach Katz [29] stellt der Verdacht auf nichtkardiale Thoraxschmerzen mit 72 % die häufigste Indikation zur Ösophagusmanometrie in den USA; nur 20 % der Untersuchungen wurden wegen Schluckstörungen veranlaßt. Bei den von Katz [29] untersuchten 910 Patienten wiesen 28 % Motilitätsstörungen der Speiseröhre auf. Am häufigsten war hier der Nußknackerösophagus (48 %) nachzuweisen, während der diffuse Ösophagusspasmus nur 10 %, die Achalasie nur 2 % der Patienten betraf.

Die Achalasie ist manometrisch in der Regel durch eine fehlende Peristaltik der Speiseröhre mit einer inkompletten Relaxation des unteren Ösophagussphinkters charakterisiert; der untere Ösophagussphinkter weist in der Regel einen Druck über 45 mm Hg auf. Beim diffusen Ösophagusspasmus finden sich simultane Kontraktionen (über 10 % der *Naßschluckakte*), wobei die Ösophagusperistaltik zwischenzeitlich normal sein kann; zusätzlich können repetitive Kontraktionen mit mehr als 2 Gipfeln und einer erhöhten Dauer bzw. Amplitude nachweisbar sein. Der Nußknackerösophagus ist gekennzeichnet durch eine normale peristaltische Kontraktion mit einer Amplitude von über 180 mm Hg, die Dauer der Kontraktion kann über 6 s verlängert sein [53].

Der Nachweis von Motilitätsstörungen der Speiseröhre stellt keinen Beweis für die ösophageale Natur von intermittierenden Thoraxschmerzen dar. Werden Phänomene wie Nußknackerösophagus oder diffuser Ösophagusspasmus nachgewiesen, hat der Patient während der Untersuchung in der Regel keine Schmerzen.

Die Motilitätsstörungen sind mit Kurzzeitmessungen der stationären Manometrie in der Regel nicht zu erfassen, 70–80 % der Patienten haben keine Veränderungen der Ösophagusmotilität. Aus diesem Grunde wurde versucht, Schmerzen und Ösophagusmotilitätsstörungen bei Patienten mit intermittierenden Thoraxschmerzen im Rahmen von Provokationstesten nachzuweisen.

Provokationsteste

Intermittierende Thoraxschmerzen haben eine Häufigkeit von ein- zweimal pro Tag bis einmal in 2–3 Wochen. Die kardiologische Diagnostik wird deshalb Ableitungen des EKG's unter Belastung einschließen. Ein ähnlicher Gedanke steht hinter den Provokationstesten, wie die ösophageale Säureperfusion nach Bernstein und die Stimulation mit Bethanechol [39, 42], mit Edrophonium [4, 38], Ergonovin [1, 22] oder Pentagastrin [43].

Der Edrophonium-Test und die Säureperfusion der Speiseröhre werden als die Untersuchungen bezeichnet, die am häufigsten positiv ausfallen [53]. Ghillebert [24] fand bei 50 Patienten mit vermuteten nichtkardialen Thoraxschmerzen bei 18 Patienten einen positiven Säureperfusionstest und bei 16 Patienten einen positiven Edrophoniumtest.

Insgesamt erscheint jedoch die Sensitivität und Spezifität der Provokationsmethoden nicht geeignet, eine ösophageale Ursache von intermittierenden Thoraxschmerzen nachzuweisen.

Wegen des intermittierenden Charakters der Schmerzattacken wurden zunehmend Langzeitmessungen durchgeführt.

Langzeit-pH-Metrie

Mit der Langzeit-pH-Metrie steht eine Methode zur Verfügung, mit der über eine dünne, intraösophageal plazierte pH-Elektrode gastroösophageale Refluxereignisse unter ambulanten, weitgehend physiologischen Bedingungen gemessen werden können. Diese Untersuchungen haben bei Patienten mit normalen Koronargefäßen einen relativ hohen Prozentsatz von 35–50 % mit erhöhtem gastroösophagealen Reflux identifiziert [29, 53, 58].

Allerdings bleiben eine Reihe von Befunden bestehen, die gegen den gastroösophagealen Reflux als Hauptursache von nicht-kardialen Schmerzen sprechen: so können Refluxsymptome auch durch Dehnung der Speiseröhre erzeugt werden [28a]. Nur 10 % der Patienten mit einer gastroösophagealen Refluxkrankheit geben intermittierende Thoraxschmerzen als Leitsymptom an [34]. Weiterhin konnte gezeigt werden, daß gastroösophageale Refluxereignisse nicht selten Motilitätsstörungen auslösen [60]. Als wesentlicher Einwand blieb jedoch lange Zeit bestehen, daß während der gleichen Meßperiode gastroösophagealer Reflux mit und ohne thorakale Schmerzen einhergehen kann. Hier haben Untersuchungen von Janssen [28] ergeben, daß offensichtlich die Säurebelastung vor dem symptomatischen gastroösophagealen Reflux für die Auslösung von Symptomen verantwortlich sein könnte.

Langzeit-pH-Metrie und Manometrie bei nichtkardialen Thoraxschmerzen

Nur die kontinuierliche Erfassung der Ösophagusfunktion mit pH- und Manometrie scheint in der Lage zu sein, die zu intermittierend auftretenden Schmerzereignissen korrelierten Veränderungen wie gastroösophagealer Reflux und/oder Motilitätsstörungen zu erfassen (Abb. 1). Werden bestimmte Phänomene in Zusammenhang mit intermittierend auftretenden Thoraxschmerzen gebracht, so sollten eine Reihe von Kriterien erfüllt sein [67]. Diese Kriterien beinhalten, daß es sich um signifikante Veränderungen handelt, die zeitlich korrelieren und daß eine Korrelation zwischen Besserung von Beschwerden und Motilitätsstörung vorhanden ist [14, 49]. Da Streß und psychische Störungen ebenfalls Veränderungen der Ösophagusfunktion nach sich ziehen können, sollten beide Faktoren ausgeschlossen sein [2, 16].

Nach Untersuchungen von Janssen [28] wiesen von 61 Patienten mit intermittierenden Thoraxschmerzen ohne nachweisbare kardiale Ursache 8 Patienten Motilitätsstörungen, 4 gastroösophageale Refluxperioden und 9 Motilitätsstörungen und gastroösophagalen Reflux mit den Schmerzepisoden auf. Peters [45] untersuchte 93 Patienten mit vermuteten, nichtkardialen Thoraxschmerzen, wobei 11 Patienten Motilitätsstörungen, 18 Patienten gastroösophageale Refluxperioden und 4 Patienten gastroösophagealen Reflux und Motilitätsstörungen in Assoziation zu den Schmerzperioden aufwiesen; ähnliche Ergebnisse fanden Richter [53], Soffer [62] und Breumelhoff [8].

Um einen Zusammenhang zwischen nichtkardialen Thoraxschmerzen und Ösophagusfunktion feststellen zu können, sollten noch zwei zusätzliche Voraussetzungen erfüllt sein:

- Die Funktionsstörungen der Speiseröhre sollte nur bei Patienten mit normalem Koronarangiogramm und nicht bei solchen mit koronarer Herzkrankheit nachweisbar sein
- Während der Schmerzepisoden sollten nicht zusätzliche ST-Streckensenkungen im Langzeit-EKG auftreten.

Langzeit-pH und -Manometrie bei Patienten mit normaler Koronarangiographie und koronarer Herzkrankheit

Um die beiden zuletzt erwähnten Kriterien zu prüfen, untersuchten wir 30 Patienten (11 Männer, 19 Frauen; Durchschnittsalter 54,8 Jahre) mit normaler und 15 Patienten (12 Männer, 3 Frauen; Durchschnittsalter 66,7 Jahre) mit pathologischer Koronarangiographie mit Langzeit-pH-Manometrie und simultaner Aufzeichnung des Langzeit-EKG mit ST-Streckenanalyse. Von den Patienten mit normaler Koronarangiographie gaben 46 % (14 von 30) thorakale Schmerzen während der Untersuchungsperiode an, die bei 33 % (10 von 30) mit Motilitätsstörungen und/oder gastroösophagealen Refluxperioden korrelierten. Bei den Patienten mit koronarer Herzkrankheit traten Thoraxschmerzen ebenfalls in 46 % (7 von 15) auf, die in

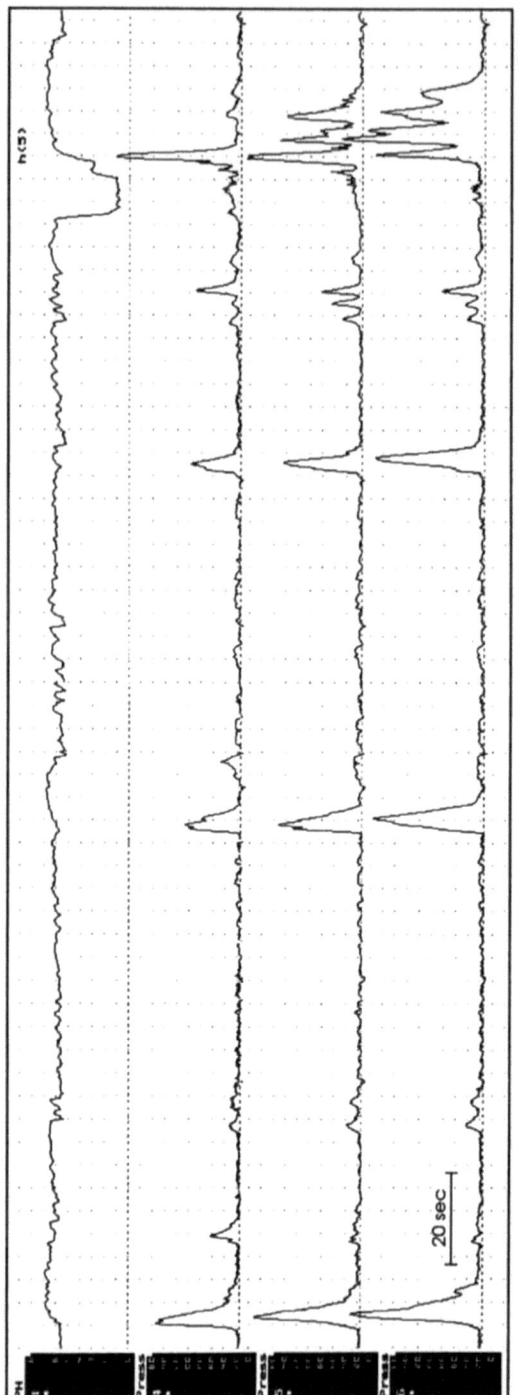

Abb. 1. Beispiel einer Langzeit-pH- und -Manometrie. In der obersten Ableitung (*1*) pH-Registrierung mit Abfall des pH-Wertes bei h (*5*) (Schmerzereignis); nach dem pH-Abfall lokale, mehrgipflige Kontraktionen mit verlängerter Dauer und erhöhter Amplitude. Im Vergleich dazu vor dem Schmerzereignis normale Ösophagusperistaltik. (Aus [37])

26 % (4 von 15) mit Motilitätsstörungen und/oder gastroösophagealen Refluxperioden korrelierten. Die Langzeit-pH- und -Manometrie unterschied somit nicht zwischen Patienten mit und ohne pathologischen Veränderungen an den Koronararterien. Symptomatische und asymptomatische ST-Streckenveränderungen wurden signifikant seltener bei Patienten mit normaler Koronarangiographie (4 von 30) als bei Patienten mit koronarer Herzkrankheit (7 von 14; p = 0,02) beobachtet. Motilitätsstörungen und gastroösophagealer Reflux korrelierten in 6,7 % mit ST-Streckenveränderungen bei Patienten mit normaler Koronarangiographie (2 von 30 Patienten) und in 40 % bei Patienten mit koronarer Herzkrankheit (6 von 15 Patienten); p = 0,02). Patienten mit koronarer Herzkrankheit wiesen signifikant häufiger einen pathologischen gastroösophagealen Reflux auf als Patienten ohne Veränderungen an den Koronararterien.

Somit lassen unsere Untersuchungen den Schluß zu, daß Anamnese und Beschwerdecharakter Hinweise auf eine kardiale bzw. ösophageale Genese von intermittierenden Thoraxschmerzen geben. Die Langzeit-pH- und -Manometrie differenziert nicht zwischen kardialen und nichtkardialen Thoraxschmerzen. Die Korrelation von ST-Streckensenkung und gastroösophagealen Reflux bei Patienten mit koronarer Herzkrankheit ist kein Beweis für einen kausalen Zusammenhang, da bei diesen Patienten ST-Streckensenkungen und gastroösophagealer Reflux in einem höheren Prozentsatz simultan nachweisbar sind.

Garcia-Pulido [23] fand ebenfalls eine Korrelation zwischen ST-Streckensenkung und gastroösophagealem Reflux, während Hick [27] keine Korrelation von Ösophagusmotilität, gastroösophagealen Refluxepisoden und ST-Streckenveränderungen bei Patienten mit nichtkardialen Thoraxschmerzen zeigte.

Viszerale Perzeption

Eine erhöhte viszerale Schmerzperzeption wird bei gastrointestinalen Funktionsstörungen wie der funktionellen Dyspepsie, dem irritablen Darmsyndrom und den nichtkardialen Thoraxschmerzen diskutiert. Richter wies bereits 1986 [48] eine erhöhte Schmerzperzeption gegenüber ösophagealer Dehnung bei Patienten mit intermittierenden Thoraxschmerzen nach. In neueren Untersuchungen fand Smout [61], daß Patienten mit vermuteten nichtkardialen Thoraxschmerzen ein kleineres Ballonvolumen zu stärkerem Schmerzempfinden führt. Die Autoren fanden, daß evozierte Potentiale bei nichtkardialen Thoraxschmerzen verzögert und mit kleinerer Amplitude nachweisbar waren. Die Untersuchungen sprechen für ein verändertes „Prozessing" im Bereich der afferenten Fasern bei Patienten mit nichtkardialen Thoraxschmerzen.

Interaktion zwischen kardialer und ösophagealer Funktion

Eine Differenzierung kardialer und nichtkardialer Ursachen von intermittierenden Thoraxschmerzen ist schon deshalb schwierig, da ein Großteil der Patienten mit koronarer Herzkrankheit gleichzeitig Funktionsstörungen der Speiseröhre aufweisen [53, 63]. Körperliche Belastung, wie z. B. Marathonlauf, führt zu verstärktem gastroösophagealem Reflux [57]. Patienten mit einer mikrovaskulären Angina haben häufiger Motilitätsstörungen im Sinne eines Nußknackerösophagus [12, 21]. Weiterhin wurde bereits erwähnt, daß bei Patienten mit koronarer Herzkrankheit Säurebelastung der Speiseröhre zu ST-Streckensenkungen führen kann [40]. Davies zeigte, daß gastroösophagealer Reflux die Schmerzschwelle im Belastungs-EKG senkt.

Schließlich fand sich bei Patienten mit Mitralklappenprolaps häufiger Ösophagusmotilitätsstörungen [33].

Da somit eine eindeutige Differenzierung zwischen kardialer und ösophagealer Ursache von intermittierenden Thoraxschmerzen nicht immer möglich ist, stellt sich die Frage nach der Konsequenz einer eindeutigen Zuordnung.

Klinische Konsequenz der differentialdiagnostischen Zuordnung nichtkardialer Thoraxschmerzen

Nach Berechnungen von Richter [52] werden Patienten mit intermittierenden Thoraxschmerzen und normalen Koronargefäßen zweimal pro Jahr notfallmäßig untersucht und 0,8 mal pro Jahr hospitalisiert. Die Patienten nehmen eine Reihe von Medikamenten, was in 1,2 Verschreibungen pro Monat resultiert. Insgesamt werden somit die Kosten dieser Patienten in Amerika auf 3500 Dollar pro Jahr geschätzt. Andererseits gehen Untersuchungen von Wielgosz [69] davon aus, daß die Patienten mit normaler Koronarangiographie und intermittierenden Thoraxschmerzen mit 0,3 % eine verhältnismäßig geringe Letalität aufweisen. Allerdings resultiert dies auch darin, daß sich diese Patienten sich vom Kardiologen nicht selten als nicht ausreichend beachtet ansehen.

Auf der anderen Seite hat sich gezeigt, daß Patienten mit normalen Koronararterien von einer ausführlichen Ösophagusdiagnostik nicht profitieren [56]. Die Patienten zogen im Hinblick auf ihre Lebens- oder Schmerzqualität keinen positiven Nutzen aus der Ösophagusdiagnostik. Zweidrittel der Patienten waren bei nachträglichen Befragungen nicht über ihre Befunde orientiert; 82 % hielten die Durchführung der Ösophagusdiagnostik in Bezug auf ihr Befinden für nicht hilfreich.

Praktisches Vorgehen bei intermittierenden Thoraxschmerzen

Nach Ausschluß kardialer Ursachen würden wir zunächst eine endoskopische Untersuchung des oberen Verdauungstraktes empfehlen. Finden sich hier Hinweise für eine gastroösophageale Refluxkrankheit, wäre die probatorische sekretionshemmende Therapie, z. B. mit H2-Blockern bzw. Omeprazol indiziert. Im negativen Falle würden wir eine Langzeit-pH-Metrie für indiziert halten. Bei Nachweis einer funktionellen gastroösophagealen Refluxkrankheit würde sich hier ebenfalls die probatorische Säureblockade empfehlen. Findet sich hingegen kein erhöhter gastroösophagealer Reflux, wäre eine ebenfalls probatorische Therapie mit Nitraten oder Kalziumantagonisten sinnvoll. Die regelhafte Durchführung einer Langzeit-pH- und -Manometrie empfehlen wir nicht, da sie nicht zwischen kardialer und ösophagealer Ursache unterscheidet. Eine Diagnostik, die routinemäßig die Langzeit-pH- und Manometrie einschließen würde, würde zudem die Kosten erheblich steigern; in den Vereinigten Staaten müßten diese auf über 3 Mio. Dollar geschätzt werden, so daß hier auch von einer „esophageal-chest-pain industry" gesprochen wird [5].

Zur Therapie intermittierender, nichtkardialer Thoraxschmerzen stehen die antisekretorische Therapie, Nitrate, Anticholenergika, Kalziumantagonisten und evtl. Antidepressiva zur Verfügung.

Orlando [43] zeigte eine Besserung der Symptome und der manometrischen Befunde durch Nitrate, während in anderen Studien der klinische Erfolg eher mäßig ausfiel. Clouse [13] zeigte die Therapiemöglichkeiten mit Antidepressiva (Trazodon). Auch die Therapie mit Kalziumantagonisten wies keine überzeugenden Therapieerfolge auf: Nifidipin senkte den Ösophagusdruck bei Patienten mit Nußknackerösophagus, beeinflußt jedoch die Beschwerden nicht mehr als Plazebo [49]. Dennoch sollte ein Therapieversuch mit den genannten Substanzen durchgeführt werden. Zu beachten bleibt aber, daß bei Patienten mit intermittierenden Thoraxschmerzen die antianginöse Therapie mit Kalziumantagonisten oder Nitraten nicht unkritisch erhöht wird, um so nicht evtl. zu einer Verstärkung des gastroösophagealen Refluxes und somit von Refluxbeschwerden Vorschub zu leisten.

Literatur

1. Alban-Davies H, Kaye MD, Rhodes J et al. (1982) Diagnosis of oesophageal spasm by ergometrine provocation. Gut 23: 89–97
2. Anderson KO, Dalton CB, Bradley LA, Richter JE (1989) Stress induces alteration of oesophageal pressures in healthy volunteers and non-cardiac chest pain patients. Dig Dis Sci 34: 83–91
3. Benjamin SB, Gerhardt DC, Castell DO (1979) High amplitude, peristaltic oesophageal contractions associated with chest pain and/or dysphagia. Gastroenterology 77: 478–483
4. Benjamin SB, Richter JE, Cordova CM (1983) Prospective manometric evaluation with pharmacologic provocation of patients with suspected esophageal motility dysfunction. Gastroenterology 84: 893–901
5. Berges W (1992) Der nicht-kardiale Thoraxschmerz. Dtsch Ärztebl 89: B 1698–1700
6. Bernstein LM, Baker LA (1958) A clinical test for esophagitis. Gastroenterology 34: 760–781
7. Brand DI, Martin D, Pope CE (1977) Esophageal manometries in patients with angina-like chest pain. Am J Dig Dis 22: 300–304
8. Breumelhof R, Nadorp JHSM, Akkermans LMA, Smout AJPM (1990) Analysis of 24-hour esophageal pressure and pH data in unselected patients with noncardiac chest pain. Gastroenterology 99: 1257–1264
9. Cannon RO, Leon MB, Watson RM et al. (1985) Chest pain and „normal" coronary arteries – role of small coronary arteries. Am J Cardio 55: 50B–60B
10. Cannon RO, Quyuimim AK, Fananapazir L (1989) Endocardial sensitivity in patients with chest pain and normal coronary arteries. Circulation (suppl II) 80: 406
11. Cannon RO, Cattau EL, Yakshe PN et al. (1990) Coronary flow reserve, esophageal motility, and chest pain in patients with angiographically normal coronary arteries. Am J Med 88: 217–222

12. Cattau EL, Hirzel R, Benjamin SB, Cannon RO (1987) Esophageal motility disorders in patients with abnormalities of coronary flow reserve and atypical chest pain. Gastroenterology 92: 1339 A
13. Clouse RE, Lustman PJ, Eckert TC et al. (1987) Low-dose trazodone for symptomatic patients with esophageal contraction abnormalities. Gastroenterology 92: 1027–1036
14. Cohen S (1987) Esophageal motility disorders and their response to calcium channel antagonists: the Sphinx revisited. Gastroenterology 93: 201–203
15. Creamer B, Donoghue FE, Code CF (1958) Pattern of esophageal motility in diffuse spasm. Gastroenterology 34: 782–796
16. Creed F, Craig T, Farmer R (1988) Functional abdominal pain, psychiatric illness and life events. Gut 29: 235–242
17. Davies HA, Jones DB, Rhodes J (1982) Esophageal angina as the cause of chest pain. JAMA 248: 2274–2278
18. Davies HA, Rush EM, Lewis MJ et al. (1985) Oesophageal stimulation lowers exertional angina threshold. Lancet I: 1011–1014
19. DeMeester TR, O'Sullivan GC, Bermudez G et al. (1982) JO: Esophageal function in patient with angina-type chest pain and normal coronary angiograms. Ann Surg 196: 488–498
20. Drossmann Da (1987) Clinical research in the functional digestive disorders. Gastroenterology 92: 1267–1269
21. Ducrotte PH, Berland MJ, Denis PH et al. (1985) Coronary sinus lactate estimation and esophageal motor anomalies in angina with normal coronary angiograms. Dig Dis Sci 29: 305–310
22. Eastwood GL, Weiner BH, Dickerson J et al. (1981) Use of ergonovine to identify esophageal spasm in patients with chest pain. Ann Intern Med 94: 768–771
23. Garcia-Pulido J, Patel PH, Hunter WC et al. (1990) Esophageal contribution to chest pain in patients with coronary artery disease. Chest 98: 807–810
24. Ghillebert G, Janssens J, Vantrappen G et al. (1990) Ambulatory 24 hour intraoesophageal pH and pressure recordings v. provocation tests in the diagnosis of chest pain of oesophageal origin. Gut 31: 738–744
25. Gravino FN, Peroff JK, Yealman LA, Ippolitti AF (1981) Coronary arterial spasm versus esophageal spasp response to ergonovine. Am J Med 70: 1293–1298
26. Henderson RC, Wigle ED, Sample K, Marryatt G (1978) Atypical chest pain of cardiac and esophageal origin. Chest 73: 24–27
27. Hick DG, Morrison JFB, Casey JF et al. (1992) Oesophageal motility, luminal pH, and electrocardiographic ST-segment analysis during spintaneous episodes of angina like chest pain. Gut 33: 79–86
28. Janssens J, Vantrappen G, Ghillebert G (1986) 24 hour recording of esophageal pressure and pH in patients with noncardiac chest pain. Gastroenterology 90: 1978–1984
28a. Jones CM (1958) Digestive Tract Pain. New York, Macmilton, pp 10–14
29. Katz PO, Dalton CB, Richter JE et al. (1987) Esophageal testing of patients with noncardiac chest pain or dysphagia. Ann Inter Med 106: 593–597
30. Kemp HG, Vokonas PS, Cohn PF, Gorlin R (1973) The anginal syndromes associated with normal coronary arteriograms: report of a six year experience. Am J Med 54: 735–742
31. Kennedy RH, Kennedy MH, Frye R et al. (1982) Cardiac catherization and cardiac surgical facilities. N Engl J Med 307: 986–993
32. Kline M, Chesne R, Studevant RL, McCallum RW (1981) Esophageal disease in patients with angina-like chest pain. Am J Gastroenterol 75: 116–123
33. Koch KL, Spears PF, Davidson W, Voss S (1986) Prospective evaluation of esophageal motility with provocative testing in patients with pain and mitral valve prolapse. Gastroenterology. 90: 1496A
34. Lawrence L (1986) National Center for Health Statistics. Detailed diagnoses and procedures for patients discharged from short-stay hospitals. United Staates 1984. Hyattsville, Maryland: U.S. Dept. of Health and Human Services, Public Health Services, National Center for Heath Statistics, 1986. (Vital and Health Statistics, Series 13; no 86)

35. Lee MG, Sullivan SN, Watson WC (1983) Chest pain: esophageal, cardiac or both. Am J Gastroenterol 320–324
36. Lee CA, Reynolds JC, Ouyang A et al. (1987) Esophageal chest pain: Value of high dose provocative testing with edrophonium chloride in patients with normal esophageal manometrics. Dig Dis Sci 32: 682–688
37. Lux G, Els J von, The G et al. (1992(Only ambulatory oesophageal pressure, pH and ECG recording differentiates intermittent chest pain. J Gastrointest Mot 3: 230 (abstract)
38. London RC, Ouyang A, Snape WJ et al. (1981) Provocation of esophageal pain by ergonovine or edrophonium. Gastroenterology 81: 10–14
39. Mellow M (1977) Symptomatic diffuse esophageal spasm: manometric follow-up and response to cholinergic stimulation and cholinesterase inhibition. Gastroenterology 73: 237–240
40. Mellow MH, Simpson AG, Watt L et al. (1983) Esophageal acid perfusion in coronary artery disease: induction of myocardial ischemia. Gastroenterology 83: 306–312
41. Mellow M (1988) Symptomatic diffuse esophageal spasm: Manometric follow-up and response to cholinergic stimulation and cholinesterase inhibition. Gastroenterology 94: 878–886
42. Nostrant TT, Saves J, Haber T (1986) Bethanechol increases the diagnostic yield in patients with esophageal chest pain. Gastroenterology 91: 1131–1136
43. Orlando RC, Bozymski EM (1979) The effects of pentagastrin in achalasia and diffuse esophageal spasm. Gastroenterology 77: 472–477
44. Orlando RC, Bozymski EM (1989) Clinical and manometric effects nitroglycerin in diffuse esophageal spasm. N Engl Med 2: 3–5
45. Peters LJ, Maas LC, Dalton CB et al. (1986) 24 hour ambulatory combined esophageal motility/pH monitoring in evaluation of non-cardiac chest pain. Gastroenterology (Abstract) 90: 1584
46. Pope CE II (1978) Esophageal motor disorders. In: Sleisenger MH, Tordtran JS (eds) Gastrointestinal disease: Pathophysiology, diagnosis, management. B. Aunders, Philadelphoa, pp: 513–540
47. Prinzmetal M, Kennamer R, Merliss KR (1959) A variant form of angino pectoris. Am J Med 26: 375–388
48. Richter JE, Barish CF, Castell DO (1986) Abnormal sensory perception in patients with esophageal chest pain. Gastroenterology 91: 845–852
49. Richter JE, Dalton CB, Bradley LA, Castell DO (1987) Oral nifedipine in the treatment of noncardiac chest pain in patients with the nutcracker oesophagus. Gastroenterology 93: 21–28
50. Richter JE, Castell DO (1989) Chest pain of oesophageal origin. Dig Dis 7: 39–50
51. Richter JE, Bradley AL, Castell DO (1989) Esophageal chest pain: Current controversies in pathogenesis, diagnosis and therapy. Am Coll Phys 110: 67–78
52. Richter JE, Hewson EG, Sinclair JW, Dalton CB (1989) 24 Hour pH study: the most useful test in evaluating noncardiac chest pain. Am J Gastroenterol 84: 1151
53. Richter JE, Castell DO (1989) 24 hour ambulatory oesophageal motility monitoring: How should motility data be analysed? GUT 30: 1040–1047
54. Richter JE, Bradley LA (1990) Chest pain with normal coronary arteries. Another perspective (editorial). Dig Dis Sci 35: 1441–1444
55. Roth HP, Fleshler B (1964) Diffuse esophageal spasm. Ann Intern Med 61: 914–923
56. Rose S, Achkar E (1991) Esophageal testing is not considered useful by patients with non-cardiac chest pain (NCCP). Gastroenterology A 149
57. Schofield PM, Bennett DH, Whorwell PJ et al. (1987) Exertional gastrooesophageal reflux: a mechanism for symptoms in patients with angina pectoris and normal coronary angiograms. Br Med J 294: 1459–1461
58. Schofield PM, Whorwell PJ, Brooks NH et al. (1989) Oesophageal function in patients with angina pectoris: A comparison of patients with normal coronary angiograms and patients with coronary artery disease. Digestion 42: 70–78

59. Shapiro LM, Crake T, Poole-Wilson PA (1988) Is altered cardiac sensation responsible for chest pain in patients with normal coronary arteries? Clinical observation during cardiac catheterization. Br Med J 296: 170–171
60. Siegel CL, Hendrix TR (1963) Esophageal motor abnormalities induced by acid perfusion in patients with heartburn. J Clin Invest 42: 686–695
61. Smout AJPM, DeVore MS, Dalton CB, Castell DO (1992) Cerebral potentials evoked by oesophageal distension in patients with non-cardiac chest pain. Gut 33: 298–302
62. Soffer EE, Schalabrini P, Wingate DL (1989) Spontaneous noncardiac chest pain: value of ambulatory esophageal pH and motility monitoring. Dig Dis Sci 34: 1651–1655
63. Svensson O, Stemport G, Tibbling L, Wranne B (1978) Oesophageal function and coronary angiogram in patients with disabling chest pain. Acta Med Scand 204: 173–178
64. Vantrappen G, Janssens J, Ghillebert G (1986) Angina-line chest pain of esophageal origin due to motor disorders, gastroesophageal reflux or an irritable oesophagus (abstract). Gastroenterology 90: 1677
65. Vantrappen G, Janssens J, Ghillebert G (1987) The irritable oesophagus, a frequent cause of angina-like pain. Lancet I: 1232–1234
66. Vantrappen G, Janssens J (1989) Gastro-oesophageal refux disease an important cause of angina-like chest pain. Scand J Gastroenterol 24 (suppl) 168: 73–79
67. Valori RM (1990) Nutcracker, neurosis or sampling bias. Gut 31: 736–737
68. Whitehead WE, Winget C, Fedoravicius As et al. (1982) Learned illness behavior in patients with irritable bowel syndrome and peptid ulcer. Dig Dis Sci 27: 202
69. Wielgosz AT, Earp J 81986) Perceived vulnerability to serious heart disease and persistent pain in patients with minimal or no coronary disease. Psychosom Med 48: 118–124

Einsatz stabiler Isotope zur nichtinvasiven Bestimmung der Magenentleerung

B. Braden

Pathophysiologie gastraler Motilitätsstörungen

Die Magenentleerung ist ein recht vielschichtiger physiologischer Vorgang, der aus einem komplexen Zusammenspiel neurogener und humoraler Faktoren, der glatten Muskulatur und dem Einfluß der Nahrung resultiert. Störungen der Motilität können somit humoralen, neurogenen oder myogenen Ursprungs sein; ebenso können Kombinationen verschiedener Faktoren vorliegen. Feste, flüssige, halbfeste und unverdauliche Nahrung, sowie kalorienreiche oder -arme Speise werden in grundsätzlich unterschiedlichen Entleerungsmuster aus dem Magen freigesetzt.

In den meisten Fällen einer gestörten Magenmotilität liegt eine verzögerte Magenentleerung vor, wobei häufig zunächst die Entleerung fester Speisen verlangsamt abläuft, während der Entleerungsvorgang für Flüssigkeiten zunächst unbeeinflußt scheint. Im klinischen Alltag wird die diabetische Gastroparese als häufigste pathogenetische Ursache einer verzögerten Magenentleerung anzutreffen sein.

Verzögerung der Magenentleerung

- *Passagär:*
  Medikamente: z. B. Opiate, Anticholinergika, Levo-Dopa, β-Sympathomimetika,
  postoperativer Ileus,
  virale Gastroenteritis,
  Elektrolytverschiebungen (Hypokaliämie, Hyperglykämie);

- *Chronisch:*
  Diabetes mellitus,
  idiopathisch,
  postoperativ,
  gastrooesophagealer Reflux,
  progressive systemische Sklerodermie,
  Dermatomyositis,
  Amyloidose,
  Hypothyreoidismus,
  Intestinale Pseudoobstruktion,
  Idiopathische autonome Degeneration,
  Myotonia dystrophica,

Muskeldystrophie,
Querschnittsverletzung,
ZNS-Störung,
M. Parkinson,
Hirnstammläsion,
Tumor assoziiert,
Anorexia nervosa und Bulimie;

Beschleunigung der Magenentleerung
Postoperativ
Zollinger Ellison-Syndrom,
Duodenalulkus.

Symptome einer verzögerten Magenentleerung können sich in dyspeptischen Beschwerden wie frühzeitigem Sättigungs- und Völlegefühl, häufigem Aufstoßen und Übelkeit äußern. Eine Beschleunigung der Magenentleerung tritt häufig nach Magenresektionen auf.

Diagnostische Methoden zur Bestimmung der Magenmotilität

Die Funktion des Magens umfaßt nicht nur die Aufnahme, Speicherung, Durchmischung, Zerkleinerung und kontrollierte Weitergabe der Nährstoffe. Vielmehr wird zwischen Partikelgröße, Kaloriengehalt [19] und Konsistenz der Nahrung unterschieden. Die Komplexität des Magenentleerungsvorgangs kann keine der entwickelten Methoden in der Gesamtheit erfassen; es können jeweils nur Teilaspekte der Magenentleerung untersucht werden. Viele der bisher beschriebenen Verfahren (Tabelle 1) sind nicht in vollem Umfang evaluiert und standardisiert; viele befinden sich noch in wissenschaftlicher Erprobung und erfordern einen erheblichen zeitlichen und finanziellen Aufwand. Die Funktionsszintigraphie mit radioaktiv markierten Testmahlzeiten wurde bisher am besten standardisiert und stellt daher gegenwärtig den Goldstandard dar. Idealerweise sollten Untersuchungen zur Magenentleerung nichtinvasiv sein und die Magenentleerung unter physiologischen Bedingungen messen; d. h. auch, daß die angewandte Technik die Magenmotilität nicht selbst beeinflussen und somit das Ergebnis verfälschen darf. Diese Anforderungen werden weitgehend durch den Einsatz markierter Testmahlzeiten erfüllt. Dabei dürfen ideale Marker natürlich nicht toxisch sein; bei radioaktiven Markierungen sollte die Strahlenbelastung möglichst gering sein. Das markierte Substrat darf nicht bereits im Magen absorbiert werden oder an der Magenschleimhaut haften bleiben. Um Adhäsion und Absorption zu vermeiden, verwendet man in der Nuklearmedizin meist Chelate als Tracersubstanzen (z. B. ^{99m}Tc-DTPA oder ^{111}In-DTPA, Diethylentriaminpentaacetat). Während des gesamten Untersuchungszeitraums sollte die Markersubstanz in der jeweilig zu untersuchenden Testphase – fest oder flüssig – gebunden bleiben. Um eine ausreichende Quantifizierung zu ermöglichen, müssen auch geringe Markermengen detektierbar sein.

Tabelle 1. Diagnostische Methoden zur Bestimmung der Magenmotilität

Methodik	Beschreibung	Bewertung
Szintigraphie [3, 15, 17, 29]	Radioaktiv markierte Testmahlzeit	Nichtinvasiv, feste und flüssige Entleerung meßbar, hoher apparativer Aufwand, Strahlenbelastung, „Goldstandard"
Sonographie [2, 8, 16]	Planimetrische Bestimmung der Antrumfläche, Zylindersummenmethode, Dopplersonographie	Nichtinvasiv, nicht einsetzbar bei Meteorismus und Adipositas, für feste und halbfeste Speisen, weite Verfügbarkeit, Kontraktionen erkennbar
Radiologie [11, 40]	Bariumbrei Magen-Darmpassage	Unphysiologisch, nicht quantifizierbar, Ausschluß organischer Ursachen
	Röntgendichte Marker	Messung der Nüchternaktivität
	Durchleuchtung	Relativ hohe Strahlenbelastung
Gastroskopie [12]	Nachweis von Speiseresten oder Lymphangiektasien	Ausschluß organischer Ursachen, nur indirekte Hinweise
Antroduodenale Manometrie [20]	Registrierung von Kontraktionsfrequenz und -amplitude	Aufwendig, sensitive Beurteilung der Motorik
Metalldetektor [10]	Metallkugeln	Nur Nüchternaktivität
Elektrogastrographie [1]	Messung von Aktionspotentialen mit kutanen oder luminalen Elektroden	Fehlende Normwerte, Häufig Artefakte
Impedanzmessung [25, 26]	Gewebewiderstand vor und nach Flüssigkeitsaufnahme	Störung durch Gallereflux und Säuresekretion, nur für flüssig, apparativ einfach
Absorptionsmethode [33]	Anstieg oral aufgenommener Tracersubstanzen in Serum (oder Atemluft)	Indirekte Bestimmung, abhängig von Absorption (und Metabolisierung)
Markerverdünnungsmethode [3, 36]	Bestimmung des Verdünnungsvolumens nichtabsorbierbar Marker	Sondenlegung nötig, nur für flüssige Testmahlzeiten, aufwendiges Verfahren, Magensekretion berücksichtigt

Szintigraphische Bestimmung der Magenentleerung

Bei den szintigraphischen Verfahren zur Magenentleerungsbestimmung werden meist ^{99m}Tc-Albuminkolloid oder ^{99m}Tc-Schwefelkolloid zur Markierung der festen Phase eingesetzt, wobei diese Substanzen zur Fixierung in der festen Phase in Omeletts oder Pfannkuchen als Testmahlzeit eingebacken werden. Bei einem aufwendigeren Verfahren wird einem lebenden Huhn kurz vor dem Schlachten die Tracersubstanz injiziert, um dann die mit Tracer angereicherte Leber als Testmahlzeit zu verwenden [29]. Flüssige Phasen lassen sich beispielsweise mit ^{99m}Tc-DTPA, ^{111}In-DTPA oder ^{113}In-DTPA markieren. Bei Doppelmarkierung einer Testmahlzeit mit unterschiedlichen radioaktiven Isotopen in der festen und in der flüssigen Phase ist durch Detektion in verschiedenen Photonenenergiefenstern (140 keV für ^{99m}Tc und 247 keV für ^{111}In) die Beobachtung beider Phasen in einem Magenentleerungsvorgang simultan möglich [17].

Flüssige Nahrung wird gleichmäßig im Magen verteilt. Phasische und tonische Pyloruskontraktionen verhindern eine unkontrollierte Entleerung kalorischer und saurer Flüssigkeiten ins Duodenum. Die Entleerung flüssiger Phasen zeigt einen exponentiell abnehmenden Verlauf, wobei sich die Kurve mit Zunahme der Kaloriendichte einem linearen Verhalten annähert [34]. Feste Speisen werden zunächst im Fundus gespeichert, der adaptiv relaxiert und somit eine intragastrale Druckerhöhung umgeht. Erst nach einem Intervall, – nämlich wenn 80 % der flüssigen Phase bereits entleert sind –, wird feste Speise in der Antrummühle zermahlen und erst in einer Suspension von weniger als 2 mm Partikelgröße aus dem Pylorus freigesetzt [28, 32]. Nach dieser Lag-Phase zeigt die Entleerung fester Speisen ein lineares Verhalten (Abb. 1; [20]). Als Parameter zur Beschreibung der szintigraphischen Magenentleerung wurde bisher meist die Halbwertszeit verwendet, der Zeitpunkt zu dem nur noch die Hälfte der maximal im Magen detektierten Aktivität verbleibt. Eine exaktere Beschreibung der Abklingkurve liefert die Anpassung einer Exponentialfunktion und die Angabe der Dauer der Lag-Phase [9, 41].

Da die markierte Mahlzeit sich von dorsal oben im Fundus nach ventral unten ins Antrum bewegt, unterschätzt eine posteriore Detektion die Restaktivität, weil sich die Aktivität von der Detektionseinheit entfernt. Eine alleinige anteriore Detektion überschätzt die Restaktivität im Magen. Dieser Fehler kann bis zu 30 % betragen, so daß idealerweise gleichzeitig in anteriorer und posteriorer Detektion gemessen und geometrisch gemittelt werden sollte [31].

Der Nachteil der szintigraphischen Verfahren besteht neben der (wenn auch geringen) Strahlenbelastung im erheblichen Aufwand zur Einhaltung der Strahlenschutzvorkehrungen, den Kosten für die Entsorgung der radioaktiven Isotope und den erheblichen Investitionskosten für eine Gammakamera, was einer breiten Verfügbarkeit entgegensteht.

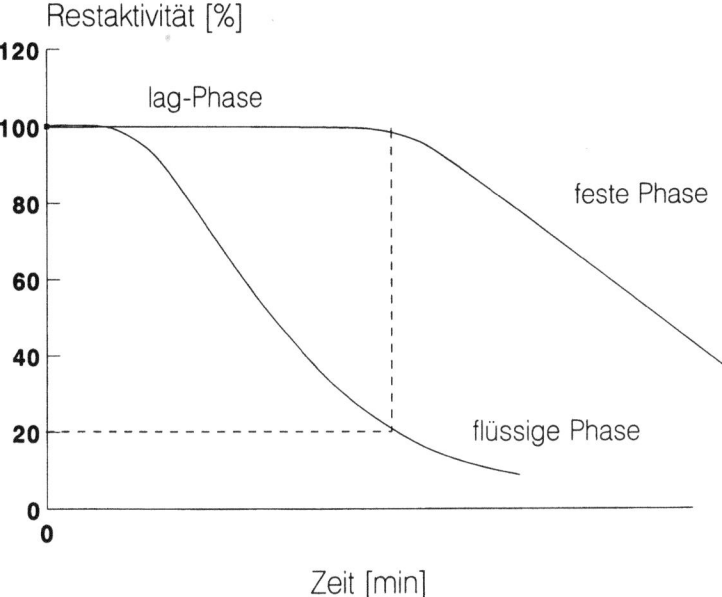

Abb. 1. Szintigraphische Bestimmung einer Magenentleerung mit fest-flüssiger Testmahlzeit: Erst wenn 80 % der flüssigen Phase (25 %ige Dextrose) bereits aus dem Magen entleert sind, setzt nach einer Lag-Phase die Entleerung der festen Phase ein. (Mod. nach Houghton [20])

Prinzip der Markierungen mit stabilen Isotopen

Anstatt radioaktive, also strahlende Isotope zur Markierung von Testsubstanzen zu verwenden, lassen sich auch stabile Isotope zu Markierungszwecken einsetzen, womit eine Strahlenbelastung vollkommen vermieden wird. Da stabile Isotope zu einem nicht zu unterschätzenden Prozentsatz natürlich vorkommen, können sie durch Anreicherungsverfahren aus Naturstoffen gewonnen werden. Das stabile Kohlenstoffisotop ^{13}C, das in 1,1 % aller Kohlenstoffatome vorliegt, ermöglicht es, nichtinvasive Atemtests zu konzipieren, da $^{13}CO_2$ als Stoffwechselprodukt einer Vielzahl von ^{13}C-markierten organischen Substraten in der Atemluft nachgewiesen werden kann [7, 14, 21, 23, 27, 38, 39]. Während radioaktive Isotope anhand ihrer Strahlung detektiert werden können, reicht bei stabilen Isotopen der geringfügige Massenunterschied von nur einem Neutron zur Detektion aus. So lassen sich mit technisch hochentwickelten Massenspektrometern („gas isotope ratio mass spectrometry") auch die Kohlendioxidmoleküle mit den Isotopen ^{12}C und ^{13}C aus Atemgasen auftrennen [35, 37]. Das Prinzip eines solchen Massenspektrometers ist in Abb. 2 schematisch dargestellt: Zunächst wird gaschromatographisch aus den Atemgasen Kohlendioxid abgetrennt, das in das eigentliche Massenspektrometer gelangt. In einer Ionenquelle werden die Kohlendioxidmoleküle durch Elektronenbeschuß ionisiert und danach in einem konstanten Hochspannungsfeld beschleunigt. Dabei nehmen nach dem Energieerhaltungssatz (kinetische Energie $1/2\, m\, v^2$ = e U elektrische Energie) leichtere Ionen höhere Geschwindigkeiten auf als

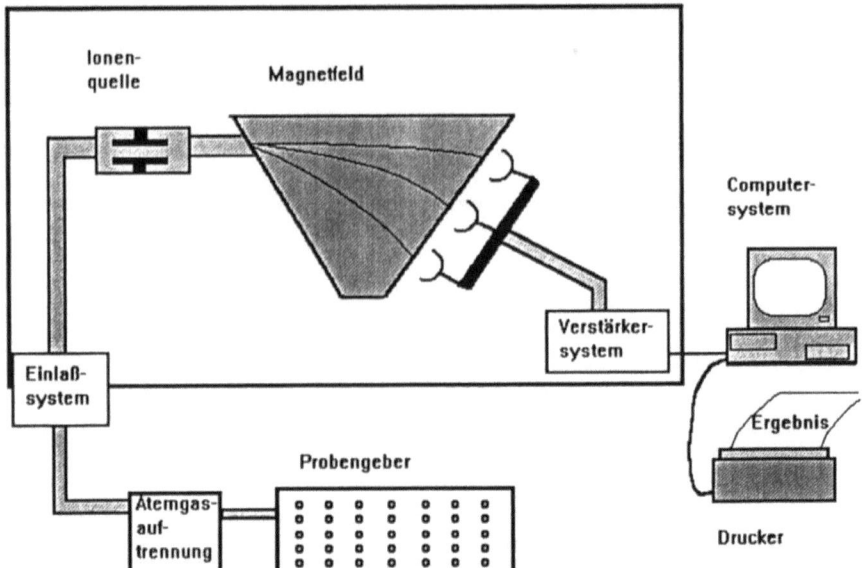

Abb. 2. Schema eines Massenspektrometers: Nach Isolierung aus den Atemgasen werden Kohlendioxidmoleküle ionisiert und in einem Hochspannungsfeld auf Geschwindigkeiten in Abhängigkeit von ihrer Masse beschleunigt. In einem Magnetfeld werden unterschiedlich schnelle Ionen verschieden stark abgelenkt, woraus eine räumliche Auftrennung der Ionen resultiert

schwerere Ionen gleicher Ladung. Beim anschließenden Flug durch ein Magnetfeld werden schnelle Ionen durch die Lorenzkraft stärker abgelenkt. So beschreiben schwerere und leichtere Ionen unterschiedliche Flugbahnen, werden räumlich voneinander getrennt und können somit selektiv auf verschiedenen Kollektoren aufgefangen werden. Beim Aufprall der Ionen auf die Kollektoren werden Stromsignale gemessen, die als Verhältnis der schwereren zu den leichteren Ionen ausgewertet werden (R = Anzahl $^{13}CO_2$/Anzahl $^{12}CO_2$). Das gemessene Isotopenverhältnis (R_p) der Probe wird unter Bezug auf das bekannte Isotopenverhältnis eines Standardgases (R_{STD}) als sogenannter Deltawert ausgedrückt (Delta = (R_p/R_{STD})–1).

Einsatz stabiler Isotope zur Bestimmung der Magenentleerung

Bisher liegen nur wenige Veröffentlichungen (meistens nur in Abstractform [4, 5, 6, 22, 24, 30]) vor, in denen mit stabil markierten Testsubstanzen die Magenentleerung untersucht wurde. Die Methodik entspricht einer Absorptionsmethode und stellt somit ein indirektes Verfahren dar. Die ^{13}C-Atemtests zur Bestimmung der Magenentleerung setzen voraus, daß die Absorption der Substanzen im oberen Dünndarm und die anschließende Metabolisierungsschritte zum Endprodukt $^{13}CO_2$ gegenüber der Freisetzung aus dem Magen zeitlich zu vernachlässigen sind.

Zunächst wurde ^{13}C-markiertes Bikarbonat [4, 5, 22] zur Markierung der flüssigen Phase einer Testmahlzeit eingesetzt. Bikarbonat erwies sich als ungeeignet:

Der zeitliche $^{13}CO_2$-Anstieg in der Atemluft zeigte keine Korrelation zu szintigraphisch erhobenen Daten. Dies sollte jedoch nicht weiter verwundern, da $^{13}CO_2$ bereits durch die Salzsäure im Magen freigesetzt wird und durch Aufstoßen oder durch Diffusion durch die Magenwand vorzeitig vor Einsetzen der Magenentleerung entweichen kann.

Eine Schweizer Arbeitsgruppe setzte ^{13}C-Azetat als Testsubstanz zur Magenentleerungsuntersuchung verschiedener Flüssigkeiten unterschiedlicher Kaloriendichte ein [30].

Eine belgische Arbeitsgruppe konzipierte zunächst einen radioaktiven Atemtest mit ^{14}C-Octanoat [13, 18] zur Markierung der festen Phase, den sie szintigraphisch gegenüber ^{99m}Tc-Schwefelkolloid validierte. Inzwischen liegen auch die entsprechenden Ergebnisse mit ^{13}C-Octanoat [24] vor, die sehr gut sowohl mit dem ^{14}C-Octanoat-Atemtest als auch mit der ^{99m}Tc-Schwefelkolloidmarkierung korrelieren.

In unserer Abteilung wurde der ^{13}C-Azetat-Atemtest zur Untersuchung der Magenentleerung flüssiger Phasen gegenüber dem szintigraphischen Standardverfahren validiert: ^{13}C-Azetat ist an der Carboxylgruppe ^{13}C-markiert, ist niedermolekular, kann somit rasch nach oraler Gabe im Duodenum absorbiert werden und wird über den Zitronensäurezyklus zu $^{13}CO_2$ metabolisiert. Der Anstieg des $^{13}CO_2$ kann in Atemproben massenspektrometrisch nachgewiesen werden. Meyer-Wiss [30] konnte durch Abdichtung des Pylorus mit einer modifizierten Sengstakensonde zeigen, daß weniger als 5 % des Azetats im Magen resorbiert werden. Da die Reproduzierbarkeit bei Magenentleerungsuntersuchungen allein durch intraindividuelle Schwankungen bis zu 30 % betragen kann, ist es von Bedeutung zur Validierung eines neuen diagnostischen Verfahrens einen simultanen Methodenvergleich durchzuführen. Aus diesem Grund wurde eine Testmahlzeit aus Haferbrei gleichzeitig mit ^{99m}Tc-Albuminkolloid und ^{13}C-Azetat markiert. Durch Atemproben, die einmal als Basalwert vor Einnahme der Testmahlzeit und in zeitlichen Intervallen über mehrere Stunden danach entnommen wurden, wurde massenspektrometrisch der $^{13}CO_2$-Anstieg in der Atemluft verfolgt. Gleichzeitig wurde nach Definition einer „regio of interest" in posteriorer und anteriorer Detektion mittels Gammakamera mit angeschlossenem Computersystem die jeweils vorhandene Restaktivität im Magen und daraus die szintigraphische Halbwertszeit ermittelt. Dabei stellte sich eine enge Korrelation zwischen szintigraphischer Halbwertszeit und zeitlichem Auftreten des $^{13}CO_2$-Peakmaximum in der Atemluft heraus [6]. Bei Patienten mit einer nach szintigraphischen Kriterien verzögerten Magenentleerung trat das Peakmaximum später als 50 min nach Einnahme der Testmahlzeit auf (Abb. 3).

Meyer-Wiss [30] untersuchte anhand des ^{13}C-Azetat-Atemtest die Magenentleerung flüssiger Testmahlzeiten unterschiedlichen Kaloriengehaltes. Probanden zeigten nach Einnahme kalorienreicher Nahrung (Fettgehalt von 20 %) ein signifikant späteres Auftreten des Peakmaximums in der Tracerexhalation als nach der gleichen Menge weniger kalorienhaltiger Nahrung (eine Ensure-Lösung, eine Aminosäurelösung und eine 5 %ige Glukoselösung (Abb. 4).

Mittels ^{13}C-Octanoat, ebenfalls an der Carboxylgruppe ^{13}C-markiert, kann nach Einbacken dieser mittelkettigen Fettsäure in ein Rührei die feste Phase einer Test-

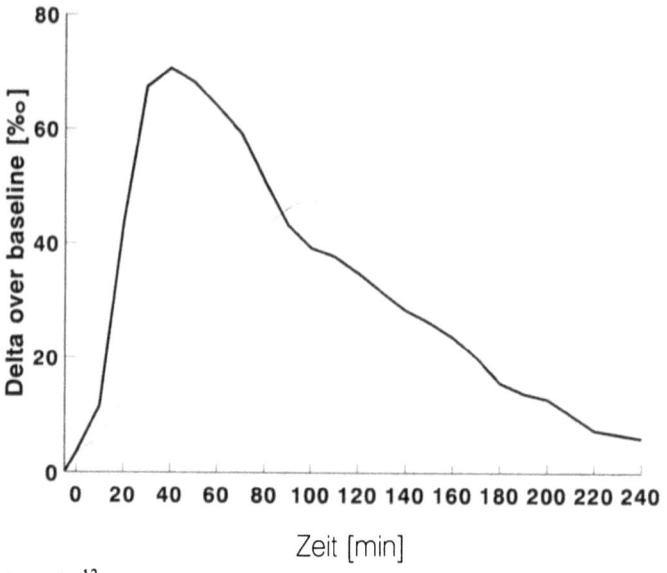

Abb. 3. ^{13}C-Azetat-Atemtest zur Untersuchung der Magenentleerung flüssiger Testmahlzeiten: Bei Patienten mit verzögerter Magenentleerung tritt das $^{13}CO_2$-Peakmaximum deutlich später auf

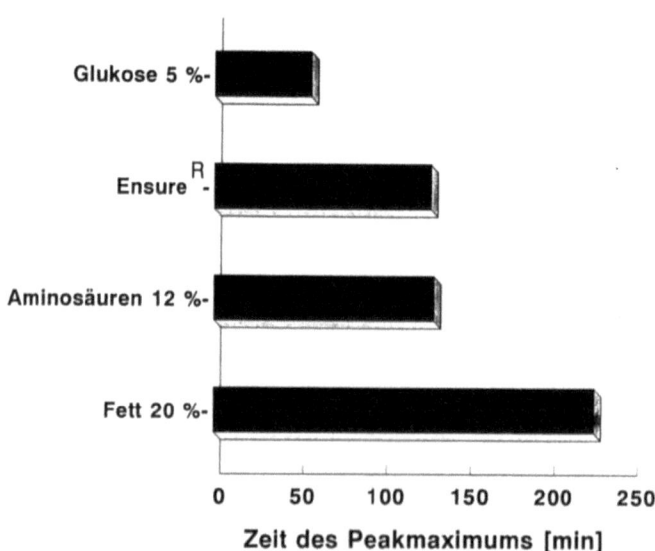

Abb. 4. Flüssige Testmahlzeiten hoher Kaloriendichte führen zu einer Verzögerung der Magenentleerung. Dieses Phänomen äußert sich im ^{13}C-Azetat-Atemtest in einem späteren Auftreten des Peakmaximums in Abhängigkeit vom Kaloriengehalt der Testmahlzeit. (Mod. nach Meyer-Wiss [30])

mahlzeit stabil markiert werden. Nach Entleerung der Nahrung in das Duodenum wird die markierte Fettsäure absorbiert. Durch β-Oxidation des ^{13}C-Octanoats entsteht $^{13}CO_2$, dessen Anstieg wiederum massenspektrometrisch in der Ausatemluft nachgewiesen werden kann. In Kenntnis der gesamten Kohlendioxidabatmung, die über die Körperoberfläche abgeschätzt werden kann, läßt sich die Wiederfindungsrate des eingesetzten Tracers in der Atemluft zu jedem Zeitpunkt berechnen. Maes et al. [24] fanden Korrelationen zwischen den Koeffizienten der szintigraphischen und der $^{13}CO_2$-Exhalationsabklingkurve, zwischen szintigraphisch und im Atemtest ermittelten Halbwertszeiten und der Dauer der Lag-Phase in beiden diagnostischen Verfahren [24]. Die intraindividuelle Reproduzierbarkeit des ^{13}C-Octanoat-Atemtest lag mit einem Variationskoeffizienten von 20 % im Bereich der für szintigraphische Magenentleerungsuntersuchungen in der Literatur beschriebenen Schwankungen.

Zusammenfassung

Es läßt sich feststellen, daß mit der ^{13}C-Markierung eine quantitative, nichtinvasive Bestimmung der Magenentleerung flüssiger und fester Testmahlzeiten möglich ist. Strahlenexposition und aufwendige Strahlenschutzvorkehrungen entfallen, die Durchführung ist nicht an die unmittelbare Nähe einer Gamma-Kamera gebunden. Die technisch zugegebenermaßen recht aufwendige, massenspektrometrische Analytik der Atemproben kann in personell und apparativ dementsprechend ausgerüsteten Zentren erfolgen, da die Proben, die über Monate bis Jahre ohne Veränderung des Isotopenverhältnisses lagerbar sind, problemlos per Post verschickt werden können.

Literatur

1. Abell TL, Malagelada JR (1988) Electrogastrography. Current assessment and future perspectives. Dig Dis Sci 33: 982–992
2. Bateman DN, Whittingham TA (1982) Measurement of gastric emptying by real-time ultrasound. Gut 23: 524–529
3. Beckers EJ, Leiper JB, Davidson J 81992) Comparision of aspiration and scintigraphic techniques for the measurement of gastric emtying rates of liquids in humans. Gut 33: 115–117
4. Bjorkman DJ, Moore JG, Klein PD, Graham DY (1990) Comparison of the ^{13}C bicarbonate breath test with radiolabeled meals in gastric emtying. Gastroenterology 96: A46
5. Bjorkman DJ, Moore JG, Klein PD, Graham DY (1991) ^{13}C-Bicarbonate breath test as a measure of gastric emeptying. Am J Gastroenterol 86: 821–823
6. Braden B, Adams S, Orth K-H, Maul FD, Lembcke B, Hör G, Caspary WF (1993) Noninvasive 13C-acetate breath test for measuring gastric emtyping: validation by simultaneous ^{99m}Tc-functional-scintigraphy and $^{13}CO_2$-breath test in double tracer technique. Gastroenterology. A 2064
7. Braden B, Lembcke B, Caspary WF (1991) Neue Möglichkeiten der nicht-invasiven Gastroenterologie und Stoffwechselforschung, Dtsch med Wschr 116: 1721–1727
8. Bolondi LM, Bortolotti M, Santi V, Caletti T, Gaiani S, Labo G (1985) Measurement of gastric emtying time by realtime ultrasonography. Gastroenterology 89: 752–759

9. Elashoff JD, Reedy RJ, Meyer JH (1982) Analysis of gastric emtying data. Gastroenterology 83: 1306–1312
10. Ewe K, Press AG, Bollen S, Schuhn I (1991) Gastric emtyoing of indigestible tablets in relation to composition and time of ingestion of meals studied by metal detector. Dig Dis Sci 36: 146–152
11. Feldman M, Smith HJ, Simon TR (1984) Gastric emptying of solid radiopaque markers: studies in healthy subjects and diabetic patients. Gastroenterology 87: 895–902
12. Femppele J, Lux G, Kaduk B, Rösch W (1990) Functional lymphangiectasia of the duodenal mucosa. Endoscopy 10: 83–86
13. Ghoos Y, Hiele M, Rutgeerts P, Wensing C, Vantrappen G (1991) A ^{14}C-octanoic acid breath test for measuring gastric emptying rate of solids. Gastroenterology A343
14. Ghoos Y, Rutgeerts P, Vantrappen G (1985) $^{13}CO_2$-breath test in nutritional diagnosis: present applications and future possibilities. In Clinical Nutrition and Metabolic Research, Dietze G et al., Karger, Basel, 192–207
15. Griffith GH, Owen GM, Kirkman H, Shields R (1966) Measurement of rate of gastric emtying using chromium-51. The Lancet 1: 1244–1245
16. Hausken T, Odegaard S, Matre K, Berstad A (1992) Antroduodenal motility and movements of luminal contents studied by duplex sonography. Gastroenterology 102: 1583–1590
17. Heading RC, Tothill P, McLoughlin GP (1976) Gastric emptying rate measurement in man. A double isotope scanning technique for simultaneous study of liquid and solid components of a meal. Gastroenterology 71: 45–50
18. Hiele M, Ghoos Y, Wensing C, Rutgeerts P, Vantrappen G (1991) The effect of erythromycin and propantheline on gastric emtying rate as measured by the ^{14}C-octanoic acid breath test. Gastroenterology, A 343
19. Houghton LA, Mangnall YF, Read NW (1990) Effect of incorporating fat into a liquid test meal on the relation between intragastric distribution and gastric emtying in human volunteers. Gut 31: 12276–1229
20. Houghton LA, Read NW, Heddle R, Horowitz M, Collins PJ, Chatterton B, Dent J (1988) Relationship of the motor activity of the antrum, pylorus, and duodenum to gastric emptying of a solid-liquid mixed meal. Gastroenterology 94: 1285–1291
21. Irving CS, Wong WW, Shulman RJ, Smith EO, Klein PD (1983) ^{13}C-bicarbonate kinetics in humans: intra- vs. interindivdueal variations. Am Physiol 245: 539–546
22. Klein PD, Graham DY, Opekun AR (1987) The ^{13}C-bicarbonate meal breath test: a new noninvasive measurement of gastric emptying of liquid or solid meals. Gastroenterology 92: A1470
23. Klein PD, Klein ER (1985) Application of stable isotopes to paediatric nutrition and gastroenterology: Measurement of nutrient absorption and digestion using ^{13}C. J Paediatr Gastroenterol Nutr 4: 9–19
24. Maes B, Ghoos Y, Hiele M et al. (1992) Gastric emptying measurement using ^{13}C octanoic acid breath test. Gastroenterology: 915
25. Mangnall YF, Barnish C, Browm BH et al. (1988) Comparison of applied tomography and impedance epigastrography as methods of measuring gastric emptying. Clin Phys Physiol Meas 9: 499–503
26. Magnall YF, Baxter AJ, Avill R et al (1987) Applied tomography: a new non-invasive technique for assessing gastric function. Clin Phys Physiol Meas 8: 119–125
27. Meineke I, De Mey C, Eggers R, Bauer FE (1993) Evaluation of the $^{13}CO_2$ kinetics in humans after oral application of sodium bicarbonate as a model for breath testing. Eur J Clin Invest 23: 91–96
28. Meyer JH, Elashoff J, Porter-Fink V et al. (1988) Human posprandial gastric emptying of 1–3 mm spheres. Gastroenterology 94: 1315
29. Meyer JH, Macgregor MB, Gueller R (1976) ^{99m}Tc-Tagged chicken liver as a marker of solid food in the human stomach. Am J Dig Sci 21: 296–304
30. Meyer-Wiss B, Mossi S, Beglinger C et al. (1991) Gastric emptying measured noninvasively in humans with a ^{13}C-acetate breath test. Gastroenterology 100: A469

31. Moore JG, Christian PE, Taylor AT (1985) Gastric emptying measurements: Delayed and complex patterns without approriate correction. J Nucl Med 26: 1206–1210
32. Mundlos S, Kühnelt P, Adler G (1990) Monitoring enzyme replacement treatment in exocrine pancreatic insufficiency using the cholesteryl octanoate breath test. Gut 94: 1324
33. Nimmo WS (1976) Drugs, diseases and altered gastric emptying. Clin Pharmacokinetics 1: 189–195
34. Phillips WT, Schwartz JG, Blumhardt R, McMahan CA (1991) Linear gastric emptying of hyperosmolar glucose solutions. J Nucl Med 32: 377–381
35. Preston T, McMillan DC (1988) Rapid sample throughput for biomedical stable isotope tracer studies. Biomed Mass Spectrum 16: 229–235
36. Read NW, Janabi MNA, Bates TE, Barber DC (1983) Effect of gastrointestinal intubation on the passage of a solid meal through the stomach and small intestine in humans. Gastroenterology 84: 1568–1572
37. Schoeller DA, Klein PD (1979) A microprocessor controlled mass spectrometer for the fully automated purification and isotopic analysis of breath CO_2. Biomed Mass Spectrum 6: 350–355
38. Schoeller DA, Klein PD, Watkins JB et al. (1980) ^{13}C abundance of nutrients and the effect of variations in ^{13}C isotopic abundances of test meals formulated for $^{13}CO_2$ breath tests. Am J Clin Nutr 33: 375–385
39. Schoeller Da, Schneider JF, Solomon NW et al. (1977) Clinical diagnosis with stable ^{13}C isotope in CO_2 in breath test. J Lab Clin Med 90: 412–421
40. Sheiner HJ (1975) Gastric emptying tests in man. Gut 16: 235–247
41. Siegel JA, Urbain JL, Adler LP et al. (1988) Biphasic nature of gastric emptying. Gut 29: 85–89

V. Immunstimulation im Bereich mukosaler Oberflächen: Toleranz, Protektion, Destruktion, maligne Transformation

(Moderator: M. Zeitz)

Erscheinungsformen immunologisch vermittelter Krankheitsbilder am Gastrointestinaltrakt

M. Zeitz

Einleitung

Die gastrointestinale Schleimhaut setzt sich aus verschiedenen zellulären Kompartimenten zusammen, zwischen denen eine sehr enge Interaktion besteht. Die oberhalb der Basalmembran liegenden Epithelzellen, die für den Transport von Nährstoffen, Wasser und Elektrolyten verantwortlich sind, durchlaufen einen Wachstums- und Reifungsprozeß entlang der Achse von der Kryptentiefe bis zum Kryptenmund und im Dünndarm bis zur Zottenspitze. In der Tiefe der Krypte liegt das Proliferationskompartiment, es folgt dann lumenwärts die Reifungszone, in der die Epithelzellen dann zu den reifen funktionstüchtigen Enterozyten differenzieren. Untersuchungen der letzten Jahre haben gezeigt, daß dieser Wachstums- und Reifungsprozeß von Enterozyten wesentlich von den anderen Kompartimenten der Mukosa beeinflußt wird: hierzu gehören die immunkompetenten Zellen im mukosaassoziierten Immunsystem, das Bindegewebe und auch die hormonell aktiven Zellen der Schleimhaut [10]. Die immunkompetenten Zellen sind einerseits als intraepitheliale Lymphozyten (IEL) zwischen den Epithelzellen oberhalb der Basalmembran verteilt, die weitaus größere Zahl findet sich jedoch in der Lamina propria mucosae (Übersicht bei [16]). Verschiedene Typen kollagener Fasern verteilen sich in der Lamina propria und in der Basalmembran der Schleimhaut [11]. Die Schleimhaut reagiert in ihrer Struktur und Funktion auf verschiedene Stressoren vom Darmlumen bzw. auf Veränderungen in den einzelnen zellulären Kompartimenten der Schleimhaut in charakteristischer Weise. So werden einerseits Umformungen der Schleimhaut beobachtet, die auch unter dem Begriff Adaptation zusammengefaßt werden. Daneben kann es auch zu einer unmittelbaren Destruktion der Schleimhaut kommen, die wiederum unterschiedliche Muster aufweisen kann (Abb. 1). Im folgenden Beitrag sollen die verschiedenen Formen immunologisch vermittelter Krankheitsbilder des Gastrointestinaltrakts mit ihren zugrunde liegenden Pathomechanismen diskutiert werden.

M. Zeitz et al. (Hrsg.) Ökosystem Darm V
© Springer-Verlag Berlin Heidelberg 1993

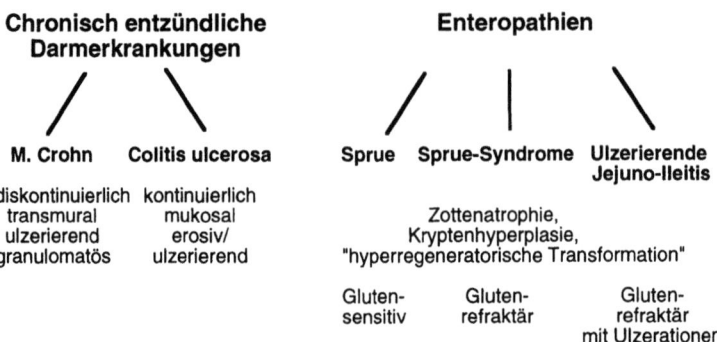

Abb. 1. Schematische Darstellung der verschiedenen Erscheinungsformen von intestinalen Erkrankungen, in deren Pathogenese immunologische Mechanismen von zentraler Bedeutung sind

Erkrankungen mit Schleimhautdestruktion – chronisch-entzündliche Darmerkrankungen

Unter dem Begriff chronisch entzündliche Darmerkrankungen werden im wesentlichen 2 Krankheitsbilder zusammengefaßt, der Morbus Crohn und die Colitis ulcerosa. Beide Erkrankungen sind in ihrer Ätiologie unklar [15, 17]. Der Morbus Crohn ist gekennzeichnet durch eine diskontinuierliche Entzündung, d. h., sowohl auf makroskopischer Ebene als auch auf histologischer Ebene wechseln erkrankte und gesunde Darmabschnitte einander ab. Makroskopisch entsteht dadurch das charakteristische Bild der sog. „skip lesions". Die Entzündung kann alle Wandabschnitte mit einbeziehen und ist somit von transmuralem Charakter. Charakteristischerweise treten tiefe Schleimhautulzerationen, oft in makroskopisch unauffälliger umgebender Schleimhaut, auf. Histologisch sind epitheloidzellige Granulome charakteristisch. Der Morbus Crohn kann alle Abschnitte des Gastrointestinaltraktes, von der Mundhöhle bis zum Anus, einbeziehen. Die Colitis ulcerosa im Gegensatz ist auf das Kolon beschränkt, sie breitet sich von distal, dem Rektum, nach proximal bis zum Zökum aus. Das Entzündungsmuster ist im Gegensatz zum Morbus Crohn kontinuierlich ohne dazwischengeschaltete normale Darmabschnitte. Die Entzündung ist meist auf die Mukosa beschränkt, makroskopisch und histologisch sind flächige Schleumhauterosionen bzw. flache Ulzerationen charakteristisch. Im histologischen Bild werden keine Granulome gefunden, häufig treten Kryptenabszesse auf, die jedoch auch bei dem Morbus Crohn gefunden werden. In etwa 10 % der Fälle ist eine eindeutige Einordnung in eine der beiden Entitäten nicht möglich, diese Krankheitsbilder werden als sog. nichtklassifizierbare Kolitis bezeichnet.

In der Ätiologie dieser Erkrankungen werden zahlreiche Faktoren diskutiert. Unbestritten ist ein genetischer Hintergrund, der sich durch Familienuntersuchungen und Zwillingsuntersuchungen sowie epidemiologische Studien belegen läßt. Epidemiologische Studien haben eindeutig zeigen können, daß zusätzlich Umweltfaktoren in der Ätiopathogenese eine Rolle spielen müssen. So tritt die Erkrankung in erster Linie in den hochindustrialisierten Ländern der westlichen Welt und in Nordamerika auf, während sie in den sog. „Entwicklungsländern" eher selten zu beobachten ist. Sehr intensiv wurde nach infektiösen Agenzien als mögliche Ursache für die chronisch-entzündliche Darmerkrankungen gefahndet, ein eindeutiger Beleg konnte hierfür jedoch nicht erbracht werden. Ganz im Zentrum der ätiopathogenetischen Überlegungen stehen in den letzten Jahren Störungen in dem hochdifferenzierten intestinalen Immunsystem der Darmschleimhaut [15].

So finden sich in der intestinalen Schleimhaut von Patienten vermehrt aktivierte T-Lymphozyten, die Interleukin-2-Rezeptoren auf ihrer Oberfläche exprimieren und vermehrt Zytokine produzieren. Diese vermehrt aktivierten T-Zellen besitzen ein verändertes Muster von T-Zelldifferenzierungsantigenen auf ihrer Oberfläche im Vergleich zu normalem Darmgewebe, was auf eine gestörte Differenzierung hinweist. Diese gestörte Differenzierung kommt auch darin zum Ausdruck, daß diese Zellen nach Stimulation mit sog. „recall"-Antigenen eine vermehrte Proliferation aufweisen [9], während T-Zellen in der normalen Schleimhaut auf eine antigene Stimulation nicht proliferieren sondern eine differenzierte Helferfunktion ausüben [8, 14]. Gleichzeitig konnte gezeigt werden, daß bei Patienten mit chronisch entzündlichen Darmerkrankungen die besondere Form der Antigenaufnahme und Antigenpräsentation durch intestinale Epithelzellen nicht zur Induktion von Suppressorlymphozyten führt, wie dies unter normalen Bedingungen der Fall ist. Es werden hingegen Helfer-T-Zellen induziert, die dann zu einer überschießenden Immunantwort im Bereich der Schleimhaut führen können [7]. In der hypothetischen Zusammenfassung dieser Befunde kann man somit eine gestörte T-Zelldifferenzierung in der Darmschleimhaut bei den chronisch entzündlichen Darmerkrankungen postulieren, die dann zu einer nicht supprimierten, überschießenden Immunantwort im Darm auf normalerweise dort vorkommende Antigene führt (Abb. 2).

In verschiedenen Untersuchungen konnte gezeigt werden, daß aktivierte T-Lymphozyten Faktoren produzieren, die zu einer Proliferationshemmung und zu einem Vitalitätsverlust intestinaler Epithelzellen führen [2, 4, 5] (s. auch [1]). Die T-Zellaktivierung in der Schleimhaut kann somit zusätzlich über lösliche Faktoren zu einer Epithelzellschädigung und zu einer Schleimhautdestruktion führen [3].

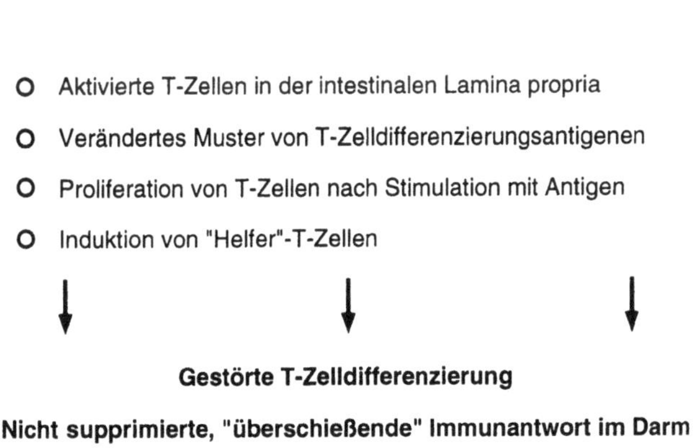

O Aktivierte T-Zellen in der intestinalen Lamina propria

O Verändertes Muster von T-Zelldifferenzierungsantigenen

O Proliferation von T-Zellen nach Stimulation mit Antigen

O Induktion von "Helfer"-T-Zellen

↓ ↓ ↓

Gestörte T-Zelldifferenzierung

Nicht supprimierte, "überschießende" Immunantwort im Darm

Abb. 2. Wichtige immunologische Befunde bei Patienten mit Morbus Crohn

Schleimhautumformungen (Enteropathien) mit Hyperregeneration

Neben den chronisch entzündlichen Darmerkrankungen (Morbus Crohn und Colitis ulcerosa), die von einer unmittelbaren Destruktion der Schleimhaut begleitet sind, gibt es auch Erkrankungen der intestinalen Schleimhaut, die mit einer Umformung der Schleimhaut einhergehen (s. Abb. 1). Ein klassisches Beispiel dieser Schleimhautschädigung ist die Schleimhautumformung bei der einheimischen Sprue. Bei dieser Erkrankung kommt es durch eine pathologische Reaktion auf den Getreidebestandteil Gluten zu einer Reduktion der Zotten, die bis hin zur vollständigen Zottenabflächung führen kann. Reaktiv auf diese Epithelzellschädigung im Bereich der Zotten tritt im Bereich der Krypten eine vermehrte Proliferation auf mit einer Ausweitung des proliferativen Kompartiments. Diese Schleimhautumformung ist somit gekennzeichnet durch eine Verlängerung der Krypten, durch eine Zunahme der Zahl der Mitosen in den Krypten sowie durch eine Zottenabflachung. Sie wird daher auch unter dem Begriff „hyperregeneratorischer Schleimhautumbau" zusammengefaßt. Eine solche Form der Schleimhautschädigung tritt auch unter bestimmten anatomischen Bedingungen auf, so in ausgeschalteten Dünndarmsegmenten mit einer Stase im Lumen, dem sogenannten Blindsacksyndrom. Daneben gibt es eine spruetypische Umformung der Schleimhaut bei Patienten, die sich jedoch nicht auf einen Glutenentzug normalisiert. Diese Bilder werden als sog. glutenrefraktäre Fälle zusammengefaßt.

Auch in der Schleimhaut von Patienten mit einer hyperregeneratorischen Schleimhauttransformation finden sich vermehrt aktivierte immunkompetente Zellen, so daß auch hier ein Zusammenhang zwischen der Schleimhautschädigung und von aktivierten T-Zellen freigesetzten Faktoren diskutiert wird [6]. Interessant ist hier insbesondere auch der Zusammenhang mit dem Auftreten intestinaler T-Zellymphome in dieser Patientengruppe: parallel zum Auftreten von T-Zellymphomen bei einer hyperregeneratorischen Transformation tritt eine glutenrefraktäre Enteropathie auf.

Schleimhautumformung mit Hyporegeneration

In aus der Passage ausgeschalteten Darmabschnitten, bei totaler parenteraler Ernährung sowie im Hungerzustand tritt eine Schädigung der Schleimhaut auf, die ebenfalls durch eine Zottenabflachung charakterisiert ist. Hierbei beobachtet man jedoch im Gegensatz zur hyperregeneratorischen Transformation eine Abnahme der Kryptentiefe mit einer verminderten Zahl von Mitosen in der Krypte. Diese Form der Schleimhautschädigung wird daher auch als Schleimhautschädigung vom hyporegeneratorischen Typ bezeichnet. Bei den obengenannten klinischen Beispielen dieser Form der Schleimhautschädigung spielt mit hoher Wahrscheinlichkeit der fehlende luminale Reiz für das Mukosawachstum die entscheidende Rolle. Bei Patienten mit HIV-Infektion und Diarrhö ohne zusätzlich intestinale Infektion wird jedoch ein ähnliches Schädigungsmuster der Schleimhaut gefunden [18]. Mittels quantitativ morphometrischer Verfahren zur Analyse der Schleimhautarchitektur und unter Anwendung von enzymhistochemischen Verfahren zur Messung der Bürstensaumenzymaktivitäten konnte diese Form der Enteropathie bei HIV-infizierten Patienten näher charakterisiert werden [12]:

- bei HIV-infizierten Patienten, insbesondere bei solchen, die HIV-infizierte mononukleäre Zellen in der Lamina propria aufweisen, kommt es zu einer Abflachung der Zotten bei nur unwesentlich veränderter Kryptentiefe,
- die Zahl der Mitosen pro Krypte ist in diesem Patientenkollektiv vermindert,
- gleichzeitig wird eine starke Verminderung der Bürstensaumenzymaktivitäten, insbesondere der Laktase-β-Glukosidase, beobachtet.

Immunologische Untersuchungen intestinaler Lymphozyten bei HIV-infizierten Patienten zeigten, daß die Zahl aktivierter CD4-positiver T-Zellen, die unter normalen Bedingungen regelmäßig in der Schleimhaut gefunden werden, stark abnimmt [13]. Wir finden daher bei der HIV-Enteropathie entgegengesetzt zu den Patienten mit hyperregeneratorischer Enteropathie bzw. mit chronisch entzündlichen Darmerkrankungen eine verminderte Aktivierung intestinaler T-Zellen. Aus diesen Befunden könnte postuliert werden, daß das Fehlen von T-Zellfaktoren zu einer Schädigung der Schleimhaut im Sinne einer verminderten Proliferation und gestörten Reifung führt.

Schlußfolgerungen

Durch exogen oder endogen ausgelöste Störungen in dem differenzierten Immunsystem der intestinalen Schleimhaut können verschiedene Schädigungen auftreten: so kommt es bei den chronisch entzündlichen Darmerkrankungen mit einer stark vermehrten T-Zellaktivierung in der Schleimhaut, verbunden mit einer überschießenden Immunantwort auf die Antigene im Darmlumen, zu einer unmittelbaren Destruktion der Schleimhaut. Bei den Enteropathien mit Hyperregeneration tritt im Dünndarm eine Zottenreduktion mit einer entsprechenden funktionellen Beeinträchtigung der Schleimhaut auf mit einer gleichzeitigen Hyperregeneration in den Krypten. Bei einer verminderten T-Zellaktivierung bzw. bei der HIV-induzierten Schädigung intestinaler T-Zellen beobachtet man jedoch eine Atrophie der Schleimhaut mit Hyporegeneration und Reifungsstörungen der Enterozyten. Aufbauend auf diese Befunde könnte in einem hypothetischen Modell postuliert werden, daß ein gewisser Grad der T-Zellaktivierung zur Aufrechterhaltung des normalen Epithelzellwachstums und der Schleimhautstruktur erforderlich ist. Bei einer verminderten Aktivierung tritt eine Atrophie der Schleimhaut auf, bei einer vermehrten Aktivierung eine Schädigung der Schleimhaut, entweder vom hyperregeneratorischen Typ oder bei einer starken Aktivierung vom Typ einer unmittelbaren Schleimhautdestruktion (Abb. 3). Dieses Modell umfaßt sicherlich nur Teilaspekte der Schleimhautschädigung durch immunologische Prozesse. Es werden damit jedoch zahlreiche klinische und experimentelle Befunde erklärt.

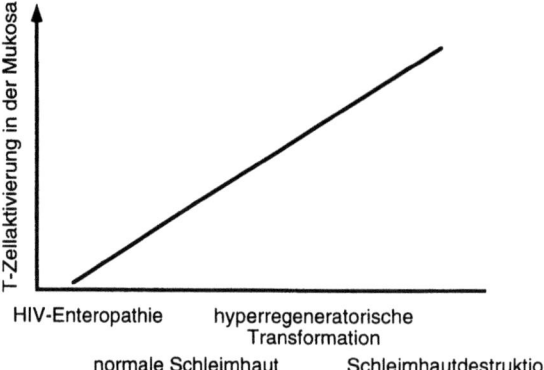

Abb. 3. Hypothetisches Modell zur Rolle der mukosalen T-Zellaktivierung bei der Schädigung der Dünndarmschleimhaut

Literatur

1. Bockemühl J, Zeitz M, Lux G, Ottenjann R (Hrsg) (1993) Ökosystem Darm IV: Springer, Berlin Heidelberg New York Tokyo
2. Deem RL, Shanahan F, Targan SR (1991) Triggered mucosal T cells release tumour necrosis factor alpha and interferon-gamma which kill human colonic epithelial cells. Clin Exp Immunol 83: 79–84
3. Lionetti P, Breese E, Braegger CP et al. (1993) T-cell activation can induce either mucosal destruction or adaptation in cultured human fetal small intestine. Gastroenterology 105: 373–381
4. Lowes JR, Priddle JD, Jewell DP (1991) Production of epithelial cell growth factors by lamina propria mononuclear cells. Gut 33: 39–43
5. MacDonald TT, Spencer J (1988) Evidence that activated mucosal T cells play a role in the pathogenesis of enteropathy in human small intestine. J Exp Immunol 167: 1341–1349
6. MacDonald TT (1990) The role of activated T lymphocytes in gastrointestinal disease. Clin Exp Allergy 20: 247–252
7. Mayer L, Eisenhardt D (1990) Lack of induction of suppressor T cells by intestinal epithelial cells from patients with inflammatory bowel disease. J Clin Invest 86: 1255–1260
8. Pirzer UC, Schürmann G, Post S et al. (1990) Differential responsiveness to CD3-Ti vs. CD2-dependent activation of human intestinal T lymphocytes. Europ J Immunol 20: 2339–2342
9. Pirzer UC, Schönhaar A, Fleischer B et al. (1991) Reactivity of infiltrating T lymphocytes with microbial antigens in Crohn's disease. Lancet 338: 1238–1239
10. Riecken EO, Stallmach A, Zeitz M et al. (1989) Growth and transformation of the small intestinal mucosa – importance of connective tissue, gut associateds lymphoid tissue and gastrointestinal regulatory peptides. Gut 30: 1630–1640
11. Stallmach A, Matthes H, Riecken EO (1991) Wechselwirkungen zwischen immunkompetenten Zellen und der extrazellulären Matrix im Gastrointestinaltrakt und deren Relevanz in der Pathogenese chronisch-entzündlicher Darmerkrankungen. In: Seifert J, Ottenjann R, Zeitz M, Bockemühl J (eds) Ökosystem Darm III. Immunologie, Mikrobiologie, Morphologie. Springer, Berlin Heidelberg New York Tokyo pp 121–131
12. Ullrich R, Zeitz M, Heise W, L'age M, Höffken G, Riecken EO (1989) Small intestinal structure and function in patients infected with human immunodeficiency virus (HIV): Evidence for HIV-induced enteropathy. Ann Intern Med 111: 15–21

13. Ullrich R, Zeitz M, Heise W, L'age M, Ziegler K, Bergs C, Riecken EO (1990) Mucosal atrophy is associated with loss of activated T cells in the duodenal mucosa of human immundeficiency virus (HIV)-infected patients. Digestion 46 (Suppl2): 302–307
14. Zeitz M, Quinn TC, Graeff AS, James SP (1988) Mucosal T cells provide helper function but do not proliferate when stimulated by specific antigen in lymphogranuloma venerum proctitis in nonhuman primates. Gastroenterology 94: 353–366
15. Zeitz M (1990) Immunoregulatory abnormalities in inflammatory bowel disease. Eur J Gastroenterol Hepatol 2: 246–250
16. Zeitz M, Schieferdecker HL, Ullrich R et al. (1991) Phenotype and Function of Lamina Propria T Lymphocytes. Immunol Res 10: 199–206
17. Zeitz M (1991) Pathophysiologie von Morbus Crohn und Colitis ulcerosa. Chirurgische Gastroenterologie mit interdisziplinären Gesprächen 3: 299–305
18. Zeitz M, Ullrich R, Riecken EO (1992) The gut in HIV infection; in: MacDonald TT (ed): Immunology of Gastrointestinal Disease. Dordrecht Boston London, Kluwer Academic Pub pp 209–226

Immunantworten im Darm unter normalen Bedingungen – Suppression, Helfermechanismen und die Rolle von T-Zellen

H.-J. Rothkötter, R. Pabst

T-Lymphozyten sind als Regulator- und Effektorzellen der Immunantwort eine wichtige Zellpopulation des Darmimmunsystems. Die Induktion und Aufrechterhaltung der Schleimhautimmunität durch das sekretorische Immunglobulin A wird wesentlich durch T-Lymphozyten gesteuert [18]. Außerdem vermitteln die T-Zellen die Entwicklung von oraler Toleranz, d. h. es wird verhindert, daß die antigenen Bestandteile der Nahrung zu einer systemischen Immunantwort führen [4]. T-Lymphozyten befinden sich in der Darmschleimhaut einerseits diffus verteilt im Epithel und in der Lamina propria [3, 8] und andererseits im organisierten lymphatischen Gewebe, den Peyerschen-Platten [14]. Die T-Lymphozyten der Darmschleimhaut sind beim Menschen und anderen Spezies ausführlich charakterisiert worden, ihre Kinetik wurde aber bisher wenig berücksichtigt, d. h. es gibt wenig Informationen über ihre Migration und Proliferation.

Intraepitheliale Lymphozyten

Die intraepithelialen Lymphozyten sind möglicherweise die größte Lymphozytenpopulation des menschlichen Körpers [13]. T-Zellen im Epithel sind überwiegend $CD3^+CD8^+$, außerdem exprimieren sie Marker, die darauf hinweisen, daß sie bereits Antigenkontakt hatten [8]. Wahrscheinlich liegt ihre Hauptaufgabe in der Suppression einer systemischen Immunreaktion und in der Induzierung von oraler Toleranz [8]. Bei Mäusen wurden große Mengen an intraepithelialen Lymphozyten mit γ/δ-T-Zellrezeptor gefunden [12]. Im Gegensatz dazu hat der Mensch geringere γ/δ-T-Zellzahlen [8, 19]. *In-vitro*-Tests mit frisch isolierten γ/δ-T-Zellen zeigten, daß diese Zellen zytotoxisch sind [8].

Die Zahl der intraepithelialen Lymphozyten ist zum Beispiel bei der Zöliakie erhöht [3]. Bisher ist nicht bekannt, ob dies durch eine vermehrte Einwanderung von Lymphozyten in das Epithel, durch eine höhere Lebensdauer oder durch eine verstärkte Produktion intraepithelialer Lymphozyten bedingt ist. In ersten *in-vivo*-Versuchen am Schwein zur Proliferation der intraepithelialen Lymphozyten wurden neugebildete Lymphozyten durch die Untersuchung des Einbaus von Bromdesoxyuridin (BrdU) nachgewiesen [17]. BrdU ist ein Thymindinanalog und wird nur in der Synthesephase des Zellzyklus in die DNS inkorporiert. Für die Untersuchung wurden Göttinger Minipigs im Alter von 9 Monaten verwandt. Die Tiere erhielten eine einmalige Gabe von BrdU (20 mg/kg Körpergewicht), und 24 h später wurden die Lymphozyten aus dem Epithel des Jejunums und Ileums durch Inkubation mit EDTA separiert [22]. Aus den erhaltenen Lymphozytensuspensionen wurden Zytopräparate hergestellt, das inkorporierte BrdU und die Lymphozytensubpopulationen wurden mit einer immunzytochemischen Doppelfärbung nachgewiesen [20]. Unter den intraepithelialen T-Lymphozyten waren 3,0 ± 1,1 % positiv für BrdU [17]. Röpke und Everett [15] fanden nach Gabe von ^{3}H-Thymidin bei Ratten eine ähnliche Anzahl neugebildeter intraepithelialer Lymphozyten. Auch Yamamoto et al. [21] bestätigten durch Zellzyklusanalyse bei Mäusen, daß intraepitheliale Lymphozyten proliferieren. Bisher ist unklar, warum Halstensen et al. [7] bei Verwendung des Proliferationsmarkers Ki-67 in gesunder Darmschleimhaut des Menschen keine Proliferation von intraepithelialen Lymphozyten feststellen konnten.

Lamina-propria-Lymphozyten

Die T-Lymphozyten in der Lamina propria der Darmschleimhaut sind für die Regulation der Immunglobulinproduktion durch die Plasmazellen wichtig. Viele Lamina-propria-Lymphozyten sind CD4^{+}-Helferzellen [8]. Es gibt einige Hinweise, daß Lymphozyten in die Lamina propria durch spezialisierte Venulen einwandern, vergleichbar mit den Venulen mit hohem Endothel in den Lymphknoten [10]. Die Einwanderung von neugebildeten Lymphozyten (Lymphoblasten) aus den Peyerschen-Platten in die Lamina propria der Darmwand wurde intensiv untersucht (Übersicht bei [1, 2]). Die Blasten wurden dabei fast nur als die Vorläuferzellen von IgA^{+}-Plasmazellen angesehen. Es wurde jedoch gezeigt, daß ein großer Teil dieser Blasten neugebildete T-Zellen sind [6]. Stimulierte T-Lymphoblasten, die aus den Peyerschen-Platten stammen, befinden sich während ihrer Migration für kurze Zeit besonders in der Zottenregion der Lamina propria. Interessanterweise verlassen sie diese Lokalisation wenige Stunden später [5]. Insgesamt sind die proliferierenden Zellen unter allen Lymphozyten der Lamina propria aber eine kleine Population. In der oben erwähnten Studie an Minipigs wurden Lamina-propria-Lymphozyten durch Kollagenaseinkubation gewonnen. Unter diesen Lamina-propria-Zellen waren 1,1 ± 0,5 % der T-Lymphozyten und 1,2 ± 0,6 % der IgA^{+}-Lymphozyten positiv für BrdU [17], somit ist die Proliferation von T- und Ig^{+}-Lymphozyten dort vergleichbar hoch. Bisher gibt es keine Untersuchungen darüber, in welchem Ausmaß sich die Lamina-propria-Lymphozyten aus eingewanderten oder *in situ* neu entstandenen Zellen rekrutieren.

Die Bedeutung der migrierenden Zellen für die pathophysiologische Regulation des Darmimmunsystems kann bisher nur schwer abgeschätzt werden, da es schwierig ist, die wandernden Zellen in der Lamina propria mit morphologischen Methoden zu untersuchen. Ihre Zahl ist klein und auf dem histologischen Präparat ist nicht erkennbar, ob eine Zelle zu einem wandernden oder stationären Pool gehört.

Peyerschen-Platten und Lymphozytenmigration

In den Peyerschen-Platten befinden sich T-Zellen in der Interfollikulärregion, in den Follikeln und im Domareal. Es werden sowohl CD4$^+$-Helferzellen als auch CD8$^+$-zytotoxische bzw. Suppressorzellen gefunden [8, 14]. Gerade die T-Lymphozyten im Domareal werden eine wichtige Rolle bei der Entscheidung über die Reaktion des Organismus auf das von den M-Zellen aufgenommene Antigen haben, d. h. ob eine zellulär oder humoral vermittelte Schleimhautimmunität oder orale Toleranz entwickelt wird. Dieser Zellpool des Domareals wurde bisher aber nicht isoliert untersucht.

Unter den Lymphozyten, die die Darmwand über die Lymphgefäße verlassen, überwiegen die T-Lymphozyten [11, 16]. Beim Schwein wurde herausgefunden, daß unter den neugebildeten Zellen, die die Darmwand verlassen, die T-Zellen in absoluten Zahlen sogar überwiegen [9]. Die bisher bekannten Ergebnisse geben keine Informationen darüber, inwieweit die lymphatischen Zellen in der Darmlymphe aus den Peyerschen-Platten stammen oder ihren Ursprung in der Lamina propria der Schleimhaut haben.

Die Bedeutung von T-Zellen für die Induzierung der humoralen oder zellulären intestinalen Immunantwort sowie bei der Entwicklung von oraler Toleranz kann einerseits durch die genaue Charakterisierung der Zellen mit möglichst vielen Zellmarkern weiter erforscht werden. Andererseits sollten Ergebnisse von *in-vitro*-Studien humaner Zellen im Tierexperiment *in vivo* überprüft werden. Die Neubildung und die Wanderung der T-Lymphozyten im gesunden und im pathologisch veränderten Darm sind auch wichtig für das Verständnis der Interaktion von T-Zellen aus dem Darmimmunsystem mit den Schleimhäuten anderer Organe.

Literatur

1. Bienenstock J, Befus AD (1985) The gastrointestinal tract as an immune organ. In: Shorter RG, Kirsner JB (eds) Gastrointestinal immunity for the clinician. Grune & Stratton, Orlando, pp 1–22
2. Bienenstock J, Befus D, McDermott M et al. (1983) Regulation of lymphoblast traffic and localization in mucosal tissues, with emphasis on IgA. Fed Proc 42: 3213–3217
3. Brandtzaeg P, Halstensen TS, Kett K et al. (1989) Immunobiology and immunopathology of human gut mucosa: humoral immunity and intraepithelial lymphocytes. Gastroenterology 97: 1562–1584
4. Challacombe SJ (1987) The investigation of secretory and systemic immune responses to ingested material in animal models. In: Miller K, Nicklin S (eds) Immunology of the gastrointestinal tract. CRC Press, Boca Raton, pp 99–124
5. Dunkley ML, Husband AJ (1989) Role of antigen in migration patterns of T cell subsets arising from gut-associated lymphoid tissue. Reg Immunol 2: 213–224
6. Guy-Grand D, Griscelli C, Vassalli P (1974) The gut-associated lymphoid system: nature and properties of the large dividing cells. Eur J Immunol 4: 435–443
7. Halstensen TS, Brandtzaeg P (1993) Activated T lymphocytes in the celiac lesion: non-proliferative activation (CD25) of CD4$^+$ α/β cells in the lamina propria but proliferation (Ki-67) of α/β and γ/δ cells in the epithelium. Eur J Immunol 23: 505–510
8. Harvey J, Jones DB (1991) Human mucosal T-lymphocyte and macrophage subpopulations in normal and inflamed intestine. Clin Exp Allergy 21: 549–560

9. Hriesik C, Rothkötter HJ, Pabst R (im Druck) Neugebildete T und B Lymphozyten in der Darmlymphe: Anzahl und Subpopulationen. Ann Anat
10. Jeurissen SHM, Duijvestijn AM, Sontag Y, Kraal G (1987) Lymphocyte migration into the lamina propria of the gut is mediated by specialized HEV-like blood vessels. Immunology 62: 273–277
11. Mackay CR, Marston WL, Dudler L et al. (1992) Tissue-specific migration pathways by phenotypically distinct subpopulations of memory T cells. Eur J Immunol 22: 887–895
12. Mosley RL, Klein JR (1992) A rapid method for isolating murine intestine intraepithelial lymphocytes with high yield and purity. J Immunol 156: 19–26
13. Mowat AMcI (1987) The cellular basis of gastrointestinal immunity. In: Marsh MN (ed) Immunopathology of the small intestine. John Wiley & Sons, Manchester, pp 41–72
14. Pabst R (1987) The anatomical basis for the immune function of the gut. Anat Embryol 176: 135–144
15. Röpke C, Everett NB (1976) Kinetics of intraepithelial lymphocytes in the small intestine of thymus-deprived mice and antigen-deprived mice. Anat Rec 185: 101–108
16. Rothkötter HJ, Huber T, Barman NN, Pabst R (1993) Lymphoid cells in afferent and efferent intestinal lymph: lymphocyte subpopulations and cell migration. Clin Exp Immunol 92: 317–322
17. Rothkötter HJ, Kirchhoff T, Pabst R (eingereicht) Lymphoid and non-lymphoid cells in the epithelium and lamina propria of intestinal mucosa: pool size, subsets and in vivo proliferation at different ages in normal and germ free pigs
18. Strober W, Harriman GR (1991) The regulation of IgA B-cell differentiation. Gastroenterol Clin North Am 20: 473–494
19. Ullrich R, Schieferdecker HL, Ziegler K, Riecken EO, Zeitz M (1990) γ/δ T cells in the human intestine express surface markers of activation and are preferentially located in the epithelium. Cell Immunol 128: 619–627
20. Westermann J, Ronneberg S, Fritz FJ, Pabst R (1989) Proliferation of lymphocyte subsets in the adult rat: a comparison of different lymphoid organs. Eur J Immunol 19: 1087–1093
21. Yamamoto M, Fujihashi K, Beagley KW et al. (1993) Cytokine synthesis by intestinal intraepithelial lymphocytes: both γ/δ T cell receptor-positive and α/β T cell receptor-positive T cells in the G_1 phase of cell cycle produce IFN-γ and IL-5. J Immunol 150: 106–114
22. Zeitz M, Greene WC, Peffer NJ, James SP (1988) Lymphocytes isolated from the intestinal lamina propria of normal nonhuman primates have increased expression of genes associated with T-cell activation. Gastroenterology 94: 647–655

Immunantwort im Darm unter normalen Bedingungen: humorale Immunantwort, sekretorisches IgA

M. Seyfarth

Einleitung

Die Darmschleimhaut ist ein wesentlicher Bestandteil des sog. Schleimhaut-Immunsystems. Dieses wird auch als MALT („mucosa-associated lymphoid tissue") bezeichnet. Zu diesem System gehören auch die Schleimhäute im Bereich des Bronchialtraktes („bronchus-associated lymphoid tissue"/BALT), des Urogenitaltraktes und des Auges. Der Bereich des Magen-Darmtraktes wird auch unter dem Begriff GALT („gut associated lymphoid-tissue") zusammengefaßt.

Die spezifischen Abwehrprozesse vollziehen sich im MALT sowohl als humorale Immunprozesse als auch als zellvermittelte Immunität. Allerdings weisen diese Abwehrleistungen einige Besonderheiten gegenüber systemischen Immunabläufen auf, so daß die Abgrenzung des MALT sinnvoll und gerechtfertigt ist.

Typisch sind die autonome Regulation und die Vernetzung der einzelnen Schleimhautsysteme untereinander, beide Phänomene wirken sich besonders auf die humorale Immunität aus. Eine Sonderform des Immunglobulin A. das sog. sekretorische IgA (S-IgA), stellt den entscheidenden humoralen Abwehrfaktor dar. S-IgA ist an allen Schleimhäuten der wichtigste Antikörper, das sonst dominierende Immunglobulin-G hat hier nur eine untergeordnete Rolle.

Im Rahmen dieser Ausführungen werden die humoralen Vorgänge ausführlich dargestellt und die Besonderheiten im Bereich des Darmes besprochen. Zum besseren Verständnis müssen einige zellvermittelte Immunprozesse kurz erwähnt werden.

Sekretorisches IgA (S-IgA)

Molekulare Aspekte

Aufbau und Bildung

S–IgA ist ein Antikörpermolekül mit einem Molekulargewicht von 410 kD, welches üblicherweise aus einem dimeren IgA-Molekül und einer sekretorischen Komponente („secretory-component/SC) besteht. Ein dimeres IgA-Molekül entsteht durch die Verknüpfung von 2 monomeren IgA-Molekülen über eine J-Kette

(Joining-Kette). Es ist davon auszugehen, daß auch trimere und tetramere IgA-Antikörper existieren, eine praktische Bedeutung hat das nicht.

Wichtig ist die Tatsache, daß dimeres IgA und SC an 2 getrennten Syntheseorten entstehen. Submukös liegende Plasmazellen produzieren dimeres IgA, welches in Richtung Epithelzelle abgegeben wird, im Bereich des Darmes wird überwiegend die Subklasse α_2 oder A_2 produziert.

Die Epithelzelle ihrerseits sezerniert SC, welches als Rezeptor basolateral exprimiert wird. SC besitzt 4 Epitope, die als A_1, A_2, I und R bezeichnet werden. Besonders immunogen sind die Bereiche I und R. Dimeres IgA stellt den natürlichen Liganden für SC dar, es kommt zu einer Bindung an den Rezeptor. Das führt zu einer Internaliation des gesamten Liganden-Rezeptor-Komplexes. Dabei werden die Bindungen durch sekundäre nonkovalente Interaktionen stabilisiert und der Komplex in eine Quartärstruktur überführt. Daher sind beim S-IgA-Molekül vom SC nur die Epitope A_1 und A_2 zugänglich, wohingegen die Epitope-I und -R für eine Immunreaktion z. B. auch ein immunologischer Nachweis nicht mehr zur Verfügung stehen. Die Komplexbildung führt darüber hinaus zu einer Konfigurationsänderung und damit entsteht eine neue Determinante, das Epitop C (Abb. 1).

Die erwähnte spezifische nonkovalente Affinität wird nachfolgend in ihrem strukturellen Gefüge durch Disulfid-Austauschreaktionen stabilisiert. Das bedingt eine sehr starke Resistenz von S-IgA-Antikörpern gegenüber bakteriellen Proteasen. S-IgA wird dann lumenwärts ausgeschleust und ist sofort biologisch aktiv.

Neben den Epithelzellen der Schleimhäute sind auch die Hepatozyten der Leber in der Lage, SC zu produzieren und als Rezeptor zu exprimieren. Dimeres IgA aus dem Serum kann als Ligand dienen. Über die Galle gelangt S-IgA somit zusätzlich in den Darm.

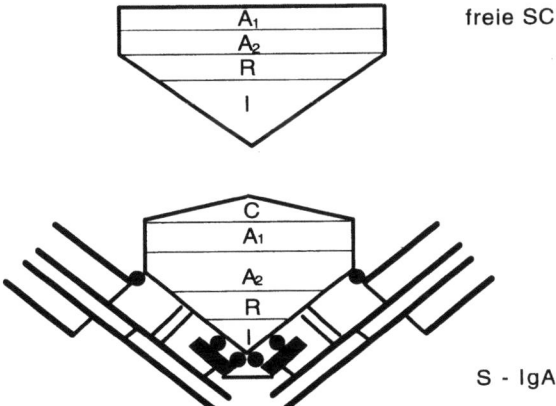

Abb. 1. Darstellung des menschlichen sekretorischen IgA(*S-IgA*) und der freien sekretorischen Komponente (*SC*). Die *Buchstaben* bezeichnen die verschiedenen Epitope am SC

Regulatorische Aspekte

Bildung von dimerem IgA

Die Bildung von dimerem IgA in den Plasmazellen steht unter einer regulatorischen Kontrolle von T-Lymphozyten. Im Bereich des Darmes sind die Peyer-Plaques als Ausgangspunkt anzusehen [6]. Es existieren hier sog. T-switch-Zellen, die die phänotypischen Merkmale von T-Helferzellen tragen. Diese T-switch-Zellen bewirken eine direkte Umschaltung der B-Zell-Isotypen von der IgM- auf die IgA-Expression auf der Oberfläche. Für die Aktivierung dieser T-Zellen sind HLA-Klasse-2-Moleküle von entscheidender Bedeutung [8]. Unter dem Einfluß von T-Helferzellen und Interleukin 5 (IL 5) erfolgt dann die Umwandlung in dimere IgA-produzierende Plasmazellen (Abb. 2).

Die Entscheidung, welches IgA-Subklasse im sekretorischen Immunsystem gebildet wird, ist genetisch determiniert durch die Sequenz der konstanten schwere Ketten-Gene (C_H) der menschlichen Immunglobuline [3, 7]. Im Bereich des GALT erfolgt die Umschaltung von der m-Kette auf α_2, im Bereich des BALT vorzugsweise von m auf a_1. Eine intermediäre Stellung hinsichtlich IgA_1- und IgA_2-produzierenden Zellen nehmen die Speicheldrüsen und Brustdrüsen ein (Abb. 3), da beide Subklassen annähernd gleich häufig vorkommen [9].

Die Menge der produzierten Antikörper wird durch die antigenen Determinanten gesteuert; nach dem Prinzip der Immunelimination werden Antikörper solange produziert, bis alles Antigen gebunden ist. In experimentellen Studien konnte belegt werden, daß verschiedene Mikroorganismen zu einer intestinalen Sekretionssteigerung führen [5]. Sicher ist auch, daß diese Regulation neuroendokrinen Einflüssen

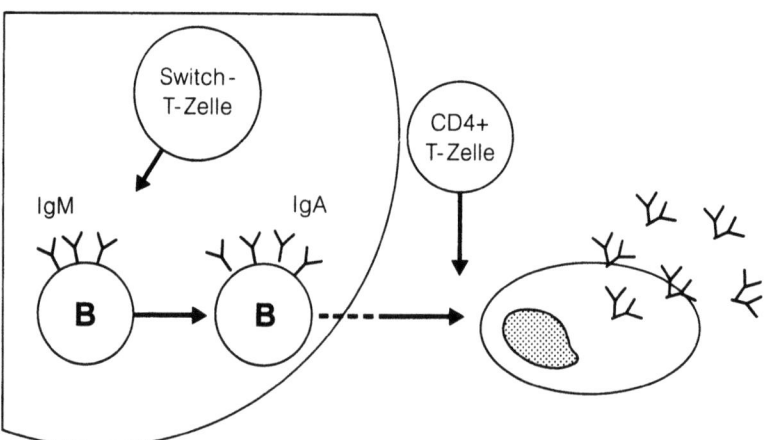

Peyer-Plaques

Abb. 2. Schematische Darstellung der Umschaltung von IgM-tragenden B-Zellen auf IgA-tragende B-Zellen mit nachfolgender Plasmazellbildung unter dem Einfluß von T-Zellen

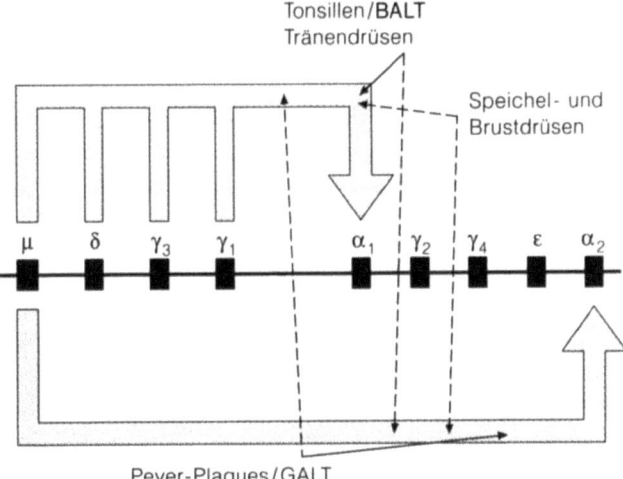

Abb. 3. Vermutete Mechanismen zur B-Zelltransformation, die zu differenten *IgA-Isotypen* führen. (Mod. nach [3])

unterliegt und daß maßgeblich IL 5 für eine vermehrte IgA-Produktion verantwortlich ist [1].

„Homing"

Ein besonderes Charakteristikum des MALT ist die als „homing" bezeichnete Vernetzung der einzelnen Systeme untereinander. Die meisten der lokalen B-Lymphozyten verlassen ihren angestammten Platz im MALT offenbar unmittelbar nach ihrer (antigenen) Stimulation [2]. Gemäß dem Konzept eines gemeinsamen Systems (MALT) wandern diese Lymphozyten schnell über das regionale Lymphsystem und durch den Ductus thoracicus in die großen sekundären Lymphorgane wie Milz und Tonsillen, hier erhalten sie wahrscheinlich ihre Signale zur weiteren Differenzierung. Danach wandern die meisten dieser kleinen B-Lymphozyten zurück an ihren Ursprungsort, nur ca. 10 % der Zellen migrieren in andere Schleimhautregionen (BALT, Speicheldrüsen, Harnblase). Diese Vorgänge sind in Abb. 4 dargestellt.

Sicher ist heute, daß eine Vielzahl von Adhäsionsmolekülen (Integrine) einen wesentlichen Anteil am Zustandekommen des „homing" haben. Es werden unterschiedliche endotheliale Erkennungsphänomene mit hoher Spezifität vermutet, die im Bereich der Endstrombahn („high endothelial venule/HEV") ihren Wirkungsbereich haben [11, 12]. Chemotaktische Faktoren, die ebenfalls im Bereich des HEV wirksam werden, werden für ein antigenunabhängiges „homing" verantwortlich gemacht. Unmittelbar nach der Rückkehr der B-Lymphozyten an ihren Ursprungsort beginnt die Proliferation zu Plasmazellen mit nachfolgender IgA-Produktion.

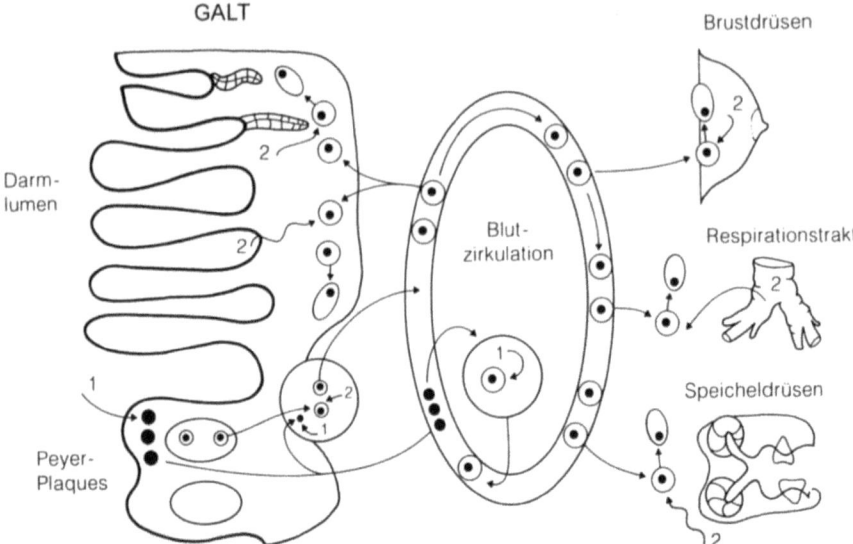

Abb. 4. Schematische Darstellung des „homing". B-Lymphozyten im Bereich der Schleimhäute migrieren nach Antigenstimulation (*1*) in die regionalen Lymphknoten und erhalten hier ein sekundäres Signal (*2*). Zu den sekundären Signalen gehören u. a. Zytokine, Integrine und chemotaktische Faktoren

Wenn auch viele Einzelheiten noch unklar sind, bleibt das „homing" eines der interessantesten Phänomene des MALT. Es wird heute als ein Mechanismus zur biologischen Sicherung von Schleimhäuten angesehen. Seine konsequente Anwendung für therapeutische Applikationen steht heute erst am Anfang, wird aber in den nächsten Jahren zu entscheidenden Fortschritten führen.

Selektiver IgA-Mangel

Liegt der Serum-IgA-Spiegel innerhalb eines Jahres an 3 unterschiedlichen Untersuchungstagen unter 0,02 g/Liter, so liegt ein selektiver IgA-Mangel vor. In Europa ist mit einer Inzidenz dieser Erkrankung von 1:1500 zu rechnen. In über 80 % der Fälle sind die betroffenen Personen klinisch gesund, die restlichen 20 % sollen vor allem über bronchiale Infekte klagen. Diese an sich geringen klinischen Erscheinungsformen sprechen für gute Kompensationsmechanismen. Da kein IgA gebildet werden kann, wird auch kein S-IgA entstehen. Kompensatorisch findet man an den Schleimhäuten ein sekretorisches IgM (S-IgM), allerdings liegen hier ungünstigere sterische Verhältnisse vor. Das führt zu einem Mangel an kovalenter Stabilisation und erklärt, daß S-IgM weniger widerstandsfähig gegenüber proteolytischen Abbauvorgängen ist [10]. Da die spezifische Abwehr bei diesem Personenkreis eingeschränkt ist, ist anzunehmen, daß humorale Resistenzmechanismen verstärkt zur Entfaltung kommen.

Funktionelle Aspekte

Die wichtigste Funktion von S-IgA ist die Verminderung der Bakterienadhärenz auf den Schleimhautoberflächen. S-IgA überzieht wie ein Schutzfilm (Burnet: antiseptischer Anstrich) alle Schleimhäute und erschwert dadurch die Kolonisation von Bakterien. Dieses Phänomen wird verstärkt durch die hohe Proteasenbeständigkeit von S-IgA.

Während Serum-IgA kaum Immunkomplexe bildet, spielen im Bereich des MALT diese Reaktionen eine große Rolle. Diese Immunkomplexe bilden sich z. T. im Inneren des Darmes. Damit wird die Antigenelimination bereits im Vorfeld extern des Organismus vollzogen und eine Sensibilisierung unterbleibt. Diese Abwehrleistung ist bei den nahrungsmittelbedingten Allergien entscheidend gestört.

Zusätzlich wird im Bereich des Dünndarmes S-IgA wirksam, welches aus der Leber kommend über die Galle in den Darm gelangt. Wir nehmen heute an, daß beim Menschen diese Menge um 10 % des Dünndarm-S-IgA ausmacht.

S-IgA ist weiterhin in der Lage, bakterielle Toxine zu binden und virusneutralisierend zu wirken. Dabei sind weder Komplement noch Makrophagen als Helfer nötig, das spricht für ein hohes phylogenetisches Alter dieser Mechanismen [1]. Es muß darauf hingewiesen werden, daß die humoralen Abwehrleistungen an der Darmschleimhaut eine Summation bzw. Potenzierung von spezifischen und unspezifischen Mechanismen darstellen. S-IgA fügt sich nahtlos in das Gesamtkonzept ein [4]. Unsere Vorstellungen über die Schleimhautabwehr sind in Abb. 5 schematisch zusammengefaßt.

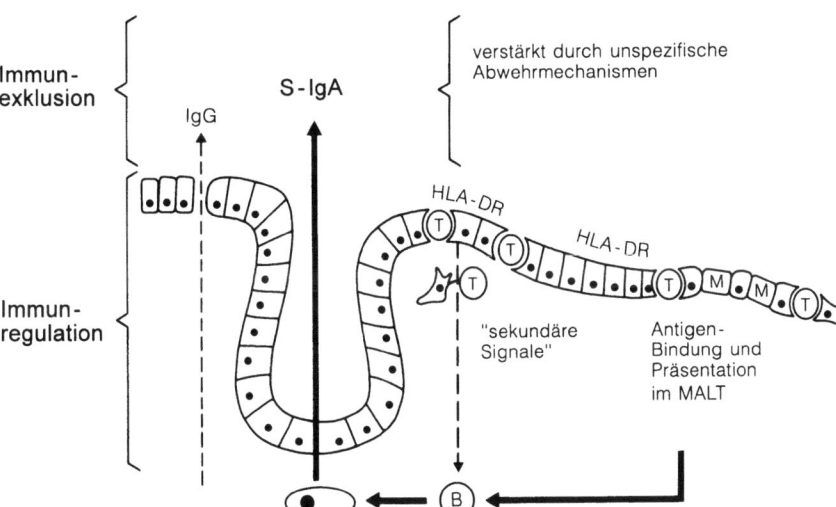

Abb. 5. Schematische Darstellung der Schleimhautabwehr. Die Immunexklusion erfolgt außerhalb des Organismus durch Abgabe von S-IgA und anderen humoralen Faktoren. Die Immunregulation wird durch Antigenaufnahme über die M-Zellen (*M*) unter Beeinflussung von HLA-DR-Strukturen vollzogen (T-Lymphozyten [T]; B-Lymphozyten [B])

Zusammenfassung

Die humorale Immunantwort an den Schleimhäuten wird vorzugsweise über S-IgA, eine Sonderform des IgA, realisiert. Es besteht aus 2 Untereinheiten, die an getrennten Syntheseorten gebildet werden. Die Produktion von S-IgA ist genetisch determiniert und steht unter der Kontrolle von T-Lymphozyten. Das interessante Phänomen der lokalen B-Lymphozyten ist das „homing", es bietet wichtige Ansätze für neue Therapiestrategien. Viele seiner Einzelheiten sind noch unklar.

Die wichtigste Funktion von S-IgA ist die Verminderung der Bakterienadhärenz an den Schleimhäuten, daneben wirkt es aber auch durch Immunkomplexbildung und Virusneutralisation.

Literatur

1. Bienenstock J, Perdue M, Stanisz A, Stead R (1987) Neurohormonal regulation of gastrointestinal immunity. Gastroenterology 93: 1431–1434
2. Bjerke K, Brandtzaeg P (1986) Immunoglobulin- and J-chain-producing cells associated with lymphoid follicles in the human appendix, colon and ileum, including Peyer's patches. Clin Exp Immunol 64: 432–437
3. Brandtzaeg P, Kett K, Rognum TO et al. (1986) The distribution of mucosal IgA and IgG subclass-producing immunocytes and alterations in various disorders. Monogr Allergy 20: 179–205
4. Brandtzaeg P, Halstensen TS, Kett K et al. (1989) Immunobiology and immunopathology of human gut mucosa: humoral immunity and intraepithelial lymphocytes. Gastroenterology 97: 1562–1584
5. Buts J-P, Bernasconi P, Vaerman J-P, Dive C (1990) Stimulation of secretory IgA and secretory component of imunoglobulins in small intestine of rats treated with Saccharomyces boulardii. Dig Dis Scien 35: 251–256
6. Elson CO (1985) Induction and control of the gastrointestinal immune system. Scand J Gastroenterol 20: 1–12
7. Flanagan JG, Rabbits TH (1982) Arrangement of human immunoglobulin heavy chain constant region genes implies evolutionary duplication of a segment containing, and genes. Nature(Lond) 300: 709–711
8. Kawanishi H, Ozato K, Strober W (1985) The proliferative response of cloned Peyer's patch switch T cells to syngeneic and allogeneic stimuli. J Immunol 134: 3586–3588
9. Kett K, Brandtzaeg P, Radl J, Haaijman J (1986) Different subclass-distribution of IgA-producing cells in human lymphoid organs and various secretory tissues. J Immunol 136: 3631–3634
10. Richman LK, Brown WR (1977) Immunochemical characterization of IgM in intestinal fluids. J Immunol 199: 1515–1519
11. Van der Brugge-Gamelkoorn GJ, Kraal G (1985) The specificity of the high endothelial venule in bronchus-associated lymphoid tissue (BALT). J Immunol 134: 3746–3748
12. Zeitz M, Schieferdecker HL, James SP, Riecken EO (1990) Special functional features of T-lymphocyte subpopulations in the effector compartament of the intestinal mucosa and their relation to mucosal transformation. Digestion (Suppl.2) 46: 280–289

Pathogenese chronisch entzündlicher Darmerkrankungen: Makrophagen und ihre Mediatoren

S. Schreiber, A. Raedler

Einleitung

Morbus Crohn und Colitis ulcerosa sind gastrointestinale Erkrankungen bislang unklarer Ätiologie, die zu einer chronischen Entzündung und Zerstörung befallener Darmabschnitte führen. Obwohl unterschiedlich im klinischen Erscheinungsbild, führen beide Krankheitsbilder zu einer entzündlichen, zellulären Infiltration der intestinalen Schleimhaut. Die akute Colitis ulcerosa, die vorwiegend das Kolon per continuitatem involviert, ist durch das Auftreten flacher Ulzera und ein entzündliches Infiltrat aus neutrophilen Granulozyten, Makrophagen und Lymphozyten gekennzeichnet. Der Morbus Crohn hingegen betrifft typischerweise das terminale Ileum, kann aber auch das gesamte Kolon einbeziehen. Charakteristisch für den M. Crohn ist die diskontinuierliche Ausbreitung mit Auftreten entzündlicher Veränderungen in verschiedenen Regionen bei dazwischenliegendem gesunden Gewebe. Entzündliche Infiltrate sind oft pathohistologisch durch das Auftreten eosinophiler Granulome gekennzeichnet und betreffen meist alle Schichten der Darmwand, während entzündliche Veränderungen bei Colitis ulcerosa meist nur Mukosa und Submukosa einbeziehen. Beide Krankheitsbilder sind historisch als ,,chronisch entzündliche Darmerkrankungen" zusammengefaßt worden, da das histologische Bild klassische Komponenten chronisch entzündlicher Infiltrate wie Plasmazellen, Makrophagen und Lymphozyten aufweist. Der langwierige, ,,chronische" Krankheitsverlauf wechselt jedoch oft mit akuten und hyperakuten, mitunter lebensbedrohenden Phasen ab, die histopathologisch mit dem Einstrom großer Zahlen neutrophiler Granulozyten und mononukleärer Phagozyten aus dem peripherem Blut in das entzündete Darmgewebe korrelieren.

Immunologische Aktivierung

Obwohl auslösende Ereignisse in der Ätiologie und Pathogenese chronisch entzündlicher Darmerkrankungen unklar sind, weisen zahlreiche Studien jüngeren Datums auf eine lokale (intestinale) und auch systemische Fehlregulierung des Immunsystems als pathophysiologisch bedeutsamen Faktor in der Perpetuierung der intestinalen Entzündungsreaktion hin. Wenngleich die Trennung zwischen sekundären Epiphänomenen und pathophysiologisch bedeutsamen Ereignissen in chronischen Erkrankungsbildern schwer ist, konnten spezifische Mechanismen, die wahrscheinlich am Unterhalt beider Krankheitsbilder beteiligt sind, charakterisiert werden: MacDermott et al. [27] sowie Bull und Bookman [5] konnten an isolierten intestinalen Lymphozyten ebenso wie Brandtzaegs Arbeitsgruppe an histologischen Präparaten [14, 22] nachweisen, daß chronisch entzündliche Darmerkrankungen zu Veränderungen in Qualität (Isotyp, Subklasse) und Menge der durch intestinale B-Lymphozyten spontan gebildeten Immunglobuline führen. Während normale intestinale Lymphozyten vorwiegend IgA sezernieren, das bei Antigenkontakt hauptsächlich protektive Eigenschaften hat und eine Entzündungsreaktion nicht unterstützt, wird in beiden chronischen Krankheitsbildern IgA teilweise durch IgG ersetzt. Im Gegensatz zu IgA kann Immunglobulin-G-Komplement über den klassischen Weg fixieren und als Immunkomplex über Interaktion mit Fc-γ-II-Rezeptoren zum „priming" von Makrophagen und neutrophilen Granulozyten führen [52, 54]. Eine Beteiligung von IgG in Verbindung mit Stuhlantigenen an der Perpetuierung der intestinalen Entzündungsreaktion scheint daher möglich. Weiterführende Studien konnten nachweisen, daß IgG, das von intestinalen B-Lymphozyten von Colitis-ulcerosa-Patienten gebildet wird vorwiegend den Subklassen IgG1 und IgG3 angehört, während bei Morbus Crohn vorherrschend IgG2 beobachtet wird [57]. Obwohl diese Unterschiede in der intestinalen IgG-Subklasse Verteilung hochspezifisch für die Unterscheidung zwischen Morbus Crohn und Colitis Ulcerosa scheinen und zu parallelen Veränderungen auch im Serum der Patienten führen [28], ist die pathophysiologische Signifikanz weitgehend unklar. Der Krankheitsprozeß beider chronisch entzündlicher Darmerkrankungen führt zu Aktivierung sämtlicher Lymphozytensubpopulationen in der Lamina propria (B-Lymphozyten (CD12), T-Lymphozyten (CD3), CD4 und CD8 positive T-Zellsubpopulationen) [9, 23, 33, 35, 51, 53]. Die in Morbus Crohn und Colitis ulcerosa vermehrte Expression von aktivierungsassoziierten Oberflächendeterminanten wie Transferrinrezeptoren und Interleukin-2-Rezeptoren läßt auf eine Beteiligung des mukosaassoziierten Immunsystems zumindest an der Unterhaltung der Entzündungsreaktion schließen. Die Aktivierung von T-Lymphozyten ist nicht auf intestinale Kompartimente und angrenzende Organe wie das große Netz beschränkt [49], sondern kann – ebenso wie extraintestinale Manifestationen – in beiden Erkrankungen systemisch nachgewiesen werden:

- Die Zahl aktivierter, Transferrinrezeptor (T9-Antigen) exprimierender T-Lymphozyten des peripheren Blutes korreliert hochsignifikant mit dem prozentualen Anteil aktivierter T-Lymphozyten (T 9-Expression) in Biopsien und der histologischen Bewertung des Entzündungsgrades [38–41].

Parameter wie die Aktivierung peripherer Lymphozyten und die Serumkonzentration von löslichen IL 2-Rezeptoren finden daher vermehrt Eingang in die Routinediagnostik chronisch entzündlicher Darmerkrankungen und können in Verbindung mit zusätzlichen immunologischen Parametern zur Krankheitsdiagnostik und Aktivitätsbestimmung insbesondere in klinischen Studien genutzt werden [20, 39, 41, 53].

Proentzündliche Zytokine

Als Initiatoren von Entzündungsreaktionen werden antigenpräsentierende Zellen (APC) und insbesondere die durch sie sezernierten proentzündlichen Zytokine angesehen. Solche, zur Aktivierung von Lymphozyten beitragenden Monokine sind das Interleukin 1 (IL-1β (, der Tumor-Nekrose-Faktor alpha (TNF-α) und das Interleukin 6 (IL-6). Gleichzeitig werden im Rahmen der Gegenregulation neben proentzündlichen Zytokinen auch hemmende Proteine sezerniert wie z. B. lösliche TNF-Rezeptoren oder der Interleukin-1-Rezeptorantagonist (IL-1-ra). Neuere Befunde weisen darauf hin, daß in der makroskopisch entzündeten intestinalen Schleimhaut von Patienten mit chronisch-entzündlichen Darmerkrankungen durch intestinalen Makrophagen wie auch periphere Monozyten in erheblichem Umfang vermehrt IL-1β, TNF-α, IL-6 und andere Effektormoleküle freigesetzt werden [2, 31, 55]. Gleichzeitig ist der relative Anteil von IL1-ra gegenüber IL-1 in entzündeter Schleimhaut herabgesetzt [8]. Interessanterweise lassen sich ähnliche Veränderungen im Vergleich zu Normalkontrollen auch bereits – wenn auch in geringerem Ausmaß – in der makroskopisch unauffälligen intestinalen Schleimhaut von Patienten mit chronisch entzündlichen Darmerkrankungen nachweisen [43]. Dies kann als Hinweis darauf gewertet werden, daß Veränderungen im Zytokinmuster im Sinne einer vermehrten Sekretion von proentzündlichen Zytokinen den eigentlichen entzündlichen Veränderungen vorausgehen und diese möglicherweise initiieren (Abb. 1). Zusätzlich gibt es Hinweise, daß nicht nur die Sekretion proentzündlicher Zytokine übermäßig gesteigert ist, sondern daß auch potente antientzündli-

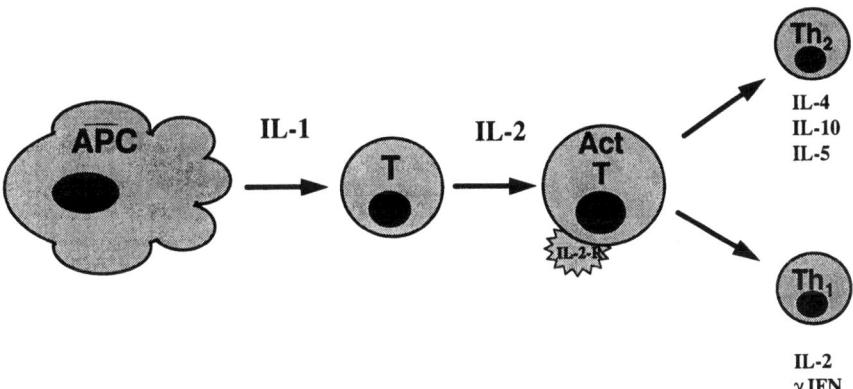

Abb. 1. Aktivierung intestinaler Lymphozyten. Die Ausschüttung proentzündlicher Zytokine wie *IL-1β* oder TNF-α trägt zur Aktivierung von T-Zellen bei, die ihrerseits durch Sekretion von *IL-2* eine weitere Aktivierung von CD4-T-Lymphozyten induzieren. Aktivierte T- und B-Lymphozyten sezernieren weitere Zytokine und sind an der Expression bestimmter Oberflächenantigene (IL-2-Rezeptor, Transferrinrezeptor, HLA-II) erkennbar. T-Lymphozyten können hypothetisch in 2 Populationen anhand ihres Zytokinmusters unterschieden werden: *Th₁-Zellen*, die vorwiegend das Entzündungsgeschehen unterhaltende Zytokine (IL-2, γ-IFN) sezernieren und *Th₂-Zellen*, die deaktivierende (IL-4, IL-10) und die B-Zelldifferenzierung fördernde (IL-4, IL-5) Zytokine produzieren. APC = antigenpräsentierende Zelle.

che Faktoren wie Interleukin 4 (IL-4) nur in vermindertem Maß die Monozyten/Makrophagen von Patienten mit chronisch-entzündlichen Darmerkrankungen zu deaktivieren vermögen [55]. Die uns geläufigen Therapeutika (Aminosalizylate, Salazosulfapyridin) vermindern dosisabhängig die Synthese und Ausschüttung von proentzündlichen Zytokinen [26] oder beeinflussen das Rezeptorbindungsverhalten dieser Substanzen und können somit regulierend in die Entzündungskaskade regulierend eingreifen.

Pathophysiologische Faktoren während des akuten Schubes

Während zahlreiche Studien auf die Beteiligung intestinaler Lymphozyten am Unterhalt der chronischen Entzündungsreaktion und auch akuter Schübe hinweisen, liegen nur wenige Studien vor, die für einen akuten Schub initiierende Ereignisse beschreiben. Histopathologisch wird der Einstrom von neutrophilen Granulozyten und Monozyten/Makrophagen als *akutes Infiltrat* beschrieben. Diesen Zellen wird entscheidende Bedeutung in der initialen Abwehrphase wie auch in der Initiierung einer Entzündungsreaktion beigemessen. Die Arbeiten von Saverymuttu et al. [45, 46] weisen auf diese pathophysiologische Bedeutung von neutrophilen Granulozyten und mononukleären Phagozyten in vivo in der akuten intestinalen Inflammation während eines akuten Schubes hin: Neutrophile Granulozyten des peripheren Blutes von Patienten mit klinisch akuten Schüben chronisch entzündlicher Darmerkrankungen wurden mit ^{111}Indium in vitro markiert. Wenige Stunden nach Reinfusion migrierten autologe neutrophile Granulozyten nahezu sämtlich in das entzündete Darmgewebe, um durch die Darmwand in das intestinale Lumen einzutreten. Dieses Migrationsverhalten war bei 20 von 22 Patienten mit Morbus Crohn und bei 15 Patienten mit Colitis ulcerosa nachweisbar und korrelierte eng mit der Aktivität der chronisch-entzündlichen Darmerkrankung. Neben dem Nutzen als verläßlicher Parameter der klinischen Aktivitätsbestimmung weisen diese Studien auf eine wesentliche Beteiligung von phagozytären Zellen an der Initiierung der akuten Entzündungsreaktion hin. Der konstante Einstrom eines so hohen Prozentsatzes dieser Zellen läßt zusätzlich auf potente, chemotaktisch aktive Substanzen schließen.

Lipidmediatoren

Arachidonsäure, die durch Phospholipase A2 aus der 2-Stellung in Phospholipiden freigesetzt wird, ist der Grundbaustein für zahlreiche immunologisch aktive, sog. unspezifische Mediatoren wie Prostaglandine (PG), Thromboxane (Tx) oder Leukotriene (LT). Das nach Freisetzung der Arachidonsäure verbleibende Lysophosphatid kann durch Acylierung ebenfalls zu einer Familie von aktiven Mediatoren den „platelet activating factors" (PAF) umgesetzt werden (Tabelle 1). Nahezu alle Säuretierzellen enthalten Cyclooxygenase, ein Enzym, das Arachidonsäure zu einem unstabilen Endoperoxidmetaboliten, PGH_2, umsetzt, der dann zu verschiedenen Prostaglandinen, Prostacyclin oder Thromboxanen umgewandelt werden kann. Einige Zellen, wie neutrophile Granulozyten, Makrophagen, Mastzellen und

Tabelle 1. Arachidonsäurederivate als Mediatoren in der intestinalen Entzündungsreaktion

Substanz	wirkung	Bildungsort
LT B$_4$	Chemotaktisch für neutrophile Granulozyten, erhöhte vaskuläre Permeabilität	Neutrophile Granulozyten
LT C$_4$, LT D$_4$, LT E$_4$	Vasodilatation, erhöhte vaskukläre Permeabilität, Kontraktion glatter Muskeln	Mastzellen Makrophagen
PAF	Ödembildung, Vasokonstriktion, gesteigerte vaskuläre Permeabilität	Makrophagen, Mastzellen
PG E$_2$	Vasodilatation, Makrophagenrecruitment? antientzündlich?	Makrophagen, Fibroblasten epitheliale Zellen

Thrombozyten, weisen einen weiteren Stoffwechselweg auf, der die Umsetzung von Arachidonsäure ermöglicht. Dieser Stoffwechselweg führt zu Bildung von Leukotrienen. Diese Zellpopulationen weisen jedoch nicht nur die Verstoffwechselung von Arachidonsäure zu Leukotrienderivaten auf, sondern werden auch in einer Reihe ihrer Zellfunktionen durch Produkte des Arachidonsäurestoffwechsels kontrolliert [36, 63].

Wie bereits dargestellt, ließen die In-vivo-Studien durch Saverymuttu et al. die Präsenz einer chemotaktisch aktiven Substanz in entzündeter Mukosa vermuten, die verursachend für den Einstrom neutrophiler Granulozyten in das Entzündungsgebiet ist. In-vitro-Studien konnten diese Hypothese bestätigen und nachweisen, daß homogenisierte intestinale Mukosa von Patienten mit chronisch entzündlichen Darmerkrankungen, verglichen mit normaler Kontrollmukosa, Mediatoren enthält, die neutrophile Granulozyten zur Migration veranlassen [61, 62]. Als wahrscheinlichste Verbindungen wurden LT B$_4$, das zu den am stärksten neutrophilchemotaktischen Substanzen – soweit bekannt – gehört [11], aktivierte Komplementkomponenten (C5a) und ein E.-coli-Produkt, Formyl-Methionyl-Leucyl-Phenylalanin (FMLP) [47] in Erwägung gezogen. Insbesondere Studien von Stenson et al. [58, 59, 61, 62] konnten auf eine hauptsächliche Beteiligung von LT B$_4$ hinweisen: In Lipidextrakten entzündeter Mukosa sind 60–90 % der chemotaktischen Aktivität in der Lipidfraktion enthalten. Nahezu die gesamte chemotaktische Aktivität dieses Lipidextraktes koeluierte bei Auftrennung durch „reverse-phase-high-performance lipid chromatography" mit LT B$_4$. Polyklonale Antikörper gegen LT B$_4$ eliminierten die chemotaktische Aktivität des Mukosalipidextraktes, ein zusätzlicher Befund, der auf eine spezifische Beteiligung von LT B$_4$ als die chemotaktisch aktive Substanz in entzündeter Mukosa hinweist. Weiterführende Studien konnten nachweisen, daß entzündete Mukosa von Patienten mit aktiven, chronischentzündlichen Darmerkrankungen mehr als 250 ng LT B$_4$/g im Vergleich zu 5 ng/g in normaler Mukosa enthielt. Die In-vitro-Stoffwechselrate für die Umwandlung radioaktiv markierter Arachidonsäure war höher in entzündeter Mukosa von Patienten mit chronisch-entzündlichen Darmerkrankungen als in Normalkontrollen. Die Signifikanz der In-vitro-Befunde wurde durch In-vivo-Studien an Patienten mit aktiver Colitis ulcerosa unterstrichen: Durch Einführung eines mit isotoner Kochsalzlösung gefüllten Dialyseschlauches in das Rektum der Patienten wurde die Präsenz von Arachidonsäuremetaboliten in der Mukosa durch Diffusion ermittelt. Durch dieses als *rektale Dialyse* bezeichnete Verfahren konnten relative Konzentrationen von LT B_4 und PG E_2 in entzündeter Mukosa erfaßt werden. Patienten mit aktiver Colitis ulcerosa reicherten erheblich höhere Konzentrationen beider Arachidonsäuremetabolite in Dialysaten an als Normalkontrollen [24] (s. Tabelle 1).

Die Studien der Arbeitsgruppen von Stenson, Saverymuttu und anderen [45, 46, 58, 59, 62, 62] weisen auf LT B_4 als wesentliche chemotaktische Substanz hin, die verursachend für die In-vitro- und In-vivo-Migration neutrophiler Granulozyten in entzündete intestinale Mukosa ist. Die in vivo nach dem Einstrom in die Mukosa beobachtete Migration in das intestinale Lumen kann durch In-vitro-Studien jüngeren Datums durch Halstensen, Brandtzaeg et al. [14] teilweise erklärt werden: In histologischen Präparaten konnte eine luminale Bindung von IgG1 an Epithelzellen und Komplementaktivierung demonstriert werden. Chemotaktische Substanzen wie C5a, die durch die Aktivierung der Komplementkaskade entstehen, können, zusammen mit bakteriellen Produkten wie FMLP, an der Fortsetzung der Migration neutrophiler Granulozyten durch die Darmwand in das intestinale Lumen beteiligt sein.

Neben erhöhten Leukotrienkonzentrationen enthielten rektale Dialysate von Colitis-ulcerosa-Patienten auch hohe PG E_2-Spiegel [24]. Erhöhte PG E_2-Konzentrationen, die in Serum, Stuhl und homogenisierter Mukosa dieser Patienten nachgewiesen werden konnten, unterstrichen die Signifikanz dieser Beobachtungen als systemische Veränderungen, die in diesen Studien mit der Krankheitsaktivität korrelierten [13, 58]. Die Umsetzungsrate radioaktiv markierter Arachidonsäure in entzündeter Mukosa in vitro zu PG E_2 und Thromboxan B_2 (Tx B_2) ist im Vergleich zu normaler Mukosa deutlich erhöht [58]. Diese Befunde lassen auf einen Anstieg der Cyclooxygenaseaktivität schließen, der mit der Erkrankungsaktivität korreliert. Die spezifische Bedeutung von PG E_2 in der zugrundeliegenden Pathophysiologie wurde zunächst als den Krankheitsprozeß unterstützend aufgefaßt: PG E_2 kann in vitro und in vivo (Tiermodell) charakteristische Wirkungen wie eine Erhöhung der vaskulären Permeabilität, Vasodilatation und Schmerzverstärkung induzieren [42]. Erhöhte PG E_2-Spiegel fanden sich regelhaft in einer Vielzahl entzündlicher Gewebsreaktionen. Dies wurde unterstützend für eine Beteiligung als proentzündlicher Mediator gewertet. Neuere Untersuchungen weisen jedoch vermehrt auf ausgeprägt antientzündliche Eigenschaften dieses Prostaglandins hin. Neben Unterdrückung von Makrophagen- und Lymphozytenaktivierung hat PG E_2 zumindest im oberen Gastrointestinaltrakt eine nachgewiesene protektive Wirkung auf die Integrität des epithelialen Schutzwalls. Die Bedeutung von PG E_2 in der Pathophysiologie chronisch entzündlicher Darmerkrankungen ist daher unklar, insbesondere auch im Hinblick auf eine PG E_2 vermittelte Rekrutierung von Makrophagen durch beschleunigte Monozytendifferenzierung, die im Maus- und im Humansystem nachgewiesen werden konnte [48, 50, 54, 56].

Antientzündliche Therapie und Arachidonsäurestoffwechsel

Insbesondere 2 therapeutisch aktive Substanzgruppen, die erfolgreich zur Behandlung der intestinalen Entzündungsreaktion eingesetzt wurden, scheinen in den Arachidonsäurestoffwechsel einzugreifen. Sowohl Glukokortikoidderivate als auch 4-Aminosalizylate (4-ASA) und 5-Aminosalizylate (5-ASA) beeinflussen den Lipoxygenase- und den Cyclooxygenasestoffwechselweg [10, 15–18, 24, 36, 58–63]. Während 4-ASA bislang nur experimentell eingesetzt wird, findet 5-ASA entweder als Reinsubstanz (Salofalk®, Claversal®) oder als Sulfonamidverbindung (Sulfasalazin – Azulfidine®) bzw. Doppelmolekül (Olsalasin-Dipentum®), aus der es am Entzündungsort abgespalten wird, Anwendung.

Glukokortikoidsteroide binden nach Diffusion in das Gewebe an einen hochaffinen Zytoplasmarezeptor [34], der über einen temperaturabhängigen Prozeß zum Nukleus migriert und eine Bindung an spezifische Bestandteile des Zellkernes vermittelt [3, 19]. Innerhalb von 30 min sind verstärkte RNA-Polymeraseaktivität und Proteinsynthese nachweisbar [44]. Obwohl erste Untersuchungen keinen unmittelbaren In-vitro-Einfluß auf den Arachidonsäurestoffwechsel fanden [60], zeigten klinische Studien einen deutlichen Rückgang von sowohl LT B_4 als auch PG E_2-Konzentrationen in rektalen Dialysaten von Patienten, die mit Glukokortikoiden behandelt wurden [24]. Dieser scheinbare Widerspruch wurde durch Studien von Hawky und Truelove [15–18] sowie von Lauritsen et al. [24] aufgelöst:

- Ein in-vitro-reduzierter Arachidonsäurestoffwechsel mit Reduktion von Lipoxygenase- und Cyclooxygenaseprodukten konnte erst mit einer Verzögerung von 2 oder mehreren Stunden nachgewiesen werden, während initiale Untersuchungen auf einen sofortigen Effekt ausgerichtet waren.
- Als molekulares Korrelat dieser Veränderungen wurde die glukokortikoidinduzierte Synthese von Lipomodulin beschrieben [10].
- Lipomodulin inhibiert die Aktivität der Phospholipase A2, die Arachidonsäure aus Phospholipiden feisetzt.
- Die Freisetzung von Arachidonsäure konnte als geschwindigkeitsbestimmender Schritt für die Umsetzung in Prostaglandine und Leukotriene beschrieben werden, so daß eine Blockierung der Phospholipase A2 zu einer Inhibierung beider Stoffwechselwege führt.

Sowohl Sulfasalazin als auch die am Entzündungsort im Darm abgespaltene 5-Aminosalizylsäure (5-ASA) inhibieren die Aktivität von Cyclooxygenase und Lipoxygenase und damit die Bildung von Prostaglandinen, Thromboxanen und Leukotrienen mit einer ID 50 von 1 mmol [61]. Diese In-vitro-ID50 ist von besonderem Interesse, da Stuhlkonzentrationen für beide Substanzen in diesem Bereich liegen, wohingegen Serumkonzentrationen mehr als 100fach niedriger sind. Es kann daher angenommen werden, daß beide Substanzen ihre Wirkung im intestinalen Darmlumen lokal entfalten.

Die Beurteilung der pathophysiologisch relevanten Wirkungsmechanismen der vorgestellten pharmakologischen Substanzen ist komplex, da Glukokortikoide/Sulfasalazin und 5-ASA zahlreiche weitere, nicht mit dem Arachidonsäurestoffwechsel verbundene Wirkungen aufweisen. Glukokortikoide beeinflussen die Differenzierung, Migration und Blutgefäßadhärenz von Lymphozyten, Makrophagen und neutrophilen Granulozyten, die Sekretion von Lymphokinen, Chemotaxis und Endozytose. 5-ASA und Sulfasalazin inhibieren die Sekretion von intestinalen Immunglobulinen [29, 51] und die mitogeninduzierte Aktivierung von Lymphozyten [51]. 5-ASA, aber nicht 4-ASA, vermag Superoxidradikale zu inaktivieren [1, 7, 32]. Zusätzlich ist die spezifische Bedeutung von Arachidonsäuremetaboliten im intestinalen Entzündungsgeschehen weiterhin ein Gegenstand kontroverser Diskussion: Während Leukotriene insbesondere LT B_4 und 5-HETE durch Chemotaxis die Migration neutrophiler Granulozyten während eines akuten Schubes beeinflussen können, ist die Rolle von Prostaglandinen unklar. In-vitro-Befunde weise auf antientzündliche Wirkungskomponenten hin, und die In-vivo-Inhibierung des Cyclooxygenasestoffwechselweges und damit der PG E_2-Bildung in chronisch-entzündlichen Darmerkrankungen durch nichtsteroidale Antiphlogistika (Indomethacin) war ein therapeutischer Mißerfolg [6, 12, 25]. Die weitere Charakterisierung „unspezifischer" Mediatoren nicht nur des Arachidonsäurestoffwechsel, ihrer pathophysiologischen Bedeutung und ihrer therapeutischen Beeinflussung scheint zu einem weiteren Verständnis der Ätiopathogenese chronisch-entzündlicher Darmerkrankungen nötig.

Zusammenfassung

Morbus Crohn und Colitis ulcerosa sind chronisch-entzündliche Darmerkrankungen unklarer Ätiologie. Eine Fehlregulation des intestinalen wie auch des peripheren Immunsystems scheint für den chronischen Verlauf der Erkrankung wichtig, während neutrophilen Granulozyten und möglicherweise Makropagen eine besondere Rolle im akuten Entzündungsschub zukommt. In der Pathophysiologie der akuten intestinalen Entzündung scheinen daher Produkte des Arachidonsäurestoffwechsels, insbesondere Lipoxygenaseprodukte, als chemotaktische Substanzen ebenso wie proentzündliche Zytokine wichtig. Die spezifische Bedeutung von Prostaglandinen in der Pathophysiologie akuter intestinaler Entzündung ist hingegen Gegenstand kontroverser Diskussion. Zahlreiche zur Behandlung der intestinalen Entzündungsreaktion eingesetzte pharmazeutische Substanzen wie Glukokortikoide und Salizylsäurederivate greifen in den Arachidonsäurestoffwechsel ebenso wie in die Zytokinsekretion ein und beeinflussen möglicherweise dadurch das akute Krankheitsgeschehen.

Literatur

1. Ahnfelt-Ronne I, Haagen-Nielsen O (1987) The antiinflammatory moiety of sulfasalazine, 5-aminosalicylic acids, is a free radical scavenger. Agents Actions 21: 191–194
2. Baldassano RN, Schreiber S, Johnston RB et al. (1993) Monocytes of patients with Crohn's Disease are Primed for Accentuated Release of Toxic Oxygen Metabolites: Possible Role for Endotoxin. Gastroenterology 105: 60–66

3. Baxter JD, Rousseau GG (1979) Glucocorticoid Hormone Action: An Overview. In: Baxter JD, Rousseau GG (eds) Glucocorticoid hormone action. Springer Berlin Heidelberg New York, pp 1–29
4. Brynskov J, Tvede N, Andersen CB, Vilien M (1992) Increased concentrations of interleukin 1b, interleukin 2, and soluble interleukin-2 receptors in endoscopic mucosal biopsy specimens with active inflammatory bowel disease. Gut 33: 55–58
5. Bull DM, Bookmann MA (1977) Isolation and functional characterization of human intestinal mononuclear cells. J Clin Invest 59: 966–974
6. Campieri M, Lanfranchi GA, Bazzochi et al. (1980) Prostaglandins, Indomethacin, and Ulcerative Colitis. Gastroenterology 78: 193
7. Craven PA, Pfansteil J, Saito R, DeRubertis FR (1987) Actions of Sulfasalazine and 5-Aminosalicyclic Acid as reactive oxygen scavengers in the suppression of bile aciv induced increases of colonic cell loss and proliferative activity. Gastroenterology 92: 1998–2008
8. Dinarello CA (1991) Interleukin-1 and interleukin-a antagonism. Blood 77: 1627–1652
9. Fais S, Pallone F, Squarcia O et al. (1987) HLA-DR antigens on colonic epithelial cells in inflammatory bowel disease: I. Relation to the state of activation of lamina propria lymphocytes and to the epithelial expression of other surface markers. Clin Ecp Immunol 68: 605–612
10. Flower RJ, Blackwell CJ (1985) Anti-Inflammatory Steroids induce Biosynthesis of a Phospholipase A2 Inhibitor which prevents Prostaglandin Generation. Nature 278: 625–627
11. Ford-Hutchinson AW, Bray MA, Doig MV et al. (1984) Leukotriene B, a potent chemotactic and aggregating substance released from polymorphonuclear leukocytes. Nature 286: 264–265
12. Gilat T, Ratan J, Rosen P, Peled Y (1979) Prostaglandins and ulcerative colitis. Gastroenterology 77: 1083
13. Gould SR (1981) Assay of prostaglandine-like substances in faeces and their measurement in ulcerative colitis. Prostaglandins 11: 489–497
14. Halstensen TS, Mollnes TE, Garred P et al. (1990) Epithelial deposition of immunoglobulin G1 and activated complement (C3b and terminal complement complex) in ulcerative colitis. Gastroenterology 98: 1264–1271
15. Hawkey CJ, Truelove SC (1981) Effect of Prednisolone on prostaglandin synthesis by rectal mucosa in ulcerative colitis. Investigation by laminar flow bioassay and radioummunoassay. Gut 22: 190–193
16. Hawkey CJ (1982) Evidence that prednisolone is inhibitory to the cyclooxygenase activity of human rectal mucosa. Prostaglandins 23: 397–409
17. Hawkey CJ, Truelove SC (1983) Inhibition of prostaglandin synthetase in human rectal mucosa. Gut 24: 213–217
18. Hawkey CJ, Boughton-Smith NK, Whittle BJR (1985) Modulation of human colonic arachidonic acid metabolism by sulphasalazine. Dig Dis Sci 103: 1161–1165
19. Higgins SJ, Baxter JD (1979) Nuclear binding of glucocorticoid receptors. In: Baxter JD, Rousseau GG (eds) Glucocorticoid hormone action. Springer, Berlin Heidelberg New York, pp 135–160
20. Howaldt S, Raedler A, Reinecker HC et al. (1993) Comparative Study of 4-Aminosalicyclic acid slow release tablets versus 5-Aminosalicyclic acid slow release tablets in the maintenance of remission in Crohn's disease. Can J Gastroenterol 8: 241–244
21. Isaacs KL, Sartor RB, Haeskil JS (1990) Monokine profiles in inflammatory bowel disease: Detection of messenger rna by polymerase chain reaction amplification. Gastroenterology 98: A455 (Abstract)
22. Kett K, Rognum TO, Brandtzaeg P (1987) Mucosal subclass distribution of IgG-producing cells is different in ulcerative colitis and Crohn's disease of the colon. Gastroenterology 93: 919–924
23. Kontinen YT, Bergroth V, Nordström et al. (1987) Lymphocyte activation in vivo in the intestinal mucosa of patients with Crohn's disease. J Clin Lab Immunol 22: 59–63
24. Lauritsen K, Laursen LS, Burkhave K, Rask-Madsen J (1986) Effects of topical 5-Aminosalicylic Acid and Prednisolone on Prostaglandin E2 and Leukotriene B4 levels determined

by Equilibrium in vivo Dialysis of Rectum in Relapsing Ulverative Colitis. Gastroenterology 91: 837–844
25. Levy N, Gaspar E (1975) Rectal bleeding and Indomethacine suppositories. Lancet I: 577
26. Ligumsky M, Simon PL, Larmeli F, Rachmilewitz D (1990) Role of interleukin 1 in inflammatory bowel disease – enhanced production during active disease. Gut 31: 686–689
27. MacDermott RP, Nash GS, Bertovich MJ et al. (1981) Alterations of IgM, IgG and IGA synthesis and secretion by peripheral blood and intestinal mononuclear cells from patients with ulcerative colitis and Crohn's disease. Gastroenterology 81: 844–852
28. MacDermott RP, Nash Gs, Auer IO et al. (1989) MH: Alterations in serum immunoglobulin G subclasses in patients with ulcerative colitis and Crohn's disease. Gastroenterology 96: 764–768
29. MacDermott RP, Schloemann SR, Bertovich MJ et al. (1989) Inhibition of antibody synthesis by 5-aminosalicyclic acid. Gastroenterology 96: 442–448
30. MacDonald TT, Hutchings P, Choy MY et al. (1990) Tumour necrosis facto-alpha and interferon-gamma production measured at the single cell level in normal and inflamed human intestine. Clin Exp Immunol 81: 301–305
31. Mahida YR, Wu K, Jewell DP (1989) Enhanced production of interleukin 1-b by mononuclear cells isolated from mucosa with active ulcerative colitis or Crohn's disease. Gut 30: 835–838
32. Miyachi Y, Yoshida A, Imamura S, Niwa Y (1987) Effect of Sulfasalazine and its metabolites on the generation of reactive oxygen Species. Gut 28: 190–195
33. Mullin GE, Lazenby AJ, Harris ML et al. (1992) Increased interleukin 2 messenger RNA in the intestinal mucosal lesions of Crohn's disease but not ulcerative colitis. Gastroenterology 102: 1620–1627
34. Munck A, Brinck-Johnson T (1968) Specific and non-specific physicochemical interactions of glucocorticoids and related steroids with rat thymus cells in vitro. J Biol Chem 243: 5556–5565
35. Pallone F, Fais S, Squarcia O et al. (1987) Activation of peripheral blood and intestinal lymphocytes in Crohn's disease. In vivo state of activation and in vitro response to stimulation as defined by the expression of early activation antigenes. Gut 28: 745–753
36. Parker CW, Stensin WF (1989) Prostaglandins and Leukotrienes. Curr Opin Immunol 2: 28–32
37. Pullman WE, Elsbury S, Masanobu K et al. (1992) Enhanced mucosal cytokine production in inflammatory bowel disease. Gastroenterology 102: 529–537
38. Raedler A, FRaenkel S, Klose G, Thiele HG (1985) Elevated numbers of peripheral T cells in inflammatory bowel diseases displaying T9 antigen and Fc-receptors. Clin Exp Immunol 60: 518–524
39. Raedler A, Fraenkel S, Klose G et al. (1985) Involvement of the immune system in the pathogenesis of Crohn's disease. Expression of the T9 antigen on peripheral immunocytes correlates with the severity of the disease. Gastroenterology 88: 978–983
40. Raedler A, Schreiber S, Schulz KH et al. (1988) Activated Fc alpha T Cells in Crohn's Disease are involved in Regulation of IgA. Adv Exp Med Biol 237: 665–673
41. Raedler A, Schreiber S, deWeerth A et al. (1990) Assessment of in vivo activated T cells in patients with Crohn's disease. Hepatogastroenterology 37: 67–71
42. Rampton DS, Sladen GE (1984) The Relationship between rectal mucosal prostaglandin production and water and electrolyte transport in ulcerative colitis. Digestion 30: 13–21
43. Reinecker C, Steffen M, Witthoeft T et al. (1993) Increased Secretion of IL-1b, TNF-a, and IL-6 by Isolated Lamina Propria Mononuclear Cells Cultured from Biopsies from Patients with Ulcerative Colitis and Crohn's Disease. Clin Exp Immun 94: 174–181
44. Sajdel EM, Jacob ST (1971) Mechanism of early effect of hydrocortisone on the transcriptional process: Stimulation of the activities of purified rat liver nuclear RNA Polymerases. Biochem Biophys Res Com 45: 707–715
45. Saverymuttu SH, Chadwick VS, Hodgson HJ (1985) Granulocyte migration in ulcerative colitis. Eur J Clin Invest 15: 60–72

46. Saverymuttu SH, Peters AM, Lavender JP et al. (1985) In vivo Assessment of Granulocyte Migration to Diseased Bowel in Crohn's Disease. Gut 26, 378–383
47. Schiffman E, Corcoran BA, Wahl SA (1975) N-Formylmethionyl peptides as Chemoattractans for Leukocytes. Proc Natl Acad Sci USA 72: 1059–1072
48. Schreiber S, Blum JC, Chappel et al. (1990) Perkins SL: PGE Specifically Upregulates the Expression of the Mannose-Receptor on Mouse Bone Marrow Deriveds Macrophages. Mol Biol Cell (Cell Regulation) 1: 403–413
49. Schreiber S, Raedler A, Voss A et al. (1990) Vicia Villosa Agglutinin binding mononuclear cells of the human greater omentum during Crohn's disease. In: Kocourek J, Freed DLJ (eds) Lectins – Biology, Biochemistry, Clinical Biochemistry vol: 7. Sigma, St. Louis, pp 345–351
50. Schreiber S, Blum JC, Stenson WF et al. (1991) Monomeric IgG2a and PGE are Involved in the Regulation of Murine Bone Marrow Macrophage Maturation and Mannose Receptor Expression. Proc Natl Acad Sci USA 88: 1616–1620
51. Schreiber S, MacDermott RP, Raedler A et al. (1991) Increased Activation of Intestinal Lamina Propria Mononuclear Cells in Inflammatory Bowel Disease. Gastroenterology 101: 1020–1030
52. Schreiber S, Stenson WF, MacDermott RP et al. (1991) Perkins SL; Aggregated Bovine IgG Inhibits Mannose Receptor Expression of Murine Bone Marrow Derived Macrophages via Activation. J Immunol 147: 1377–1382
53. Schreiber S, Raedler A, Conn AF et al. (1992) Increased Release of Soluble Interleukin-2 Receptor by Colonic Lamina Propria Mononuclear Cells in Inflammatory Bowel Disease. Gut 32: 236–239
54. Schreiber S, Perkins SL, Teitelbaum SL et al. (1993) PGE and IFN-gamma Are Antagonists in Macrophage Mannose Receptor Regulation. J Immunol 151: 4973–4981
55. Schreiber S, Panzer U, Reinking R et al. (in press) Impaired deactivation of monocytes in Inflammatory Bowel Disease by Interleukin 4 in vitro. Gastroenterology
56. Schreiber S, Byssek D, Welgus HC et al. (oJ, unpublished) Regulation of human bone marrow macrophage differentiation by PGE
57. Scott MG, Nahm MH, Macke K et al. (1986) Spontaneous secretion of IgG subclasses by intestinal mononuclear cells: Differences between ulcerative colitis, Crohn's disease and controls. Clin Exp Immunol 66: 919–924
58. Sharon P, Ligumsky M, Rachmilewitz D, Zor U (1978) Role of Prostaglandins in ulcerative colitis. Enhanced production during active disease and inhibition by sulfasalazine. Gastroenterology 75: 638–640
59. Sharon P, Stenson WF (1984) Enhanced synthesis of Leukotriene B4 by colonic mucosa in inflammatory bowel disease. Gastroenterology 86: 453–460
60. Smith PR, Dawson DJ, Swan CHJ (1978) Prostaglandin synthetase activity in acute ulcerative colitis: Effects of treatment with sulfasalazine, Codeine Phosphate and Prednisolone. Gut 20: 802–805
61. Stenson WF, Lobos E (1982) Sulfasalazine inhibits the Synthesis of Chemotactic Lipids by Neutrophils. J Clin Invest 69: 494–502
62. Stenson WF Role of lipoxygenase products in inflammatory bowel disease. In: Rchmilewitz D (ed) Inflammatory bowel disease. Den Hague/NL, Martinus Nijhoff
63. Stenson WF, Parker CW (1984) Leukotrienes. Advc Int Med 30: 175–199
64. Stevens C, Walz G, Singaram C et al. (1992) D, Peppercorn MA, Strom TB. Tumor necrosis factor-a, interleukin-1b and interleukin 6 expression in inflammatory bowel disease. Dig Dis Sci 37: 818–826

Intestinale T-Zell-Lymphome und Enteropathie: Pathogenetische Aspekte

A. Schmitt-Gräff, M. Zeitz, H. Stein

Gastrointestinale Lymphome leiten sich von Subpopulationen der B- oder T-Zellreihe her, die Differenzierungsmerkmale des ortsständigen Immunsystems aufweisen. Sie zeichnen sich durch ein charakteristisches „Homing"-Verhalten aus, dessen Muster eine enge topographische Beziehung zur Mukosa erkennen läßt. Diese nach den bisher gängigen Klassifikationen nur unbefriedigend einzuordnenden Entitäten unterscheiden sich nach morphologischen, immunphänotypischen, klinischen und auch pathogenetischen Gesichtspunkten von nodalen Lymphomen [3]. Eine Besonderheit ist ihre häufig beobachtete Assoziation mit prälymphomatösen Läsionen, wie z. B. der Helicobacter pylori bedingten chronischen follikulären Gastritis [16], der Thyreoditis Hashimoto [5], der myopepithelialen Sialoadenitis [6] sowie der glutensensitiven Enteropathie bzw. nichttropischen Sprue und der ulzerösen Jejunitis [4, 9, 15, 17]. Bei diesen Krankheitsbildern dürfte eine persistierende Antigenstimulation zur genetischen Alteration lymphatischer Zellen mit Auftreten und Expansion eines malignen B- oder T-Zellklons führen. Bemerkenswert ist, daß frühe neoplastische Läsionen durch lokale Regulationsmechanismen, bei denen v. a. inflammatorischen Zytokinen eine Bedeutung zukommt, beeinflußbar und zumindest in einzelnen Fällen nach Therapie der zugrunde liegenden entzündlichen Veränderung reversibel sein dürften.

Historischer Rückblick

Die erste gut dokumentierte Beschreibung eines intestinalen Lymphoms, das sich mit begleitender Malabsorption manifestierte, stammt aus dem Jahre 1937 [2]. 1978 erkannten Isaacson u. Wright die enge pathogenetische Beziehung zwischen nichttropischer Sprue und einer damit assoziierten pleomorphen Proliferation neoplastischer Zellen, die sie initial als Variante einer malignen Histiozytose einstuften [7]. Nach Durchführung genotypischer und phänotypischer Untersuchungen, die einen T-Zell-Phänotyp der Tumorzellen belegten, korrigierten Isaacson et al. die zunächst angenommene histogenetische Herleitung [8, 9]. Der Begriff des Enteropathie-assoziierten T-Zell-Lymphoms (EATCL) wurde geprägt. EATCL wurde als Komplikation einer langjährigen, v. a. therapieresistenten, gelegentlich auch latenten Sprue angesehen [8, 9]. Wright et al. wiesen jedoch darauf hin, daß auch ein primäres intestinales T-Zell-Lymphom ohne präexistente Sprue für eine Malabsorption verantwortlich sein und ein Sprue-ähnliches Bild mit Zottenatrophie hervorrufen kann [17]. Von besonderem Interesse sind neuere Beobachtungen, nach denen intestinale T-Zell-Lymphome auch ohne jede Beziehung zu einer Enteropathie auftreten können.

Klinisches Bild und pathologisch-anatomische Befunde

Klinisch manifestieren sich intestinale T-Zell-Lymphome (ITCL) mit Wiedererscheinen oder auch erstmaligem Auftreten einer durch glutenfreie Diät nicht beeinflußbaren Malabsorption mit Gewichtsverlust und abdominellen Schmerzen. In einigen Fällen fehlen jedoch Zeichen einer Enteropathie. Gelegentlich treten akute Komplikationen wie intestinale Blutungen, Obstruktion oder Dünndarmperforationen mit dem Bild einer abdominellen Notfallsituation als erste Krankheitssymptome auf.

ITCL können multifokal den gesamten Dünndarm, bevorzugt jedoch das Jejunum befallen, Makroskopisch zeigen sich knotig verdickte Darmwandabschnitte mit Ulzerationen und der Tendenz zur Perforation. Im Gegensatz zu MALT-B-Zell-Lymphomen des Magens sind zum Zeitpunkt der initialen Präsentation bereits eine lokale nodale Beteiligung oder aber auch eine weitere Dissemination mit Befall von Leber, Milz und Knochenmark nicht ungewöhnlich. Nach dem zytologischen Bild der Tumorzellen lassen sich 3 Gruppen unterscheiden: ein klein- bis mittelgroßzelliger Typ mit kleiner Wachstumsfraktion neben einem pleomorphen Typ mit großer Wachstumsfraktion sowie einem anaplastisch großzelligen Typ mit Zügen eines CD 30 positiven ALC-Lymphoms mit ebenfalls großer Wachstumsfraktion.

In den nicht ulzerierten oder nekrotischen Arealen fällt eine enge Beziehung zwischen Tumorzellen und bedeckendem Epithel auf: Die neoplastische Zellpopulation wandert in das Epithel ein, so daß sich ausgedehnte lymphoepitheliale Läsionen ausbilden. Häufig sind auch außerhalb der eindeutig neoplastisch infiltrierten Darmwandabschnitte T-Lymphozyten im Epithel und gelegentlich auch der Lamina propria vermehrt. In einigen dieser Fälle hat eine Analyse der T-Zell-Rezeptorgenkonfiguration gezeigt, daß auch die morphologisch unauffällig erscheinenden intraepithelialen Lymphozyten dem neoplastischen Klon angehören.

Typische Zeichen der Enteropathie mit Zottenatrophie und Kryptenhyperplasie können sowohl im Bereich des Tumors als auch in seiner Nachbarschaft ausgeprägt sein. Eine Zottenatrophie mit gesteigerter Proliferation der Kryptenepithelien kann dabei Ausdruck einer vorbestehenden Enteropathie oder aber auch Folge einer gestörten Interaktion zwischen neoplastischem T-Zell-Klon und Epithel mit sekundärer Enterozytenschädigung sein. Von besonderem Interesse sind Patienten, bei denen das JCTL nicht von einer Enteropathie mit Zottenatrophie begleitet wird.

Immunphänotypische Charakterisierung intestinaler T-Zell-Lymphome

In der normalen Mukosa entsprechen etwa 80–90 % der intraepithelialen Lymphozyten einer CD3- und CD8-positiven, jedoch CD4-negativen T-Zell-Subpopulation, die das Mukosa-Lymphozyten-Antigen MLA exprimiert. MLA ist ein Mitglied der Integrin-Familie leukozytärer Adhäsionsproteine und ein Aktivationsmarker [11, 13] und wird von den Antikörpern HML-1, Ber-ACT 8 und B-Iy 7 [1, 10, 11] erkannt. MLA ist im Gegensatz zu den intraepithelialen Lymphozyten nur auf etwa 40 % der T-Zellen der Lamina propria sowie wenigen anderen lymphatischen Populationen, darunter Haarzellen [12], nachweisbar.

Dem Antigenprofil regulärer intraepithelialer T-Zellen entsprechend ist zu erwarten, daß die neoplastischen Populationen einen ähnlichen Immunphänotyp aufweisen. Nach unserer Erfahrung sind intestinale T-Zell-Lymphome überwiegend MLA-positiv. In den meisten von uns beobachteten Fällen findet sich darüber hinaus eine Expression von CD4, CD8, CD45RO sowie der β-Kette des T-Zell-Rezeptors. Einzelne Fälle lassen jedoch eines oder mehrere der genannten Moleküle vermissen. Konstant ist die Expression von CD7 bei fehlender Expression von CD4. In unserem Untersuchungsgut sind darüber hinaus bei einem Teil der Fälle Aktivationsmarker wie CD25, CD30, CDw70 und HLADR nachweisbar. Diese Fälle entsprechen überwiegend dem pleomorphen mittelgroß- bis großzelligen oder aber auch dem anaplastischen Typ und werden von einer deutlich ausgeprägten Zottenatrophie begleitet. Die Wachstumsfraktion dieser Neoplasien ist groß und übersteigt meist 50 %. Intestinale T-Zell-Lymphome ohne Expression eines oder mehrerer Aktivationsmarker gehören der Gruppe der kleinzelligen Lymphome mit kleinerer Wachstumsfraktion an. Sie lassen vereinzelt eine fehlende oder auch unkomplette Zottenatrophie erkennen. Bei nahezu allen Patienten mit intestinalem T-Zell-Lymphom fällt außerhalb der eigentlichen Tumormasse eine deutliche Vermehrung intraepithelialer T-Lymphozyten auf, die ganz überwiegend CD3- und CD8-positiv sind.

Kommentar

Intestinale T-Zell-Lymphome sind Neoplasien mukosaler T-Zellen, die sich vom intraepithelialen T-Zell-Kompartiment herleiten [14, 15]. Sie sind jedoch sowohl bezüglich pathogenetischer, morphologischer als auch immunphänotypischer Aspekte heterogen. In unserem Untersuchungsgut können wir 2 große Gruppen unterscheiden:

1. *Enteropathie-assoziierte T-Zell-Lymphome,* die entweder
a) sekundär nach Glutensensitiver oder -refraktärer Enteropathie oder ulzeröser Jejunitis auftreten oder
b) primäre intestinale T-Zell-Lymphome darstellen, die eine Malabsorption verursachen und dadurch das Bild einer im Erwachsenenalter beginnenden Sprue vortäuschen.

2. Intestinale T-Zell-Lymphome, die keine Zottenatrophie erkennen lassen und weder zum Zeitpunkt der Erkrankung noch in der früheren Anamnese eine Enteropathie aufweisen.

Nach unseren Ergebnissen zeichnet sich eine Korrelation zwischen dem Auftreten einer Zottenatrophie, dem Nachweis von Aktivationsmarkern, einer großen

Wachstumsfraktion und einem pleomorphen oder anaplastischen-großzelligen Zelltyp ab. Kleinzelligere Lymphomtypen mit fehlenden Aktivationsmarkern und geringerer Wachstumsfraktion sind in einigen Fällen von einer nur geringen inkompletten oder fehlenden Zottenatrophie begleitet. Wir gehen davon aus, daß intestinale T-Zell-Lymphome über Zytokin-vermittelte Mechanismen zu einer Enterozytenschädigung führen, ähnlich wie sie für die glutensensitive Enteropathie oder auch die Graft-versus-host-Reaktion belegt sind. Die gestörte Regulation des intestinalen Mikromilieus durch inflammatorische Zytokine und/oder eine Rekrutierung zusätzlicher mononuklearer Effektorzellen bei intestinalen T-Zell-Lymphomen bedarf jedoch weiterer Untersuchungen.

Literatur

1. Cerf-Bensussan N, Jarry N, Brousse N et al. (1987) A monoclonal antibody (HML-1) defining a novel membrane molecule present on human intestinal lymphocytes. Eur J Immunol 17: 1279–1285
2. Fairley NH, Mackie FP (1937) The clinical and biochemical syndrome in lymphadenoma and allied disease involving the mesenteric lymph glands. Br Med J 1: 3972–3980
3. Harris NL (1993) Low-grade B-cell lymphoma of mucosa-associated lymphoid tissued and monocytoid B-cell lymphoma: related entities that are distinct from other low-grade B-cell lymphomas. Arch Pathol Lab Med 117: 771–773
4. Holmes GKT, Prior P, Lane MR et al. (1989) Malignancy in coeliac disease – effect of a gluten free diet. Gut 30: 333–338
5. Hyjek E, Isaacson PG (1988) Primary B-cell lymphoma of the thyroid and its relationship to Hashimoto's thyroiditis. Hum Pathol 19: 1315–1326
6. Hyjek E, Isaacson RG (1988) Primary B-cell lymphoma of salivary gland and its relationship to myoepithelial sialadenitis. Hum Pathol 19: 766–776
7. Isaacson PG, Wright DH (1978) Malignant histiocytosis of the intestine: its relationship to malabsorption and ulcerative jejunitis. Hum Pathology 9: 661–677
8. Osaacson PG, Wright DH (1978) Intestinal lymphoma associated with malabsorption. Lancet I: 67–70
9. Isaacson PG, O'Connor NT, Spencer J et al. (1985) Malignant histiocytosis of the intestine: a T-cell lymphoma. Lancet II: 688–699
10. Kruschwitz M, Fritzsche G, Schwarting R et al. (1991) Ber-ACT8: new monoclonal antibody to the mucosa lymphocyte antigen. J Clin Pathol 44: 636–645
11. Micklem KJ, Dong Y, Willis A et al. (1991) HML-1 antigen in mucosa-associated T cells, activated cells, and hairy leukemic cells is a new integrin containing the β7 subunit. Am J Pathol 139: 1297–1301
12. Möller P, Mielke B, Moldenhauer G (1990) Monoclonal antibody HML-1, a marker for intraepithelial T-cells and lymphopmas derived thereof, also recognizes hairy cell leukemia and some B-cell lymphomas. Am J Pathol 136: 509–512
13. Schieferdecker HL, Ullrich R, Weiss-Breckwoldt AN et al. (1990) The HML-1 antigen of intestinal lymphocytes is an activation antigen. J Immunol 144: 2541–2549
14. Spencer J, Cerf-Bensussan N, jarry A et al. (1988) Enteropathy associated T cell lymphoma (malignant histiocytosis of the intestine) is recognised by a monoclonal antibody (HML 1) that defined a membrane molecule on human mucosal lymphocytes. Am J Pathol 132: 1–5
15. Stein H, Dienemann D, Sperling M, Zeitz M (1988) Identification of a T cell lymphoma category derived from intestinal-mucosa-associated T cells. Lancet II: 1053–1054
16. Wotherspoon AC, Ortiz-Hidalgo C, Falzon MR et al. (1991) Helicobacter pylori-associated gastritis and primary B-cell lymphoma. Lancet 338: 1175–1176
17. Wright DH, Jones DB, Clark H (1991) Is adult-onset coeliac disease due to a low-grade lymphoma of intraepithelial T lymphocytes? Lancet 337: 1373–1374

Mikrobiologie und Seroepidemiologie von Helicobacter pylori

M. Kist

Helicobacter pylori ist in den 10 Jahren seit seiner Entdeckung durch Warren u. Marshall 1992 [64] zunehmend ein Objekt der Forschung von Mikrobiologen, Pathologen und Gastroenterologen geworden. Das Spektrum der bekannten Helicobacter-Spezies umfaßt inzwischen neben *H. pylori* bereits 8 weitere Arten (Tabelle 1), darunter die früher der Gattung Campylobacter zugeordneten *H. fennelliae* und *H. cinaedi* [2]. Der ursächliche Zusammenhang zwischen *H.-pylori*-Infektion und Gastritis, eine 90 %ige Korrelation mit der peptischen Ulkuskrankheit [4, 27], sowie eine erhebliche Bedeutung als Kofaktor bei der Entstehung des Adenokarzinoms des Magen gilt heute als gesichert [16]. Die Helicobacter-Infektion kann als Prototyp einer chronischen bakteriellen Entzündung gelten. Die Pathogenese dieser chronischen Erkrankung sowie die Infektionsquellen und Übertragungswege des Erregers sind bisher allerdings nur unvollständig geklärt.

Tabelle 1. Bezeichnung und Vorkommen bisher bekannter Spezies der Gattung Helicobacter. (Mod. nach [2])

Speziesbezeichnung	Vorkommen
H. pylori	Mensch (Magen)
H. mustelae	Frettchen (Magen)
H. felis	Katze, Hund (Magen)
H. nemestrinae	Macacus-Affen (Magen)
H. acinonyx	Gepard (Magen)
H. heilmannii	Mensch, Katze (Magen)
H. muridarum	Maus, Ratte (Darm)
H. cinaedi	Mensch (Darm)
H. fenneliae	Mensch (Darm)

Virulenzfaktoren

Die Besiedlung der Magenschleimhaut durch H. pylori geht mit einer Entzündungsreaktion einher, für deren Entstehung sowohl mikrobielle Virulenzfaktoren als auch wirtsbedingt, z. B. immunpathologische Reaktionen in Betracht kommen.

„Virulenzfaktoren" von Helicobacter pylori (Literatur siehe Text)

- *Urease (Harnstoff – Spaltung):*
  – Kolonisationsfaktor (gnotobiotisches Schwein)
  – Ammonium-Ionen zytotoxisch (Epithelzellen, Granulozyten).
- *Motilität + Spiralform:*
  – Kolonisationsfaktor (gnotobiotisches Schwein)
  – Selektionsvorteil in viskösen Substraten (z. B. Mucus).
- *Adhärenz-Faktoren:*
  – fibrilläres Hämagglutinin N-Acetylneuraminyllactose Rezeptor,
  – Adhäsin Phosphatidyläthanolamin (Glycolipid) Rezeptor.
- *Membranständige Phospholipasen (A_2, C):*
  – Schädigung von eukaryotischen Zellmembranen,
  – Schädigung hydrophober („surfactant") Eigenschaften.
- *Zytotoxin (87 kDa):*
  – „vakuolige" Degeneration von Gewebekulturzellen,
  – ca. 60 % der Stämme phänotypisch toxisch,
  – Funktion in vivo unbekannt (H^+-/K^+-ATPase?).
- *Immunpathologische Aktivität:*
  – Induktion von Interleukin (u. a. IL-8 in Epithelzellen),
  – Chemotaxis und Aktivierung von Granulozyten,
  – Induktion von Autoimmunmechanismen durch Teilhomologie mikrobieller und humaner „Heat-shock"-Proteine (?).
- *Evasionsmechanismen zur Vermeidung der granulozytären Abwehr:*
  – Scavengerenzyme zur Inaktivierung reaktiver O-Radikale (Katalase, Superoxiddismutase?).

Begünstigt durch seine Spiralform und die dadurch bedingte besondere Motilität in viskösen Medien, hat *H. pylori* gegenüber anderen Bakterien einen deutlichen Standortvorteil in der Mukusschicht der Magenschleimhaut [26]. Die Motilität hängt offenbar in erster Linie von einem 53-kDa-Flagellin ab, welches durch das FlaA-Gen kodiert wird [37].

Ein weiterer Standortvorteil für *H. pylori* ist die Produktion großer Mengen an Urease, die aus 2 Untereinheiten (UreB: 64,3 kDa/UreA: 30,4 kDa) aufgebaut und anscheinend auf der Bakterienoberfläche lokalisiert ist [12, 32, 63]. Diese hochgradige Ureaseaktivität schützt den Erreger vor einer schnellen Inaktivierung im sauren Milieu des Magensaftes [52]. Beide Eigenschaften scheinen auch *in vivo* essentielle Kolonisationsfaktoren darzustellen, wie Inokulationsversuche an gnotobiotischen Schweinen gezeigt haben [14, 15]. Andererseits wird der Urease auch die Rolle eines eigenständigen Virulenzfaktors zugeschrieben: die als Reaktionsprodukt entstehenden Ammoniumionen weisen sowohl zytotoxische als auch phagozytenaktivierende Eigenschaften auf; die Ureaseaktivität könnte somit sowohl die Epithelzellen direkt schädigen als auch indirekt über die Granulozytenaktivierung zur entzündungsbedingten Schleimhautdestruktion beitragen [28, 40]. Bei der histopathologischen Untersuchung von Biopsaten wird *H. pylori* zwar meist in Assoziation mit Mucus gefunden, dennoch sind eine Reihe von Adhäsinen und

Liganden beschrieben worden, die auf eine offenbar spezifische Adhärenz an Magenschleimhautepithel, insbesondere im Antrumbereich, hinweisen, so z. B. die Liganden N-acetylneuraminyl-Lactose [17], Phospatidylethanolamin [38] und andere Rezeptorstrukturen [18, 59].

Ein Virulenzfaktor, dem nach erfolgreicher Kolonisierung der Magenschleimhaut eine wichtige pathogenetische Rolle zukommen könnte, ist eine hitzelabile cytotoxische Aktivität, die im Überstand von etwa 50–60 % aller getesteten Stämme nachweisbar ist und die bei Gewebekulturzellen eine vakuolige Degeneration verursacht [8, 36]. Bei dem Cytotoxin handelt es sich um ein 87-kDa-Protein, welches als 139-kDa-Prototoxin sezerniert wird und nach Abspaltung eines Signalpeptids und eines weiteren N-terminalen Proteinabschnitts toxische Aktivität zeigt. Die Proteinsequenz zeigt teilweise Homologie mit H^+-/K^+-ATPasen. Das Toxingen (VacA) ist inzwischen kloniert und sequenziert, die Funktion des Zytotoxins *in vivo* ist bisher noch nicht untersucht.

Die zytotoxische Aktivität scheint eng verknüpft zu sein mit dem Vorhandensein eines wenig konservierten 120 bis 140-kDa-Proteins, das bei etwa 80 % der Stämme gefunden wird und das als wichtiges Immunogen bereits 1988 beschrieben wurde [3]. Inzwischen ist die Sequenzierung des Proteins, sowie die Klonierung und Sequenzierung des zytotoxinassoziierten Gens (cagA) gelungen [7, 62]. Das Protein eignet sich als Basis eines ELISA [22] mit möglicherweise pathogenitätsspezifischer Relevanz, da nach bisherigen Befunden 100 % aller Patienten mit einem Duodenalulkus Antikörper gegen das zytotoxinassoziierte Protein besitzen [9, 10].

Neben der Zytotoxinproduktion werden bei *H. pylori* auch Phospholipasen (A_2,C) gefunden, die teilweise membranassoziiert sind und mit für die Desintegration der schützenden Faktoren Schleimhautepithel und Mukusüberzug verantwortlich gemacht werden [5, 34].

Interaktion mit der Immunabwehr des Wirtsorganismus

Neben mikrobiellen Virulenzfaktoren kommen immunpathologische Reaktionen des Wirtsorganismus als Auslöser oder Kofaktoren der chronisch entzündlichen Reaktion der Magenschleimhaut in Betracht. *H. pylori* scheint sowohl chemotaktisch wirksame als auch Granulozyten-aktivierende Eigenschaften zu besitzen [6, 47, 48]. Die *H. pylori*-assoziierte Infiltration der Magenschleimhaut durch Neutrophile, Lymphocyten und Plasmazellen führt in der Regel nicht zur Elimination des Erregers.

Wir untersuchten deshalb als einen Teilaspekt der offenbar frustranen Wirtsabwehrreaktion die Interaktion des Erregers mit neutrophilen Granulozyten [29]. Menschliche periphere Granulozyten wurden mit Bakterien inkubiert, die entweder unbehandelt oder mit menschlichem Antiserum und/oder Komplement vorinkubiert waren. Sowohl unbehandelte als auch mit Antiserum opsonisierte *H. pylori* wurden zwar angelagert und phagozytiert, jedoch blieben – trotz eines deutlichen Lysosomenverbrauchs – auch nach 120 Minuten noch überwiegend morphologisch intakte intrazelluläre Bakterien erhalten. In Gegenwart von Komplement (1:10) erfolgte dagegen eine deutliche Zunahme der Internalisierung und intrazellulären

Destruktion. Letztere war allerdings bereits extrazellulär, d. h. vor Aufnahme durch den Phagozyten zu beobachten; dieser Befund läßt vermuten, daß es sich dabei eher um einen durch Komplement bedingten als um einen vom Phagozyten verursachten Effekt handelt. Die Ergebnisse deuten insgesamt auf eine – bei Abwesenheit von aktivem Komplement – eher geringe Bedeutung der granulozytären Abwehrleistung hin, ein Befund, der mit *in vivo* Beobachtungen in Einklang steht. Als mögliche Evasionsmechanismen von *H. pylori* kommen u. a. die Katalase und die Superoxidismutase (SOD) in Frage, zwei mikrobielle Enzyme, die vor allem der Inaktivierung reaktiver, mikrobizider Sauerstoffradikale dienen, wie sie bei der Aktivierung von Granulocyten freigesetzt werden. Zwischenzeitlich wurde die SOD von uns sequenziert und als Fe-SOD charakterisiert. Die Aminosäuresequenzierung ergab interessanterweise Teilhomologien mit intrazellulär pathogenen Bakterien [60].

Epidemiologie

Seroprävalenz

H. pylori ist weltweit in der Humanpopulation verbreitet. Der Erreger ist in der Regel ausschließlich beim Menschen, in Ausnahmefällen auch bei Primaten oder Labortieren (Lit. bei [43] nachweisbar. Die Seroprävalenz nimmt in der Bevölkerung mit ansteigendem Lebensalter zu [61], allerdings bestehen deutliche Unterschiede zwischen Zeitpunkt und Ausmaß der Durchseuchung bei entwickelten Industrieländern im Vergleich zu Entwicklungsländern [43] (Tabelle 2). In Industrieländern nimmt die Seroprävalenz vom Kindesalter bis etwa zum sechzigsten Lebensjahr stetig zu, wobei allerdings zwischen dem zwanzigsten und vierzigsten Lebensjahr steilere Anstiege auftreten können [58]. Die jährliche Inzidenz von Neuinfektionen liegt in Industrieländern zwischen etwa 0,5 bis 1,3 % [50, 55]. In Deutschland entspricht die Seroprävalenz in Prozent annähernd dem Lebensalter der jeweils untersuchten Gruppe in Jahren [56].

Im Gegensatz zu den westlichen Industrieländern zeigt die Durchseuchungskinetik in Entwicklungsländern alle Charakteristika einer „Kinderkrankheit" [43],

Tabelle 2. Seroepidemiologie von H. pylori in Industrie- und Entwicklungsländern (% IgG positiv). (Mod. nach [43])

Region	Alter (Jahre)					
	0–10	11–20	21–30	31–40	41–50	> 50
Europa		6–22	19–31	19–47	16–47	37–60
USA		14–15	14	39	40	55–67
Afrika	31–79	75	75–84	82–88	87–96	66–88
Asien	10–40	46–50	46–75	64–80	60–90	57–85
Südamerika	40	71	70	–	75	95

– = keine Daten

d. h. ein großer Teil der Infektionen erfolgt bis zum fünften Lebensjahr, während danach die Durchseuchungskurve eher flacher ansteigt und im Erwachsenenalter mit einer jährlichen Serokonversion von etwa 1 % dem Verlauf in Industrieländern ähnelt [46]. Entscheidend für die Epidemiologie der *H.-pylori*-Infektion in Entwicklungsländern scheint eine relative hohe Durchseuchung der Frauen im Reproduktionsalter zu sein, die durchweg um 60 % liegt [24, 51]. Eine signifikante Geschlechtsabhängigkeit der Durchseuchung wird nicht beobachtet [43].

Abweichend von der üblicherweise eher geringeren Prävalenz finden sich bei bestimmten ethnischen Gruppen in Industrieländern Prävalenzmuster, die mehr der Durchseuchungskinetik in Entwicklungsländern ähneln. Beispielsweise ist die Seroprävalenz der Helicobacter-Infektion bei in den USA lebenden Schwarzen und Lateinamerikanern durchweg etwa doppelt so hoch wie die in vergleichbaren Gruppen weißer Amerikaner [19, 24, 53]. Hierbei bleibt offen, ob diese Unterschiede tatsächlich auf ethnische Unterschiede oder eher auf ethnospezifische Lebensgewohnheiten und sozioökonomische Faktoren zurückzuführen sind. Einen Sonderfall stellen relativ isoliert lebende australische Aboriginees dar, bei denen die Ulkuskrankheit nahezu unbekannt ist und bei denen eine *H. pylori* Seroprävalenz von nur 0,5 % gefunden wurde [13]. Weitere Gruppen mit im Vergleich zu Kontrollkollektiven erhöhter Durchseuchung sind familiäre Kontaktpersonen von Infizierten [11, 56], Waisenkinder in Heimen [51, 56], psychiatrische Langzeitpatienten [56], Endoskopiker [45, 56] und U-Boot-Besatzungen [25].

Wodurch wird die Seroprävalenz beeinflußt?

Alter

Praktisch alle seroepidemiologischen Studien zur *H. pylori*-Infektion ergaben bisher eine Zunahme der Durchseuchung mit ansteigendem Lebensalter (Lit. bei [43]). Prinzipiell werden zwei Möglichkeiten für die Entstehung dieser Durchseuchungskinetik diskutiert: a) Es besteht über die gesamte Lebenszeit eine kontinuierliche Exposition gegenüber *H. pylori*, die statistisch mit einem stetig und langsam ansteigenden Risiko der Infektionsakquisition einhergeht. b) Das Infektionsrisiko hat sich über längere Zeiträume, jeweils abhängig vom jeweiligen Durchseuchungsgrad und der allgemeinen epidemiologischen Situation, verändert. In Industrieländern ist hierbei am ehesten von einer stetigen Reduktion des Infektionsrisikos, z. B. durch verbesserte Hygiene und Zunahme der individuellen Wohnfläche, auszugehen. Dies würde ein erhöhtes Risiko für frühere und ein reduziertes Risiko für jüngere Geburtsjahrgänge bedeuten, jeweils abhängig vom Risiko zur Zeit der frühen Kindheit. Es würden somit „Kohorten" mit über die Jahre abnehmendem Risiko entstehen – das sog. Kohortenphänomen – das sich in Prävalenzstudien ebenfalls als stetige altersabhängige Zunahme der *H.-pylori*-Durchseuchung manifestiert. Für die letztgenannte Erklärungsmöglichkeit haben sich in Industrieländern bei der Untersuchung altersentsprechender Populationen in verschiedenen Dekaden Hinweise ergeben [50].

Durchseuchung im Reproduktionsalter

Eine Seroprävalenz über 50 % der Frauen im Reproduktionsalter scheint mit einem hohen Infektionsrisiko für Kinder dieser Populationen einherzugehen, wie Studien in Thailand und China gezeigt haben [46, 51]. Als Risikofaktor wird hier ein besonders enger Kontakt zwischen Mutter oder Großmutter und Kind angenommen.

Sozioökonomische Faktoren

Eine Reihe von Studien in den USA [19, 24, 42], in Wales/UK [58], in Deutschland [49], aber auch in Südamerika [21, 30] hat bisher den Einfluß sozioökonomischer Faktoren auf die Prävalenz der *H.-pylori*-Infektion gezeigt. So scheint das Infektionsrisiko umgekehrt mit dem Einkommen korreliert zu sein: Kinder von Eltern mit einem Jahreseinkommen von weniger als 5000 $ waren in 39 % seropositiv, während die Durchseuchung in der Kontrollgruppe (Jahreseinkommen > 25 000 $) lediglich 16 % betrug [19]. Die Zugehörigkeit zu einer bestimmten sozialen Klasse hat einen ähnlichen Einfluß; so ergab sich eine Zunahme der Seroprävalenz bei 30- bis 50jährigen walisischen Männern von 11 % in der Oberklasse auf 28 % in der Mittelklasse bis auf 58 % in der Unterklasse [58]. Prävalenzstudien in Peru bei Patienten von Privatkliniken und Staatlichen Kliniken ergaben bei Patientinnen in Staatlichen Krankenhäusern eine nahezu doppelt so hohe Durchseuchung als bei der Vergleichsgruppe [21]. Dies zeigt, daß der sozioökonomische „Klasseneffekt" vergleichbar sowohl in Industrieländern als auch in Entwicklungsländern auftritt.

Wohnverhältnisse

Beengte und hygienisch eher ungünstige Wohnverhältnisse besonders während der Kindheit erhöhen ebenfalls das Risiko einer *H. pylori* Infektion [44] (Tabelle 3). Für Süddeutschland konnten Nowottny et al. [49] ähnliches zeigen. Die Autoren

Tabelle 3. Logistische Regressionsanalyse: Risikofaktoren der H. pylori-Infektion (England, London). (Nach [44])

Variable	Odds ratio	p-Wert
Ansteigendes Alter (30 vs. 70 Jahre)	10,4	0,12
Jetzt im Haushalt lebende Kinder (0–1–2+)	1,9–5,5	0,005
Bis 8. Lebensjahr kein Zentrales Warmwasser	4,3	0,0005
Bis 8. Lebensjahr mehr als 1,3 Personen/Raum	6,2	0,002

fanden ein erhöhtes Risiko für Bevölkerungsgruppen, die in städtischen Bereichen in eher kleinen Wohneinheiten leben, verglichen mit Eigenheimbewohnern in mehr ländlichen Regionen. Zusammenleben auf engstem Raum, unter ungünstigen hygienischen Bedingungen, wird auch als Ursache für das erhöhte Risiko bei deutschen U-Boot-Besatzungen diskutiert [25].

Kontakt mit Infizierten

Der Umgang mit Infizierten erhöht bei familiären Kontaktpersonen das Risiko einer *H. pylori*-Infektion um ein mehrfaches [11, 51, 56]. Das gilt anscheinend besonders für Geschwister symptomatisch erkrankter Kinder [11]. Das erhöhte Infektionsrisiko bei Endoskopiepersonal, das in verschiedenen Ländern nachgewiesen wurde, läßt sich am ehesten auf den Kontakt mit symptomatisch Erkrankten und den direkten Zugang zum Magen als dem wichtigsten Erregerreservoir von *H. pylori* zurückführen [33, 45, 56].

Quellen und Infektionswege

Infektionsquellen und Verbreitungswege von *H. pylori* sind nicht vollständig bekannt. Das Hauptreservoir ist ohne Zweifel der Magen des Menschen; der Erregernachweis von anderen Lokalisationen bei Mensch und Tier hat bisher eher anektodische Bedeutung (Lit. bei (43)). Die meisten Befunde deuten gegenwärtig auf eine Übertragung der Infektion von Mensch zu Mensch als wahrscheinlichstem Verbreitungsweg hin (Lit. bei [43]). Fäkal-orale als auch oral-orale Infektionswege werden diskutiert [30, 31, 35, 43].

Fäkal-orale vs. oral-orale Übertragung

Befürworter eines fäkal-oralen Übertragungsweges argumentieren mit einem Ausbreitungsmuster ähnlich dem der fäkal-oral übertragenen Hepatitis A [23], mit der beobachteten intrafamiliären Ausbreitung, mit dem Überleben von *H. pylori* in Wasser bis 14 Tage nach künstlicher Inokulation mit 10^6 bis 10^8 Keimen (Lit. bei [43] und der Möglichkeit der fäkalen Kontamination von Trinkwasser durch aus dem Magen abgeschwemmte Erreger, die dort möglicherweise als „kokkoide" Dauerstadien verbreitet werden könnten [39]. Gegen die letzte Vermutung spricht allerdings, daß bisher die Wiederanzucht solcher Formen nicht gelang und der kokkoiden Form sowohl die Motilität als auch die Ureasebildung fehlt, deren essentielle Bedeutung für eine Kolonisation zumindest im Tierversuch nachgewiesen werden konnte [14, 15]. Neben den Ergebnissen aus Tierversuchen (Tabelle 4), bei denen eine spontane Übertragung von infizierten auf nicht infizierte Tiere bei koprophagen Mäusen nicht gelang, bei Beagle-Welpen mit vorwiegend oral-oralen Kontakten jedoch erfolgreich waren [35], sprechen folgende epidemiologische Befunde eher für eine Bevorzugung einer oral-oralen Übertragungstheorie: Die intrafamiliäre Ausbreitung ist auch bei oral-oraler Übertragung zu erklären, die Durchseuchungskinetik läßt sich auch mit der von EBV oder Masern vergleichen,

Tabelle 4.

Übertragung von H. felis, H. heilmannii bzw. Torulopsis sp. von infizierten, koprophagen Mäusen auf Käfiggenossen. (Nach [35])

H. felis		H. heilmannii		Torulopsis sp.	
Infizierte	Kontakte	Infizierte	Kontakte	Infizierte	Kontakte
34/34	0/130	6/6	0/6	6/6	4/6

Übertragung von H. pylori bzw. H. felis von infizierten gnotobiotischen Beaglewelpen auf Käfiggenossen [n. 58]

H. pylori		H. felis	
Infizierte	Kontakte	Infizierte	Kontakte
5/5	2/2	5/5	1/2

Infektionen, die vorwiegend oral übertragen werden; Vorkauen der Nahrung für Säuglinge und Kleinkinder ist als Risikofaktor identifiziert [1] und *H. pylori* aus Zahntaschen isoliert worden [57]. *H. pylori* ist empfindlich gegen Gallensäuren [54] und wird in der Regel nicht und schon gar nicht in höherer Konzentration im Stuhl nachgewiesen, wie das üblicherweise bei anderen fäkal-oral übertragenen Erkrankungen gelingt. Der Erreger wurde bisher noch nie unter natürlichen Bedingungen in vermehrungsfähiger Form in Trinkwasser nachgewiesen. Bei einer fäkaloralen Übertragung z. B. über Trinkwasser wäre zudem mit einer rascheren Ausbreitung in der Bevölkerung zu rechnen, als dies tatsächlich zu beobachten ist (Lit. bei [23]). Lee et al. plädieren aufgrund einer ausführlichen Würdigung der vorliegenden epidemiologischen Befunde eher für eine überwiegende Bedeutung des oral-oralen Infektionsweges [35].

Der Hinweis auf Trinkwasser als möglichem Risikofaktor für eine fäkal-orale Ausbreitung der Infektion ergab sich bisher nur aus einer einzigen Untersuchung in Peru [30]. Gruppen von Kindern unterschiedlicher Regionen aus unterschiedlichen sozioökonomischen Schichten und mit teilweise unterschiedlicher Trinkwasserversorgung wurden untersucht, wobei sich klare Beziehungen zwischen sozioökonomischen Faktoren und Durchseuchung ableiten ließen. Kinder aus der Oberklasse, deren Wohngebiete in der nahen Umgebung von Lima eine eigene, von der Stadt unabhängige Wasserversorgung aufwiesen, zeigten im Vergleich mit den übrigen Gruppen eine auffällig niedrige Durchseuchung mit *H. pylori*. Die Autoren führten diesen Befund auf die abweichende Wasserversorgung dieser Gruppe zurück; allerdings wurden andere Einflußfaktoren, insbesondere die offenbar exklusive soziale Stellung dieser Gruppe, bei der Kontakte der Kinder zu infizierten Bevölkerungsgruppen höchstwahrscheinlich selten vorkommen, nicht mit berücksichtigt.

Bei der Diskussion des Übertragungsweges oral-oral vs. fäkal-oral sollte allerdings bedacht werden, daß bei epidemiologischen Fragestellungen häufig keine "entweder-oder", sondern eher "Sowohl-als auch"-Entscheidungen in Frage kommen, d. h. daß möglicherweise weitere Faktoren den einen oder anderen Übertragungsweg zumindest passager begünstigen könnten. Interessant sind in diesem Zusammenhang kürzliche Untersuchungen bei mit *H. mustelae* infizierten Frettchen [20], die normalerweise den Erreger nicht mit den Fäzes ausscheiden, bei denen unter bestimmten Bedingungen jedoch eine Ausscheidung nachweisbar war, nämlich a) während weniger Wochen nach frischer Infektion und b) nach Säureblockade mit Protonenpumpenhemmern. Übertragen auf den Menschen könnte dies bedeuten, daß z. B. bei Durchfällen oder bei passagerer Hypochlorhydrie, oder abhängig vom Infektionsstatus, eine passagere Ausscheidung im Stuhl nicht auszuschließen wäre. Somit könnte die Durchseuchungskinetik der *H.-pylori*-Infektion auch durch ein Mosaik oral-oraler oder fäkal-oraler Übertragungsmechanismen erklärt werden, wobei dem ersten Verbreitungsweg wahrscheinlich größere Bedeutung zukäme.

Hypothesen zum unterschiedlichen epidemiologischen Profil der H.-pylori-Infektion in Industrie- und Entwicklungsländern

Entwicklungsländer

Die *H.-pylori*-Durchseuchung der Bevölkerung zeigt alle Charakteristika einer typischen Kinderkrankheit: Etwa die Hälfte aller Infektionen erfolgt vor dem 5. Lebensjahr. Diese frühe Durchseuchung wird begünstigt durch eine insgesamt starke Durchseuchung in der Gesamtbevölkerung, insbesondere aber durch eine hohe Prävalenz bei Frauen im Reproduktionsalter, die als Mütter einen engen Kontakt mit ihren Kindern haben. Ein großer Kinderreichtum im Verein mit beengten Wohnverhältnissen und bestimmten Lebens- und Essensgewohnheiten begünstigen die Ausbreitung auch zwischen Geschwistern und Spielgefährten. Häufige Durchfallskrankheiten mit passagerer Ausschwemmung der Erreger mit dem Stuhl könnte als fäkal-orale Komponente zur Verbreitung beitragen. eine höhere Suszeptibilität im Kindes- verglichen mit dem Erwachsenenalter würde die beschriebene Durchseuchungskinetik begünstigen; für letzteres spricht die relativ langsame Zunahme der Prävalenz bei Erwachsenen auch in Entwicklungsländern.

Insgesamt ist die Durchseuchungskinetik vereinbar mit einer überwiegend oral-oralen Übertragung der *H.-pylori*-Infektion mit einer fäkal-oralen Komponente unter bestimmten Bedingungen. Ein „Kohortenphänomen" fehlt offenbar.

Industrieländer

Vor 100 Jahren glichen die Verhältnisse heutiger Industrieländer – zumindest was das Auftreten von Infektionskrankheiten betrifft – dem von heutigen Entwicklungsländern. Im Verlauf von Jahrzehnten nahmen zusammen mit Verbesserung der Hygiene, Abnahme der Wohndichte und der Kinderzahl seuchenhafte Erkrankungen mehr und mehr ab. Es bildete sich ein sog. „Kohortenphänomen" heraus, das für zunehmend jüngere Geburtsjahrgänge mit einem abnehmendem Risiko einhergeht, sich mit typischen Kinderkrankheiten zu infizieren. Eine Konsequenz hieraus ist auch eine geringe Durchseuchung von Frauen im Reproduktionsalter, was wahrscheinlich zusätzlich zur Reduktion der *H.-pylori*-Infektionen im Kindesalter beiträgt. Bei der begründeten Annahme einer ausschließlichen Mensch-zu-Mensch-Übertragung der *H.-pylori*-Infektion kommt es dann in einer relativ unempfänglichen Erwachsenenpopulation, weiter erschwert durch den quantitativ wenig effektiven oral-oralen Übertragungsweg, nur zu einer geringen Inzidenz von Neuinfektionen, die sich aufgrund eines chronischen Verlaufs mit ansteigendem Lebensalter zu einer langsam zunehmenden Prävalenz summiert. Aus dieser Kinetik einer langsam über Jahrzehnte ansteigenden Prävalenz treten dann Angehörige bestimmter ethnischer Gruppen als Ausnahme hervor, die bedingt durch eine häufigere Infektion der Mütter, durch größeren Kinderreichtum und beengtere Wohnverhältnisse die Durchseuchungskinetik der Entwicklungsländer in Industrieländer repräsentieren.

Literatur

1. Albenque M, Tall F, Dabis F, Megraud F (1990) Epidemiological study of Helicobacter pylori transmission from mother to child in Africa. Rev Esp Enf Dig 78 (S1): 26–27
2. Anonymus (1992) The Helicobacter genus: now we are nine. Lancet 339: 840–841
3. Apel I, Jacobs E, Kist M, Bredt W (1988) Antibody response against a 120 kDa surface protein of Campylobacter pylori. Zbl Bact Hyg 268(A): 271–276
4. Blaser MJ (1992) Helicobacter pylori: Its role in disease. Clin Inf Dis 15: 386–393
5. Bode G, Mauch F, Ditschuneit H, Malfertheiner P (1992) Mikrobiologische Aspekte von Helicobacter pylori. Z Gastroenterol (S2) 30: 4–8
6. Broom MF, Sherriff RM, Munster D, Chadwick VS (1992) Identification of formyl Met-Leu-Phe in culture filtrates of Helicobacter pylori. Microbios 72: 239–245
7. Covacci A, Censini S, Bugnoli M et al. (1993) Molecular characterization of the 128-kDa immunodominant antigen of Helicobacter pylori associated with cytotoxicity and duodenal ulcer. Proc Natl. Acad Sci USA 90: 5791–5795
8. Cover TL, Blaser MJ (1992) Purification and characterization of the vacuolating toxin from Helicobacter pylori. J Biol Chem 267: 10570–10575
9. Cover TL, Dooley CP, Blaser MJ (1990) Characterization of and human serologic response to proteins in Helicobacter pylori broth culture supernatants with vacuolazing cytotoxin activity. Infect Immun 58: 603–610
10. Crabtree JE, Figura N, Taylor JD et al. (1992) Expression of 120 kilodalton protein and cytotoxicity in Helicobacter pylori. J Clin Pathol 45: 733–734
11. Drumm B, Perez.Perez GI, Blaser MJ, Sherman PM (1990) Intrafamilial clustering of Helicobacter pylori infection. N Engl J Med 322: 359–363
12. Dunn BE, Campbell GP, Perez-Perez GI, Blaser MJ (1990) Purification and characterization of urease from Helicobacter pylory. J Biol Chem 265: 9464–9469
13. Dwyer B, Nanxiong S, Kaldor J et al. (1988) Antibody response to Campylobacter pylori in an ethnic group lacking peptic ulceration. Scand J Infect Dis 20: 63–68
14. Eaton KA, Brooks CL, Morgan DR, Krakowka S (1991) Essential role of urease in pathogenesis of gastritis induced by Helicobacter pylori in gnotobiotic piglets. Infect Immun 59: 2470–2475
15. Eaton KA, Morgan DR, Krakowka S (1992) Motility as a factor in the colonisation of gnotobiotic piglets by Helicobacter pylori. J Med Mikrobiol 37: 123–127

16. The Eurogast Study Group (1993) An international association between Helicobacter pylori infection and gastric cancer. Lancet 341: 1359–1362
17. Evans DG, Evans DJ Jr, Mould JJ, Graham DY (1988) N-Acetylneuraminyllactose-binding fibrillar hemagglutinin of Campylobacter pylori: a putative colonizationfactor antigen. Infect Immun 56: 2896–2906
18. Fauchere JL. Blaser MJ (1990) Adherence of Helicobacter pylori and their surface components to HeLa cell membranes. Microb Pathog 9: 427–439
19. Fiedorek SC, Malaty HM, Evans DL et al. (1991) Factors influencing the epidemiology of Helicobacter pylori infection in children. Pediatrics 88: 578–582
20. Fox JG, Nlanco MC, Yan L et al. (1993) Role of gastric pH in isolation of Helicobacter mustelae from the feces of ferrets. Gastroenterol 104: 86–92
21. The Gastrointestial Physiology Working Group (1990) Helicobacter pylori and gastritis in peruvian patients: Relationship to socioeconomic level, age, and sex. Am J Gastroenterol 85: 819–823
22. Gerstenecker B, Eschweiler B, Vögele H et al. (1992) Serodiagnosis of Helicobacter pylori infections with an enzyme immunoassay using the chromatographically purified 120 kilodalton protein. Eur J Clin Microbiol Infect Dis 11: 595–601
23. Graham DY (1991) Helicobacter pylori: its epidemiology and its role in duodenal ulcer disease. J Gastroenterol Hepatol 6: 105–113
24. Graham DY, Malaty HM, Evand DG et al. (1991) Epidemiology of Helicobacter pylori in an asymptomatic population in the United States: Effect of age, race, and socioeconomic status. Gastroenterol 100: 1495–1501
25. Hammermeister I, Janus G, Schamarowski F et al. (1992) Elevated risk of Helicobacter pylori infection for submarine crews. Eur J Clin Microbiol Infect Dis 11: 9–14
26. Hazell SL, Lee A, Brady L, Hennessey W (1986) Campylobacter pyloridis and gastritis: association with intracellular spaces and adaptation to an environment of mucus as important factors in colonization of the gastric epithelium, J Infect Dis 153: 658–663
27. Hornick RB (1989) Campylobacter pylori: its role in gastritis and peptic ulcer disease. Curr Clin Top Inf Dis 10: 157–173
28. Kawano S, Tsujii M, Fusamoto H et al. (1991) Chronic effect of intragastric ammonia on gastric mucosal structures in rats. Dig Dis Sci 36: 33–38
29. Kist M, Spiegelhalder C, Moriki T, Schaefer H-E (1993) Interaction of Helicobacter pylori (Strain 151) and Campylobacter coli with human peripheral polymorphonuclear phagocytes. Zbl Bakt 280: 58–72
30. Klein PD, Graham DY, Gaillour A et al. (1991) Water source as risk factor for Helicobacter pylori infection in Peruvian children. Lancet 337: 1503–1506
31. Koster T, Vandenbroucke JP (1992) Helicobacter pylori, msings from the epidemiologic armchair. Epidemiol Infect 109: 81–85
32. Labigne A, Cussac V, Courcoux P (1991) Shuttle cloning and nucleotide sequences of Helicobacter pylori genes responsible for urease activity. J Bacteriol 173: 1920–1931
33. Langenberg W, Rauws EAJ, Oudbier JH, Tytgat GNJ (1990) Patient-to-patient transmission of Campylobacter pylori infection by fiberoptic gastroduodenoscopy and biopsy. J Inf Dis 161: 507–511
34. Langton SR, Lesareo SD (1992) Helicobacter pylori associated phospholipase A_2 activity: a factor in peptic ulcer production. J Clin Pathol 45: 221–224
35. Lee A, Fox JG, Otto G et al. (1991) Transmission of Helicobacter ssp. A challenge to the dogma of faecal-oral spread. Epidemiol Infect 107: 99–109
36. Leunk RD, Johnson PT, David BC et al. (1988) Cytotoxic activity in broth culture filtrates of Campylobacter pylori. J Med Microbiol 27: 93–99
37. Leying H, Suerbaum S, Geis G, Haas R (1992) Cloning and genetic characterization of a Helicobacter pylori flagellin gene. Mol Microbiol 6: 2863–2874
38. Lingwood CA, Wasfy G, Han H, Huesca M (1993) Receptor affinity purification of a lipid-binding adhesin from Helicobacter pylori. Infect Immun 61: 2474–2478

39. Mai U. Geis G, Laying H et al. (1989) Dimorphism of Campylobacter pylori. In: Megraud F, Lamouliatte H (Hrsg) Gastroduodenal Pathology and Campylobacter pylori., Excerpta Medica (Amsterdam) pp 29–33
40. Mai UEH, Perez-Perez GI, Allen JB et al. (1992) Surface proteins from Helicobacter pylori exhibit chemotactic activity for human leukocytes and are present in gastric mucosa. J Exp Med 175: 517–525
41. Malaty HM, Graham DY, Klein PD et al. (1991) Transmission of Helicobacter pylori infection. Studies in families of healthy individuals. Scand J Gastroenterol 26: 927–932
42. Malaty HM, Evans DJ, Abramovitch K et al. (1992) Helicobacter pylori infection in dental workers: A seroepidemiology study. Am J Gastroenterol 87: 1728–1713
43. Megraud F (1992) Epidemiology of Helicobacter pylori infection. In: Helicobacter pylori and Gastroduodenal disease. 2. ed. Rathbone, B. J., Heatly, R. V. (eds.). Blackwell Scientific Publications (Oxford) pp 107–123
44. Mendall MA, Goggin PM, Molineaux N et al. (1992) Childhood living conditions and Helicobacter seropositivity in adult life. Lancet 339: 896–897
45. Mitchell HM, Lee A, Carrick JTI (1989) Increased incidence of Campylobacter pylori infection in gastroenterologists: further evidence to support person-to-person transmission. Scand J Gastroenterol 24: 396–400
46. Mitchell HM, Li YY, Hu PJ et al. (1992) Epidemiology of Helicobacter pylori in Southern China: Identification of early childhood as the critical period for acquisition. J Inf Dis 166: 149–153
47. Mooney C, Keenan J, Munster D et al. (1991) Neutrophil activation by Helicobacter pylori. Gut 32: 853–857
48. Nielsen H, Anderson LP (1992) Activation of human phagocyte oxidative metabolism by Helicobacter pylori. Gastroenterol 103: 1747–1753
49. Novottny U, Heilmann KL (1990) Epidemiologie der Helicobacter-pylori-Infektion. Leber-Magen-Darm 20: 183–186
50. Parsonnet J, Blaser MJ, Perez-Perez GI et al. (1992) Symptoms and risk factors of Helicobacter pylori infection in a cohort of epidemiologists. Gastroenterol 102: 41–46
51. Perez-Perez GI, Taylor DN, Bodhidatta L et al. (1990) Prevalence of Helicobacter pylori infections in Thailand. J Inf Dis 161: 1237–1241
52. Perez-Perez GI, Olivares AZ, Cover TL, Blaser MJ (1992) Characteristics of Helicobacter pylori variants selected for urease deficiency. Infect Immun 60: 3658–3663
53. Polish LB, Douglas JM Jr, Davidson AJ et al. (1991) Characterization of risk factors for Helicobacter pylori infection among men attending a Sexually Transmitted Disease Clinic: Lack of evidence for sexual transmission. J Clin Microbiol 29: 2139–2143
54. Raedsch R, Pohl S, Plachky J et al. (1989) The growth of Campylobacter pylori is inhibited by intragastric bile acids. In: Megraud F, Lamouliatte H (Hrsg) Gastroduodenal Pathology and Campylobacter pylori. Excerpta Medica (Amsterdam) pp 409–412
55. Rautelin H, Kosunen TU, Schroeder P, Perasalo J (1990) Helicobacter pylori antibodies in students. Rev Esp Enf Dig 78 (S1): 34
56. Reiff A, Jacobs E, Kist M (1989) Seroepidemiological study of the immune response to *Campylobacter pylori* in potential risk groups. Eur J Clin Microbiol Inf Dis 8: 592–596
57. Shames B, Krayden S, Fuksa M et al. (1989) Evidence for the occurrence of the same strain of Campylobacter pylori in the stomach and dental plaque. J Clin Microbiol 27: 2849–2850
58. Sitas F, Forman D, Yarnell JWG et al. (1991) Helicobacter infection rates in relation to age and social class in a population of Welsh men. Gut 32: 25–28
59. Smoot DT, Resau JH, Naab T et al. (1993) Adherence of Helicobacter pylori to cultured human gastric epithelial cells. Infect Immun 61: 350–355
60. Spiegelhalder C, Schiltz E, Kersten A et al. (1993) Helicobacter pylori: Purification of the superoxide dismutase, cloning and sequencing of its gene. Infect Immun 61: 5315–5325
61. Taylor DN, Blaser MJ (1991) The epidemiology of Helicobacter pylori infection. Epidem Rev 13: 42–59

62. Tummuru MKR, Cover TL, Blaser MJ (1993) Cloning and expression of a high-molecular-mass major antigen of Helicobacter pylori: Evidence of linkage to cytotoxin production. Infect Immun 61: 1799–1809
63. Turbett GR, Hoj PB, Horne R, Mee BJ (1992) Purification and characterization of the urease enzymes of Helicobacter species from human and animals. Infect Immun 60: 5259–5266
64. Warren JR, Marshall BJ (1983) Unidentified curved bacilli on gastric epithelium in active chronic gastritis. Lancet 2: 1273–1275

Helicobacter-pylori-assoziierte Gastritis: Immunologische Effektormechanismen

U. Mai

Helicobacter(H.)pylori wurde erstmals 1982 aus humanen Magenschleimhautbiopsien isoliert. Die infolge dieser Erstkultivierung entscheidende Frage, ob H. pylori lediglich ein kommensaler Mikroorganismus im menschlichen Magen ist oder ob das Bakterium eine pathophysiologische Bedeutung hat, muß nach dem gegenwärtigen Stand der Forschung dahingehend beantwortet werden, daß H. pylori eine entscheidende Rolle in der Pathogenese der chronischen Gastritis Typ B und des Ulcus duodeni spielt [1]. Neuere epidemiologische Studien legen sogar nahe, daß diese bakteriell-induzierte chronische Gastritis eine präkanzeröse Kondition sein kann [7]. Darüber hinaus läßt sich eine Assoziation der H. pylori-Infektion mit dem MALT-Lymphom des Magens vermuten [9].

Dabei soll allerdings die chronisch entzündliche Reaktion auf H. pylori in der humanen Mukosa als eine maßgebliche aber alleine nicht hinreichende Bedingung in der multifaktoriellen Pathogenese der o. g. Krankheitsbilder verstanden werden. Weiterhin ungeklärt sind die Fragen nach der individuellen wirtspezifischen Reaktionsbereitschaft auf eine chronisch H.-pylori-Infektion und nach der stammspezifischen Variabilität von H.-pylori-Virulenzfaktoren.

Kennzeichnend für die humane H.-pylori-Infektion sind Veränderungen in Struktur und Funktion der Mukosadrüsen sowie eine Infiltration der Mukosa mit Entzündungszellen, wobei H. pylori im Magenschleim in direkter Nähe zu den Epithelzellen oder an diese adhäriert nachgewiesen werden kann. Vereinzelt ist H. pylori in den Interzellularspalten zwischen Epithelzellen zu finden. Im immunkompetenten Wirt kann eine Invasivität von H. pylori über die Basalmembran hinaus in die Lamina propria mucosae jedoch nicht nachgewiesen werden [8].

In nahezu allen Fällen findet sich ein chronisches, mononukleäres Zellinfiltrat unter Beteiligung von Monozyten/Makrophagen, eosinophilen Granulozyten, Lymphozyten und Plasmazellen. In der akuten Phase dieser chronischen Entzündung lassen sich zusätzlich bei H.-pylori-infizierten Patienten neutrophile Granulozyten in der Lamina propria mucosae und in den Drüsenepithelien nachweisen [8]. Die Lymphozytenpopulation besteht aus B- und Lymphozyten; innerhalb der T-Zellpopulation sind Suppressor-Lymphozyten mehrheitlich vorhanden [6].

Die im lokalen entzündlichen Infiltrat vorhandenen Plasmazellen sezernieren H.-pylori-antigenspezifische Immunglobuline der Klasse G und sekretorische IgA-Antikörper [5]. Im gastrischen Lumen ist eine Opsonisierung von H. pylori mit sIgA-Antikörpern nachzuweisen [10]. Die aufgrund der lokalen Infektion induzierte systemische, humorale Immunantwort ist überwiegend vom IgG/IgA-Typ. Die Antikörperspiegel nehmen nach therapeutischer Eradikation des Bakteriums ab. Zwischenzeitlich vorgelegte Studien zeigen, daß sich immundominante H.-pylori-Antigene, die eine humorale Immunantwort induzieren, in den Oberflächenproteinen des Bakteriums befinden [4].

Die oben zusammengefaßten Studien zur Immunologie der H.-pylori-Infektion sind im wesentlichen auf das humorale Immunsystem beschränkt. Insbesondere bestanden keine Erkenntnisse bezüglich der Initiierung einer Immunreaktion durch H. pylori noch sind die immunregulatorischen Mechanismen dieser chronischen Mukosaentzündung bekannt. Damit ist die Tatsache verknüpft, daß es bisher keine Untersuchungen über die Rolle von Monozyten/Makrophagen in der H.-pylori-assoziierten Immunreaktion gab. Eigene Arbeiten zu diesem Fragenkomplex geben einen Hinweis auf die Rolle, die durch H.-pylori-aktivierte Monozyten/Makrophagen in der Immunpathogenese dieser entzündlichen Mukosareaktion spielen. Dabei legen die vorliegenden Ergebnisse [2, 3] folgende Reihenfolge der Ereignisse nahe:

Nach Ingestion von H. pylori und Kolonisation der Magenschleimhautoberfläche gibt das Bakterium – wie viele andere Mikroorganismen – eine komplexe Mischung von Oberflächenproteinen, die sich außerhalb der äußeren Membran befinden (u. a. das Enzym Urease), in den umgebenden Magenschleim ab.

Wahrscheinlich werden die Oberflächenproteine anschließend durch die vorgeschädigte (?) Epithelschicht aufgenommen, da sowohl Oberflächenproteine als auch H.-pylori-Urease in Monozyten/Makrophagen phagozytiert in der Lamina propria mucosae immunhistologisch nachgewiesen werden können. In der Lamina propria mucosae ist die Urease in der Lage, Monozyten und polymorphkernige, neutrophile Granulozyten zu rekrutieren. Residente und rekrutierte mononukleäre Phagozyten werden nach Phagozytose dieses Fremdmaterials für multiple Partialfunktionen aktiviert.

Es konnte in vitro gezeigt werden, daß H. pylori die Expression von HLA-DR durch Monozyten stimuliert. Ein kritischer Schritt in der Immunreaktion auf H. pylori, da Antigene auf der Oberfläche antigenpräsentierender Zellen zusammen mit Histokompatibilitätsantigenen der Klasse II erscheinen müssen, um eine antigenspezifische Antikörpersynthese oder T-Lymphozytenantwort zu induzieren.

Interleukin 1 und Tumornekrosefaktor, die neben ihrer Funktion als wichtige Entzündungsmediatoren die Potenz zur Gewebedestruktion haben, werden ebenfalls durch H.-pylori-stimulierte Monozyten freigesetzt. Beide Zytokine besitzen weiterhin chemotaktische Eigenschaften für polymorphkernige, neutrophile Granulozyten und aktivieren deren Effektorfunktionen. Außerdem ist die gezeigte Interleukin-1-Sekretion von stimulierten Monozyten ein essentielles Zytokinsignal für die Ausbildung einer antigenspezifischen Immunantwort durch B- und T-Lymphozyten.

Die in vitro gezeigte Freisetzung von toxischen reaktiven Sauerstoffintermediärprodukten aus H.-pylori-aktivierten Monozyten, könnte in vivo im Rahmen einer chronischen Exposition zur lokalen Gewebedestruktion beitragen und die gastrointestinale Barrierefunktion beeinträchtigen. Das Entzündungsgeschehen perpetuiert sich möglicherweise durch einen erhöhten Einstrom von H.-pylori-Oberflächenproteinen durch das vorgeschädigte Epithel.

Zusammenfassend kann gesagt werden, daß lösliche (lipopolysaccharidfreie) H.-pylori-Oberflächenproteine nach Aufnahme in die Lamina propria mucosae dort chemotaktisch wirksam sind und eine chronische Entzündungsreaktion initiieren können. Es kommt zu phänotypischer, funktioneller und sekretorischer Monozyten-/Makrophagenaktivierung mit nachfolgender Schädigung der gastrointestinalen Barriere durch freigesetzte gewebetoxische Faktoren und proinflammatorische Monokine.

Literatur

1. Blaser MJ (1992) Hypotheses on the pathogenesis and natural history of *Helicobacter pylori*-induced inflammation. Gastroenterology 102: 720–727
2. Mai UEH, Perez-Perez GI, Wahl LM et al. (1991) Soluble surface proteins from *Helicobacter pylori* activate monocytes/macrophages by lipopolysaccharide-independent mechanism. J Clin Invest 87: 894–900
3. Mai UEH, Perez-Perez GI, Allen JB et al. (1992) Surface proteins from *Helicobacter pylori* exhibit chemotactic activity for human leukocytes and are present in gastric mucosa. J Exp Med 175: 517–525
4. Newell DG (1987) Human serum antibody responses to the surface protein antigens of *Campylobacter pyloridis*. Serodiagnosis and Immunotherapy 1: 209–217
5. Rathbone BJ, Wyatt JI, Worsley BW et al. (1987) Systemic and local antibody response to gastric *Campylobacter pyloridis* in non-ulcer dyspensia. Gut 27: 642–647
6. Papadimitriou CS, Ioachim-Velogianni EE, Tsianos EB, Moutsopoulos HM (1988) Epithelial HLA-DR expression and lymphocyte subsets in gastric mucosa in type B chronic gastritis. Virchows Archiv (A) Pathol Anat 413: 197–204
7. Parsonnet J, Friedmann GI, Vandersteen DP et al. (1991) *Helicobacter pylori* infection and the risk of gastric carcinoma. N Engl J Med 325: 1127–1131
8. Paull G, Yardley JH (1989) Pathology of *Campylobacter pylori* associated gastric and esophageal lesions. In: Blaser MJ (ed) *Campylobacter pylori* in gastritis and peptic ulcer diseases. Igaku Shoin, New York, pp 73–97
9. Wotherspoon AC, Ortiz-Hidalgo C, Falzon MR, Isaacson PG (1991) *Helicobacter pylori*-associated gastritis and primary B-cell gastric lymphoma. Lancet 338: 1175–1176
10. Wyatt JI, Rathbone BJ, Heatley RV (1986) Local immune response to gastric *Campylobacter* in non-ulcer dyspepsia. J Clin Pathol 39: 863–870

Helicobacter-pylori-Infektion: Chronische Gastritis als Basis für die Lymphomentstehung im Magen (MALT-Lymphom)

S. Eidt

Normalerweise lassen sich in der Magenschleimhaut nur wenige intra- und interepitheliale T-Lymphozyten [8] und einzelne apikal in der Lamina propria lokalisierte Makrophagen nachweisen [5]. Ein mukosa-assoziiertes lymphatisches System (MALT) wie zum Beispiel in den Peyer-Plaques des Darmes ist nicht entwickelt. Die weitaus überwiegende Mehrzahl des Magens sind aber B-Zell-Lymphome, die morphologisch große Ähnlichkeiten mit anderen Lymphomen von schleimhauttragenden Organen, wie Lunge oder Darm aufweisen, so daß sie den MALT-Lymphomen zugerechnet werden [7]. Diese extranodalen Non-Hodgkin-Lymphome zeigen ein relativ gleichartiges clinicopathologisches Bild mit einer überwiegend lokalen Ausbreitung und einer relativ guten Prognose [4]. Zwischen dem physiologischen Zustand der Magenschleimhaut, in der nur wenige T-Lymphozyten nachzuweisen sind und den sich im Magen entwickelnden B-Zell-Lymphomen vom MALT-Typ klafft also offensichtlich eine Lücke. Um Einblicke in eventuelle entzündliche Veränderungen bei MALT-Lymphomen zu gewinnen, untersuchten wir in einer retrospektiven Studie 205 Operationspräparate mit primären MALT-Lymphom des Magens.

Material und Methoden

Im Rahmen einer retrospektiven Studien untersuchten wir 205 Magenresektate mit primären malignen Non-Hodgkon-Lymphom vom MALT-Typ (88 Gastrektomien, 104 aborale Resektate und 13 sonstige Operationspräparate) aus dem Einsendegut der Institute für Pathologie der Universität zu Köln (Direktor Prof. Dr. R. Fischer) und des Klinikums Bayreuth (Leiter Prof. Dr. M. Stolte). Die Tumoren wurden klassifiziert entsprechend dem Vorschlag von Cogliatti et al. [2] in niedrigmaligne- und hochmaligne-Lymphome mit und ohne niedrigmaligner Komponente. Zusätzlich wurde die Tiefeninfiltration analog der UICC-Klassifikation von Magenkarzinomen bestimmt [6]. In 178 Fällen konnte Schleimhaut in mehr als 4 cm Entfernung vom Tumor untersucht werden; in 145 von diesen Fällen lagen präoperative Biopsieproben vor, in denen anhand der angefertigten Warthin-Starry-Färbung eine eventuelle Besiedlung mit Helicobacter pylori (HP) festgestellt werden konnte. Die Einordnung des entzündlichen Infiltrates erfolgte in Analogie zur Sydney-Klassifikation (Price 1992).

Ergebnisse

In unserem Patientenkollektiv [100 Männer, 105 Frauen; Altersmedian 62 Jahre (19–94 Jahre)] ergibt sich eine enge Korrelation von Malignitätsgrad und Tiefeninfiltration ($p < 0{,}001$) in dem Sinne, daß bei oberflächlicher Infiltration überwiegend niedrigmaligne Tumoren nachzuweisen sind (Tabelle 1). Innerhalb der Tumoren lassen sich v. a. bei den Frühformen reaktive Lymphfollikel feststellen ($p < 0{,}001$; Tabelle 2). In den tumorfernen Abschnitten der Magenschleimhaut lassen sich in einem hohen Prozentsatz lymphoide Aggregate und Lymphfollikel feststellen (Tabelle 3). Die Typisierung des entzündlichen Infiltrates ergab eine weit überwiegende Mehrheit von Fällen mit chronisch aktiver Gastritis (Tabelle 4).

Tabelle 1. Korrelation des Malignitätsgrades mit der Tiefeninfiltration der gastrischen MALT-Lymphome (n=205)

Niedrigmaligne MALT Lymphome		Hochmaligne MALT-Lymphome	
		mit niedrigmaligner Komponente	ohne niedrigmaligne Komponente
pT1 (n=94)	68	13	13
pT2 (n=62)	20	12	30
pT3 (n=41)	10	8	23
pT4 (n=8)	1	–	7

$p < 0{,}001$

Tabelle 2. Nachweis residualer Lymphfollikel (*LF*) innerhalb der MALT-Lymphome in Abhängigkeit von der Tiefeninfiltration (n=205)

MALT-Lymphome	LF +
pT1 (n=94)	67 (71,3 %)
pT2 (n=62)	26 (41,9 %)
pT3 (n=41)	17 (41,5 %)
pT4 (n= 8)	2 (25,0 %)

$p < 0{,}001$

Tabelle 3. Typ der entzündlichen Infiltration in der tumorfernen Schleimhaut der gastrischen MALT-Lymphome (n=205)

Typ der Entzündung	n	(%)
Chronisch aktive Gastritis	175	(98,2 %)
kreative Gastritis	1	(0,6 %)
Lymphozytäre Gastrits	1	(0,6 %)
Keine Gastritis	1	(0,6 %)
Insuffizientes Material	27	

Tabelle 4. Nachweis von lymphoiden Aggregaten (*LA*) und Lymphfollikel (*LF*) in der tumorfernen Schleimhaut gastrischer MALT-Lymphome (n=178)

	LA/LF + n (%)
Antrum (n=163)	138 (84,8)
Corpus (n=173)	151 (87,3)

Diskussion

In der letzten Zeit häufen sich Hinweise auf eine Korrelation zwischen Helicobacter pylori (HP) und primären MALT-Lymphomen des Magens: Sowohl serologische [9] als auch epidemiologische [3] und bakterioskopische [12] Befunde haben gezeigt, daß HP bei Patienten mit MALT-Lymphomen häufiger nachzuweisen ist als bei Kontrollgruppen. So stellt sich die Frage, was HP bewirkt: Im Rahmen der HP-Infektion kommt es zu einer B-Zell-Besiedlung der Lamina propria des Magens mit Entwicklung von lymphoiden Aggregaten und Lymphfollikel in Abhängigkeit vom Grad und der Aktivität der Entzündung [10]. Darüber hinaus wurden auch intraepithelial B-Lymphozyten nachgewiesen, was Wotherspoon und Mitarbeiter als weitere Evidenz für die Entwicklung eines MALT in der Magenschleimhaut im Rahmen der HP-Infektion auffassten. Nach therapeutischer Eradikation von HP reduziert sich der Gehalt an Lymphozyten, Plasmazellen und neutrophilen Granulozyten, und lymphoide Aggregate oder Lymphfollikel sind zumindest in den als Stichproben entnommenen Kontroll-Biopsien nicht mehr bzw. sehr viel seltener nachweisbar [1]. Unsere Daten ergeben in der tumorfernen Schleimhaut sowohl was den Typ der Entzündung betrifft als auch bezüglich des Nachweises von lymphoiden Aggregaten und Lymphfollikeln Hinweise auf eine floride HP-Infektion (s. Tabelle 3 und 4). In den Fällen, in denen Vorbiopsien vorlagen, in denen auch nicht tumorös durchsetzte Magenschleimhaut zur Untersuchung zugänglich war, war in allen Fällen einer chronisch aktiven Gastritis HP nachweisbar. Darüber hinaus finden sich signifikant häufiger innerhalb der oberflächlich wachsenden Tumoren, die in der überwiegenden Mehrzahl einen niedrigen Malignitätsgrad aufweisen (s. Tabelle 1), reaktive Lymphfollikel (s. Tabelle 2). Auch diese entstehen – wie oben ausgeführt – in der Regel im Rahmen einer HP-Infektion.

Nun könnte man einwenden, daß eine sekundäre Besiedlung der Tumoren durch HP in Betracht zu ziehen sei. Dagegen sprechen mehrere Befunde: Zunächst einmal ist bekannt, daß die Prävalenz der HP-Infektion im Alter zunimmt [11]; bei einer zufälligen Korrelation wäre eine gleichartige Altersverteilung auch bezüglich der MALT-Lymphome und dem Nachweis von HP zu erwarten. Im Gegensatz dazu steht unser Befund, daß in allen Altersgruppen und bei fast allen Patienten eine HP-Infektion und deren Folgen nachzuweisen war. Wenn man nun argumentiert, daß ein MALT-Lymphom einen besonders guten „Nährboden" für HP abgibt, dann ist problematisch zu erklären, warum bei ausgeprägten Größenunterschieden der Tumoren, bei unterschiedlicher Tiefe der Infiltration und differierenden Malignitätsgraden keine wesentlichen Unterschiede bezüglich der HP-Gastritis bestehen.

Ein weiteres Argument für eine Rolle von HP bei der Entstehung von MALT-Lymphomen ist die Angabe von Doglioni et al., daß eine erhöhte Prävalenz von MALT-Lymphomen in einer norditalienischen Stadt parallel verläuft mit einer höheren Prävalenz von HP im Vergleich zu mehreren englischen Städten, in denen eine niedrigere Prävalenz von HP gekoppelt war mit einer niedrigeren Prävalenz von MALT-Lymphomen des Magens [3].

Zusammenfassend ist zu sagen, daß die Hypothese, daß HP für die Entwicklung der primären gastrischen MALT-Lymphome eine wesentliche Rolle spielt, durch unsere Ergebnisse, bei denen in nahezu allen Fällen von MALT-Lymphomen eine HP-induzierte Gastritis nachzuweisen war, Unterstützung findet. Welche Faktoren nun die Transformation von einer reaktiven lymphatischen Infiltration bei HP-Infektion zu einer neoplastischen Proliferation bei MALT-Lymphomen bedingen, bedarf weiterer Untersuchungen.

Literatur

1. Bayerdörffer E, Mannes GA, Sommer A et al. (1992) High dose omeprazole treatment combined with amoxicillin eradicates Helicobacter pylori. Europ J Gastroenterol Hepatol 4: 697–702
2. Cogliatti SB, Schmid U, Schumacher U et al. (1991) Primary B-cell gastric lymphoma: A clinicopathological study of 145 patients. Gastroenterology 101: 1159–1170
3. Doglioni C, Wotherspoon AC, Moschini A et al. (1992) High incidence of primary gastric lymphoma in northeastern Italy. Lancet 339: 834–835
4. Dragosics B, Bauer P, Radaskiewics T (1985) Primary gastrointestinal non-Hodgkin's lymphomas – a retrospective clinicopatholigic study of 150 cases. Cancer 55: 1060–1065
5. Eidt S, Hansmann ML, Radzun HJ, Fischer R (1991) Immunphänotypisierung von Makrophagen bei verschiedenen Formen der Gastritis sowie malignen Lymphomen des Magens. Verh Dtsch Ges Pathol 75: 523
6. Hermanek O, Sobin LH (eds) (1987) TNM-Klassifikation maligner Tumoren, 4th edn. Springer, Berlin Heidelberg New York Tokyo
7. Isaacson PG, Wright DH (1983) Malignant lymphoma of mucosa associated lymphoid tissued. A distinctive type of B cell lymphoma. Cancer 52: 1410–1416
8. Kirchner T, Melber A, Fischbach W et al. (1990) Immunohistochemical patterns of the local immune response in Helicobacter pylori gastritis. In: Malfertheimer P, Dischuneit H (eds) Helicobacter pylori, gastritis and peptic ulcer. Springer, Berlin Heidelberg New York Tokyo
9. Parsonett J, Vandersteen D, Goates J et al. (1991) Helicobacter pylori infeciton in intestinal- and diffuse-type gastric adenocarcinoma. J Natl Cancer Inst 83: 640–643
10. Stolte M, Eidt S (1989) Lymphoid follicles of the antral mucosa: immune response to Campylobacter pylori? J Clin Pathol 42: 1269–1271
11. Stolte M, Eidt S, Ohnsmann A (1990) Differences in the Helicobacter pylori associated gastritis in the antrum and body of the stomach. Z Gastroenterol 28: 229–233
12. Wotherspoon AC, Ortiz-Hidalgo C, Falzon MR, Osaacson PG (1991) Helicobacter pylori-associated gastritis and primary B-cell gastric lymphomy. Lancet 338: 1175–1176

VI. Interdisziplinärer Beitrag

Symbiose mit chemoautotrophen Bakterien: eine alternative Nahrungsquelle

H. Felbeck

„Symbiose ist das permanente oder langdauernde Zusammenleben verschiedener Organismen unterschiedlicher Größe. Der größere Organismus (Wirt) nutzt dabei eine oder mehrere Eigenschaften des kleineren (Symbiont) aus" (D. C. Smith 1989). So lautet die Definition von Symbiose, wie sie allgemein in neuerer Zeit benutzt wird. Es gibt viele verschiedene Arten der Symbiose. Die Partner können nur recht weitläufig aufeinander angewiesen sein, wie z. B. wenn sich zwei Fischarten Nahrung teilen, oder eng aufeinander angewiesen sein. Ein Beispiel für eine obligate Symbiose ist das Vorkommen photosynthetischer Algen innerhalb von Zellen der Korallenpolypen. Durch die Bereitstellung von organischen Substanzen durch die Symbionten wird in diesem Fall direkt das Entstehen gewaltiger Riffe, z. B. das Barrier-Reef in Australien, ermöglicht.

Die Symbiose von chemoautotrophen Bakterien mit marinen Invertebraten ist vor rund zwölf Jahren entdeckt worden. Sie ermöglicht es dem Wirt, in manchen Fällen völlig ohne Verdauungssystem auszukommen. Die Bakterien benutzen dabei eine chemische Energiequelle, z. B. die Oxidation von Sulfid oder Methan, um Kohlendioxid in organische Substanz einzubauen. Dies passiert im Prinzip genauso, wie man es in Pflanzen finden kann, wo CO_2 zunächst mit dem Calvin-Benson-Zyklus gebunden und in andere Substanzen eingebaut wird. Der Unterschied ist die Energiequelle für diesen Prozess, Sonnenlicht für die Pflanzen, reduzierte chemische Substanzen im Falle der bakteriellen Symbiose.

Symbiose an heißen Tiefseequellen

Zunächst wurde diese Symbiose an heißen Tiefseequellen entdeckt. Diese Tiefseequellen wurden erstmals 1977 an einem Dehnungsrücken im Pazifischen Ozean nordöstlich der Galapagos Inseln in 2600 m Tiefe entdeckt. Sie entstehen, weil hier an den sogenannten Rücken die Platten der Erdkruste auseinanderdriften und das Seewasser in die demzufolge relativ dünne Kruste eindringen kann. Es wird dann durch den Kontakt mit heißem Magma erhitzt, chemisch verändert und mit Temperaturen von bis zu 400 °C wieder ausgestoßen. Neben diesen sehr heißen Quellen wurden auch noch kühlere mit Temperaturen um 20 °C gefunden, in denen sich das ursprüngliche heiße Quellwasser unterirdisch schon mit dem 2 °C kalten „normalen" Tiefseewasser gemischt hatte.

Als das amerikanische Tiefseetauchboot „Alvin" zum ersten Mal zu diesen Quellen tauchte, sahen die wissenschaftlichen Beobachter an Bord zu ihrer Überraschung eine mit verschiedenen Tieren extrem dichtbevölkerte Oase. Große Röhrenwürmer, die bis zu 1 m lang und 5 cm dick waren, 30 cm lange Muscheln und Trauben von miesmuschelähnlichen Muscheln drängten sich um die Quellen. Diese Beobachtung war deshalb besonders ungewöhnlich, weil normalerweise die Tiefsee relativ dünn besiedelt ist. Da in der totalen Dunkelheit keine organischen Substanzen durch Photosynthese neu gebildet werden können, ist Tiefseeleben im Allgemeinen auf Nahrung, die von der Meeresoberfläche herabsinkt, angewiesen. Mit einer solcher Nahrungsquelle konnte man aber unmöglich die enorme Lebensdichte um die heißen Quellen erklären. Es stellte sich dann heraus, daß die Natur hier eine andere Methode gefunden hatte, um organische Substanzen an Ort und Stelle zu erzeugen. Chemoautotrophe Bakterien, die sowohl freilebend als auch als Symbionten vorkommen, dienen als Primärerzeuger organischer Substanzen. Symbionten wurden hauptsächlich in den Zellen des sogenannten Trophosoms der Röhrenwürmer, einem schwammähnlichen Gewebe im Körpersack, und in den Kiemen der Muscheln identifiziert.

Die Morphologie der Würmer ist im Prinzip recht einfach, jedoch ungewöhnlich. Sie sind ein geschlossener Sack, ohne Mund, Verdauungstrakt oder irgendwelche anderen Organe zur Aufnahme fester Nahrung. Das Vorderende wird von einem Kiemenbüschel gebildet, das wegen des Hämoglobins im Blutgefäßsystem rot gefärbt ist. Da dieses Kiemenbüschel der einzige direkte Kontakt der Tiere mit der Außenwelt ist, müssen alle Substanzen vom Seewasser hier aufgenommen werden. Sie werden dann im geschlossenen Blutgefäßsystem der Würmer zum Trophosom gebracht, das den Hauptteil des Körpersacks ausfüllt. In den Zellen dieses Organs befinden sich die symbiontischen Bakterien. Sie sind gramnegativ und einzeln oder zu mehreren von einer Wirtsmembran eingeschlossen. Sie sind chemolithoautotroph, d. h. ihr Energiebedarf wird durch die Oxidation von Sulfid gedeckt, das im Blutkreislauf zum Trophosom transportiert wird. Die bei der Oxidation freiwerdende Energie und die Reduktionsäquivalente werden zur Fixierung von Kohlendioxid benutzt. Die Bakterien scheiden dann eine organische Substanz aus, wahrscheinlich Succinat, ein Zwischenprodukt des Zitronensäurezyklus, das im Stoffwechsel des Wirtstieres zu anderen Metaboliten umgewandelt werden kann und somit als Grundlage des gesamten Kohlenstoffbedarfs des Wirtes dienen kann. Auf Grund dieser Symbiose ist es also möglich, organische Substanzen, die die Nahrungsgrundlage der Röhrenwürmer bilden, innerhalb der Würmer selbst aus anorganischen Molekülen zu produzieren. Die Energiequelle Sulfid wird dabei ebenfalls lokal durch die geochemische Reduktion von Sulfat gebildet, indem das reichlich im Meerwasser vorhandene Sulfat durch den Kontakt mit heißer Lava tief unter den Quellen zu Sulfid reduziert wird.

Sulfid ist ein starkes Gift sowohl für die Atmungskette (Cytochrom-c-Oxidase) als auch für Hämoglobin, wo es normalerweise die Sauerstoffbindung verhindert. Da Sulfid in den Röhrenwürmern aber von den Bakterien als Energiequelle benötigt wird, mußte ein Mechanismus gefunden werden, um diese Giftwirkungen zu verhindern. In den Röhrenwürmern übernimmt das Blut, welches fast ein Drittel des Frischgewichts der Tiere ausmacht, diese wichtige Aufgabe. Im Blut ist Hämoglobin enthalten, das nicht in Blutzellen, sondern frei gelöst vorliegt. Es dient nicht nur als Sauerstoffträger, sondern auch als Schutz vor Sulfid und zum Transport von Kohlendioxid. Es ist in der Lage, Sulfid reversibel an seine Proteinkette zu binden. Sulfid kann somit in den Kiemen absorbiert und dann im Trophosom in der unmittelbaren Nähe der Bakterien wieder freigesetzt werden. Durch diese Bindung wird auch verhindert, daß Sulfid schon durch den Kontakt mit Sauerstoff oxidiert wird. Das Hämoglobin selber ist ebenfalls in einer Weise verändert, die es ermöglicht in vitro Schwefelwasserstoff durch das Blut zu sprudeln, ohne die Sauerstoffbindung des Hämoglobins zu beeinträchtigen.

Kohlendioxid wird ebenfalls im Blut von den Kiemenbüscheln zu den Bakterien transportiert. Da das System Tier/Symbionten autotroph ist, muß der Nettotransport von CO_2 zu den Bakterien hin verlaufen und nicht als Ausscheidung aus dem Tier heraus, wie in heterotrophen Tieren. Dies ist auch schon für die Röhrenwürmer nachgewiesen worden, d. h. die CO_2-Konzentration im Umgebungswasser sinkt, anstatt wie üblich als Folge heterotrophen Stoffwechsels zuzunehmen. Es sind CO_2 (Summe von CO_2 und Bikarbonat) Konzentrationen bis zu 40 mmol/l im Blut gefunden worden. Neben dem Transport als gelöstes CO_2 wird anorganischer Kohlenstoff auch nach einer vorübergehenden Fixierung in organische Moleküle (Malat und Succinat) in die Bakterien transferiert. CO_2 wird hierbei anfänglich in Moleküle mit 3 C-Atomen eingebaut (z. B. Pyruvat), dann im Blut zum Trophosom transportiert, wo sie wieder dekarboxyliert werden. Das freiwerdende Kohlendioxid kann dann endgültig in den Bakterien in organische Substanzen fixiert werden. Die Bakterien übernehmen dann die Versorgung des Wirtes mit Nahrung, indem sie Succinat ausscheiden, das vom Wirt in andere Substanzen umgewandelt werden kann.

Ungeklärt ist zur Zeit noch, wie die Versorgung der Würmer mit Stickstoff und Phosphor erfolgt. Bis vor einigen Monaten war auch noch unbekannt, wie das Sulfid in den Bakterien oxidiert wird, da der gemessene Sauerstoffverbrauch im Normalfall zu niedrig ist, um die Oxidation des Sulfids erklären zu können. Seit kurzem weiß man jetzt, daß die Bakterien in der Lage sind, neben Sauerstoff auch Nitrat als Elektronenakzeptor zu gebrauchen. Nitrat ist in relativ hohen Konzentrationen (40 µmol/l) im Meerwasser enthalten und kann wie Sauerstoff in der Atmungskette eingesetzt werden. Es hat ebenfalls den Vorteil, daß es nicht spontan mit Sulfid reagiert. Vor allem bei den geringen Sauerstoffkonzentrationen, wie sie häufig in der unmittelbaren Umgebung der Röhrenwürmer vorkommen, kann Nitrat für mehr als die Hälfte der oxidativen Atmung benutzt werden.

Weit weniger untersucht sind die Muscheln, die in großen Mengen an den heißen Tiefseequellen gefunden werden, obwohl sie auch chemoautotrophe Symbionten haben. Im Gegensatz zu den Röhrenwürmern haben sie ein Verdauungssystem, auch wenn es, vor allem in der miesmuschelähnlichen *Bathymodiolus thermophilus,* reduziert ist. Es konnte aber gezeigt werden, daß sie in der Lage sind, fest organische Substanzen aus dem Außenmedium als Nahrung aufzunehmen. Ob dies eine Zusatznahrung ist oder den Hauptbestandteil ihrer Ernährung deckt, ist noch ungeklärt.

Die Symbionten der Muscheln sind ähnlich wie die der Röhrenwürmer; auch hier wird Sulfid oxidiert und Kohlendioxid in organische Substanzen fixiert. Anders als bei den Würmern ist hier jedoch kein aufwendiges Transportsystem notwendig, da die Bakterien innerhalb der Kiemenzellen nur eine kurze Entfernung vom Außenmedium Seewasser entfernt sind. In der weißen Muschel *Calyptogena magnifica*, die bis zu 30 cm lang werden kann, besteht rund ein Drittel des Gewebes aus Blut. Im Gegensatz zum Blut der Röhrenwürmer ist das Hämoglobin hier jedoch in großen Blutzellen enthalten, es ist auch nicht zum Transport von Sulfid geeignet, sondern wird von Sulfid vergiftet. Da die Symbionten in den Kiemen in nahem Kontakt mit dem Außenmedium stehen, ist dieser Transport auch nicht notwendig. Das Hämoglobin muß aber dennoch vor Sulfid geschützt werden. Diese Aufgabe übernimmt ein großes, in der Hämolymphe der Tiere gelöstes Protein, das Sulfid binden kann. Die Muscheln benutzen ihr Blut vornehmlich, um mit ihrem Fuß zusätzliches Sulfid aus Bodenspalten zu extrahieren und zu den Kiemen zu transportieren.

Neben diesen bisher erwähnten Tieren mit Symbionten leben an den heißen Tiefseequellen natürlich auch noch andere Lebewesen, deren Ernährung auf der bakteriell produzierten organischen Substanz beruht. Neben einer Vielzahl von Invertebraten (Krebse, Seeanemonen, Anneliden und viele mehr), die zum großen Teil vor der Entdeckung der heißen Quellen noch unbekannt waren, kommen auch einige Fischarten nur in diesem Biotop vor.

Die bisher erwähnten Eigenschaften der Symbionten und ihre Fähigkeit, ihre Wirte zu ernähren, machten die Lebensgemeinschaft um die heißen Tiefseequellen so außergewöhnlich und erregten soviel Aufsehen in wissenschaftlichen Kreisen. Es wurde hier ein biologisches Dogma umgestoßen, das alles Leben auf der Erde im Endeffekt von Sonnenlicht abhängig macht. Photosynthese benutzt Sonnenlicht, um organische Substanzen in Pflanzen und anderen photosynthetischen Organismen zu bilden, während wiederum andere dann diese Nahrung als deren Nahrungsgrundlage benutzen usw.. An den heißen Tiefseequellen ist die ursprüngliche Energiequelle die Hitze des heißen Magmas, die das Sulfat des Seewassers in Sulfid umwandelt, das als Energiequelle in einer Vielzahl freilebender und symbiontischer Bakterien benutzt wird.

Symbiosen in anderen reduzierenden Biotopen

Während die Endosymbiose an den heißen Tiefseequellen unzweifelhaft das exotischste Habitat darstellt, kommen Tiere mit bakteriellen Symbionten auch in anderen Ökosystemen vor. Sie alle wurden allerdings erst nach der Entdeckung der Symbiose an den heißen Tiefseequellen identifiziert. Die Biotope, in denen Tiere mit dieser Symbiose gefunden wurden, sind vielfältig, z. B. Seegraswiesen in flachen Küstengewässern, Mangrovensümpfe, hypoxische Meeresbecken oder Gegenden, in denen Abwasserschlamm in das Meer geleitet wurde. Allen diesen Biotopen ist jedoch ein Merkmal gemeinsam, eine hohe Konzentration von Sulfid. Hier wird das Sulfid jedoch nicht durch geothermale Energie hergestellt, sondern von freilebenden Bakterien, die anaerob das Sulfat des Meerwassers zu Sulfid reduzieren. Sie können dabei entweder Sonnenlicht oder den Abbau organischer Substanzen als Energiequelle verwenden. Als erste wurde die Muschel *Solemya reidi* identifiziert, nachdem sie als „darmlos" in der Literatur beschrieben worden war. Sie lebt in marinen Sedimenten, die hohe Konzentrationen organischer Substanz enthalten wie z. B. nahe einer Papiermühle oder in einer Meeresbucht vor Los Angeles, in die zu dieser Zeit noch Abwasserschlamm geleitet wurde. Diese Muschel hat ebenfalls sulfidoxidierende Symbionten in Zellen der Kiemen, die einen großen Teil des Nahrungsbedarfs liefern können.

Physiologisch sind alle diese Symbiosen den an den Tiefseequellen gefundenen recht ähnlich. Eine bemerkenswerte Besonderheit trat jedoch im Fall der Muschel *Lucinoma aequizonata* auf, die in einem hypoxischen Meeresbecken vor Santa Barbara in großen Mengen gefunden werden kann. Die Symbionten sind hier, ähnlich wie bei den Röhrenwürmern, in der Lage, Nitrat als Elektronakzeptor in der Atmungskette zu gebrauchen. Im Gegensatz zu anderen Symbionten können sie jedoch keinen Sauerstoff veratmen. In ihrem Habitat kommt ihnen diese Fähigkeit sehr zu Gute, da die Sauerstoffkonzentrationen sehr gering sind (<10 µmol/l, während die Nitratkonzentrationen um 30 mmol/l liegen.

Alle Symbiosen, die ich bis jetzt erwähnt habe, sind reine Endosymbiosen, d. h. die Bakterien sind völlig von einer Wirtsmembran eingeschlossen. Es sind auch Symbiosen identifiziert worden, die Übergänge zu ,,freilebenden" Bakterienkolonien zeigen. Eine Muschel (noch ohne Namen) z. B. hat die Bakterien zwar in den Zellen der Kiemen, sie sind jedoch in Membraneinstülpungen zu finden und somit mit dem Außenmedium direkt verbunden. Bei einigen Wurmarten ist die Trennung noch stärker; die Polychaetenart *Inanodrilus leukodermatus* hat Symbionten zwischen den Zellen der Epidermis, der Polychaet *Alvinella pompejana* an den heißen Tiefseequellen hat Symbionten als ,,Rasen" zwischen den Epidermiszellen seines Rückens, und die Nematodenart *Catanema sp.* beherbergt Symbionten auf der gesamten Epidermis außer einem Gebiet in der Nähe des Kopfes. In all diesen Fällen sind die Symbionten schwefeloxidierend und autotroph.

Es sind auch schon Symbiosen identifiziert worden, die Methan als Energiegrundlage benutzen. Mehrere Muschelarten und eine Pogonophorenart haben methanoxidierende Symbionten. Sie alle leben in Biotopen, wo hohe Methankonzentrationen gemessen werden können, z. B. nahe natürlicher Ölquellen im Golf von Mexiko, wo Methan aus dem Erdboden sprudelt. Für eine Muschelart konnte nachgewiesen werden, daß sie nur wuchs, wenn Erdgas, das hauptsächlich aus Methan besteht, durch ihr Aquarium geleitet wurde. Wenn der Methanstrom unterbrochen wurde, kam das Wachstum innerhalb eines Tages zum Stillstand. Durch erneutes Einleiten konnte der Stillstand sofort wieder rückgängig gemacht werden. Es ist durchaus denkbar, daß neben sulfid- und methanoxidierenden Bakterien auch noch andere Bakterien, z. B. eisenoxidierende, als Symbionten vorkommen.

Bisher ist es noch nicht möglich gewesen, die Symbionten zu kultivieren, daher sind die klassischen mikrobiologischen Methoden zur Identifikation der Bakterien auch nur begrenzt anwendbar. Stattdessen sind die verschiedenen Symbionten auf Grund von molekularen Charakteristika, z. B. der Sequenz von 5S rRNA und 16S rRNA, der typischen Hitzedenaturierung der DNA oder auf Grund von DNA/DNA Hybridisierung beschrieben worden. Es ist soweit bekannt, daß eine Bakterienart für eine Wirtsart spezifisch ist und daß die Symbionten innerhalb eines Wirtes hauptsächlich von einer Art sind. Die Symbionten gehören alle zur Gruppe der ,,gamma purple" Thiobakterien und sind nahe untereinander verwandt. Ihre nächste bekannte freilebende verwandte Art ist *Thiobacillus – L-12.*, die aus dem Wasser um die heißen Tiefseequellen isoliert worden ist. Es ist sehr wahrscheinlich, daß die Symbionten auch als freilebende Bakterien vorkommen. Die Symbionten werden, zumindest im Falle der Röhrenwürmer, nicht mittels der Eier oder Spermien von Generation zu Generation weitergereicht. Elektronenmikroskopische Aufnahmen haben gezeigt, daß die Fortpflanzungszellen keine Bakterien enthalten. Die Bakterien werden vielmehr in jeder Generation von Neuem aus dem Umgebungswasser aufgenommen. Dies ist möglich, weil die jungen adulten Röhrenwürmer noch einen voll entwickelten Darm haben, der zu dieser Zeit mit Bakterien vollgepackt ist. Sehr bald wird dieser Darm an beiden Seiten geschlossen und nur die zukünftigen Symbionten von den Zellen der Darmwand, die sich in das Trophosomgewebe umwandelt, aufgenommen. Wahrscheinlich werden die Bakterien dabei so stark physiologisch verändert, d. h. an die Symbiosen angepaßt, daß eine Kultur der Bakterien nicht mehr möglich ist. Diese Erscheinung ist schon für andere Symbionten nachgewiesen worden.

Bei den Muscheln scheinen die Symbionten mit den Eiern zur nächsten Generation weitergereicht zu werden, d. h. sie brauchen nicht jedesmal neu aufgenommen zu werden.

Eine weitere Frage ist, wann diese Art von Symbiose in der Evolution entstanden ist. Die Tatsache, daß einige der Wirte ihren Darmtrakt völlig verloren haben, ist schon für sich allein ein klarer Hinweis auf eine schon langandauernde Verbindung, ebenso deutet die intrazelluläre Lebensweise auf einen hohen Grad der Organisation hin.

Neue Untersuchungen, die die phylogenetischen Stammbäume der Symbionten und Muschelwirte verglichen, zeigten klar, daß die Phylogenie der beiden parallel verläuft. Es wird geschätzt, daß die Symbiose mit Muscheln (Superfamilie Lucinacea und Familie Solemyidae) bis in das Silur (vor 400–440 Millionen Jahren) zurückreicht.

Es wird heute angenommen, daß eine Symbiose chemoautotropher Bakterien mit marinen Wirten eine der ältesten Formen einer stoffwechselphysiologischen Verbindung darstellt. Wie weit diese Bakterien zu Organellen reduziert sind, d. h. bis zu welchem Grad Wirt und Symbiont auf molekularem und physiologischem Niveau integriert sind, bleibt noch zu beantworten.

Literatur

1. Childress JJ, Felbeck H, Somero G N (1987) Symbiose in der Tiefsee. Spektrum der Wissenschaft 7: 94–100
2. Felbeck H, Distel D L (1991) Prokaryotic symbionts in marine invertebrates. In: Balows A, Trüper MG, Dworkin M, Harder W, Schleifer KH (eds) The Prokaryotes, 2nd edn. vol IV. Springer, Berlin, Heidelberg, New York, Tokyo, pp 3891–3906
3. Tunnicliffe V (1992) The nature and origin of the modern hydrothermal vent fauna. Palaios 7: 338–350

Springer-Verlag und Umwelt

Als internationaler wissenschaftlicher Verlag sind wir uns unserer besonderen Verpflichtung der Umwelt gegenüber bewußt und beziehen umweltorientierte Grundsätze in Unternehmensentscheidungen mit ein.

Von unseren Geschäftspartnern (Druckereien, Papierfabriken, Verpakkungsherstellern usw.) verlangen wir, daß sie sowohl beim Herstellungsprozeß selbst als auch beim Einsatz der zur Verwendung kommenden Materialien ökologische Gesichtspunkte berücksichtigen.

Das für dieses Buch verwendete Papier ist aus chlorfrei bzw. chlorarm hergestelltem Zellstoff gefertigt und im pH-Wert neutral.

MIX
Papier aus verantwortungsvollen Quellen
Paper from responsible sources
FSC® C105338

If you have any concerns about our products,
you can contact us on
ProductSafety@springernature.com

In case Publisher is established outside the EU,
the EU authorized representative is:
**Springer Nature Customer Service Center GmbH
Europaplatz 3, 69115 Heidelberg, Germany**

Printed by Libri Plureos GmbH
in Hamburg, Germany